U0792168

普通高等教育"十二五"规划教材

化学检验

主　编　王雪平　庞宏建　魏家红
副主编　申　森　李玉静　崔　虹

中国水利水电出版社
www.waterpub.com.cn

内 容 提 要

本书根据高职高专院校环境类专业的教学要求和“高职高专化学检验教学大纲”的要求，为了适应高职高专项目化教学的需要，针对高职院校项目化教学的特点，根据工作岗位对专业知识需求，重构以项目为载体、以行动为导向、以职业能力为目标的课程体系。将原来学科体系下的“分析化学”和“仪器分析”两门课程重构成“化学检验”课程。

本书共有12个项目，本着以工作过程为导向，以实训项目为载体，以产品检测任务为驱动，以能力训练带动知识的学习思路，本书设计了实验报告的编制、样品的采集与制备、用滴定分析法对物质进行测定、用重量分析法对物质进行测定、用仪器分析法对物质进行测定、按工作过程进行样品分析实训等教学项目，在项目的教学实施中，进一步分解成22个学习型工作任务，可操作性和工作实践性强，为学生今后的职业生涯打下坚实的基础。

本书内容简明，重点突出，实用性强，既可作为高职高专环境类、化学类、医药类专业教材，也可作为社会职业技术教育、职业培训教材，还可作为环境监测从业人员参考用书。

图书在版编目（CIP）数据

化学检验 / 王雪平，庞宏建，魏家红主编. -- 北京：中国水利水电出版社，2012.9(2023.1重印)
普通高等教育“十二五”规划教材
ISBN 978-7-5170-0162-1

Ⅰ. ①化… Ⅱ. ①王… ②庞… ③魏… Ⅲ. ①化工产品－检验－高等职业教育－教材 Ⅳ. ①TQ075

中国版本图书馆CIP数据核字(2012)第214939号

书　　名	普通高等教育“十二五”规划教材 **化学检验**
作　　者	主　编　王雪平　庞宏建　魏家红 副主编　申　森　李玉静　崔　虹
出版发行	中国水利水电出版社 （北京市海淀区玉渊潭南路1号D座　100038） 网址：www.waterpub.com.cn E-mail：sales@mwr.gov.cn 电话：（010）68545888（营销中心）
经　　售	北京科水图书销售有限公司 电话：（010）68545874、63202643 全国各地新华书店和相关出版物销售网点
排　　版	中国水利水电出版社微机排版中心
印　　刷	北京市密东印刷有限公司
规　　格	184mm×260mm　16开本　21印张　498千字
版　　次	2012年9月第1版　2023年1月第2次印刷
印　　数	3001—4500册
定　　价	**59.00**元

前言

本书依据高职高专人才培养要求，通过对企业分析检验工作岗位调研，参照化学检验工国家职业标准，遵循学生的认知规律，采用项目化的教学模式编写。参照分析工作过程的特点来设计项目教学活动，采用任务驱动的形式，融“教、学、练、做”为一体，在总结多年的示范建设和教学经验的基础上编写而成的，从而达到培养学生知识、能力和职业素养的目标。

在项目设计中，以具体的典型分析项目为载体，以学生的活动为主线，强调知识的应用、学生的做事能力和学习自主性培养。按照样品采样、制样、分析测试、结果处理等分析检验工作过程，本教材设置 12 个能力培养项目，通过对 12 个项目学习，使学生学会化学检验工应具备的分析基础知识、操作技能和仪器使用方法，能独立进行样品的分析检验。每个项目内容编排上按照项目分析操作、学生提出问题、项目承载知识、相关应用等展开。项目中涉及的活动形式没有统一的标准，书中的理论知识围绕活动任务展开，可作为教师教学时的参考。

为了便于教学和学生学习，本书在每个项目前设立了项目培养目标，并在每个项目或任务后列出了一定数量的思考题或练习题。为了巩固项目学习效果，专门安排了课后的任务。

本教材由黄河水利职业技术学院王雪平、庞宏建、魏家红担任主编，王雪平编写引言及项目 4，申森、李玉静编写项目 1、项目 2、项目 3、项目 5、项目 6，魏家红编写项目 7、项目 12，庞宏建编写项目 9、项目 10，崔鹏、姬燕培、崔虹编写项目 8、项目 11。开封市环境保护监测站、平煤集团开封东大化工集团公司等单位技术人员在本书编写过程中提出了许多宝贵意见，在此表示衷心的感谢。

由于编者对高职课程建设与改革的理解和教学经验有限，在内容的选取和任务的设计上难免存在疏漏和错误，恳请专家和读者批评指正。

编者

2012 年 7 月

目录

0 引　　言

0.1 化学检验的工作任务和学习目标

0.1.1 工作任务及职业能力

本课程主要任务是培养生产一线的化学分析工，其工作任务包括：样品的采集；样品的制备、保存与分解；样品分析；分析结果处理。课程内容是化学检验岗位要完成的工作任务。课程通过项目化教学，培养学生学会分析方法的基本理论、分析仪器的基本构造和操作技能，能运用其知识、技能解决样品分析中的实际问题，以及积极进取、团结协作、实事求是、用心做事的工作态度。工作任务与职业能力分析表见表 0.1。

表 0.1　　工作任务与职业能力分析表

工作领域	工作任务	职业能力	学习项目
化学检验	样品的采集	1. 能按产品标准和采样要求制订合理的采样方案； 2. 会固、液、气体样品采集方法与应用，采样仪器的选择与使用，采样量的规定，采样记录，采集时安全知识； 3. 会样品现场处理、运输（携带）的基本知识与操作方法	分析样品的采集与制备
	样品的制备、保存与分解	1. 会不同形态的样品制备基本知识、操作方法及仪器使用； 2. 会混合试样分离方法、分离操作及分离仪器使用； 3. 会样品保存的知识与操作方法； 4. 会试样分解的基本知识与操作方法	
	样品分析	1. 能读懂滴定分析检测的方法、标准和操作规范； 2. 能读懂检（试）验装置示意图； 3. 会仪器的选择； 4. 会试剂、标准溶液的配制和标定操作； 5. 分析天平、滴定管、容量瓶、移液管等滴定分析仪器使用及校正； 6. 称量和滴定分析操作技术； 7. 应用滴定分析基本知识分析解决实际问题； 8. 能讲述滴定分析的基本概念； 9. 会标准溶液的配制、标定及浓度表示方法； 10. 会滴定分析结果的计算； 11. 能正确讲述酸碱滴定法、沉淀滴定法（银量法）、配位滴定法、氧化还原滴定法的基本原理和分析方法	用滴定分析法对物质进行测定
		1. 能读懂分析检测的方法、标准和操作规范； 2. 会操作使用重量分析仪器； 3. 能应用重量分析基本知识分析解决实际问题。 4. 能正确讲述重量分析法的原理； 5. 会重量分析法操作步骤及结果计算	用重量分析法对物质进行测定

续表

工作领域	工作任务	职　业　能　力	学　习　项　目
化学检验	样品分析	1. 能读懂分析检测的方法、标准和操作规范； 2. 能读懂检（试）验装置示意图； 3. 会紫外—可见分光光度计、原子吸收分光光度计、酸度计、气相色谱仪等仪器的基本调试、操作和维护； 4. 能使用紫外—可见分光光度计、原子吸收分光光度计、酸度计、气相色谱仪等仪器分析试样的操作技术； 5. 应用分光光度法、原子吸收分光光度法、电化学分析法、气相色谱法等基本原理分析解决实际问题； 6. 能正确讲述紫外—可见分光光度法、原子吸收分光光度法、电化学分析法、气相色谱法等仪器分析方法的原理和分析方法，并能进行测量条件的选择	用仪器分析法对物质进行测定
	分析结果的处理	1. 会定量分析中的误差及有效数字的运算规则； 2. 能用Q检验法等对分析结果中的可疑数据进行处理； 3. 会计算分析结果； 4. 能校核原始记录； 5. 能独立编写实验报告	实验报告的编制
	实验室管理	1. 能正确讲述实验室基础知识、管理制度； 2. 能讲述有关计量认证知识； 3. 具备实验室安全、卫生、“5S”管理能力； 4. 能进行分析天平、滴定管、容量瓶、移液管等滴定分析仪器操作和溶液配制	实验室知识和滴定分析基本技能训练
	工业碳酸钠的分析	1. 能正确讲述样品分析的工作过程； 2. 能制订分析方案； 3. 能进行标准的查阅，各指标检测方法的选择； 4. 能灵活应用所学知识与技能解决实际问题； 5. 能综合运用所学各类分析方法、滴定分析操作技能完成相应指标的测试； 6. 根据所选择的测试方法对工业碳酸钠等产品进行正确的预处理； 7. 能够正确处理样品在测定过程中出现的相互干扰、误差等问题； 8. 能进行数据处理，校核原始记录； 9. 能正确填写实验报告，做到内容完整、表述准确、字迹（或打印）清晰	按工业过程进行样品分析实训（滴定分析法）
	水质分析	1. 能制订分析方案； 2. 能进行标准的查阅，各指标检测方法的选择； 3. 能灵活应用所学知识与技能解决实际问题； 4. 能综合运用所学各类分析方法、仪器分析操作技能完成相应指标的测试； 5. 根据所选择的测试方法对水样进行正确的预处理； 6. 能够正确处理样品在测定过程中出现的相互干扰、误差等问题； 7. 能进行数据处理，校核原始记录； 8. 能正确填写实验报告，做到内容完整、表述准确、字迹（或打印）清晰	按工作过程进行样品分析实训（仪器分析法）

0.1.2　分析方法的分类

根据分析任务、分析对象、分析目的、测定原理、操作方法的不同，可将分析方法分为多种类型。

（1）根据分析任务可分为定性分析、定量分析、结构分析和形态分析。

（2）根据分析对象的不同可分为无机分析和有机分析。

(3) 根据试样用量的多少，可以分为常量分析法、半微量分析法、微量分析法和超微量分析法等。其所需试样用量见表0.2。

表0.2 各种分析方法的试样用量

分析方法	固体试样质量(g)	液体试样体积(mL)	分析方法	固体试样质量(mg)	液体试样体积(mL)
常量分析法	>0.1	>10	微量分析法	0.1～10	0.01～1
半微量分析法	0.01～0.1	1～10	超微量分析法	<0.1	<0.01

(4) 根据分析试样中待测组分含量的多少，可将分析方法分为常量组分分析、微量组分分析和痕量组分分析等。分类方法见表0.3。

表0.3 分析方法按待测组分含量分类

分析方法	待测组分含量(%)
常量组分分析	>1
微量组分分析	0.01～1
痕量组分分析	<0.01

(5) 根据测定原理和操作方式不同，可将分析方法分为化学分析法和仪器分析法。

1) 化学分析法。化学分析法又称经典分析法，是以物质的化学反应为基础的分析方法。化学分析法历史悠久，是分析化学的基础，主要有重量分析法和滴定分析法。

a. 重量分析法。通过化学反应及一系列操作步骤使试样中的待测组分转化为另一种组成恒定的化合物，再称量该化合物的质量，从而计算出待测组分的含量，这种分析方法称为重量分析法。

b. 滴定分析法。将一种已知准确浓度的标准溶液，滴加到被测物质的溶液中，直到所加的标准溶液与被测物质按化学计量关系定量反应为止，根据标准溶液的浓度和所消耗的体积，计算出待测组分的含量，这种分析方法称为滴定分析法，它是一种简便、快速和应用广泛的定量分析方法，在常量分析中有较高的准确度。

化学分析法常用于常量组分测定，一般为常量分析，其特点是准确度高，误差一般小于0.2%，仪器简单。

2) 仪器分析法。仪器分析法是以物质的物理性质和物理化学性质为基础的分析方法。这种方法常需要特殊的仪器，所以又称为仪器分析法。常用的仪器分析法如下：

a. 光学分析法。光学分析法主要是根据物质的光学性质所建立的分析方法。主要有分子光谱法，例如可见和紫外分光光度法、红外光谱法、分子荧光及磷光分析法；原子光谱法，例如原子发射光谱法、原子吸收光谱法。

b. 电化学分析法。电化学分析法根据物质的电化学性质所建立的分析方法。主要有电位分析法、电导分析法、电解分析法、极谱法和库仑分析法。

c. 色谱分析法。色谱分析法是根据物质的物理与物理化学性质差异进行分离富集，而后进行测定的分析方法。主要有气相色谱法、液相色谱法及离子色谱法。

随着科学技术的发展，近年来质谱法、核磁共振法、X射线法、电子显微镜分析以及毛细管电泳等新的分析方法的出现，使仪器分析方法得到迅速发展。

仪器分析法灵敏度较高，分析速度快，适用于微量、痕量组分的测定，一般进行微量及超微量分析。

（6）根据分析工作性质可将分析方法分为例行分析法、快速分析法和仲裁分析法。

1）例行分析法。例行分析法是指一般实验室在日常工作中的分析方法，又称为常规分析法。

2）快速分析法。快速分析法是指一些快速简易、能在短时间内获得结果的分析方法。如田间作物的营养诊断、土壤速测、炉前分析等。

3）仲裁分析法。仲裁分析法通常指不同单位对某一产品分析结果有争议时，由权威单位用指定的方法进行准确分析的方法，以裁决原分析结果准确与否。

0.1.3 学习目标

学生完成本课程学习后，应学会分析方法的基本理论、分析仪器的基本构造和操作技能，能运用其知识、技能解决样品分析中的实际问题，职业态度端正，并具备可持续发展能力。其具体目标如下。

1. 知识目标

（1）能讲出定量分析过程中误差的来源及减免方法。

（2）能正确讲述样品的采集与保存、样品预处理基本知识。

（3）能正确讲述滴定分析法、重量分析法的基本原理和分析方法。

（4）能正确讲出常见仪器（分光光度计、原子吸收分光光度计、酸度计、气相色谱仪等）的基本构造，以及仪器的测量原理和分析方法。

（5）能正确进行分析结果的计算方法，独立编写实验报告。

（6）能正确讲述实验室基础知识，以及有关计量认证知识和实验室“5S”管理的含义。

2. 技能目标

（1）能遵守实验室卫生、安全要求，学生在实验室行为达到“5S”（整理、整顿、清理、清洁、修养）管理要求。

（2）分析仪器操作能够达到化学分析工中级工以上的水平。

（3）能独立进行样品的采集、制备等。

（4）能对一般分析仪器进行维护，对滴定分析仪器进行校正。

3. 工作态度

（1）培养学生团结协作、积极进取的精神。

（2）树立实事求是、用心做事的职业意识。

（3）能够与同事等进行协调、沟通。

（4）能够分析、解决工作中出现的问题。

（5）能够遵守分析检验职业道德，遵纪守法。

0.2 教材的实施

本课程主要任务是培养生产一线的化学分析工，因此课程训练项目设计是以化学分析工岗位的工作过程为导向，主要目的是使学生学会样品分析所需的知识和技能，培养学生对所学知识技能的综合应用能力。在样品项目检测手段安排上尽量全面，涉及了化学分析、重量分析、仪器分析、物性测试等；在课程内容编排上，考虑到学生的认知水平，由浅入深地安排课程内容，实现能力的递进，同时将职业规范、操作安全、环保意识、工作态度融入课程的日常考核，让学生通过本课程的学习，学会一名化学分析工上岗必须具备的知识、职业能力和积极的态度。

0.2.1 教学组织

本教材设计了实验报告的编制、样品的采集与制备、用滴定分析法对物质进行测定、用重量分析法对物质进行测定、用仪器分析法对物质进行测定、按工作过程进行样品分析实训等12个教学项目，在项目的教学实施中，进一步分解成22个学习型工作任务。教学组织见表0.4。

表0.4　教学组织表

学习项目编号	学习项目名称	学习型工作任务	学时	
项目1	实验室知识和滴定分析基本技能训练	任务：实验室安全、卫生、“5S”管理；试剂的处理与选用；仪器洗涤；分析天平，滴定分析仪器使用操作；标准溶液配制、标定	1周	
项目2	实验报告的编制	任务1：实验报告的编制格式及要求	2	6
		任务2：分析结果的处理	4	
项目3	样品的采集与制备	任务1：水、煤、气样品的采集	4	16
		任务2：样品的制备、保存与分解	4	
		任务3：样品分离方法	8	
项目4	用滴定分析法对物质进行测定	任务1：认识分析化学实训室	2	46
		任务2：学习滴定分析基础知识	6	
		任务3：工业Na_2CO_3总碱量的分析（酸碱滴定法）	12	
		任务4：水中Cl^-含量的测定（沉淀滴定法）	6	
		任务5：水总硬度测定（配合滴定法）	10	
		任务6：工业双氧水含量测定（氧化还原滴定法）	10	
项目5	用重量分析法对物质进行测定	任务1：工业Na_2CO_3中硫酸盐含量的测定（重量分析法）	8	8
项目6	按工作过程进行样品分析实训	任务：工业产品分析	1周	
项目7	用仪器分析法对物质进行测定	任务1：认识仪器分析实训室	2	22
		任务2：用紫外—可见分光光度法对物质进行检测	20	
项目8	原子吸收分光光度法应用	任务1：用原子吸收分光光度法对物质进行检测	14	
项目9	电位分析法应用	任务1：用电位分析法对物质进行检测	18	
项目10	气相色谱法应用	任务5：用气相色谱法对物质进行检测	18	
项目11	按工作过程进行样品分析实训	任务1：地下水水质分析	1周	
		任务2：工业废水水质分析	1周	
项目12	化学检验职业技能训练	任务：职业技能鉴定培训	1周	
合计	148学时+5周			

0.2.2 学习方法与教学参考资料

0.2.2.1 学习方法

（1）《化学检验》课程是项目化课程，教学形式是以项目来进行的，将教学内容贯穿于整个项目中。在学习中，首先要注意项目进行的每一步都需要哪些知识，如何解释这样做的道理。同时还要注意和项目相关的一些知识学习。

（2）实施项目化教学，其知识是以项目为载体，以打破原有的知识体系，对知识学习不再是渐进式，有些是跳跃式进行的，教学方式是以任务驱动来进行的，学习时要注意这些特点，思维方式也要进行改变。

（3）要注意技能和经验学习，每一个项目都有其技能要求，教师在教学的同时，也把自己积累的经验传授给学生，学生在学习时一定要注意这一点，以保证取得学习最佳效果。

0.2.2.2 教学参考材料

《分析化学》[华东理工大学分析化学教研组编，高等教育出版社（第五版），2003]。

《分析化学实验》（成都科技大学分析化学教研组等编，高等教育出版社（第三版），2006）。

《分析化学》（蒋云霞主编，中国环境科学出版社，2007）。

《分析化学实验》（武汉大学主编，高等教育出版社，2001）。

《定量化学分析简明教程》（彭崇慧等编，北京大学出版社，2011）。

《分析化学手册》（杭州大学编，化学工业出版社，1997）。

《仪器分析》（朱明华主编，高等教育出版社，2001）。

《仪器分析手册》（朱良漪主编，化学工业出版社，1997）。

《仪器分析》（苏少林主编，中国环境科学出版社，2007）。

化验室网（http：//www.cheml.com/）。

中国化学化工网（http：//www.sinocnet.com/ ）。

化学在线（http：//www.chemonline.net）。

中国色谱网（http：//sepu.net/）。

中国化工网（http：//www.chemnet.com.cn/）。

《理化检验——化学分册》杂志（上海材料研究所，机械工程学会理论检验分会主办）。

《分析化学》杂志（中国化学会，中国科学院长春应用化学研究所主办）。

《计算机与应用化学》杂志（中国科学技术大学主办）。

《分析实验室》杂志（北京有色金属研究总院主办）。

《仪器分析》（黄一石主编，化学工业出版社，2002）。

《化验员读本》（刘珍主编，化学工业出版社，2005）。

《水质监测与评价》（张尧旺主编，黄河水利出版社，2008）。

0.2.3 学习效果评价

本课程的考核评价按项目进行考核，每个项目分为知识、技能与态度 3 部分，分别考核，综合评价。课程考核是项目考核的累积，并将“化学分析工”职业技能认证考核成绩与课程考核成绩综合评定为课程总体成绩。课程整体成绩表见表 0.5。

表 0.5 课程整体成绩表

考核类型	成绩	权重	课程整体成绩
课程考核		0.6	
职业技能认证		0.4	

0.2.3.1 课程考核

（1）课程考核按照项目分别考核，课程考核成绩是项目考核成绩的累计，课程考核成绩表见表 0.6。

表 0.6 课程考核成绩表

项目名称	成绩		权重	项目成绩	项目成绩权重	课程考核成绩
实验室知识和滴定分析基本技能训练	知识		0.3		0.10	
	技能		0.5			
	态度		0.2			
实验报告的编制	知识		0.4		0.05	
	技能		0.4			
	态度		0.2			
样品的采集与制备	知识		0.3		0.05	
	技能		0.5			
	态度		0.2			
用滴定分析法对物质进行测定	知识		0.3		0.2	
	技能		0.5			
	态度		0.2			
用重量分析法对物质进行测定	知识		0.3		0.05	
	技能		0.5			
	态度		0.2			
按工作过程进行样品分析实训	知识		0.3		0.15	
	技能		0.5			
	态度		0.2			
用仪器分析法对物质进行测定	知识		0.3		0.2	
	技能		0.5			
	态度		0.2			
按工作过程进行样品分析实训	知识		0.3		0.2	
	技能		0.5			
	态度		0.2			

（2）课程成绩中每一个项目成绩从知识、技能、态度 3 方面考核，考核依据提交的成果、回答问题、作业、平常表现及小组互评的结果进行，考核方式可采用卷面、计算机模

拟和实际操作。

0.2.3.2 职业技能认证

本课程是“化学分析工”国家职业资格证书对应的课程，可在课程结束后直接参加证书的认证考核。

项目1　实验室知识和滴定分析基本技能训练

项目说明

通过本项目的学习，能正确讲述样品分析的工作过程；能按照“5S”管理要求进行实验室操作；能正确配制试剂和标准溶液，对标准溶液进行标定；树立实事求是、用心做事的职业意识；使学生在以后的学习和工作中所有行动符合实验室内安全要求。

总体目标

知识目标

1. 能正确讲述样品分析的工作过程。
2. 能正确讲述实验室基础知识、管理制度。
3. 能正确讲述分析天平、滴定分析仪器操作要领，以及试剂和溶液配制要求。

技能目标

1. 能按照“5S”管理要求进行实验室操作。
2. 能正确使用、维护分析天平和滴定分析仪器。
3. 玻璃仪器洗涤符合要求。
4. 能正确选择实验用水。
5. 能正确配制试剂和标准溶液，对标准溶液进行标定。

工作态度

1. 树立实事求是、用心做事的职业意识。
2. 树立学生安全第一的意识。
3. 能够遵守分析检验职业道德，遵纪守法。
4. 培养学生团结协作、积极进取的精神。
5. 实验室内所有行动符合安全要求。

1.1　实验室安全、卫生

1.1.1　实验室操作安全

在进行化学实验时，会经常使用水、电、煤气和各种药品、仪器，如果马马虎虎，不遵守操作规则，不但会造成实验的失败和损失，还可能发生事故。因此重视安全操作，熟悉一般的安全知识，学会对意外事故的一般救护措施和处理方法是十分必要的。

实验室安全守则如下：

（1）了解实验室环境，充分熟悉水、电、煤气阀门以及急救箱和消防用品等物体的位置地点和使用方法。

（2）禁止用湿手接触电源。电器使用完毕关闭开关并立即拔下插头。水和煤气用毕立即关闭阀门。点燃的火柴用后立即熄灭，不得乱扔。

（3）当进行有毒的、恶臭的、刺激性气体生成的实验时，以及加热或蒸发盐酸、硝酸、硫酸都应该在通风橱内进行。

（4）使用易燃物（如酒精、乙醚等）时应远离火源，用毕及时盖紧瓶塞，放在阴凉的地方。

（5）使用强酸、强碱、溴、洗液等具有强腐蚀性的试剂时，要更加小心，切勿溅在皮肤或衣服上，特别注意保护眼睛。

（6）使用有毒试剂（如汞、砷、铅等化合物，尤其是氰化物），不得触及皮肤和伤口。实验后的废液应倒入指定的容器内集中处理。

（7）严禁做未经教师允许的实验和任意混合各种药品，以免发生意外事故。

（8）切勿直接俯视容器中的化学反应或正在加热的液体。

（9）严禁在实验室内饮食、吸烟或把食具带进实验室。实验室药品严禁入口。实验完毕，把手洗净后方可离开。

1.1.2　意外事故处理

实验过程中，如发生意外事故，重伤者应立即送医院治疗，轻伤时可采取如下措施：

（1）割伤：不能用水冲洗。伤口内若有碎片应先挑出，涂上红药水，必要时撒些消炎粉后进行包扎。伤势较重时先对伤口周围进行消毒处理，用纱布或清洁物品按住伤口压迫止血，立即送往医院。

（2）烫伤：切勿用水冲洗。轻度烫伤可涂抹烫伤药膏（烫伤膏或红花油），必要时送医院救治。

（3）强酸烧伤：立即大量水冲洗，搽上碳酸氢钠油膏或凡士林。如溅入眼中，先大量水冲洗，再用饱和碳酸氢钠溶液冲洗，最后用蒸馏水冲洗。

（4）浓碱烧伤：立即大量水冲洗，然后用柠檬酸或硼酸饱和溶液洗涤，再搽上凡士林。如溅入眼中，先大量水冲洗，再用3%硼酸溶液洗涤，最后用蒸馏水冲洗。

（5）溴烧伤：（还原性物质处理）用乙醇或10%硫代硫酸钠溶液洗伤口，水洗，涂敷甘油。

（6）磷烧伤：用5%硫酸铜溶液或高锰酸钾溶液清洗伤口，用浸泡过硫酸铜溶液纱布包扎。

（7）毒物进口：把5～10mL、1%～5%硫酸铜溶液加入一杯温水中，喝下，呕吐，送医院洗胃。

（8）汞撒落：尽可能收回，不可倒入下水道或废物箱中，撒硫磺粉。

（9）吸入刺激性或有毒气体：吸入H_2S、NO_2或CO等有毒气体而感到不适时，立即到室外呼吸新鲜空气。

（10）触电：立即切断电源，必要时对触电者进行人工呼吸。

（11）起火：不慎起火，切勿惊慌，应立即采取措施灭火，并切断电源、关闭煤气总阀，拿走易燃药品等，以防火势蔓延。

一般的小面积着火，可用湿布或沙子等覆盖燃烧物；火势较大时，根据不同的着火原因和现场情况，使用不同的灭火器材，见表1.1。

实验人员衣服着火时，切勿惊慌乱跑，可用湿布覆盖、泼水或就地卧倒打滚等方法灭火。必要时报火警。

表 1.1　　常用灭火器类型及使用范围

类　型	药　物　成　分	应用起火类型
泡沫灭火器	$Al_2(SO_4)_3$，$NaHCO_3$	适用一般起火及油类起火
高倍式泡沫灭火器	硫酸钠稳定剂、脂肪醇和抗燃剂	适用于火源集中、泡沫容易堆积等场所，大型油池、仓库、木材及纤维等的失火
干粉灭火器	$NaHCO_3$ 等物质，适量润滑剂、防腐剂	适用于油类、可燃气体、电器、精密仪器等失火，文件、书稿等物品的初起火灾。金属钾、钠失火
四氯化碳灭火器	液态 CCl_4	适用于电器失火。不能用于活泼金属钾、钠失火
1211 灭火器	CF_2ClBr	适用于油类、有机溶剂、高压电器设备、精密仪器等的失火

1.1.3　实验室卫生

（1）经常保持实验室的整洁和安静，注意桌面和仪器整洁。

（2）保持水槽清洁，切记不要把固体物品投入水槽中。

（3）爱护仪器，节约试剂、水和电等。

1.1.4　“三废”的处理

在化学实验中会产生各种各样有毒的废气、废液和废渣。“三废”不仅污染环境，造成公害，而且“三废”中的贵重和有用的成分没能回收，在经济上也是损失。因此，树立环保意识，处理好“三废”是非常重要的事情。

1. 有毒废气的排放

如果做产生少量有毒气体的实验时，可以在通风柜中进行。通过排风设备把有毒废气排放到室外，利用室外的大量空气来稀释有毒废气。在做产生大量有毒气体的实验时，应该安装气体吸收装置来吸收这些气体，然后进行处理。

2. 废酸和废碱溶液的排放

废酸和废碱溶液经过中和处理，使 pH 值在 6～8 范围，并用大量水稀释后方可排放。

（1）含 Cd^{2+} 废液：加入消石灰等碱性试剂，使所含的金属离子形成氢氧化物沉淀而除去。

（2）含六价铬的化合物：在铬酸废液中，加入 $FeSO_4$、Na_2SO_3，使其变成三价铬后，再加入 NaOH（或 Na_2CO_3）等碱性试剂，调 pH 值在 6～8 时，使三价铬形成氢氧化铬沉淀除去。

（3）含氰化物的废液：有两种方法。其一为氯碱法，即将废液调节成碱性后，通入氯气或加入次氯酸钠，使氰化物分解成二氧化碳和氮气而除去；其二为铁蓝法，在含有氰化物的废液中加入硫酸亚铁，使其变成氰化亚铁沉淀除去。

（4）含汞及其化合物：有较多的方法。离子交换法，此法处理效率高，但成本较高，所以少量含汞废液的处理不适宜用此方法。处理少量含汞废液经常采用化学沉淀法。在含汞废液中加入 Na_2S，使其生成难溶的 HgS 沉淀而去除。

（5）含铅盐及重金属的废液：其方法为在废液中加入 Na_2S 或 NaOH，使铅盐及重金属离子生成难溶性的硫化物或氢氧化物而除去。

（6）含砷及其化合物：在废液中加入硫酸亚铁，然后用氢氧化物来调 pH 值至 9，这时砷化合物就和氢氧化铁与难溶性的亚砷酸钠或砷酸钠产生共沉淀，经过滤去除。

还可用硫化物沉淀法，即在废液中加入 H_2S 或 Na_2S，使其生成砷化物沉淀而去除。

有毒的废液应深埋在指定的地点，如有毒的废渣能溶解于地下水，会混入饮水中，所以不能未经过处理深埋。有回收价值的废渣应该回收利用。

1.2 实验室管理知识

化学检测过程中产生的各种各样有害气体影响人体健康；燃烧可能造成火灾，甚至发生爆炸，直接伤害人体；产生的有关废弃物如果处理不当，还会对环境造成污染，对人群造成伤害。为此，加强化学试剂，特别是危险性化学试剂管理，处理好各种废弃物，重视检测样品的管理，对化学检测实验室的安全是至关重要的。

1.2.1 实验室“5S”管理

“5S”管理就是整理（SEIRI）、整顿（SEITON）、清扫（SEISO）、清洁（SETKETSU）、素养（SHITSUKE）五个项目，因日语的罗马拼音均以“S”开头而简称“5S”管理。“5S”管理起源于日本，通过规范现场、现物，营造一目了然的工作环境，培养员工良好的工作习惯，其最终目的是提升人的品质，养成良好的工作习惯：

（1）革除马虎之心，凡事认真（认认真真地对待工作中的每一件“小事”）。

（2）遵守规定。

（3）自觉维护工作环境整洁明了。

（4）文明礼貌。

1.2.1.1 1S——整理

1. 定义

将工作场所任何东西区分为有必要的与不必要的；把必要的东西与不必要的东西明确地、严格地区分开来；不必要的东西要尽快处理掉。

2. 目的

腾出空间，防止误用、误送，塑造清爽的工作场所。

3. 注意点

要有决心，不必要的物品应断然地加以处置。

4. 实施要领

（1）自己的工作场所（范围）全面检查，包括看得到和看不到的。

（2）制定“要”和“不要”的判别基准。

（3）将不要物品清除出工作场所。

（4）对需要的物品调查使用频度，决定日常用量及放置位置。

（5）制定废弃物处理方法。

（6）每日自我检查。

1.2.1.2 2S——整顿

1. 定义

对整理之后留在现场的必要的物品分门别类放置，排列整齐。明确数量，有效标识。

2. 目的

工作场所一目了然，整整齐齐的工作环境，消除找寻物品的时间，消除过多的积压物品。

3. 注意点

这是提高效率的基础。

4. 实施要领

(1) 前一步骤整理的工作要落实。

(2) 需要的物品明确放置场所。

(3) 摆放整齐、有条不紊。

(4) 地板画线定位。

(5) 场所、物品标示。

(6) 制定废弃物处理办法。

5. 重点

(1) 整顿的结果要成为任何人都能立即取出所需要的东西的状态。

(2) 要站在新人和其他职场的人的立场来看，什么东西该放在什么地方更为明确。

(3) 要想办法使物品能立即取出使用。

(4) 另外，使用后要能容易恢复到原位，没有回复或误放时能马上知道。

1.2.1.3 3S——清扫

1. 定义

将工作场所清扫干净。保持工作场所干净、亮丽。

2. 目的

消除脏污，保持职场内干净、明亮，稳定品质，减少工业伤害。

3. 注意点

责任化、制度化。

4. 实施要领

(1) 建立清扫责任区（室内、外）。

(2) 执行例行扫除，清理脏污。

(3) 调查污染源，予以杜绝或隔离。

(4) 建立清扫基准，作为规范。

(5) 开始一次全公司的大清扫，每个地方清洗干净。

清扫就是使职场进入没有垃圾，没有污脏的状态，虽然已经整理、整顿过，要的东西马上就能取得，但是被取出的东西要达到能被正常使用的状态才行。而达到这种状态就是清扫的第一目的，尤其目前强调高品质、高附加价值产品的制造，更不容许有垃圾或灰尘的污染，造成品质不良。

1.2.1.4 4S——清洁

1. 定义

将上述 3S 实施的做法制度化、规范化。

2. 目的

维持上述 3S 的成果。

3. 注意点

制度化，定期检查。

4. 实施要领

(1) 落实前3S工作。

(2) 制定目视管理的基准。

(3) 制定5S实施办法。

(4) 制定考评、稽核方法。

(5) 制定奖惩制度，加强执行。

(6) 高阶主管经常带头巡查，带动全员重视5S活动。

1.2.1.5 5S——素养

1. 定义

通过晨会等手段，提高员工文明礼貌水准，增强团队意识，养成按规定行事的良好工作习惯。

2. 目的

提升人的品质，使员工对任何工作都讲究认真。

3. 注意点

长期坚持，才能养成良好的习惯。

4. 实施要领

(1) 制定服装、臂章、工作帽等识别标准。

(2) 制定公司有关规则、规定。

(3) 制定礼仪守则。

(4) 教育训练（新进人员强化5S教育、实践）。

(5) 推动各种精神提升活动（晨会，例行打招呼、礼貌运动等）。

(6) 推动各种激励活动，遵守规章制度。

1.2.2 学生实验守则

实验室规则是人们在长期实验室工作中归纳总结出来的，它是防止意外事故发生、保证正常地从事实验、做好实验的重要前提，每个人都必须做到，必须遵守。

(1) 实验课前必须认真预习，明确实验目的，领会实验原理，熟悉实验内容，做好预习报告，对将要进行的实验做到心中有数。

(2) 实验时，保持实验室安静，严格遵守操作规程。但切忌机械地“照方抓药”，思考操作的目的和作用，认真观察实验现象，发现异常情况时，应探究其原因并找出解决办法。

(3) 对不熟悉的仪器和设备，应仔细阅读使用说明，听从教师指导，切不可随意动手以防仪器损坏或事故发生。实验台应始终保持清洁有序，节约试剂，不乱扔废弃物，以免阻塞管道。

(4) 爱护实验仪器和实验设备，注意节约水、电、煤气和药品。每人应该使用自己的仪器，不得动用他人的仪器；公用仪器和临时共用的仪器用毕应洗净，并立即送回原处。如有损坏，必须及时登记补领。

(5) 实验原始数据是得出实验结论的唯一依据。所有原始数据都应边实验边准确地记录在专用的实验记录簿上，而不要待实验结束后补记。也不要将原始数据记录在草稿本或其他地方。不能凭主观意愿删去自己不喜欢的数据，更不能随意更改数据。若记错了，在错的数据上轻轻画一道杠，再将正确的记在旁边。数据记录簿应预先编好页码，不得撕毁其中的任何一页。

(6) 实验完毕，认真书写实验报告，回答思考题，认真总结做好实验的要领、存在的问题及进行误差分析。

(7) 结束实验后，将玻璃器皿洗刷干净，仪器复原，并填写登记卡。清洁实验台，清扫实验室，最后检查门、窗，水、电、煤气阀门等是否关闭，方能离开实验室。

(8) 对突发的意外事故应保持镇静，切勿惊慌失措；遇有烧伤、烫伤、割伤时应立即报告老师，及时急救和治疗。

(9) 鼓励学生对实验中的一切现象（包括异常现象）和对实验以及实验室管理中存在的问题进行讨论，提倡提出自己的看法，做到生动、活泼、主动学习。

1.3 滴定分析仪器及其使用

1.3.1 玻璃仪器规格

定量分析中常用的玻璃量器（简称量器）有滴定管、吸管、容量瓶（简称量瓶）、量筒和量杯等。

量器按准确度和流出时间分成 A、A_2、B 3 种等级。A 级的准确度比 B 级一般高一倍。A_2 级的准确度介于 A、B 之间，但流出时间与 A 级相同。量器的级别标志过去曾用“一等”、“二等”，“Ⅰ”、“Ⅱ”或“〈1〉”、“〈2〉”等表示，无上述字样符号的量器，则表示无级别的，如量筒、量杯等。

1.3.2 仪器洗涤与干燥

1.3.2.1 玻璃仪器的洗涤

在分析工作中，如使用不干净的仪器进行实验，往往会由于污物和杂质的存在，而得不到准确的结果。实验要求不同，污物的性质和沾污的程度不同。采用的洗涤剂与洗涤方法也不同。一般容器和粗量器，可用毛刷蘸上肥皂或洗衣粉刷洗，对不宜使用毛刷刷洗的仪器和难以刷洗干净的仪器（如滴定管等），则须采用相应的洗涤液洗涤。

不论用上述哪种方法洗涤器皿，最后都必须用自来水冲洗，再用蒸馏水或去离子水荡洗三次。洗净的器皿，放去水后内壁应只留下均匀一薄层水，如壁上挂着水珠，说明没有洗净，必须重洗。

常用洗涤液如下。

1. 铬酸洗液

配制：称取研细的 5g $K_2Cr_2O_7$，加入 10mL 水，加热使其溶解。冷却后，于不断搅拌下缓缓加入 80mL 浓 H_2SO_4。该洗液应贮于磨口瓶中。

铬酸洗液用于洗涤除去仪器上的残留油污及有机物。洗涤时，应先将仪器中的水尽量控净，然后用洗液润洗或浸泡。洗涤完毕，用过的洗液要返回原瓶，不可随意乱倒。洗液可重复使用，当其颜色变绿时即为失效。

使用洗液时，应避免引入大量的水和还原性物质（如某些有机物），以避免洗液冲稀或变绿而失效。若还原成绿色，可加入固体 $KMnO_4$ 使其再生。这样，实际消耗的是 $KMnO_4$，可减少铬对环境的污染。

2. NaOH—乙醇洗涤液

配制：称取 120g NaOH 溶于 120mL 水中，再以 95%乙醇稀释。

NaOH—乙醇洗涤液亦适于洗涤油污及有机物沾染的器皿。但由于碱的腐蚀作用，玻璃器皿不能用该洗涤液长期浸泡。

3. HNO_3—乙醇洗涤液

HNO_3—乙醇洗涤液适用于一般方法难以除去的油污、有机物及残炭沾染的仪器洗涤。洗涤时，在器皿内加入不多于 2mL 的乙醇与 10mL 浓 HNO_3，浸泡一段时间即可，必要时可小心进行加热。该洗涤液作用时反应激烈，放出大量热及 NO_2，应注意采取防护措施。

HNO_3—乙醇洗涤液不能事先配制。

4. $H_2C_2O_4$ 洗涤液

配制：称取 5～10g $H_2C_2O_4$ 溶于 100mL 水中，加入数滴浓盐酸。

$H_2C_2O_4$ 洗涤液多用于洗涤除去沉积在器壁上的 MnO_2。该洗涤液亦可加热使用。

5. 洗衣粉（合成洗涤剂）

洗衣粉是以十二烷基苯磺酸钠为主要成分的阴离子表面活性剂，可配成较浓的溶液使用，亦可用毛刷直接蘸取洗衣粉刷洗仪器。

洗衣粉适合于洗涤油污及有机物沾染的仪器。

6. 餐具洗涤剂

餐具洗涤剂是一种以非离子表面活性剂为主要成分的中性洗涤剂，可配成 1%～2% 的溶液使用。

餐具洗涤剂是铬酸洗液的良好代用品。

除了上述清洗方法外，还可用超声波清洗器。只要把用过的仪器放在配有合适洗涤剂的溶液中，接通电源，利用声波的能量和振动，就可以将仪器清洗干净，既省时又方便。

1.3.2.2　仪器的干燥

根据不同的情况，可采用下列方法将洗净的仪器干燥。

(1) 晾干：将洗净的仪器倒立放置在适当的仪器架上，让其在空气中自然干燥，倒置可以防止尘灰落入，但要注意放稳仪器。

(2) 烘干：将洗净的仪器放入电热恒温干燥箱内干燥。注意玻璃仪器干燥时，应先洗净并将水尽量倒干，放置时应注意平放或使仪器口朝上，带塞的瓶子应打开瓶塞，如果能将仪器放平在托盘里则更好。

(3) 烤干：试管能直接用火烤，但管口必须朝下倾斜，以免水珠倒流引起炸裂。火焰先从试管底部开始，缓慢向下移至管口，如此反复烘烤，直到不见水珠后，再将管口朝上，把水汽烘赶干净。烧杯或蒸发皿（先将外壁水珠擦去）可置于石棉网上用小火烤干。

(4) 吹干：用电吹风或玻璃仪器气流干燥器将玻璃仪器吹干。用吹风机吹干时，一般先用热风吹玻璃仪器的内壁，待干后再吹冷风使其冷却。如果先用易挥发的溶剂如乙醇、丙酮等淋洗仪器，将淋洗液倒净，然后用吹风机用冷风—热风—冷风的顺序吹，则会干得更快。另一种方法是将洗净的仪器直接放在气流干燥器里进行干燥。

注意：一般带有刻度的计量仪器，如量筒、移液管、容量瓶等不得用明火或电炉直接加热的方法进行干燥，以免影响仪器的精密度或使仪器破裂。玻璃磨口仪器和带旋塞的仪器洗净后放置时，应该在磨口和旋塞处垫上小纸片，以防长期放置后粘上不易打开。

1.3.3 分析天平的使用

分析天平是定量分析中最重要的分析仪器之一，分析工作中经常要准确称量一些物质的质量，称量的准确度直接影响测定的准确度。因此，了解分析天平的原理、结构和掌握正确的称量方法是做好定量分析实验的基本保证。常用的分析天平有半自动电光天平、全自动电光天平、单盘电光天平等。这些天平在构造和使用方法上虽有些不同，但基本原理相同。

1.3.3.1 天平的种类与性能

1. 天平的种类

分析天平是定量化学分析实验中最主要、最常用的仪器之一。常用的分析天平可按结构和精度来分类。

从天平构造原理来分类，分析天平可分为杠杆天平和电子天平。

(1) 杠杆天平。实验室常用的杠杆天平分为等臂双盘天平和不等臂单盘天平，它们一般都有光学读数装置，又称为电光分析天平。

等臂双盘天平还可以再分为摇摆天平和阻尼天平（有阻尼器）。按加码器加码范围，分部分机械加码和全部机械加码（或称半自动加码和全自动加码），后者加码器易发生故障。双盘天平的缺点是天平的两臂理论上长度应相等，实际上存在不等臂性误差，空载和实载灵敏度不同，操作麻烦。

不等臂单盘天平采用全量机械减码，操作简便，称量速度快，性能稳定。

(2) 电子天平。电子天平依据电磁力平衡的原理，没有刀口刀承，无机械磨损，全部数字显示，称量快速，只需几秒钟就可显示称量结果。电子天平连接计算机和打印机后，可具有多种功能。电子天平的价格相对较贵，这是影响它普及的重要原因，但电子天平代表天平今后发展的趋势。

从天平的精度来分类，通常分析天平分为10级。一级天平精度最好，10级最差。在常量分析中，使用最多的是最大载荷为100～200g的3～4级分析天平。在半微量和微量分析中，常用最大载荷为20～30g的1～3级分析天平。

2. 分析天平的性能

分析天平是精密的衡量仪器，其性能必须具有适当的灵敏性、准确性、稳定性和不变性等。

(1) 天平的灵敏性。分析天平的灵敏性是以灵敏度表示的。所谓灵敏度是指在天平盘上增加一个小质量物质所引起指针偏移的程度。指针偏移的距离越大，表示天平越灵敏。

天平的灵敏度一般规定为1mg砝码引起的指针在读数标尺上偏移的格数。

$$\text{灵敏度}=\frac{\text{指针偏离的格数}}{1\text{mg}}$$

当载重一定时，指针偏转与臂长成正比，与天平梁的质量和重心到支点的距离成反比。一架天平的横梁质量和臂长是一定的，唯有重心的位置可以通过感量砣（重心砣）上下移动进行调节。感量砣（重心砣）上移，使重心到支点的距离缩短，天平的灵敏度增加。天平的灵敏度太低，会增大称量误差；但灵敏度太高时，天平梁不易静止，不便于称量操作。

由于灵敏度愈高，天平感觉能力越强，所以灵敏度也可以用感量（或分度值）表示。感量是指针偏移一格时所需要的毫克数，故

$$感量=\frac{1}{灵敏度}$$

如TG328型半自动电光天平的感量为0.1mg/格，则

$$灵敏度=\frac{1}{0.1}=10\ (格/mg)$$

由于采用了光学放大读数装置，可直接读出0.1mg，因此这类天平也称感量为万分之一的天平。

（2）天平的准确性。天平的准确性是指天平的等臂性。一架完好的天平，两臂之差应符合一定的要求，差值不超过臂长的1/40000，以控制由于天平不等臂所引起的称量误差。用等臂天平称量时，由于天平不等臂引起的称量误差是难免的，但这一类误差属于系统误差。采用替代称量法可以抵消这类误差，单盘天平的称量采用替代法，故单盘不等臂天平不存在不等臂所引起的误差。

（3）天平的稳定性。天平梁在平衡状态受到扰动后能自动回到初始平衡位置的能力，称为天平的稳定性。

分析天平不仅要有一定的灵敏性，而且要有相当的稳定性，才能完成准确的称量。灵敏性与稳定性是互相矛盾的，但灵敏性与稳定性的乘积是个常数，两者都兼顾到才能使天平处于最佳状态。天平的稳定性是通过改变天平梁的重心，即移动感量砣（重心砣）来调节的，感量砣离支点越远天平的稳定性越好。

（4）天平的不变性。天平的不变性是指天平在同一质量差的作用下，各次平衡位置重合不变的性能。

在同一台天平上，使用同一组砝码多次称量同一重物不可能得到绝对完全重合的结果，一般都存在微小的差异，这种差异称为示值变动性。一般用多次开关天平时，指针平衡后标尺上出现的最大值与最小值之差来表示，两者之差越大，表示天平的不变性越差。天平的不变性与天平的稳定性有密切关系，两者都以示值变动性表示，但不是同一概念。天平的稳定性主要与天平梁的重心有关；天平的不变性与稳定性、天平的结构、天平的调整状态及称量时的环境条件有关。

1.3.3.2 分析天平的主要技术规范

1. 最大称量

最大称量又称最大载荷，表示天平可称量的最大值。天平的最大称量必须大于被称物体可能的质量。

2. 分度值

天平的分度值是天平标尺一个分度对应的质量。天平的分度值与最大载重之比划分天平的级别，表示天平的精度。

3. 秤盘直径和秤盘上方的空间

天平的技术规格给出天平秤盘直径及秤盘上方空间，即高度和宽度，可以根据称量物

件的大小选择天平。

4. 天平的正确选用

购置天平时，需要在了解天平的技术参数和各类天平特点的基础上，根据称量要求的精度及工作特点正确选用天平。首先要考虑称量的最大质量，不能使天平超载，以免损坏天平。其次是不使用精度不够的天平，但也不应滥用高精度天平而造成不必要的浪费。如果有条件，选用一台电子天平，一方面电子天平有不同档，其使用范围可变；另一方面电子天平可以频繁或连续测定质量值，功能强，使用起来得心应手。

1.3.3.3 双盘天平

1. 等臂分析天平的称量原理

等臂分析天平是以杠杆原理设计的一种等臂分析天平，其特点是天平的两臂长度相等，称量原理如图 1.1 所示。

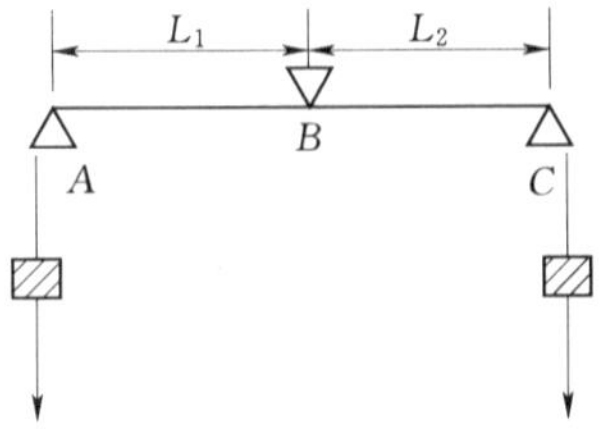

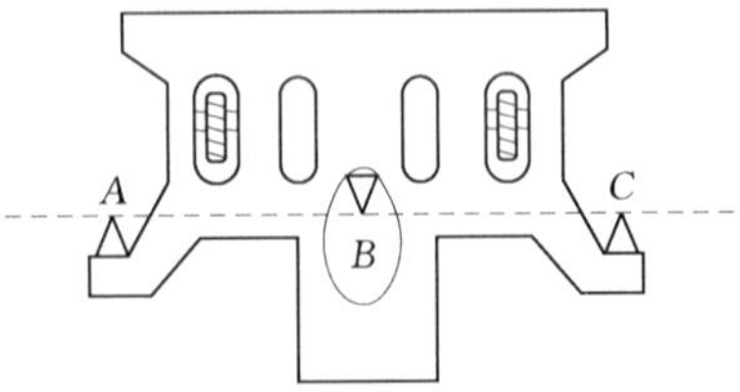

图 1.1 等臂分析天平的称量原理及横梁

(a) 等臂分析天平的称量原理；(b) 等臂分析天平的横梁

等臂分析天平用三个玛瑙三棱体的锐利的棱边（刀口）作为支点 B（刀口朝下）和力点 A、C（刀口朝上）。这三个刀口必须完全平行并且位于同一水平面，如图 1.1（b）中虚线所示。

设天平两臂长度相等，即 $L_1=L_2$，质量为 m_Q 的物体和质量为 m_p 的砝码分别放在天平的左、右秤盘上。当达到平衡时，根据杠杆原理，支点两边的力矩相等。则

$$QL_1=PL_2$$

式中 Q、P——m_Q 和 m_p 的质量。

因为

$$Q=m_Q g$$

$$P=m_p g$$

式中 g——重力加速度。

故

$$m_Q gL_1=m_p gL_2$$

由于 $L_1=L_2$，在同一地点 g 值相同，则

$$m_Q=m_p$$

即物体的质量等于砝码的质量。

由此可见，通常所说称量某物体的重量实际上称得的是物体的质量。

2. 等臂分析天平的结构

如 TG328B 型双盘电光天平，是由横梁部分、悬挂系统、升降枢和水平仪、光学读

数系统、机械加码装置、砝码和天平箱等组成，其结构如图1.2所示。

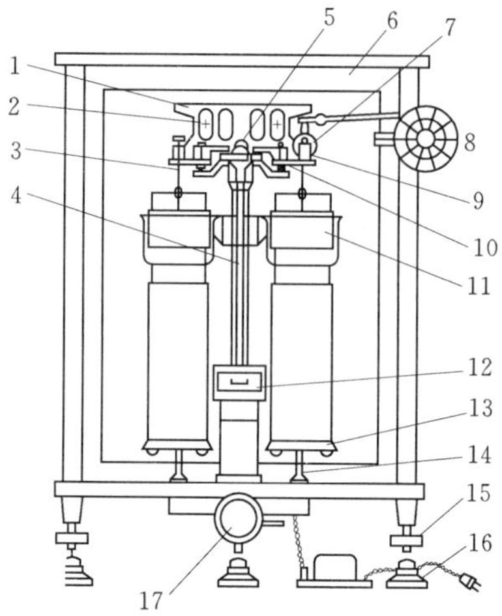

图1.2　TG328B型分析天平的结构

1—横梁；2—平衡砣；3—吊耳；4—指针；5—支点刀；6—框罩；7—圈形砝码；8—指数盘；9—支力销；10—折叶；11—阻尼内筒；12—投影屏；13—秤盘；14—托盘；15—螺旋脚；16—垫脚；17—旋钮

（1）横梁部分由横梁、指针、感量砣和平衡砣组成。

1）横梁。它是天平的主要部件，多用质轻、坚固、膨胀系数小的铝铜合金制成。梁上装有三把玛瑙刀，中刀（支点刀）向下，两边的边刀与中刀的距离相等，并要求三把刀口互相平行且位于同一水平面上。

刀口愈锋利，与刀口接触的玛瑙平面愈光滑，它们之间的摩擦力愈小，天平的灵敏度愈高。玛瑙耐磨性好，但质地较脆，使用时要十分小心，注意保护，开关天平要慢，以减轻振动。

2）指针。它装在横梁中间向下，指针下端装有微分标尺，经光学系统放大后可在投影屏上读数，标牌上刻有0～±10mg刻度线。

3）感量砣。又叫重心砝，上下移动可调节分析天平的灵敏度。

4）平衡砣。在横梁的两侧，当用拨杆不能调节天平的零点时需要用平衡砣来调节。

（2）悬挂系统由吊耳、阻尼器和秤盘组成。

1）吊耳。它包括承重板和挂钩，承重板下面镶有一块长条形玛瑙平板，它起着将悬挂系统的力传递给边刀的作用。挂钩用来挂阻尼内筒及秤盘。

2）阻尼器。它由内筒和外筒组成，利用空气阻力使指针能很快停止摆动。要求阻尼器内筒与外筒之间的缝隙要均匀，不能有丝毫碰擦；否则会发生挡害，造成很大称量误差，严重时使称量无法进行。

3）秤盘。它分左、右两个，上面刻有标记，不能相互调换使用。称量时，左盘放称物，右盘放砝码。

（3）升降枢。它由天平开关旋钮控制，打开天平时，旋钮顺时针转动，支撑天平横梁和吊耳的支力鞘随着下降，最后与横梁和吊耳脱离，使中刀口与中刀垫接触，承重刀口与承重板接触，三把刀口承受着横梁和悬挂系统全部的重力。与此同时，盘托也随之下降，光源灯变亮，此时天平处于工作状态。关闭天平时，旋钮逆时针转动，支力鞘动作与上述情况相反，天平处于休止状态。

为了保护玛瑙刀口和确保称量的准确性，开关天平时必须缓缓地转动开关旋钮；否则不仅会损坏玛瑙刀口，而且会使吊耳发生偏斜，造成较大的称量误差。

（4）水准仪。它固定在立柱后面的支架上，供校正天平的水平位置之用。调节天平两个前螺旋脚，当气泡位于水准仪圆圈的中央时，即达到水平位置。

（5）光学读数系统。它的作用是通过放大镜将微分标牌的读数放大，在投影屏上直接读出10mg以下的数值。光学读数系统包括变压器、灯泡、灯罩、聚光管、微分标尺、物镜以及一次、二次反射镜和投影屏等，如图1.3所示。

(6) 机械加码装置。它是代替人工加减砝码的装置，有全机械加码和半机械加码两种形式。半机械加码装置由8个凸轮组成，由指数盘控制8个毫克组环码的起落。环码采用1、2、5组合法，各档量值由10mg、10mg、20mg、50mg和100mg、100mg、200mg、500mg环码组成。转动指数盘可获取10～990mg的量值。TG328型半自动电光天平的克组砝码仍需用手工操作。

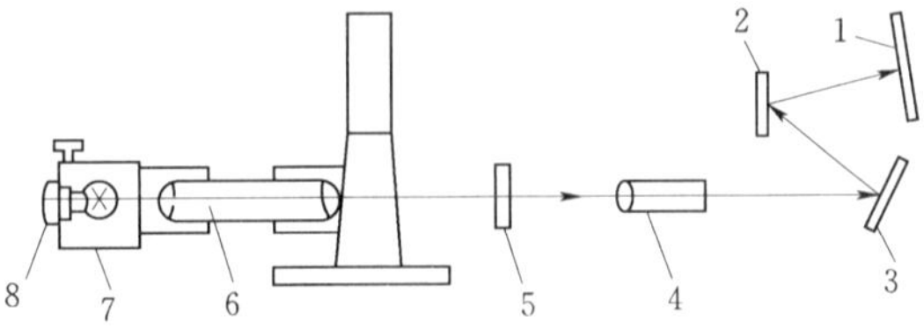

图1.3 光学读数系统

1—投影屏；2—二次反射镜；3—一次反射镜；4—物镜；5—微分标尺；6—聚光管；7—灯泡；8—灯座

操作指数盘要慢慢转动，一挡一挡地加减，否则会造成环码离钩、互挂或互碰现象，损害天平挡，严重影响称量。

(7) 砝码。TG328型半自动电光天平还有一盒克组砝码，有5、2、2、1和5、2、1、1、1两种组合形式。砝码在出厂时都要经校准鉴定，按其误差大小分为几等；半自动电光天平的配套磁码一般为2等或3等。

为了保证称量的准确性，要保护好砝码，使其不被沾污、氧化或腐蚀；若因不慎掉在地上或实验台上应检查是否受到损坏，必要时需要重新校正；砝码使用一年后也需重新校正、检验。

面值相同的砝码的质量有微小的差异，其中一个带有标记以示区别，称量时一般先使用不带标记的。

(8) 天平箱。它的作用是保护天平，防尘、防潮，称量时减少外界因素的影响。箱的前门供安装、检修天平用，侧门供称量时取、放砝码和称量物用，但调零点或读数时必须关闭。三只天平足的后面一只是固定的，前面的两只是可调的，用来调整天平的水平位置。

3. 双盘电光天平的称量操作

(1) 称量前的准备工作。每次称量前都应切实做好下面步骤：

1) 取下天平罩、叠好，用毛刷轻轻刷去秤盘和底座上的灰尘。

2) 调节天平处于水平位置，细心检查天平各部件是否处于正确位置。

3) 缓缓打开天平，拨动底座下面的调零拨杆，使标尺的零线与投影屏上的标线重合。关闭天平，此时天平状态良好，可进行称量操作。

(2) 直接称量法。直接称量法是指直接称取某一器皿质量或某种试样的称量方法。称量试样时，不同的试样可采用表面皿、小烧杯或称量纸等器皿盛放。该法常用于称取不易吸水，在空气中比较稳定的样品，如金属、矿样、基准物质等。

为了较快地确定称量物的质量范围，通常采用"由大到小，折半加入"的原则加减砝码。如称小表皿可将其放在左秤盘，并估计它的质量在10g左右，可在右秤盘上放10g砝码。半开天平，若指针向左偏转，说明小表皿质量不足10g，这时可换上5g砝码；半开天平，若指针向右偏转，说明小表皿质量大于5g，这时可再加2g砝码。依此类推，按上述原则反复进行，直至小表皿与砝码的质量相差在10mg范围内才允许全开天平，最后要求标线落在标尺的"+"值处。

当天平投影屏上的光标不再移动时，就可以读数。首先按克组砝码盒的空位读出所加的克组砝码数，待放回时再仔细核对一遍，如7.0000g；然后读出指数盘上加的环码毫克数，如930mg，即0.9300g；最后读出投影屏上标线所对的标尺读数，如2.3mg，即0.0023g。将以上3次读数相加即为小表皿的质量，m=7.9323g，仔细核对无误后，记录在记录簿上。

读数完毕立即关闭天平，取出称量物，砝码放回原位，指数盘回“零”，再打开天平检查零点。要求称量前后零点变化不得超过两小格（相当于0.2mg），若超过两小格应请指导教师查出原因后重新称量。最后将天平恢复到原来的状态。

（3）递减称量法。递减称量法是指把需称量试样装在一密闭的被叫做称量瓶的小玻璃瓶内，先直接称出称量瓶和试样总量，然后取出称量瓶，根据要求倾倒出某质量范围试样，再进行称量，两次称量之差，就是倾出试样的准确质量。该法常用于称取易吸收空气中水分或二氧化碳，易于氧化的样品。

现以要求称量出四份质量范围在0.1～0.2g固体试剂为例，说明递减称量法操作步骤：

1）做好称量前的准备工作，即清理天平、调好水平和零点等。

2）按直接称量法称出称量瓶与固体试剂的总质量m_1，记录到实验记录簿。

操作时要戴好细纱手套，放取称量瓶，若没有细纱手套可用一纸条或塑料条套在称量瓶上，严禁用手直接抓取，如图1.4（a）所示。

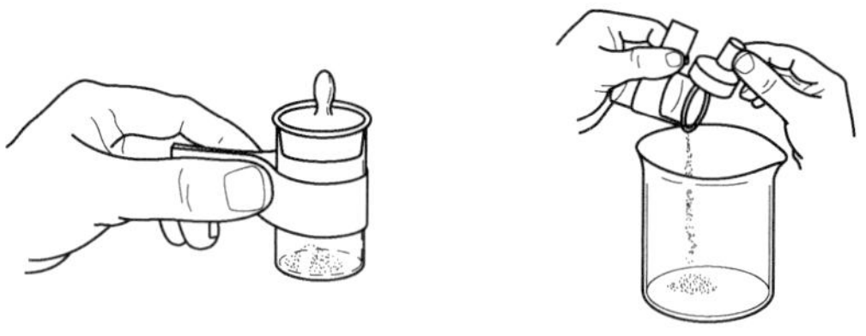

(a)　　　　(b)

图1.4　操作称量瓶与固体试剂的方法

（a）用纸条套住称量瓶；（b）试剂敲出方法

3）取出称量瓶在接受试剂容器的上方（尽量靠近又不能接触）打开瓶塞；将称量瓶慢慢倾斜，用瓶塞轻轻敲打瓶口的上部，如图1.4（b）所示，使试剂慢慢落入容器中。估计倾出试剂量已接近所需要的量时，在接受容器上方，边用瓶塞轻轻敲打称量瓶口的外壁边慢慢将称量瓶竖起，使粘在瓶口的试剂回到瓶内或落入接受容器内，然后将称量瓶加盖，重新放回天平盘上。

4）转动指数盘，减去100mg环码，半开天平，若指针迅速向右偏转，则倒出试剂不足100mg，可按上述方法继续倾出部分试剂，直到天平指针向左偏转为止。这时可由指数盘再减去100mg环码；半开天平，若指针迅速向右偏转，则表示倒出的试剂量没有超过200mg，符合要求的称量范围。然后适当加减砝码准确称量倒出第一份试剂后，称量瓶和试剂的总质量，设其为m_2，则第一份试剂的质量为m_1-m_2。递减称量法每份试剂倒出的次数不宜过多，以免增加丢失的机会，最好一次成功，最多不得超过3次。但若超出，则应重称。绝对不允许将已倾入容器的试样倒回称量瓶。

5）按照上述方法重复进行操作，即可称得第二、第三和第四份试剂的质量。记录和计算见表1.2。

称量结束工作应按直接称量法取出称量物和砝码，指数盘恢复到零，检查零点，最后将天平恢复到使用前的状态。

差减称量法节省时间，而且可以很方便地连续称取数份同一试样。

表 1.2　递减称量法记录表

项目＼序号	1	2	3	4
倒出前称量瓶＋试剂量（g）	m_1	m_2	m_3	m_4
倒出后称量瓶＋试剂量（g）	m_2	m_3	m_4	m_5
倒出试剂的量（g）	m_1-m_2	m_2-m_3	m_3-m_4	m_4-m_5

称量时必须注意：称量物不得超过天平的最大载重量（一般双盘电光天平为200g，单盘电光天平为100g，电子分析天平为160g）；样品不能直接放在秤盘上而应放在洁净干燥的容器（如表面皿、小烧杯）中，易吸潮或有挥发性、腐蚀性的样品要放在密闭容器中，以免腐蚀天平，不能称量热的物品。

1.3.3.4　电子天平

1. 电子天平的称量原理

应用现代电子控制技术进行称量的天平称为电子天平。各种电子天平的控制方式和电路结构不相同，但其称量的依据都是电磁力平衡原理。现以MD系列电子天平为例说明其称量原理。

我们知道，把通电导线放在磁场中时，导线将产生电磁力，力的方向可以用左手定则来判定。当磁场强度不变时，力的大小与流过线圈的电流强度成正比。如果使重物的重力方向向下，电磁力的方向向上，与之相平衡，则通过导线的电流与被称物体的质量成正比。

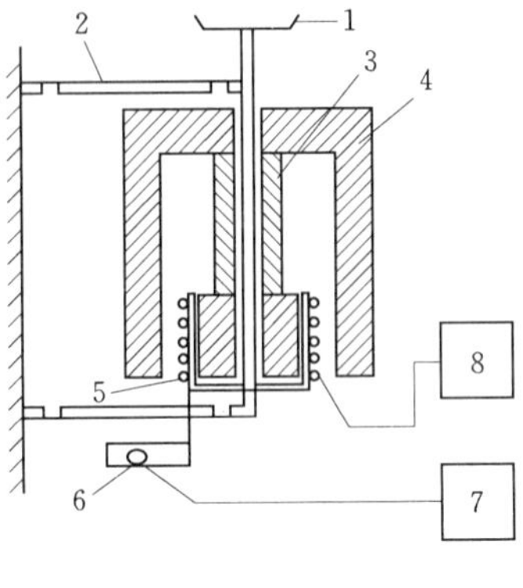

图 1.5　3MD系列电子天平结构
1—秤盘；2—簧片；3—磁钢；4—磁回路体；5—线圈及线圈架；6—位移传感器；7—放大器；8—电流控制电路

电子天平结构示意图如图1.5所示。秤盘通过支架连杆与线圈相连，线圈置于磁场中。秤盘及被称物体的重力通过连杆支架作用于线圈上，方向向下。线圈内有电流通过，产生一个向上作用的电磁力，与秤盘重力方向相反，大小相等。位移传感器处于预定的中心位置，当秤盘上的物体质量发生变化时，位移传感器检出位移信号，经调节器和放大器改变线圈的电流直至线圈回到中心位置为止。通过数字显示出物体的质量。

2. 电子天平的性能特点

（1）电子天平支撑点采用弹性簧片，没有机械天平的宝石或玛瑙刀，取消了升降框装置，采用数字显示方式代替指针刻度式显示。使用寿命长，性能稳定，灵敏度高，操作方便。

（2）电子天平采用电磁力平衡原理，称量时全量程不用砝码。放上被称物体后，在几秒钟内达到平衡，显示读数，称量速度快，精度高。

（3）有的电子天平具有称量范围和读数精度可变的功能，例如瑞士梅特勒AE240天平，在0～205g称量范围，读数精度为0.1mg；在0～41g称量范围，读数精度0.01mg，可以一机多用。

（4）分析及半微量电子天平一般具有内部校正功能。天平内部装有标准砝码，使用校准功能时，标准砝码被启用，天平的微处理器将标准砝码的质量值作为校准标准，以获得正确的称量数据。

（5）电子天平是高智能化的，可在全量程范围内实现去皮重、累加、超载显示、故障报警等。

（6）电子天平具有质量电信号输出，这是机械天平无法做到的，它可以连接打印机、计算机，实现称量、记录和计算的自动化。同时可以在生产、科研中作为称量、检测的手段，或参与组成各种新仪器。

3. 电子天平的安装和使用

以FA1604型电子分析天平（图1.6）为例，简单介绍其安装和使用方法。

（1）电子天平的安装方法。电子天平的安装很简单，拆箱后，去除一切包装，取出风罩内缓冲海绵，装好称盘。将天平置于稳定的工作台上，避免振动、阳光照射和气流。

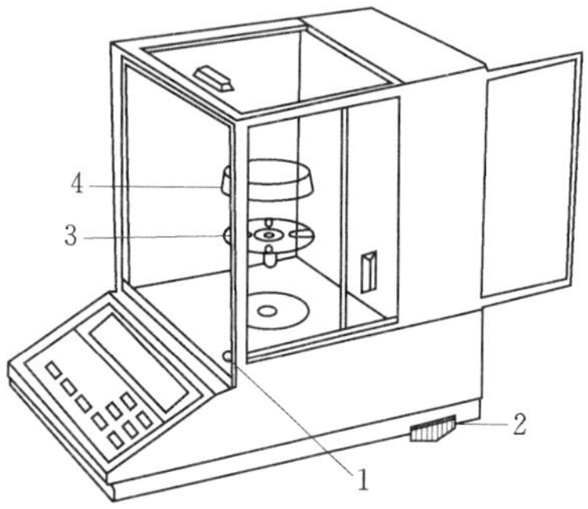

图1.6 FA1604型电子天平
1—水平仪；2—水平调节脚；
3—盘托；4—称量盘

（2）电子天平的使用方法。

1）在使用天平前观察水平仪，如水平仪水泡偏移，需调整水平调节脚，使水泡位于水平仪中心。

2）选择合适电源电压，将电压转换开关置相应位置。天平接通电源，就开始通电工作（显示器未工作），通预热30min后开启显示器进行操作使用。

3）ON开启显示器键，只要轻按一下ON键，显示器全亮，对显示器的功能进行检查后，进入称量模式。OFF关闭显示器键，轻按OFF键，显示器熄灭即可。若要较长时间不使用天平，应拔去电源线。

4）天平校准键，首次使用天平、使用天平30天以上以及较远距离地搬动天平，都需要对天平进行校准。校准程序按说明书上步骤进行。

5）电子天平采用轻触按键，能实行多键盘控制，操作灵活方便，各功能的转换与选择，只需按相应的按键。TAR清零、去皮键；RNG称量范围转换键；UNT量制转换键；INT积分时间调整键；ASD灵敏度调整键；PRT输出模式设定键。

6）称量操作。

a. 称量：以上各模式待用户选定后（本天平由于具有记忆功能，所有选定模式能保持断电后不丢失就可用于称量），按TAR键，显示为零后，置被称物于称盘，待数字稳定，即显示器左边的“0”标志熄灭后，该数字即为被称物的质量值。

b. 去皮重：置容器于称盘上，天平显示容器质量，按TAR键，显示零，即去皮重。再置被称物于容器中，这时显示的是被称物的净重。

c. 累计称量：用去皮重称量法，将被称物逐个置于称盘上，并相应逐一去皮清零，最后移去所有被称物，则显示数的绝对值为被称物的总质量值。

d. 加物：置INT—0模式，置容器于称盘上，去皮重。将称物（液体或松散物）逐步加入容器中，能快速得到连续读数值。当加物达到所需称量，显示器最左边“0”熄灭，这时显示的数值即为用户所需的称量值。当加入混合物时，可用去皮重法，对每种物质计净重。

e. 读取偏差：置基准砝码（或样品）于秤盘上，去皮重，然后取下基准码，显示其质量负值。再置称物于称盘上，视称物比基准砝码重或轻，相应显示正或负偏差值。

f. 下称：拧松底部下盖板的螺丝，露出挂钩。将天平置于开孔的工作台上，调整水平，并对天平进行校准工作，就可用挂钩称量挂物了。

7）电子天平的维护与保养，天平必须小心使用，称盘与外壳须经常用软布和牙膏轻轻擦洗，切不可用强溶解剂擦洗。

4. 电子天平的称量操作

（1）直接称量法。

1）称量前的准备工作。取下天平罩、检查电源是否接通、电源开关把手是否向上、停动手钮是否垂直向上、减码数字窗口、微读数字窗口是否处于“0”位。检查天平是否处于水平位置，即水准仪内的气泡是否在圆圈的中央。若不在中央，拧松锁紧螺母，调节底板下面的两个调整脚螺丝，使其回到中央，调好后将两个锁紧螺母拧紧。调零点：用毛刷轻轻刷去秤盘上的灰尘；全开天平等停稳后，转动调零手钮使投影屏上的标尺“00”刻线位于夹线的正中。若调零手钮已旋转到极限位置仍达不到目的，休止天平后由教师调节天平横梁上的平衡砣来解决，切勿擅自动手。

2）减码称量。休止天平打开侧门，将被称物放在秤盘的中央后进行减码称量。将停动手钮向后旋转约30°，使天平处于“半开”状态，此时标线一般停在微分标尺的10～15mg之间。向前转动减码大手钮，若转至50g时标尺刻线向上方移动或无光亮出现，表明减去砝码的质量已超过被称物的质量，此时应把大手钮退回到40g位置。然后再向前转动减码中手钮，若转到9g时标尺刻线向上方移动或无光亮，则应把中手钮退回到8g位置。最后向前转动小手钮，若转到0.5g时标尺刻线向上方移动，标尺负数夹入夹线甚至投影窗由亮变暗，应把小手钮转回到0.4g位置。然后，全开天平标尺刻线移动到22～23mg之间静止下来；再转动微读手钮，使22刻线夹在夹线的正中；若微读轮刻线为“1.5”，其称量结果从数字窗口读出的数值为48.42215g。

由此可见，单盘电光天平减码一般遵循“由大到小顺序减码”的原则。允许“半开”天平减码，但必须均匀缓慢地操作。

3）读数和记录。由读数窗口准确读数并核对一遍，再记录在实验记录簿上。

4）结束工作。记录完毕立刻休止天平（停动手钮转至垂直向上位置），取出被称物，关好天平侧门；将砝码窗口和微读数字窗退回到“0”位，再次全开天平观察零点有无变化。要求微读轮上的刻度不超过两格（即0.2mg），否则应检查出原因，调好零点重新称量。最后将天平恢复到使用前的状态，盖好天平罩。

（2）递减称量法。现以称出4份质量在0.1～0.2g的固体试样为例，介绍单盘电光天平的递减称量法操作。

1）称量前的准备工作。包括接通电源、检查水平、零位和调零点等均与直接称量法相同。

2）在粗台秤上用称量纸称取约4倍于0.15g的固体试样，放入清洁干燥的称量瓶中。

3）用直接称量法操作步骤2）、3）称出称量瓶与固体试样的总质量，设为m_1。

4）向后转动减码小手钮，将读数窗的数值减去0.1g，按前面所述的试样敲出方法倒出第一份试样于接受容器中。将称量瓶重新放回天平秤盘，半开天平。

若标尺停在10～15mg之间不动，全开天平时标尺读数在0～100mg的刻线内，待标尺停稳，再转动微读手钮使某一刻线夹在夹线的正中，即可读数，设为m_2，若倒出试样的质量（m_1-m_2）符合称量范围，即可记录。若不足0.1g，则应休止天平继续倒出试样，直到符合称量范围。

若标尺向上移动，负标线夹入夹线或投影窗无光，应将读数窗的数值再减去0.1g。标尺回到10～15mg刻度处停住，可全开天平标尺读数落在0～100mg的刻度线内，待标尺停稳，再转动微读手钮使某一刻线夹在夹线的正中即可读数，设为m_2。若倒出试样质量（m_1-m_2）在0.1～0.2g范围内，可将读数记录下来；若超过0.2g，则必须弃去试样，重新称量。

5）按上述方法和要求继续称出第二、第三和第四份试样，并记录称量瓶与试样的总质量分别为m_3、m_4和m_5。

6）结束工作。与直接称量法相同。

1.3.3.5 分析天平的使用规则

（1）称量前先取下天平护罩、叠好，然后检查天平是否处于水平状态；刷去秤盘上的污垢和灰尘；检查并调整天平的零点。

（2）旋转天平开关旋钮或停动手钮时必须缓慢，要轻开、轻关，绝对禁止在天平开启状态取放称量物和加减砝码及环码。单盘电光天平允许“半开”时加减砝码，但不允许取放称量物；双盘电光天平“半开”是为了判断指针倾斜方向及程度，不允许加减砝码及环码。

（3）读数和检查零点时必须全开天平，关好侧门，不得随意打开前门。

（4）试样和化学试剂均不得直接放在天平秤盘上称量，而应放在清洁干燥的表皿、称量瓶或坩埚内；具有腐蚀性的气体或吸湿性物质必须放在称量瓶或其他适当的密闭容器中称量。

（5）双盘电光天平1g以上的砝码必须用镊子夹取，转动指数盘、减码手钮必须一挡一挡地慢慢进行，防止砝码跳落或互撞。大砝码及被称物应尽量放在秤盘的中央，这样可减少秤盘的晃动，也可使称量结果更加准确。

（6）绝对禁止载重超过天平的最大负载；为了减少称量误差，在同一实验中应使用同一台天平和与其配套的砝码，并注意相同面值砝码的区别，应优先使用不带标记的砝码。

（7）称量时，如砝码与被称物的质量相差甚大时，不允许全开天平；应学会用“半开”天平的操作来决定砝码的加或减；双盘电光天平两盘相差范围在10mg内才允许全开天平；而单盘电光天平砝码与被称物相差在100mg以内才允许全开天平。

（8）称量数据必须记录在实验记录簿上，不得记在零碎纸上或其他地方；记录必须用钢笔或圆珠笔书写。

（9）称量完毕关好天平，及时取出砝码及被称物；指数盘和读数窗复零位后检查称量后的零点；若称量后零点变化超过0.2mg，应检查出原因后重新称量；若有洒落在天平秤盘上的试样应及时用毛刷清刷掉，然后检查天平是否关好，侧门是否关上，最后罩上天平护罩。

（10）为了保证天平横梁的等臂性，称量的物体必须与天平箱内的温度一致，不得将过热或过冷的物体放进天平盘称量。

1.3.3.6 称量误差分析

称量误差主要来源如下：

(1) 被称物（容器或试样）在称量过程中的条件发生变化。

1) 被称容器表面的湿度变化。烘干的称量瓶、灼烧过的坩埚等容器一般放在干燥器内冷却到室温后进行称量，它们暴露在空气中会因吸湿而使质量增加。因为空气湿度不同，吸附的水分不同，故称量试样要求速度要快。

2) 试样能吸附或放出水分，或具有挥发性，使称量质量改变，灼烧产物都有吸湿性，应盖上坩埚盖称量。

3) 被称物温度与天平温度不一致。如果被称物温度较高，会引起天平臂不同程度的膨胀，且有上升的热气流，使称量结果小于真实值。应将烘干或灼烧过的器皿在干燥器中冷却至室温后称量，但在干燥器中不是绝对不吸附水分，因此坩埚等容器应保持相同的冷却时间后称量才易于恒重。

4) 加药品的塑料勺表面由于摩擦带电可能引起较大的误差，这点常被操作者忽略。故天平室湿度应保持在50%～70%，过于干燥使摩擦积聚的电不易耗散。称量时要注意，擦拭被称物后应多放一段时间再称量。

(2) 天平和砝码不准确带来的误差。天平和砝码应定期（至多1年以内）检定，方法见有关规程。砝码的实际质量不相符属于系统误差，可借使用校正值消除，一般分析工作当不采用校正值时，要注意到克组砝码的质量允差较大。

(3) 称量操作不当是初学者称量误差的主要来源，如天平未调整水平，称量前后零点变动，开启天平过重，以及吊耳脱落，天平摆动受阻未被发现等等，其中以开启天平过重，转动减码手钮过重，造成称量前后零点变动为主要误差，因此在称量前后检查天平零点是否变化，是保证称量数据有效的一个简易方法。另外如砝码读错，记录错误等虽属于不应有的过失误差，但也是初学者称量失误的主要原因。

(4) 环境因素的影响。振动、气流、天平室温度太低或温度波动大等因素均使天平变动性增大。

(5) 空气浮力的影响。一般分析工作中所称的物体其密度小于砝码的密度，其体积比相应的砝码的体积大，在空气中所受的浮力也大，在精密的称量中要进行浮力校正，一般工作忽略此项误差。

1.3.4 滴定分析仪器操作

滴定分析中常用到容量瓶、移液管、滴定管等仪器来准确测量溶液的体积。对这类仪器的正确使用是提高分析结果准确度的关键。要特别指出的是，容量瓶是“容纳”仪器，而滴定管和移液管是“放出”仪器，它们的使用功能是有明显区别的。下面分别介绍这几种常用仪器的操作要领。

1.3.4.1 滴定管的使用

滴定管是滴定分析中最基本的量器。常量分析用的滴定管有50mL、25mL等几种规格，它们的最小分度值为0.1mL，读数可估计到0.01mL。此外，还有容积为10mL、5mL、2mL、1mL的半微量和微量滴定管，最小分度制为0.05mL、0.01mL、0.005mL。它们的形状各异。

根据控制溶液流速的装置不同，滴定管可分为酸式和碱式两种。酸式滴定管的下端装有玻璃活塞，用来盛放酸性或氧化性溶液。碱式滴定管的下端用乳胶管连接一个小玻璃管，乳胶管内有一玻璃珠，用以控制溶液的流出。碱式滴定管用来装碱性溶液和无氧化性溶液。

滴定管的使用包括洗涤、检漏、涂油、排气泡、读数等步骤。

1. 洗涤

对无明显油物的干净滴定管，可直接用自来水冲洗或用滴定管刷蘸肥皂水或洗涤剂（但不能用去污粉）刷洗，再用自来水冲洗。刷洗时要注意，不用刷头露出铁丝的毛刷，以免划伤滴定管内壁。如有明显油污，则需用洗液浸洗。洗涤时向管内倒入10mL左右铬酸洗液（碱式滴定管将乳胶管内玻璃珠向上挤压封住管口或将乳胶管换成乳胶滴头），再将滴定管逐渐向管口倾斜，并不断旋转，使管壁与洗液充分接触，管口对着废液缸，以防洗液撒出。若油污较重，可装满洗液浸泡，浸泡时间的长短视沾污情况而定。洗毕，应将洗液倒回洗瓶中，洗涤后应用大量自来水淋洗，并不断转动滴定管至流出的水无色，再用去离子水润洗三遍，洗净后的管内壁应均匀地润上一层水膜而不挂水珠。

2. 检漏

在使用滴定管前必须检查是否漏水。碱式滴定管漏水可更换乳胶管或玻璃珠；酸式滴定管漏水或活塞转动不灵，则应重新涂抹凡士林。其方法是：将滴定管平放于实验台上，取下活塞，用吸水纸擦净或拭干活塞及活塞套，再在活塞两侧涂上薄薄一层凡士林，然后将活塞平行插入活塞套中，单方向转动活塞，直至活塞转动灵活且外观为均匀透明状态，如图1.7所示。用橡皮圈套在活塞小头一端的凹槽上，固定活塞，以免滑落打碎。

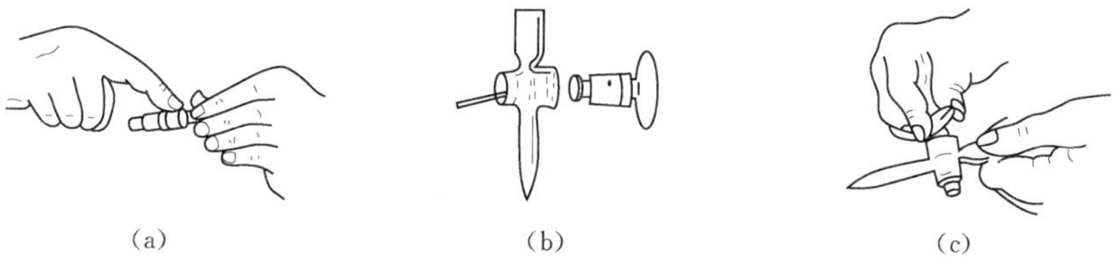

(a)　　(b)　　(c)

图1.7　酸式滴定管活塞涂油

(a) 活塞涂油；(b) 安装活塞；(c) 转动活塞

如凡士林堵塞了尖嘴玻璃小孔，可将滴定管装满水，用洗耳球鼓气加压，或将尖嘴浸入热水中，再用洗耳球鼓气，便可以将凡士林排除。

3. 装溶液和赶气泡

洗净后的滴定管在装液前，应先用待装溶液润洗内壁3次，用量依次为10mL、5mL、5mL左右。

装入溶液的滴定管，应检查出口下端是否有气泡，如有应及时排除。其方法是：取下滴定管，倾斜成30°，对酸试滴定管，可用手迅速打开活塞（反复多次），使溶液冲出并带走气泡；对碱式滴定管，则将橡皮管向上弯曲，捏起乳胶管使溶液从管口喷出，即可排除气泡，如图1.8所示。

将排除气泡后的滴定管补加操作溶液到零刻度以上，然后再调整至零刻度线位置。

4. 读数

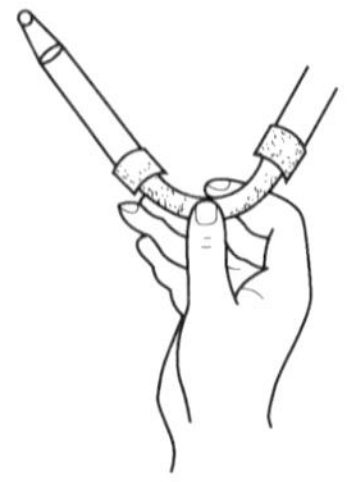
图 1.8 碱式滴定管排气泡

读数前，滴定管应垂直静置 1min。读数时，管内壁应无液珠，管出口的尖嘴内应无气泡，尖嘴外应不挂液滴，否则读数不准。读数方法是：取下滴定管用右手大拇指和食指捏住滴定管上部无刻度处，使滴定管保持垂直。并使自己的视线与所读的液面处于同一水平上，如图 1.9（a）所示。不同的滴定管读数方法略有不同。对无色或浅色溶液，有乳白板蓝线衬背的滴定管读数应以两弯月面相交的最尖部分为准，如图 1.9（b）所示。一般滴定管应读取弯月面最低点所对应的刻度。对深色溶液，则一律按液面两侧最高点相切处读取。

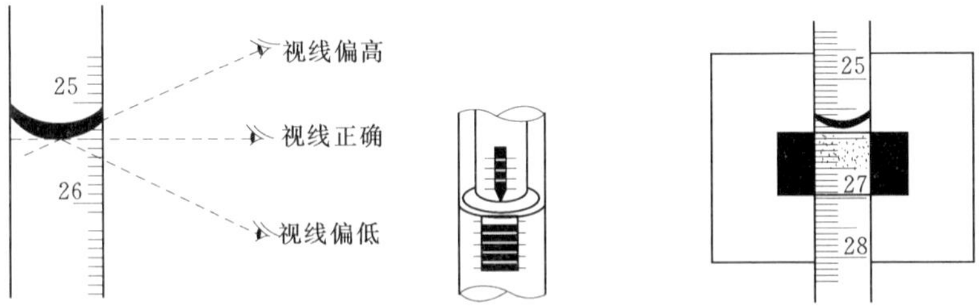

（a） （b） （c）

图 1.9 滴定管读数

对初学者，可使用读数卡，以使弯月面更清晰。读数卡是用贴有黑纸或涂有黑色的长方形（约 3cm×15cm）的白纸板制成。读数卡紧贴在滴定管的后面，把黑色部分放在弯月面下面约 1mm 处，使弯月面的反射层全部呈黑色，读取黑色弯月面的最低点，如图 1.9（c）所示。

5. 滴定

读取初读数之后，立即将滴定管垂直地夹在滴定管架上。操作酸式滴定管时，左手无名指和小指弯向手心，拇指与食指跨握滴定管的活塞处，与中指一起控制活塞的转动，如图 1.10（a）所示。但应注意，不要将旋塞向外顶，以免漏水，也不要太向里紧扣，以免旋塞转动不灵。操作碱式滴定管时，用左手的拇指与食指捏住玻璃珠外侧的乳胶管向外捏，形成一条缝隙，溶液即可流出，如图 1.10（b）所示。控制缝隙的大小即可控制流速，但要注意不能使玻璃珠上下移动，更不能捏玻璃珠下部的乳胶管以免产生气泡。

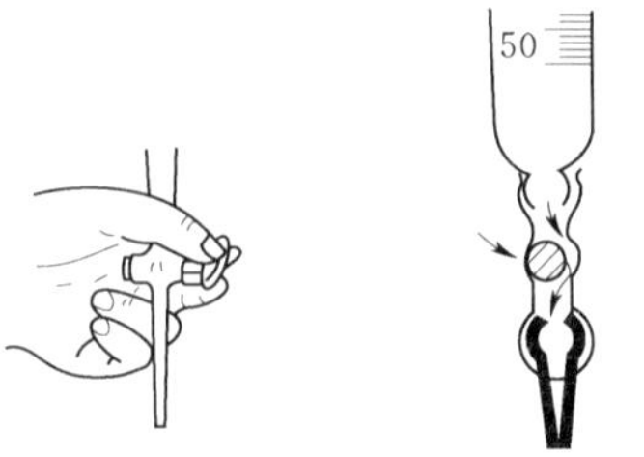

（a） （b）

图 1.10 滴定管中溶液的排出

（a）活塞的转动；（b）碱管溶液的流出

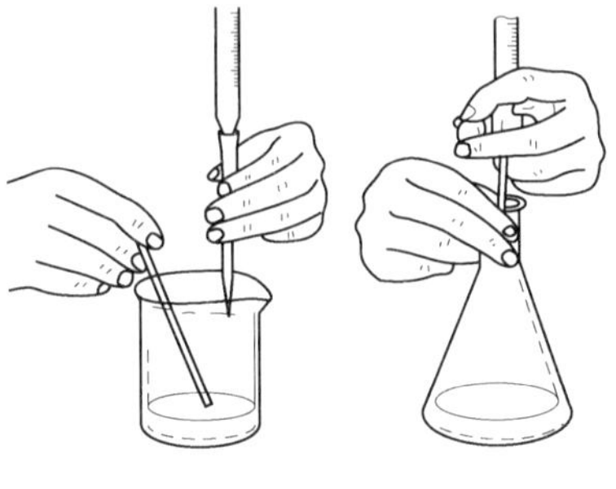
图 1.11 滴定操作

6. 滴定方法

滴定操作一般在锥形瓶内进行，如图 1.11 所示，有时亦可在烧杯中进行。

在锥形瓶中进行滴定时，右手前三指拿住瓶颈，瓶底离瓷板（或台面）2～3cm。将滴定管下端伸入瓶口约 1cm。左手如前述方法操作滴定管，边摇动锥形瓶，边滴加溶液。滴定时应注意以下几点：

（1）摇瓶时，转动腕关节，使溶液向同一方向旋转（左旋、右旋均可），但勿使瓶口接触滴定管出口尖嘴。

（2）滴定时，左手不能离开旋塞任其自流。

（3）眼睛应注意观察溶液颜色的变化，而不要注视滴定管的液面。

（4）溶液应逐滴滴加，不要流成直线，接近终点时，应每加一滴，摇几下，直至加半滴使溶液出现明显的颜色变化。加半滴溶液的方法是先使溶液悬挂在出口尖嘴上，以锥形瓶内壁接触液滴，再用少量蒸馏水吹洗瓶壁。

（5）用碱式滴定管滴加半滴溶液时，应放开食指与拇指，使悬挂的半滴溶液靠入瓶口内，再放开无名指与中指。

（6）每次滴定应从“0”分度开始。

（7）滴定结束后，倒出滴定管内剩余的溶液，随即洗净滴定管。

若在烧杯中进行滴定，应将烧杯放在滴定台上，将滴定管出口尖嘴伸入烧杯约 1cm。滴定管应放在左后方，但不要靠杯壁，右手持玻璃棒搅动溶液。加半滴溶液时，用玻璃棒末端承接悬挂的半滴溶液，放入溶液中搅拌。注意玻璃棒只能接触液滴，不能接触管尖。

无论用哪种滴定管，都必须掌握三种滴加方法：逐滴滴加；加一滴；加半滴。

7. 滴定速度

滴定时速度的控制一般为开始时每秒 3～4 滴；接近终点时，应一滴一滴加入，并不停地摇动，仔细观察溶液的颜色变化；也可每次加半滴（加半滴操作，使溶液悬而不滴，让其沿器壁流入容器，再用少量去离子水冲洗内壁，并摇匀），仔细观察溶液的颜色变化，直至滴定终点为止。读取终读数，立即记录。注意：在滴定过程中左手不应离开滴定管，以防流速失控。

8. 平行实验

平行滴定时，应该每次都将初刻度调整到“0”刻度或其附近，这样可减少滴定管刻度的系统误差。

9. 最后整理

滴定完毕，应倒出滴定管中剩余溶液，洗净滴定管，装满去离子水，罩上滴定管盖备用。

1.3.4.2　移液管及其使用

1. 移液管

移液管是用来准确移取一定体积溶液的量器，准确度与滴定管相当。移液管有两种，一种中部具有“胖肚”结构，无分刻度，两端细长，只有环行标线，“胖肚”上标有指定温度下的容积。常见的规格为 5mL、10mL、25mL、50mL、100mL 等；另一种是有分刻度的直型玻璃管，又称吸量管或刻度吸量管，管的上端标有指定温度下的总体积。吸量管的容积有 1mL、2mL、5mL、10mL 等，可用来吸取不同容积的溶液，一般只量取小体积的溶液，其准确度比“胖肚”移液管稍差。吸量管有单标线和双标线之分，单标线吸量管为溶液全流出式，双标线吸量管的分刻度不刻到管尖，属于溶液不完全流出式。

移液管的使用，主要包括以下几个方面：

（1）洗涤。移液管使用前也要进行洗涤，洗涤时，先用适当规格的移液管刷，用自来水清洗，若有油污可用洗液洗涤。方法是吸入 1/3 容积铬酸洗液，平放并转动移液管，使洗液润洗内壁，洗毕将洗液倒入原瓶，稍后用自来水冲洗，再用去离子水清洗 2～3 次备用。

（2）润洗。洗净后的移液管，在移液前必须用吸水纸吸净尖端内、外的残留水，然后用待取液润洗 2～3 次，以防改变溶液的浓度。洗涤时，当溶液吸至“胖肚” 1/4 处，即可封口取出。应注意勿使溶液回流，以免稀释溶液。润洗后将溶液从下端放出。

（3）移液。移液管经润洗后，用右手大拇指及中指拿住管颈刻线以上的地方（后面二指依次靠拢中指），将移液管插入待吸液液面以下 1～2cm 处。不要插入太深，以免外壁沾带溶液过多，也不要插入太浅，以免液面下降时吸空。左手拿洗耳球，排除空气后紧按在移液管口上，借吸力使液面慢慢上升，移液管应随待吸液液面的下降而下降。当管中液面上升至刻线以上时，迅速用右手食指堵住管口（食指最好是潮而不湿），稍松食指，用大拇指及中指轻轻捻转管身，使液面缓慢下降，直到调定零点。按紧食指，使溶液不再流出，将移液管移入准备接收溶液的容器中，仍使其流液口接触倾斜的器壁（30°）。松开食指，使溶液自由地沿壁流下，如图 1.12 所示，待下降的液面静止后，再等待 15s，然后移出移液管。用移液管从容量瓶中移取溶液时，将移液管的流液口靠着容量瓶颈的内壁，左手拿容量瓶，并使其倾斜约 30°。

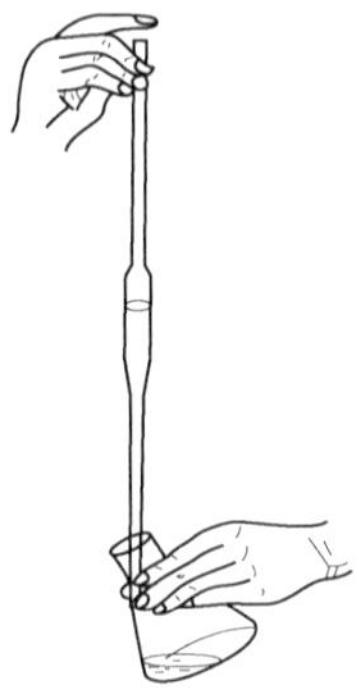

图 1.12　移液管的操作

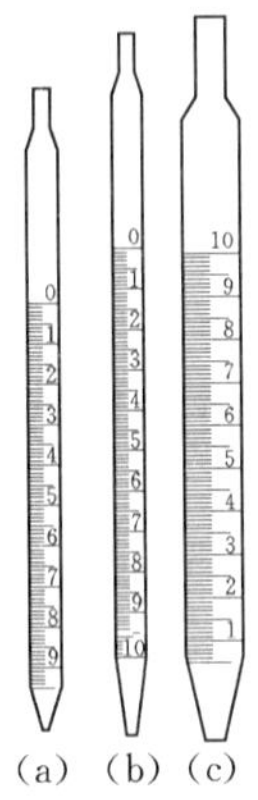

图 1.13　分度吸量管

注意：在调整零点和排放溶液过程中，移液管都要保持垂直，其流液口要接触倾斜的器壁（不可接触下面的溶液）并保持不动；等待 15s 后，流液口内残留的一点溶液一般不可用外力使其被震出或吹出。如管上标有“吹”字，则当溶液下降到管尖后，从管口轻吹一下即可。移液管用完应放在管架上，不要随便放在实验台上，尤其要防止管颈下端被沾污。如短时间内不用它，则应立即用自来水冲洗，用蒸馏水清洗后放在移液管架上。

2. 吸量管

吸量管的全称是“分度吸量管”，它是带有分度的量出式量器，如图 1.13 所示，用于移取非固定量的溶液。

吸量管的使用方法与移液管大致相同。

1.3.4.3　容量瓶及其使用

在配置标准溶液或将溶液稀释至一定浓度时，往往要使用容量瓶。容量瓶的外形是平底、细颈梨形，瓶口带有磨口玻璃塞或塑料塞。颈上有环型标线，瓶体标有体积，一般表示 20℃时液体充满至刻度时的容积。常见的有 10mL、25mL、50mL、100mL、250mL、500mL 和 1000mL 等各种规格。此外还有 1mL、2mL、5mL 的小容量瓶，但用得较少。

容量瓶的使用，主要包括以下几个方面：

（1）检查。使用容量瓶前应先检查其标线是否离瓶口太近，如果太近则不利于溶液混合，就不宜使用。另外还必须检查瓶口是否漏水，如图 1.14（a）所示。检查时加自来水近刻度，盖好瓶塞用左手食指按住，同时用右手五指托住瓶底边沿，如图 1.14（b）所示，将瓶倒立 2min，如不漏水，将瓶直立，把瓶塞转动 180°，再倒立 2min，若仍不漏水即可使用。

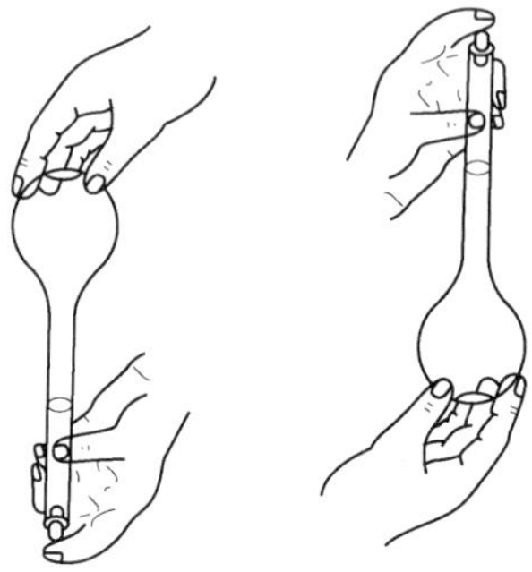

(a)　　(b)

图 1.14　容量瓶的检查

（2）洗涤。可先用自来水冲洗，洗后，如内壁有油污，则应倒尽残水，加入适量的铬酸洗液（250mL 规格的容量瓶可倒入 10～20mL），倾斜转动，使洗液充分润洗内壁，再倒回原洗液瓶中，用自来水冲洗干净后，再用离子水润洗 2～3 次备用。

（3）配制溶液。将准确称量好的药品倒入干净的小烧杯中，加入少量溶剂将其完全溶解后再转移至容量瓶中。注意，如使用非水溶剂则小烧杯及容量瓶都应事先用该溶剂润洗 2～3 次。定量转移时，右手持玻璃棒悬空放入容量瓶内，玻璃棒下端靠在瓶颈内壁（但不能与瓶口接触），左手拿烧杯，烧杯嘴紧靠玻璃棒，使溶液沿玻璃棒流入瓶内沿壁而下，如图 1.15 所示。烧杯中溶液流完后，将烧杯嘴沿玻璃棒上提，同时使烧杯直立。将玻璃棒取出放入烧杯内，用少量溶剂冲洗玻璃棒和烧杯内壁，也同样转移到容量瓶中。如此重复操作 3 次以上。然后补充溶剂，当容量瓶中溶液体积至 3/4 左右时，可初步摇荡混匀。再继续加溶剂至近标线，最后改用滴管逐滴加入，直到溶液的弯月面恰好与标线相切。若为热溶液应冷却至室温后，再加溶剂至标线。盖上瓶塞，将容量瓶倒置，待气泡上升至底部，再倒转过来，待气泡上升到顶部，如此反复操作 10 次以上，使溶液混匀。

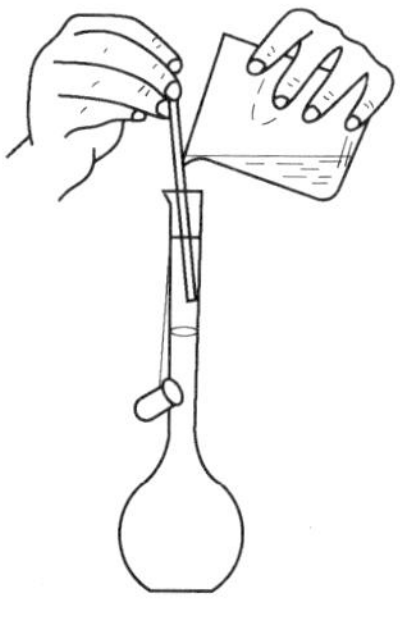

图 1.15　溶液转入容量瓶移操作

（4）稀释溶液。用移液管移取一定量体积的浓溶液于容量瓶中，加水至标线，混匀即可。

（5）注意事项。容量瓶不宜长期储存试剂，配好的溶液需要长期保存时，应转入试剂瓶中。转移前要用该溶液的润洗试剂瓶 3 遍。用过的容量瓶，应立即用水洗净备用。如长期不用容量瓶时，要把磨口和瓶塞擦干，用纸片将其隔开。此外容量瓶不能在电炉、烘箱中烘烤，如必须干燥，可先用 C_2H_5OH 等有机物润洗后，再用电吹风或烘干机的冷风吹干。

1.3.4.4　容量器皿的校准

容量器皿的实际容积与其所标示的容积往往不完全相符，而且通常的容器校正以

20℃为标准，但使用时的温度不一定是20℃，温度改变时，容器的容积及溶液的体积都将发生改变。因此，精密分析时需进行容量器皿的校准。

容器校准时，根据具体情况可采用相对校准和称量校准。

1. 相对校准

在实际工作中，容量瓶和移液管常常是配合使用的。例如，要用25mL移液管从250mL容量瓶中取1/10容积的液体，则移液管与容量瓶的容积比只要1∶10就行了。此时，可采用相对校准的方法。其步骤如下：使用移液管准确移取25mL去离子水，放入已洗净、干燥的250mL容量瓶中。重复移取10次后，观察溶液的弯月面是否与标准线正好相切，否则，应另做一标号。相对校准后的容量瓶和移液管，应贴上标签，以便以后更好地配套使用。

2. 称量校准

滴定管、容量瓶、移液管的实际容积往往采用称量校准方法。原理为：称取量器中所放出或所容纳H_2O的质量。并根据该温度下H_2O的密度，计算出该量器在20℃（玻璃量器的标准温度）时的容积。但是，由质量换算成容积时必须考虑H_2O的密度、空气浮力、玻璃的膨胀系数三个因素的影响。为了方便起见，表1.3列出了3个因素综合校准后的换算系数。根据表中换算系数（f），用下式即可算出某一温度（t）下一定质量（m）的纯H_2O在20℃时所占的实际容积（V）：

$$V=fm$$

例如，校准移液管时，在15℃称得纯H_2O质量为24.94g，查表得15℃时的综合换算系数为1.0021，由此算得它在20℃时的实际体积为：

$$V=1.0021\text{mL/g}\times 24.94=24.99\ (\text{mL})$$

表1.3　不同温度下纯H_2O体积的综合换算系数（f）

t (℃)	f (mL/g)	t (℃)	f (mL/g)	t (℃)	f (mL/g)	t (℃)	f (mL/g)
0	1.00176	11	1.00168	22	1.00321	33	1.00599
1	1.00168	12	1.00177	23	1.00341	34	1.00629
2	1.00161	13	1.00186	24	1.00363	35	1.00660
3	1.00156	14	1.00196	25	1.00385	36	1.00693
4	1.00152	15	1.00207	26	1.00409	37	1.00725
5	1.00150	16	1.00221	27	1.00433	38	1.00760
6	1.00149	17	1.00234	28	1.00458	39	1.00794
7	1.00150	18	1.00249	29	1.00484	40	1.00830
8	1.00152	19	1.00265	30	1.00512		
9	1.00156	20	1.00283	31	1.00535		
10	1.00161	21	1.00301	32	1.00569		

f为不同温度下用纯H_2O充满1L（20℃）玻璃容器时H_2O质量的0.1%倒数，其中1L=1.000028dm^3。

1.4 试剂的处理与选用

1.4.1 常用试剂规格

化学试剂的规格是以其中所含杂质多少来划分的，根据国家标准（GB）及部颁标准，一般可分为4个等级，其规格和适用范围见表1.4。

表1.4 化学试剂的规格和适用范围

等级	名称	英文名称	符号	标签	适用范围
一级品	优级纯（保证试剂）	Guaranteed reagent	G. R.	绿色	纯度高、适用精密分析和科研工作
二级品	分析纯（分析试剂）	Analytical reagent	A. R.	红色	纯度仅次于一级品，适用于分析和科学研究
三级品	化学纯	Chemical pure	C. P.	蓝色	纯度较二级品差，适用于一般分析
四级品	实验试剂（医用）	Laboratorial reagent	L. P.	棕色或其他色	纯度较低，宜用实验辅助试剂

此外，还有光谱纯试剂、基准试剂、色谱纯试剂等。

光谱纯试剂（符号S. P.）的杂质含量用光谱分析法已测不出或者其杂质的含量低于某一限度，这种试剂主要用作光谱分析中的标准物质。

基准试剂的纯度等于或高于保证试剂。基准试剂用作滴定分析中的基准物质是非常方便的，也可用于直接配制标准试剂。

在分析工作中，选用的试剂纯度要与所用方法相当，实验用水、操作器皿等要与试剂的等级相适应。若试剂都选用G. R.级，则不宜使用普通的蒸馏水或去离子水，而应使用经两次蒸馏制得的重蒸馏水。所用器皿的质地也要求较高，使用过程中不应有物质溶解，以免影响测定的准确性。选择试剂时，要注意节约原则，不要盲目追求纯度高，应根据要求取用。在特殊情况下，市售试剂纯度不能满足要求时，分析者应自己动手精制。

1.4.2 试剂保管

一般的化学试剂应保存在通风良好、干净、干燥的房子里，防止水分、灰尘和其他物质沾污。同时，根据试剂性质应有不同的保管方法。

（1）容易侵蚀玻璃而影响纯度的试剂如氢氟酸、氟化物（氟化钾、氟化钠、氟化铵）、苛性碱（氢氧化钾、氢氧化钠）等，应保存在塑料瓶或涂有石蜡的玻璃瓶中。

（2）见光会逐渐分解的试剂如硝酸银、焦性没食子酸、高锰酸钾、铋酸钠等，与空气接触易逐渐被氧化的试剂如氯化亚锡、硫酸亚铁、亚硫酸钠等，以及易挥发的试剂如溴、氨水及乙醇等，应放在棕色瓶内，置冷暗处。对于H_2O_2，则通常存放在不透明的塑料瓶中，放置于阴凉的暗处。

（3）吸水性强的试剂，如无水碳酸盐、苛性钠、过氧化钠等应严格密封（蜡封）。

（4）相互易作用的试剂，如挥发性的酸与氨，氧化剂与还原剂，应分开存放。易燃的试剂如乙醇、乙醚、苯、丙酮与易爆炸的试剂如高氯酸、过氧化氢、硝基化合物，应分开贮存在阴凉通风、不受阳光直接照射的地方。

（5）剧毒试剂如氰化钾、氰化钠、氢氟酸、二氯化汞、三氧化二砷（砒霜）等，应特别妥善保管（五双制度），经一定手续取用，以免发生事故。

盛装试剂的试剂瓶都应贴上标签，并写明试剂的名称、纯度、浓度和配制日期，标签外面应涂蜡或用透明胶带等保护。

1.4.3 试剂的取用

首先看清标签再打开瓶塞，应将瓶塞倒放在实验台上。如瓶塞非平顶，则用中指和食指将它夹住或放在清洁的表面皿上，绝不能将瓶塞横放在实验台上，以免沾污。取完试剂即将瓶盖紧并放回原处，严禁弄错瓶塞。

1. 固体试剂的取用

(1) 左手持瓶稍倾斜，右手持洁净、干燥的药勺伸入瓶内，取适量药品。如果试剂用量很少，可用药勺另一端的小勺。用过的药勺必须洗净、擦干后再取另一种试剂，或者专勺专用。

(2) 注意按指定量取药品，多取的不能倒回原处，只能放在另一指定的容器中备用。

(3) 需要称量时，可将药品放在洁净的称量纸上（勿用滤纸）或表面皿上。药品用量较大或易吸湿的可用烧杯等容器盛装。

2. 液体试剂的取用

(1) 从细口瓶中取试剂。右手持试剂瓶，手心朝向贴有标签的一侧，将瓶口紧靠试管、烧杯或量筒的边缘。缓慢倾斜瓶子，让试剂沿盛器壁徐徐流入，如图 1.16 (a)、(b) 所示。倾出所需要量的试剂后，逐渐竖起瓶子，稍加停留后再离开盛器，以便遗留在瓶口的试剂全部流回，避免弄脏试剂瓶的外壁。

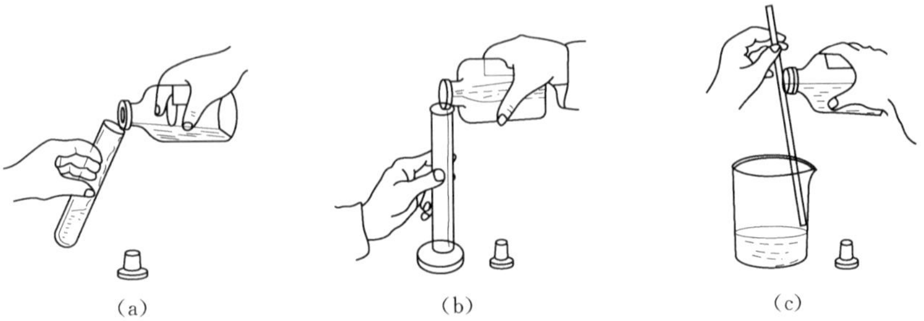

(a) (b) (c)

图 1.16 倾注法取液体试剂

用烧杯等大口容器盛取溶液时，可用一根洁净的玻璃棒紧靠瓶口，让溶液沿着玻璃棒徐徐流入杯内，如图 1.16 (c) 所示。玻璃棒随着液面上升逐渐往上提。倒出需要量的溶液后，慢慢竖起瓶子，稍加停留，再拿开玻璃棒，并随即洗净。

(2) 从滴瓶中取试剂。用中指和无名指夹住滴管颈部，拇指和食指虚按橡皮乳头，提起滴管，如图 1.17 (a) 所示。

如果滴管中已存有溶液，即可滴用。如无溶液，则轻压橡皮乳头赶出空气后，随即伸入溶液，放松手指吸入溶液。切勿在滴瓶内驱气鼓泡，以免溶液变质。滴管取出后切不可横置或倒置，以免溶液流入橡皮乳头而腐蚀橡皮和沾污溶液。

将溶液滴入试管中时，不要将滴管伸入管内，否则容易碰到管壁而沾污。通常在管口上方约 0.5cm 处将试剂滴入，如图 1.17 (b) 所示。取完试剂后，应立即将滴管插回原瓶，切忌“张冠李戴”，也不可用自己的滴管去取公用试剂。

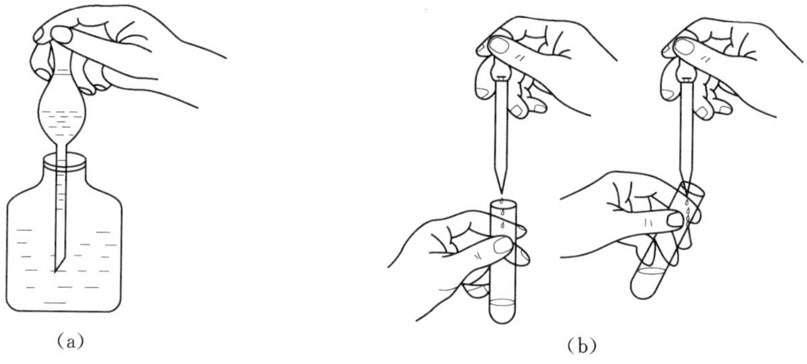

图 1.17 从滴瓶中取试剂

(a) 滴瓶取溶液；(b) 用滴管将试剂加入试管中

应学会估计液体的量。例如，1mL 相当于多少滴，3mL、5mL 占试管容量的几分之几等。当某些实验无须准确量取试剂时，则可通过估计量取，从而简化操作。

1.4.4 试剂的配制

根据配制试剂纯度和浓度的要求，选用不同级别的化学试剂并计算溶质的用量。配制饱和溶液时，所用溶质的量应稍多于计算量，加热使其溶解，冷却，待结晶析出后再用，这样可保证溶液饱和。

配制溶液（如配制 NaOH 溶液）时如有大量的溶解热产生，则配制溶液的操作一定要在烧杯中进行。

溶液配制过程中，加热和搅拌可加速溶解。但搅拌不宜太剧烈，不能使搅拌棒触及烧杯壁。配制易水解的盐溶液时，必须把试剂先溶解在相应的酸溶液［如 $SnCl_2$、$SbCl_2$、$Bi(NO_3)_3$ 等］或碱溶液（如 Na_2S 等）中以抑制水解。对于易氧化的低价金属盐类溶液，不仅需要酸化溶液，而且应在该溶液中加入相应的纯金属，以防止低价金属离子氧化。

【复习思考题】

1. 什么是实验室“5S”管理？

2. 为什么天平梁未托起前，绝对不允许把任何物品放入天平盘中或从天平盘取下？

3. 实验中记录称量数据应准确至几位？为什么？

4. 称量时，为什么每次应将砝码和物品放在天平盘的中央？

5. 为什么滴定管在装入标准溶液之前必须用待装溶液润洗三次？滴定中使用的锥形瓶是否需要干燥或润洗，为什么？

6. 电气设备火灾宜用（　　）灭火。

A. 水　　B. 泡沫灭火器　　C. 干粉灭火器　　D. 湿抹布

7. 分析纯化学试剂标签颜色为（　　）。

A. 绿色　　B. 棕色　　C. 红色　　D. 蓝色

8. 实验室所使用的玻璃量器，都要经过（　　）的检定。

A. 国家计量部门　　B. 国家计量基准器具

C. 地方计量部门　　D. 社会公用计量标准器具

9. 用于配制标准溶液的试剂的水最低要求为（　　）。

A. 一级水　　B. 二级水　　C. 三级水　　D. 四级水

10. 化验员工作的程序有哪些?

11. 化学分析实训室有哪些仪器，需要哪些技能?

12. 化验员岗位工作有哪些要求?

项目2　实验报告的编制

项目说明

通过本项目学习，使学生能正确填写实验报告，做到内容完整、表述准确、字迹（或打印）清晰。

总体目标

知识目标

1. 编制实验报告的内容完整，能正确反映样品质量。
2. 实验数据的填写符合要求。
3. 会分析实验中分析结果和溶液配制计算。
4. 会结果准确度方面的计算。

能力目标

1. 看懂报表的内容。
2. 能设计实验数据记录表格。
3. 能正确填写实验报告，做到内容完整、表述准确、字迹（或打印）清晰。
4. 能进行相关的计算。
5. 判断分析数据是否符合要求。

工作态度

1. 树立实事求是、用心做事的职业意识。
2. 能够遵守分析检验职业道德，遵纪守法。

2.1　实验报告的编制格式及要求

分析化验工作人员在样品分析工作中，需要对分析数据进行记录，分析工作结束后需要完成实验报告，将分析结果报送企业质量管理部门，质量管理部门通过对实验报告分析来完成产品质量控制。因此，填写合格的实验报告是分析化验工作人员应掌握的知识和技能。

2.1.1　企业产品分析数据记录表

企业产品分析数据记录表，例表见表2.1。

2.1.2　实验报告的书写格式和实例

实验结束后完成实验报告的过程是对实验的提炼、归纳和总结的过程，能进一步消化所学的知识，培养分析问题的能力。因此，要重视实验报告的书写。

实验报告一般包括实验名称、实验日期、实验原理、简要步骤、实验现象和数据、数据处理和实验结果、讨论等内容。实验报告的书写格式可参见所附的实例。

【例】　酸碱溶液的配制和浓度的比较。

（1）实验日期：××年××月××日。

表 2.1　　**开封市环境监测站水质分析数据记录表**

容量法分析水中（　　）原始记录

编号：

<table>
<tr><td>样品来源</td><td colspan="6"></td></tr>
<tr><td>采样日期</td><td colspan="6">年　月　日</td></tr>
<tr><td>分析日期</td><td colspan="6">年　月　日</td></tr>
<tr><td>分析方法</td><td colspan="3"></td><td>方法来源</td><td colspan="2"></td></tr>
<tr><td>最低检出浓度
或检测下限</td><td colspan="3"></td><td>全程序空白</td><td colspan="2"></td></tr>
<tr><td rowspan="4">标准溶液被
标定溶液</td><td>标准溶液取样量（mL）</td><td></td><td></td><td colspan="2">被标定溶液名称</td><td></td></tr>
<tr><td>被标定溶液消耗量（mL）</td><td></td><td></td><td colspan="2">标准溶液名称</td><td></td></tr>
<tr><td>被标定溶液浓度</td><td></td><td></td><td colspan="2">标准溶液浓度</td><td></td></tr>
<tr><td>平均值</td><td colspan="2"></td><td colspan="2">滴定空白</td><td></td></tr>
<tr><td>计算公式</td><td colspan="6"></td></tr>
<tr><td>样品预处理及质控
样品分析说明</td><td colspan="6"></td></tr>
<tr><td rowspan="5">质量控制</td><td rowspan="2">样品总数
（　　）个</td><td colspan="3">自　控</td><td colspan="2">外　控</td></tr>
<tr><td>平行样</td><td>加标回收</td><td>标准样</td><td>密码平行</td><td>密码标准样</td></tr>
<tr><td>个（对）数</td><td></td><td></td><td></td><td></td><td></td></tr>
<tr><td>合格率（%）</td><td></td><td></td><td></td><td></td><td></td></tr>
<tr><td>质量监督员</td><td colspan="3"></td><td colspan="2"></td></tr>
</table>

（2）方法摘要。

1）配制 0.1mol/L NaOH、0.1mol/L HCl 溶液各 200mL。

2）以甲基橙、酚酞为指示剂进行 HCl 溶液与 NaOH 溶液的浓度比较滴定，反复练习。

3）计算 NaOH 溶液与 HCl 溶液的体积比。

（3）记录和计算。

NaOH 溶液与 HCl 溶液浓度的比较（见表 2.2）：以甲基橙为指示剂；以酚酞为指示剂（格式同上）。

表 2.2　　**NaOH 溶液与 HCl 溶液浓度比较**

次序 / 记录项目	Ⅰ	Ⅱ	Ⅲ	Ⅳ
NaOH 终读数 NaOH 初读数	mL mL	mL mL	mL mL	mL mL
V_{NaOH}				
HCl 终读数 HCl 初读数	mL mL	mL mL	mL mL	mL mL

续表

次序 记录项目	Ⅰ	Ⅱ	Ⅲ	Ⅳ
V_{HCl}				
V_{NaOH}/V_{HCl}				
平均 V_{NaOH}/V_{HCl}				
个别测定的绝对偏差				
相对平均偏差				

【例】 分析天平的称量练习。

（1）实验日期：××年××月××日。

（2）方法摘要：用减量法称取试样 2 份，每份 0.2～0.4g。

（3）数据记录，见表 2.3。

表 2.3 称量数据记录

记 录 项 目	Ⅰ	Ⅱ	Ⅲ
（称量瓶＋试样）的质量（倒出前）	m_1＝17.6549g	m_2＝17.3338g	
（称量瓶＋试样）的质量（倒出后）	m_2＝17.3338g	m_3＝16.9823g	
称出试样质量	0.3211g	0.3515g	
（烧杯＋称出试样）的质量	m_4＝28.5730g	m_5＝7.7275g	
空烧杯质量	28.2516g	7.3658g	
称出试样质量	0.3214g	0.3517g	
绝对差值	0.0003g	0.0002g	

2.2 分析结果的处理

2.2.1 有效数字计算

2.2.1.1 有效数字

为了得到准确的分析结果，不仅要准确地进行测量，而且要正确地进行记录。这里主要是指测定中能正确记录数字的位数。因为分析数据不仅表示数量的大小，也反映测量的精确程度。

1. 有效数字的意义

有效数字是指分析工作中实际测量到的数字。例如滴定时从滴定管上读取的消耗标准溶液的体积数字，称量时从天平上读取的物质的质量数字等都是有效数字。

2. 有效数字的记录原则

有效数字保留的位数，应当根据分析方法和仪器准确度来决定，应使数值中只有最后1位是可疑的（估计的或不准确的）。例如用常量滴定管滴定时消耗标准溶液的体积应记录到小数点后两位，如 26.78mL，其中 26.7 是确定的，0.08 是可疑的，可能为（26.78±0.01）mL；而用万分之一分析天平称取试样时应记录到小数点后 4 位，如 0.2032g；

另外，根据有效数字位数能正确选择合适的仪器。如量取 20mL 水，则选取对应量程的量筒即可；若量取 20.00mL 水，则需选取移液管、滴定管等精确量器。

3. 有效数字位数的确定

从第一个非零数字开始数，有几位就是几位有效数字。

在确定一个数值的有效数字位数时应注意以下几个问题：

（1）对数值的有效数字。如 pH＝11.32 有 2 位有效数字，其整数部分只代表该数的方次，小数点后才是有效数字。

（2）科学计数法。如 6.02×10^{23}、3.24×10^{-8} 都有 3 位有效数字；1.0×10^{8} 有 2 位有效数字。

（3）计算中如遇到倍数、分数时，因它们非测量所得，可视为无限多位有效数字。

思考：下列记录各有几位有效数字？

1.0456g	1.0002g	（5 位有效数字）
0.5450g	24.37％	（4 位有效数字）
0.00540g	3.10×10^{4}	（3 位有效数字）
0.54g	pH＝7.35	（两位有效数字）

2.2.1.2 有效数字的修约规则

在计算中要对多余的数字进行修约，我国的国家标准（GB）对数字修约有如下规定。

（1）在拟舍弃的数字中，若左边的第一个数字小于 5（不包括 5）时，则舍去。例如，欲将 14.2432 修约为三位有效数字，则从第四位开始的“432”就是拟舍弃的数字，其左边的第一个数字是“4”，小于 5，应舍去，所以修约后应为 14.2。

（2）在拟舍弃的数字中，若左边的第一个数字大于 5（不包括 5）时，则进一。例如，欲将 26.48436 修约为三位有效数字，则“8436”就是拟舍弃的数字，其左边的第一个数字 8 大于 5，应进一，所以修约后应为 26.5。

（3）在拟舍弃的数字中，若左边的第一个数字等于 5，其右边的数字并非全部为 0 时，则进一。例如 1.0501 修约为两位有效数字应是 1.1。

（4）在拟舍弃的数字中，若左边的第一个数字等于 5，其右边的数字皆为 0 时，所拟保留的末位数字若为奇数则进一，若为偶数（包括“0”）则不进。例如，把下面的数字修约为三位有效数字的结果分别为

0.4235→0.424	12.25→12.2
1225.0→1.22×10^{3}	1235.0→1.24×10^{3}

（5）在所拟舍去的数字中，若为两位以上数字时，不得连续进行多次修约。例如，需将 215.4546 修约为三位有效数字，应一次修约为 215。若 215.4546→215.455→215.46→215.5→216，则是不正确的。

综上所述，有效数字的修约规则为：四舍六入五留双。

2.2.1.3 有效数字的计算规则

1. 加减运算

当几个数据相加或相减时，它们的和或差只能保留一位可疑数字，应以小数点后位数最少（即绝对误差最大的）的数据为依据。例如 53.2、7.45 和 0.66382 三数相加，若各数据都按有效数字规定所记录，最后一位均为可疑数字，则 53.2 中的“2”已是可疑数

字，因此三数相加后第一位小数已属可疑，它决定了总和的绝对误差，因此上述数据之和，不应写作 61.31382，而应修约为 61.3。

2. 乘除运算

几个数据相乘除时，积或商的有效数字位数的保留，应以其中相对误差最大的那个数据，即有效数字位数最少的那个数据为依据。例如，计算下式：

$$\frac{0.0243\times7.105\times70.06}{164.2}$$

因最后一位都是可疑数字，故各数据的相对误差分别为

$$\frac{\pm0.0001}{0.0243}\times100\%=\pm0.4\%$$

$$\frac{\pm0.001}{7.105}\times100\%=\pm0.01\%$$

$$\frac{\pm0.01}{70.06}\times100\%=\pm0.01\%$$

$$\frac{\pm0.1}{164.2}\times100\%=\pm0.06\%$$

可见 0.0243 的相对误差最大（也是位数最少的数据），所以上列计算式的结果，只允许保留三位有效数字：

$$\frac{0.0243\times7.10\times70.1}{164}=0.0737$$

在计算和取舍有效数字位数时，还要注意以下几点：

（1）若某一数据中第一位有效数字大于或等于 8，则有效数字的位数可多算 1 位。如 8.15 可视为 4 位有效数字。

（2）在分析化学计算中，经常会遇到一些倍数、分数，如 2、5、10 及 1/2、1/5、1/10 等，这里的数字可视为足够准确，不考虑其有效数字位数，计算结果的有效数字位数应由其他测量数据来决定。

（3）在计算过程中，为了提高计算结果的可靠性，可以暂时多保留 1 位有效数字位数，得到最后结果时，再根据数字修约的规则，弃去多余的数字。

（4）在分析化学计算中，用对于各种化学平衡常数的计算，一般保留 2 位或 3 位有效数字。对于各种误差的计算，取 1 位有效数字即已足够，最多取两位。对于 pH 值的计算，通常只取 1 位或两位有效数字即可，如 pH 值为 3.4、7.5、10.48。

（5）定量分析的结果，对于溶液的准确浓度，用 4 位有效数字表示。对于高含量组分（例如不小于 10%），要求分析结果为 4 位有效数字；对于中含量（1%～10%）范围内，要求有 3 位有效数字；对于微量组分（小于 1%），一般只要求 2 位有效数字。通常以此为标准，报出分析结果。

使用计算器计算定量分析结果，特别要注意最后结果中有效数字的位数，应根据前述数字修约规则决定取舍，不可全部照抄计算器上显示的 8 位数字或 10 位数字。

2.2.2 误差及定量分析数据处理

2.2.2.1 误差

在实际工作中，由于主、客观条件的限制，测定结果不可能和真实值完全一致，总伴

以一定误差。即使技术很熟练的人，用最恰当的分析方法和最精密的仪器，对同一试样进行多次分析，也不可能得到完全一致的分析结果。这就说明误差是客观存在的。因此，我们应该了解分析过程中产生误差的原因及误差出现的规律，并采取相应的措施来减小误差，使测定结果尽量接近真实含量。

误差按其性质可分为两类：系统误差和偶然误差。

1. 系统误差

系统误差是由某种固定的因素造成的，它具有单向性，即正负大小都有一定的规律性。当重复进行测定时系统误差会重复出现。若能找出原因，并设法加以校正，系统误差就可以消除，因此也称为可测误差。系统误差产生的主要原因包括以下几点：

(1) 方法误差。它指分析方法本身不够完善所造成的误差。例如滴定分析中，由指示剂确定的滴定终点与化学计量点不完全符合及副反应的发生等，都将系统地使测定结果偏高或偏低。重量分析中选择的沉淀形式溶解度较大或称量形式不稳定等都会引起系统误差。

(2) 仪器误差。它主要指仪器本身不够准确或未经校准所引起的误差。如砝码未经校正、容量器皿刻度不准等，在使用过程中就会使测定结果产生误差。

(3) 试剂误差。它指由于试剂不纯或蒸馏水中含有微量待测组分等引起的误差。

(4) 操作误差。它指由于操作人员的主观原因造成的误差。例如：对终点颜色变化判断时不同人的敏锐程度不同，有人敏锐，有人迟钝；滴定管读数时最后 1 位估读不够准确，有人偏高、有人偏低等。

2. 偶然误差

偶然误差是由一些随机的偶然因素造成的。例如：测量时环境的温度、湿度和气压的微小波动等；仪器的微小变化；分析人员对各份试样处理时的微小差别等。这些不可避免的偶然因素，都将使分析结果在一定范围内波动，从而引起偶然误差。由于偶然误差是由一些不确定的偶然因素造成的，因而是可变的，有时大，有时小，有时正，有时负，所以偶然误差又称随机误差。随机误差在分析操作中是无法避免的。即使一个很有经验的人，进行很仔细的操作，对同一试样进行多次分析，得到的分析结果也不能完全一致，而是有高有低。

偶然误差的产生难以找出确定的原因，似乎没有规律性，但如果进行很多次测定，便会发现数据的分布符合一般的统计规律，即大误差出现的概率小，小误差出现的概率大，大小相等的正、负误差出现的概率大体相等，它们之间常能部分或完全抵消。这种规律是“概率统计学”研究的重要内容。

2.2.2.2 误差的表示方法

1. 准确度与误差

准确度是指分析结果与真实值相接近的程度。它们之间的差值越小，则分析结果的准确度越高。准确度的高低用误差来衡量，误差表示测定结果与真实值的差异。差值越小，误差就越小，即准确度越高。

误差有正、负之分，当误差为正值时，表示测定结果偏高；当误差为负值时，表示测定结果偏低。误差可用绝对误差和相对误差表示。

(1) 绝对误差。绝对误差 E 表示测定值 X_i 与真实值 μ 之差。即

$$E = X_i - \mu \tag{2.1}$$

【例】 分析天平称量。

A物品测得值 $X_i=2.1750g$，而真实值 $\mu=2.1751g$，绝对误差 $E_A=-0.0001g$；B物品测得值 $X_i=0.2175g$，而真实值 $\mu=0.2176g$，绝对误差 $E_B=-0.0001g$，由于绝对误差相同，就不能反映出测定的准确度高低，因此用另一种误差来表示。

（2）相对误差。

$$RE\%=\frac{E}{\mu}\times 100\% \tag{2.2}$$

上例中，$RE_A=-0.005\%$，$RE_B=-0.05\%$。

请从上例中，比较相对误差表示的优点。

相对误差更能反映误差在测定结果中所占的百分率，更能反映测定结果的准确度，也更具有实际意义；另外，使用相对误差能够比较不同物理量单位的测量数据。

2. 精密度与偏差

在许多实际分析中，被测组分的真实值往往是不知道的，通常是对分析试样进行多次平行测定后，求其算术平均值作为分析结果。为了获得可靠的分析结果，在实际分析中，人们总是在相同条件下对试样平行测定几份，然后取其平均值，如果几个数据比较接近，说明分析的精密度高。所谓精密度是指多次平行测定结果相互接近的程度。通常用偏差来衡量所得分析结果的精密度。

（1）偏差。当对同一试样在相同条件下反复测定 n 次时，就会得到 X_1、X_2、…、X_n，n 个测定结果，实际工作中一般的测定次数要3次以上，多的5～9次。各次测定值与平均值之差称为偏差，用 d_i 表示。偏差可用绝对偏差和相对偏差来表示。

绝对偏差 $$d_i=x_i-\overline{x} \tag{2.3}$$

相对偏差 $$\frac{d_i}{\overline{x}}\times 100\% \tag{2.4}$$

其中 $$\overline{x}=\frac{1}{n}\sum_{i=1}^{n}x_i$$

（2）平均偏差。由于在多次平行测定中各次测定的偏差有正有负，有些可能为零。为了说明分析结果的精密度，以单次测定偏差的绝对值的平均值，即平均偏差 d 表示其精密度。

平均偏差：以单次测量偏差的绝对值的平均值。

$$\overline{d}=\frac{\sum_{i=1}^{n}|x_i-\overline{x}|}{n} \tag{2.5}$$

（3）相对平均偏差。单次测量结果的相对平均偏差为

$$R\overline{d}\%=\frac{\overline{d}}{\overline{x}}\times 100\% \tag{2.6}$$

用平均偏差表示精密度时，对于个别较大偏差还不能很好地体现，而采用标准偏差就可以突出较大偏差的影响。

（4）标准偏差。在一般的分析工作中，有限测定次数 $n\leqslant 20$ 时的标准偏差 S 表达式为

$$S=\sqrt{\frac{\sum_{i=1}^{n}(x_i-\overline{x})^2}{n-1}} \tag{2.7}$$

(5) 相对标准偏差。标准偏差占测量平均值的百分率称为相对标准偏差，也称变异系数，其计算式表示为

$$CV=\frac{s}{\overline{x}}\times 100\% \tag{2.8}$$

【例】 用 EDTA 滴定法测得纯 $FeSO_4 \cdot H_2O$ 中铁的质量分数为 20.01%、20.03%、20.04%、20.05%，计算分析结果的平均值、平均偏差和标准偏差。

解： 计算分析结果的算术平均值为

$$(20.01\%+20.03\%+20.04\%+20.05\%)/4 = 20.03\%$$

计算分析结果的偏差见表 2.4。

表 2.4 分析结果的偏差

测定序号 (n)	测定值 (%)	算术平均值 (%)	测定值的偏差 (%)
1	20.01		−0.02
2	20.03	20.03	0.00
3	20.04		0.01
4	20.05		0.02

分析结果的平均偏差为

$$(0.02\% + 0.00\% + 0.01\% + 0.02\%)/4 = 0.01\%$$

分析结果的标准偏差 S 为

$$S=\sqrt{\frac{\sum_{i=1}^{n}(x_i-\overline{x})^2}{n-1}}=0.02\% \tag{2.9}$$

用标准偏差表示精密度比用平均偏差好，因为单次测定的偏差平方之后，较大的偏差更明显地反映数据的分散程度。

例如：甲、乙两组数据，其各次测定的偏差分别为

甲组：+0.1、+0.4、0.0、−0.3、+0.2、−0.3、+0.2、−0.2、−0.4、+0.3。

甲组平均偏差为 0.24。

乙组：−0.1、−0.2、+0.9*、0.0、+0.1、+0.1、0.0、+0.1、−0.7*、−0.2。

乙组平均偏差为 0.24。

两批数据的平均偏差相等，但明显地看出乙组数据较为分散，其中两个偏差较大（上角标有 * 者）。所以算术平均偏差反映不出这两批数据的好坏。而用标准偏差表示时，情况便清楚了。它们的标准偏差分别为

$$S_{甲}=\sqrt{\frac{\sum_{i=1}^{n}(x_i-\overline{x})^2}{n-1}}=0.28 \tag{2.10}$$

$$S_{乙}=\sqrt{\frac{\sum_{i=1}^{n}(x_i-\overline{x})^2}{n-1}}=0.40 \tag{2.11}$$

可见 $S_{甲}<S_{乙}$，甲组数据的精密度较好。

在一般的分析工作中，通常多采用平均偏差来表示测量的精密度。而考虑一种分析方法达到的精密度，判断一批分析结果的分散程度用标准偏差。

3. 准确度与精密度的关系

从上文的分析中可知，系统误差是定量分析误差的主要来源，它影响分析结果的准确度；偶然误差影响分析结果的精密度。准确度与精密度之间存在一定的联系。在对一组平行测定结果的评价，要同时考虑其准确度和精密度。图 2.1 表示甲、乙、丙、丁 4 人测定同一标准试样中某组分的质量分数时所得的结果（设其真值为 27.40%）。其中甲的分析结果的准确度和精密度均好，结果可靠；乙的分析结果精密度很好，但准确度低；丙的准确度和精密度都低；丁的精密度很差，数据的可信度低，虽然其平均值接近真值，但纯属偶然，因而丁的分析结果也是不可靠的。

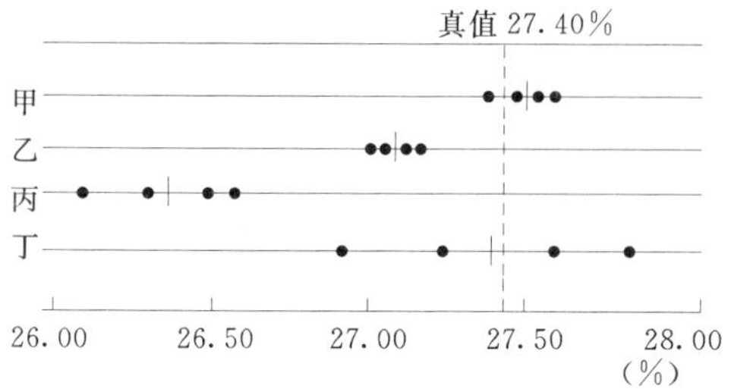

图 2.1 甲、乙、丙、丁四人分析结果的比较

• 一个别测定值；| 一平均值

上述情况表明：

(1) 精密度是保证准确度的先决条件。精密度差，所测结果就不可靠，从而失去了衡量准确度的前提。准确度高，一定需要精密度高。对于教学实验来说，首先要重视测量数据的精密度。

(2) 高的精密度不一定能保证高的准确度，但可以找出精密度不高的原因，而后加以校正，从而提高分析结果的准确度和精密度，使测定结果既精密又准确。

4. 公差

由前述可知，误差与偏差具有不同的含义，前者是以真实含量为标准，后者是以多次测定值的算术平均结果为标准。但是严格来说，由于任何物质的“真实值”无法准确知道，人们只能通过多次反复的测定，得到一个接近真实含量的平均值，用这个平均值代替真实值计算误差。显然，这样计算出来的误差还是偏差。因此生产部门并不强调误差与偏差两个概念的区别，一般均称为“误差”，并用“公差”范围来表示允许误差的大小。

公差是生产部门对于分析结果允许误差的一种表示方法。如果分析结果超出允许的公差范围，称为“超差”，遇到这种情况，则该项分析应该重做。公差范围一般是根据生产的需要和实际具体情况而确定的。例如一般工业分析，允许相对误差范围常在百分之几到千分之几；农业分析中土壤、肥料分析，亦在百分之几；对于食品、饲料等要求百分之十几即可。而实际情况是指试样的组成和方法的准确程度。试样组成越复杂，引起误差的可能性越大。所以允许的公差范围要宽一些。另外，各种分析方法能够达到的准确度不同，其公差的范围也不相同。例如，光度分析、光谱分析方法等仪器分析法的相对误差较大，而重量分析、滴定分析等化学分析法的相对误差较小。因此确定允许的公差范围应考虑具体的分析方法。

对于每一项具体的分析工作，各主管部门都规定了具体的公差范围，可在相应的手册上查阅到相关数据。

5. 提高分析结果准确度和精密度的方法

要提高分析结果的准确度和精密度，就必须采取措施，减少分析过程中的系统误差和偶然误差。

（1）选择合适的分析方法。由于各种分析方法的准确度、灵敏度不相同，各种试样的性质、分析测试要求也不一样。因此，在分析之前必须根据试样的组成和要求的公差范围，综合分析选择最合适的分析方法。例如，高含量组分分析一般应选用相对误差较小的重量分析法或滴定分析法；而低含量组分分析应选用灵敏度比较高的仪器分析法，尽管仪器分析法的相对误差较大，但低含量组分分析允许相对误差也较大，因而一般能满足要求。

（2）减小测量误差。为了保证分析结果的准确度必须尽量减小各步的测量误差。例如在重量分析中应减少称量误差，方法是在可能的条件下增大称样量和称量形式的质量以减少称量的相对误差；万分之一分析天平的称量误差是±0.0001g，用减量法称两次，可能引起的最大误差是0.0002g，为了使称量时的相对误差在0.1%以下，试样质量就不能太小。通过计算相对误差可得到试样称量的最小质量：

$$试样质量=\frac{0.0002}{0.1\%}=0.2(\mathrm{g})$$

所以如果用减量法称量试样，试样称量必须在0.2g以上才能保证称量的相对误差在0.1%以内。

在滴定分析中，测量误差主要来源于滴定体积的度量上，为了减少测量的相对误差，一般滴定管可有±0.01mL的绝对误差，一次滴定需两次读数，因此可能产生的最大误差是±0.02mL，为了使滴定读数的相对误差不大于0.1%，一般应控制滴定体积不小于20mL。

（3）增加测定次数减小偶然误差。根据偶然误差的分布规律，在消除了系统误差的前提下，平行测定次数越多，其平均值越接近真实值。在一般的化学分析中，通常要求对同一试样进行2～4次平行分析，以获得较为准确的分析结果。更多的测定次数因耗时太多，对一般分析要求没有必要。

（4）消除测定过程中的系统误差。

1）对照试验。对照试验是采用已知被测组分含量的标准物质（其组成应与被测样品相近），按被测样品同样的分析方法和条件进行平行测定以便对照。也可用其他可靠的分析方法，或者由不同单位的化验人员分析同一试样来互相对照。对照试验是检查系统误差的有效方法。

标准物质由国家部门组织研制生产，分析结果准确可靠。由于标准物质的数量和品种有限，价格也比较高，所以有些单位又自制一些所谓“管理样”以代替标准试样进行对照分析。“管理样”一般都事先经过若干单位反复多次分析，其有关组分含量也比较可靠。

如果没有适当的标准物质和“管理样”，有时可以自己制备人工合成试样来进行对照分析。人工合成试样是根据试样的大致成分由纯化合物配制而成，被测组分系准确加入，所以含量是准确知道的。

当进行对照分析而对试样组成又不完全清楚时，可以采用“对照回收法”进行对照试验。这种方法是向试样内加入已知量的被测组分，然后进行对照试验，根据加入已知量的被测组分定量回收情况，判断方法是否有系统误差。

$$回收率=\frac{加入纯物质后的测量值-加入前的测量值}{已知加入量}\times 100\%$$

一般回收率在95%～105%可认为不存在系统误差，即方法可靠。回收率越接近100%，系统误差越小。该法常在微量组分分析中应用，回收率也用于判断试样处理过程中待测组分是否有损失或沾污。

用其他可靠的方法进行对照试验也是经常采用的一种方法。作为对照试验用的分析方法必须可靠，一般选用国家颁布的标准分析方法或经典分析方法。在许多生产单位中，为了检查分析人员是否存在系统误差和其他问题，常在试样分析时，将一部分试祥在不同分析人员之间互相进行"密码"对照试验。这种方法称为"内检"；有时又将部分试样送交其他单位进行对照分析，这种方法称为"外检"。

2）空白试验。作空白试验可消除试剂、器皿、蒸馏水和环境带进杂质所造成的系统误差。

所谓空白试验，就是在不加试样的情况下，按照试样分析的操作步骤和条件进行分析试验，试验的结果称为"空白值"，从试样分析结果中减去"空白值"，可消除由于上述原因所造成的误差。空白值不宜很大。当空白值较大时，应通过提纯试剂、使用合格蒸馏水或改用其他器皿等途径减小空白值。

3）校正仪器。当要求分析结果相对误差较小时，必须校正测量仪器，如滴定管体积、砝码重量、单标线吸管与容量瓶的体积等，求出校正值，并应用到分析结果的计算中，以消除因仪器不准所带来的误差。

4）校正方法。某些分析方法的系统误差可用其他方法加以校正。例如，在重量法测定试样中的SiO_2时，为了得到比较准确的结果，可用比色法回收滤液中残存的少量硅酸，并把比色结果加到重量法结果中。

2.2.2.3 定量分析数据处理及分析结果的表示方法

1. 可疑值的取舍

在重复多次测定时，有时会出现个别值远离其他值的情况，这个数值称为可疑值或离群值。若这个可疑值不是由明显的过失造成的，那么就不能随便舍弃它，而要根据随机误差的分布规律决定取舍。下面介绍两种常用的检验法。

（1）四倍法。四倍法又称$4\overline{d}$检验法，其方法如下：

1）找出离群值$Z_{可疑}$。

2）求出除可疑值外其余数据的平均值$\overline{x}$和平均偏差$\overline{d}$。

3）根据$Z_{可疑}$偏离平均值$\overline{x}$的大小，按下式判断离群值的弃留。

如果$|Z_{可疑}-\overline{x}|\geqslant 4\overline{d}$，则将可疑值舍去，否则保留。

此法简单，在数理统计上不够严密，仅适用于测定4～8个数据的测量实验中，有一定的局限性。

【例】 用EDTA标准溶液滴定某试液中的Zn，进行4次平行测定，消耗EDTA标准溶液的体积（mL）分别为：26.32、26.40、26.44、26.42，试问是否保留26.32这个数据？

解： 首先不计可疑值26.32，求得其余数据的平均值$\overline{x}$和平均偏差$\overline{d}$为

$$\overline{x}=26.42,\ \overline{d}=0.01$$

可疑值与平均值的绝对差值为

$$|26.32-26.42|=0.10>4\overline{d}(0.04)$$

故 26.32 这一数据应舍去。

用 $4\overline{d}$法处理可疑数据的取舍是存有较大误差的，由于这种方法比较简单，不必查表，故至今仍为人们所采用。显然，这种方法只能用于处理一些要求不高的实验数据。

(2) Q 检验法。

当测定次数 n 满足 $3\leqslant n\leqslant 10$ 时，根据所要求的置信度❶，按照下列步骤，检验可疑值是否应弃去。

1) 将各数据按递增顺序排列：X_1，X_2，X_3，…，X_n。

2) 求出最大值与最小值之差（极差）：X_n-X_1。

3) 求出离群值与其最邻近数据之间的差（邻差）：X_n-X_{n-1}或 X_2-X_1。

4) 求出 Q 值：Q=邻差/极差。

若离群值为 X_1，则 $Q=(X_2-X_1)/(X_n-X_1)$。

若离群值为 X_n，则 $Q=(X_n-X_{n-1})/(X_n-X_1)$。

5) 根据测定次数 n 和要求的置信度❶，查表 2.5，得 $Q_{表}$。

6) 将 Q 与 $Q_{表}$ 相比，若 $Q>Q_{表}$，则舍去可疑值，否则应予以保留。

表 2.5　　舍弃可疑数据的 Q 值（置信度 90% 和 95%）

测定次数	3	4	5	6	7	8	9	10
$Q_{0.90}$	0.94	0.76	0.64	0.56	0.51	0.47	0.44	0.41
$Q_{0.95}$	1.53	1.05	0.86	0.76	0.69	0.64	0.60	0.58

在三个以上数据中，需要对一个以上的数据用 Q 检验法决定取舍时，首先检查相差较大的数。

【例】 对轴承合金中锑量进行了 10 次测定，得到下列结果：15.48%、15.51%、15.52%、15.53%、15.52%、15.56%、15.53%、15.54%、15.68%、15.56%，试用 Q 检验法判断有无可疑值需弃去（置信度为 90%）。

解： (1) 首先将各数按递增顺序排列：15.48%，15.51%，15.52%，15.52%，15.53%，15.53%，15.54%，15.56%，15.56%，15.68%。

(2) 求出最大值与最小值之差：

$$X_n-X_1=15.68\%-15.48\%=0.20\%$$

(3) 求出可疑数据与最邻近数据之差：

$$X_n-X_{n-1}=15.68\%-15.56\%=0.12\%$$

(4) 计算 Q 值：

$$Q=(X_n-X_{n-1})/(X_n-X_1)=0.12\%/0.20\%=0.60$$

(5) 查表 2.2，$n=10$ 时 $Q_{0.90}=0.41$，$Q>Q_{表}$，所以最高值 15.68% 必须弃去。此时，分析结果的范围为 15.48%～15.56%，$n=9$。

---

❶ 置信度 P 是指在某一统计量 t $(t=x-u/s)$ 值时，测定值 x 落在 $u\pm ts$ 区间内的概率。

同样，可以检查最低值15.48%：

$$Q=(15.51\%-15.48\%)/(15.56\%-15.48\%)=0.38$$

查表2.5，$n=9$，$Q_{0.90}=0.44$，$Q<Q_{表}$，故最低值15.48%应予保留。

2.2.3 分析结果计算

2.2.3.1 标准溶液的浓度表示方法

1. 物质的量的浓度

标准溶液的浓度通常用物质的量浓度表示，物质的量浓度简称浓度，是指单位体积溶液中所含溶质的物质的量，单位为mol/L。

物质B的物质的量浓度表达式为

$$c_B=\frac{n_B}{V} \tag{2.12}$$

式中 c_B——物质的量的浓度；

n_B——物质的量；

V——溶液的体积。

由式（2.12）得出溶质的物质的量为

$$n_B=C_BV \tag{2.13}$$

由式（2.13）和 $m_B=M_B\times n_B$ 可得：

$$m_B=C_BVM_B \tag{2.14}$$

【例】 求质量分数为37%的盐酸（密度为1.19g/mol）的物质的量浓度。

解：

$$n_{HCl}=\frac{m_{HCl}}{M_{HCl}}=\frac{1.19\times1000\times37\%}{36.46}\approx12(\text{mol})$$

$$C_{HCl}=\frac{n_{HCl}}{V_{HCl}}=\frac{12}{1.0}=12(\text{mol/L})$$

物质的量浓度 c_B 是由物质的量 n_B 导出，所以在使用物质的量浓度时也必须指明基本单元。例如，每升 H_2SO_4 溶液中含98.08g H_2SO_4，$c_{H_2SO_4}=1\text{mol/L}$，而 $c_{\frac{1}{2}H_2SO_4}=2\text{mol/L}$。又如 $c_{KMnO_4}=0.010\text{mol/L}$ 与 $c_{\frac{1}{2}KMnO_4}=0.010\text{mol/L}$ 的两种溶液，它们的浓度数值虽然相同，但它们所表示1L溶液中所含 $KMnO_4$ 的质量是不同的，分别为1.58g与0.316g。

2. 滴定度

滴定度是指1mL滴定剂相当于待测物质的质量，用 $T_{待测物质/滴定剂}$ 表示，单位g/mL。例如采用 $K_2Cr_2O_7$ 标准容易滴定铁，$T_{Fe/K_2Cr_2O_7}=0.005000\text{g/mL}$，它表示每毫升 $K_2Cr_2O_7$ 标准溶液相当于0.005000g铁，如果一次滴定中消耗 $K_2Cr_2O_7$ 标准溶液24.50mL，那么溶液中铁的质量就能很快求出。即 $0.005000\times24.50=0.1225(\text{g})$。在实际生产中，对大批试样进行某组分的例行分析，用滴定度表示十分方便。

如果固体试样称量，那么滴定度可以直接表示1mL滴定剂相当于被测物质的百分含量（%）。例如 $T_{K_2Cr_2O_7/Fe}=1.00\%(\text{mL})$，表示固体试样为某一质量时，1mL $K_2Cr_2O_7$ 标准溶液相当于试样中铁的含量为1.00%。

【例】 用含硫量为0.051%的标准钢样来标定 I_2 溶液，如果固定称样0.500g，滴定

时消耗 I_2 溶液 11.8mL。试用上述两种方法来表示碘溶液的滴定度。

解：

$$T_{I_2/s}=\frac{0.500\times\frac{0.051}{100}}{11.8}=0.000022(g/mL)$$

$$T_{I_2/s}\%=\frac{0.051\%}{11.8}=0.0043\%(mL)$$

有时滴定度也可用每毫升标准溶液中所含的溶质的质量（单位：g）来表示。例如 $T_{NaOH}=0.0020g/mL$，即表示每毫升 NaOH 标准溶液中含有 NaOH 0.0020g。这种表示方法在配制专用标准溶液时广泛使用。

2.2.3.2 分析结果计算

1. 滴定分析中的计量关系

在滴定分析中，当两反应物质作用完全到达计量点时，两者的物质的量之间的关系应符合其化学反应式中所表示的化学计量关系，这是滴定分析计算的依据。虽然滴定分析有不同的滴定方法，滴定结果计算方法也不尽相同。但都是根据滴定剂用量及由反应物质间化学计量关系计算被测物的物质的量及其含量。所以，首先要写出正确的化学反应式，明确其中的化学计量关系。

设被滴定物质 A 与滴定剂 B 之间的滴定反应为

$$aA+bB=cC+dD$$

当 A 和 B 作用完全时，它们物质的量之间的关系恰好符合该化学反应式所表达的化学计量关系，亦即 A、B 的物质的量 n_A、n_B 之比等于反应系数之比，即

$$\frac{n_A}{n_B}=\frac{a}{b}\text{或}\ n_A=n_B\frac{a}{b} \tag{2.15}$$

若被滴定的物质为溶液，设浓度为 C_A，取体积 V_A，而滴定剂的浓度已知为 C_B，到达化学计量点时耗它的体积为 V_B。

根据

$$n_A=C_AV_A,\ n_B=C_BV_B$$

则有

$$C_AV_A=C_BV_B\frac{a}{b} \tag{2.16}$$

通过测量滴定计的体积 V_B，便可以由式（2.16）求得被滴定物的未知浓度 C_A。

如欲测定被滴定物质 A 的质量 m_A，可根据摩尔质量 $M_A=m_A/n_A$，得

$$m_A=n_AM_A=C_BV_B\frac{a}{b}M_A \tag{2.17}$$

若被滴定物质 A 是某未知试样的组分之一，测定时试样的称样量为 m_s，就可以进一步计算得到物质 A 在试样中的质量分数 W_A 为

$$W_A=\frac{m_A}{m_s}\times100\%=\frac{a}{b}\times\frac{C_B\times V_B\times M_A}{m_s\times1000}\times100\% \tag{2.18}$$

式中，分母乘以 1000 是由于滴定剂的体积 V_B 一般以 mL 为单位，而浓度的单位为 mol/L，摩尔质量的单位为 g/mol，称量 m_s 的单位为 g，因此必须进行单位换算。式（2.18）若用百分含量表示为

$$W_A=\frac{m_A}{m_s}=\frac{a}{b}\times\frac{C_B\times V_B\times M_A}{m_s\times 1000}\times 100\% \quad (2.19)$$

如果滴定反应是对滴定剂 B 的浓度 C_B 进行标定，被滴定物质 A 是准确称量的基准物质，其称取量为 m_A，摩尔质量为 M_A，根据以上关系则有

$$\frac{m_A}{M_A}=C_B\times V_B\times\frac{a}{b}$$

式中 V_B——标定到达化学计量点时所消耗的滴定剂体积，于是可得

$$C_B=\frac{bm_A}{aM_AV_B} \quad (2.20)$$

【例】 写出用 Na_2CO_3 作基准物质标定 HCl 溶液浓度的计算式：

解： 按滴定反应

$$2HCl+Na_2CO_3 = 2NaCl+2H_2CO_3$$

$$n_{HCl}=2n_{Na_2CO_3}$$

设基准物质 Na_2CO_3 的称样量为 m（g），则其物质的量为

$$n_{Na_2CO_3}=\frac{m_{Na_2CO_3}}{M_{Na_2CO_3}}$$

若将 n_{HCl}用待标定的浓度 C_{HCl}和滴定到达化学计量点的体积 V_{HCl}表示，则

$$n_{HCl}=C_{HCl}\times V_{HCl}$$

于是得

$$C_{HCl}=\frac{2000\times m_{Na_2CO_3}}{M_{Na_2CO_3}\times V_{HCl}}$$

由于滴定体积一般以 mL 计，考虑到单位换算，写作

$$C_{HCl}=\frac{2000\times m_{Na_2CO_3}}{M_{Na_2CO_3}\times V_{HCl}}$$

在置换滴定和间接滴定等分析方法中，涉及两个或两个以上的反应，这时，应从总的反应中找出有关各物质的物质的量之间的关系，最终把握住被测物质与滴定剂的物质的量之间的关系。

【例】 用 $KMnO_4$ 测的 Ca^{2+}，求试样中钙的百分含量的计算式。

解： 本滴定为间接滴定，通过以下步骤：

$$Ca^{2+}+C_2O_4^{2-} = CaC_2O_4\downarrow$$

将 CaC_2O_4 沉淀洗涤过滤后，溶于 H_2SO_4 溶液中，再以 $KMnO_4$ 标准溶液滴定，反应为

$$5C_2O_4^{2-}+2MnO_4+16H^+ = 10CO_2+2Mn^{2+}+8H_2O$$

此处 1mol 的 Ca^{2+} 与 1mol 的 $C_2O_4^{2-}$ 反应，1mol 的 $C_2O_4^{2-}$ 与 2/5mol $KMnO_4$ 的反应，所以，总的反应中，Ca^{2+} 与 $KMnO_4$ 的关系为

$$nCa^{2+}=\frac{5}{2}n_{KMnO_4}$$

2. 滴定分析法的有关计算

从上文的分析中可以看到，掌握了物质的量 n，质量 m、摩尔质量 M、物质的量的浓度 c 及质量分数 w 的定义及量的相互关系式，利用反应方程计量关系就能正确进行滴定计算。

（1）标准溶液浓度的计算。

1）直接配制法浓度的计算。

基本公式：
$$m_B = M_B C_B V_B / 1000$$

【例】欲配制 1.0mol/L 的 NaCl 溶液 500mL，应称取记准物质 NaCl 多少克？

解：
$$m_B = M_B C_B V_B / 1000$$
$$= 58.5 \times 1.0 \times 500 / 1000 = 29.3(\text{g})$$

【例】在稀硫酸溶液中，用 0.02012mol/L 的 $KMnO_4$ 溶液滴定某草酸钠溶液，若使两者消耗的体积相等，则草酸钠溶液的浓度为多少？若需配制该溶液 100.0mL，应称取草酸钠多少克？

解：
$$5C_2O_4^{2-} + 2MnO_4^- + 16H^+ = 10CO_2 + 2Mn^{2+} + 8H_2O$$

因此

$$n_{Na_2C_2O_4} = \frac{5}{2} n_{KMnO_4}$$

$$cV_{Na_2C_2O_4} = \frac{5}{2} cV_{KMnO_4}$$

根据题意得

$$V_{Na_2C_2O_4} = V_{KMnO_4}$$

$$c_{Na_2C_2O_4} = \frac{5}{2} c_{KMnO_4} = 2.5 \times 0.0212 = 0.05030(\text{mol/L})$$

$$m_{Na_2C_2O_4} = cVM_{Na_2C_2O_4}$$
$$= 0.05030 \times 100.0 \times 134.00 / 1000$$
$$= 0.6740(\text{g})$$

2）间接配制法浓度计算。

基本公式：
$$C_A V_A = C_B V_B \frac{a}{b}$$

【例】用 $Na_2B_4O_7 \cdot 10H_2O$ 标定 HCl 溶液的浓度，称取 0.4806g 硼砂，滴定至终点时消耗 HCl 溶液 25.20mL，计算 HCl 溶液的浓度。

解：
$$Na_2B_4O_7 + 2HCl + 5H_2O = 4H_3BO_3 + 2NaCl$$

$$n_{Na_2B_4O_7} = \frac{1}{2} n_{HCl}$$

$$m/M_{\ Na_2B_4O_7} = \frac{1}{2} c_{HCl} V_{HCl}$$

$$c_{HCl} = \frac{0.4806}{381.4} \times 2 / 25.20 \times 1000 = 0.1000(\text{mol/L})$$

【例】要求在标定时用去 0.20mol/L NaOH 溶液 20～25mL，问应称取基准试剂邻苯二甲酸氯钾（KHP）多少克？如果改用二水草酸作基准物质，又应称取多少？

解：
$$n_{KHP} = n_{NaOH}$$
$$n_{H_2C_2O_4 \cdot 2H_2O} = (1/2) n_{NaOH}$$
$$m_B = n_B M_B$$

由此可计算得，需 KHP 称量范围为：0.80～1.0g，需二水草酸称量范围为：0.26～0.32g。

（2）物质的量浓度与滴定度之间的换算。

基本公式：

$$T_{A/B}=\frac{m_A}{V_B}=C_B\times M_A$$

【例】 设 HCl 标准溶液的浓度为 0.1919mol/L，试计算此标准溶液的滴定度为多少？

解：$$T_{HCl}=0.1919\times36.46/1000=0.006997(g/mL)$$

【例】 试计算 0.02000mol/L $K_2Cr_2O_7$ 溶液对 Fe 和 Fe_2O_3 的滴定度。

解：$$Cr_2O_7^{2-}+6Fe^{2+}+14H^+ = 2Cr^{3+}+6Fe^{3+}+7H_2O$$

$$c_{K_2Cr_2O_7}/1000=(1/6)T_{K_2Cr_2O_7/Fe}/M_{Fe}\ T_{K_2Cr_2O_7}/Fe$$

$$=c_{K_2Cr_2O_7}\times M_{Fe}\times6/1000=\frac{0.02000\times55.85\times6}{1000}=0.006702(g/mL)$$

同理可得：

$$c_{K_2Cr_2O_7}/1000=(1/3)T_{K_2Cr_2O_7/Fe_2O_3}/M_{Fe_2O_3}$$

$$T_{K_2Cr_2O_7/Fe_2O_3}=c_{K_2Cr_2O_7}\times M_{Fe_2O_3}\times3/1000$$

$$=\frac{0.02000\times159.7\times3}{1000}$$

$$=0.009581(g/mL)$$

（3）待测物质含量的计算。

基本公式：$$W_A=\frac{a}{b}\times\frac{C_BV_BM_A}{m_S\times1000}\times100\%$$

【例】 称取铁矿石试样 0.1562g，试样经分解后，经预处理使铁试样呈 Fe^{2+} 状态，用 0.01214mol/L $K_2Cr_2O_7$ 标准溶液滴定，消耗 $K_2Cr_2O_7$ 的体积 20.32mL，计算试样中 Fe 的质量分数，若用 Fe_2O_3 表示，其质量分数又为多少？

解：$$Cr_2O_7^{2-}+6Fe^{2+}+14H^+ = 2Cr^{3+}+6Fe^{3+}+7H_2O$$

$$W_{Fe}=\frac{6c_{K_2Cr_2O_7}\times V_{K_2Cr_2O_7}\times M_{Fe}}{m_s}\times100\%$$

$$=\frac{6\times0.01214\times20.32\times55.85}{0.1562\times1000}\times100\%=52.92\%$$

$$W_{Fe_2O_3}=\frac{6\times0.01214\times20.32\times159.7}{0.1562\times1000}\times100\%=75.66\%$$

【复习思考题】

1. 欲配制 0.1mol/L HCl 溶液 500mL，应取 6mol/L 盐酸多少毫升？

2. 中和 20.00mL 0.09450 mol/L H_2SO_4 溶液，需用 0.2000mol/L NaOH 溶液多少毫升？

3. 有一 KOH 溶液，22.59mL 能中和草酸（$H_2C_2O_4\cdot2H_2O$）0.3000g。求该 KOH 溶液的浓度。

4. 选用邻苯二甲酸氢钾作基准物，标定 0.1mol/L NaOH 溶液的准确浓度。应称取基准物多少克？如改用草酸（$H_2C_2O_4\cdot2H_2O$）作基准物，应称取多少克？（控制消耗被标定溶液体积在 20～35mL）

5. 测定工业纯碱中 Na_2CO_3 的含量时，称取 0.2457g 试样，用 0.2071mol/L 的 HCl

标准溶液滴定，以甲基橙指示终点，用去 HCl 标准溶液 21.45mL。求纯碱中 Na_2CO_3 的质量分数。

6. 有一 $KMnO_4$ 标准溶液，已知其浓度为 0.02010mol/L，求其 $T_{Fe/KMnO_4}$ 和 $T_{Fe_2O_3/KMnO_4}$。如果称取试样 0.2718g，溶解后将溶液中的 Fe^{3+} 原成 Fe^{2+}，然后用 $KMnO_4$ 标准溶液滴定，用去 26.30mL，试样中含铁量分别以 Fe%、Fe_2O_3%表示（质量分数）。

项目3 样品的采集与制备

项目说明

通过本项目学习，能够能按产品标准和采样要求制订合理的采样方案；会不同状态样品的采样；能按要求进行样品的沉淀、萃取、离子交换等分离操作。

总体目标

知识目标

1. 能正确阐述采样的基本要求、原则和方法。
2. 能正确阐述样品的制备与保存原则和方法。
3. 能正确阐述固样、水样的分解处理的方法。
4. 能正确阐述样品的沉淀分离、萃取分离、离子交换分离和层析分离等的基本知识、原理和方法。

能力目标

1. 能按产品标准和采样要求制订合理的采样方案。
2. 会不同状态样品的采样。
3. 能按要求进行样品的制备，并能正确进行保存。
4. 能对固样、水样进行分解处理成分析试样。
5. 能按要求进行样品的沉淀、萃取、离子交换等分离操作。

工作态度

1. 树立实事求是、用心做事的职业意识。
2. 树立学生安全第一的意识。
3. 能够遵守分析检验职业道德，遵纪守法。
4. 能吃苦耐劳。
5. 培养学生团结协作、积极进取精神。

3.1 水、煤、气样品的采集

实际分析的试样形式多种多样，有固体、液体和气体。试样的性质各异。关于采集有代表性的平均试样和制成可分析的试样的具体操作须按各部门的有关标准进行。

以煤为例说明试样的采取和制备。商品煤采样点图如图3.1所示。

当车皮容量为30t以下时，沿斜线方向，采用三点采样；当车皮容量为40t或50t时，采用四点采样；当车皮容量为50t以上时，采用五点采样。它的$K=0.12$，最大颗粒直径为10mm，则应采集试样的最低量Q为

$$Q=Kd^2=0.12Sn^{2+}\times10^2=12(\text{kg})$$

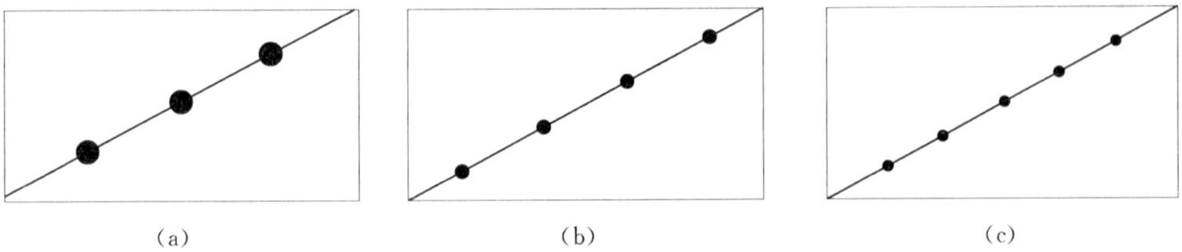

图 3.1 商品煤采样点图

(a) 30t 以下采用三点法；(b) 40～50t 采用四点法；(c) 50t 以上采用五点法

3.1.1 采样原则

均匀物料的采样原则上可以在物料的任意部位进行，但要注意在采样过程中不应带进杂质，且尽量避免引起物料的变化（如吸水、氧化等）。

对于不均匀物料一般采取随机采样。对所得样品分别进行测定，再汇总所有样品的检测结果，可以得到总体物料的特性平均值和变异性的估计量。

随机不均匀物料可以随机采样，也可非随机采样。

定向非随机不均匀物料要用分层采样。并尽可能在不同特性值的各层中采出能代表该层物料的样品。

周期非随机不均匀物料最好在物料流动线上采样，采样的频率应高于物料特性值的变化频率，切忌两者同步。

混合非随机不均匀物料的采样，首先尽可能使各组成部分分开，然后按照上述各种物料类型的采样方法进行采样。

3.1.2 采样记录与采样安全

（1）采样记录和采样报告。采样时应记录被采物料的状况和采样操作，如物料的名称、来源、编号、数量、包装情况、存放环境、采样部位、所采样品数和样品量、采样日期、采样人等。必要时可填写详细的采样报告。

（2）采样安全。为确保采样操作的安全进行，采样时应按以下规定执行：

1）采样地点要有出入安全的通道、照明和通风条件。

2）贮罐或槽车顶部采样时要防止掉下来，还要防止堆垛容器的倒塌。

3）如果所采物料本身有危险，采样前必须了解各种危险物质的基本规定和处理办法，采样时，需有防止阀门失灵，物料溢出的应急措施和心理准备。

4）采样时必须有陪伴者，且需对陪伴者进行事先培训。

3.1.3 采样程序

以固体样为例：

（1）确定采取的样品数：单元物料（车厢、袋）；松散物料（堆）。

（2）确定样品的量：至少满足 3 次重复测定的样品量；必须满足备考样品所需量；如需预处理，应满足所需量。

（3）确定采样方法。

从物料流中采样（传送带）：按一定时间间隔采样。$T=\frac{Q(\text{吨})}{n(\text{点})}$。

从运输工具中采样（汽车、火车）：采用斜线三点、四点或五点法。

从物料堆中采样：从堆顶（去除表面 20cm）、堆腰、堆底（距地面 50cm）分别采样。

例如：工业过氧化氢的采样：

1）确定批量。工业过氧化氢每批产品的质量不超过 60t，用槽车装时，以一槽车为一批。

2）样品数。工业过氧化氢用桶装时，总的包装桶数小于 500 桶时，取样桶数按表 3.1 规定选取；大于 500 桶时，按 $3\sqrt[3]{N}$捆（N 为总包装桶数）的规定选取。

表 3.1　选取采样单元数的规定

总体物料的单元数	选取的最小单元数	总体物料的单元数	选取的最小单元数
1～10	全部单元	182～216	18
11～49	11	217～254	19
50～64	12	255～296	20
65～81	13	297～343	21
82～101	14	344～394	22
102～125	15	395～450	23
126～151	16	451～512	24
152～181	17		

3）样品量。样品量不得少于 500mL。

4）采样方法。工业过氧化氢用桶装时，用取样器从上、中、下 3 层按 1∶3∶1 取样。用槽车装时，用取样器从槽车的顶部进口按上、中、下部位 1∶3∶1 比例取样。在顶部无法取样而物料又较为均匀时，可在槽车的排料口取样。取样器应为玻璃或聚乙烯塑料制成。

5）试样的保存。所取试样混匀后，装在经处理得清洁、干燥的硬质玻璃瓶或聚乙烯瓶中，瓶上粘贴标签，并注明生产厂名称、产品名称、规格、等级、批号和取样日期等。

3.1.4　实例：水、煤、空气样品的采集

1. 水样采集

供分析用的水样必须具有代表性，不同的水质，采样方法也不同。如饮用水中铁、锰含量测定中水样的采集方法。

先将采集水样的聚乙烯瓶洗净，打开自来水龙头，先放水 10min，使积留于水管中的杂质流去，然后用自来水冲洗聚乙烯瓶 3 次，最后将水样收集于瓶中。

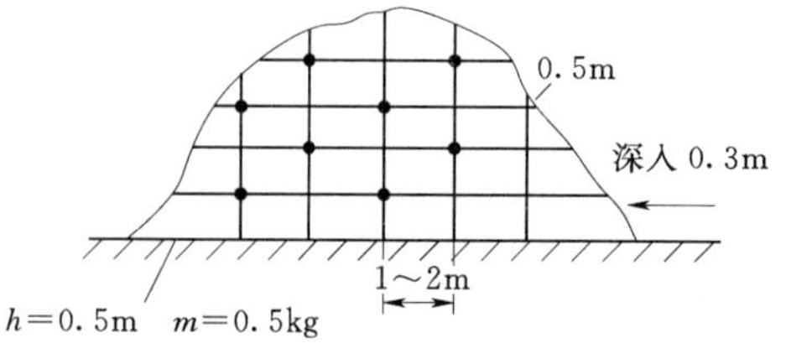

图 3.2　料堆上采样点的分布

2. 煤堆采样

进厂的成批物料，如果在运输过程中没有取样，进厂后可在分批存放的料堆上取样。其方法是：在料堆的周围，从地面起每隔 0.5m 左右，用铁铲划一横线，然后每隔 1～2m 划一竖线，间隔选取横竖线的交叉点作为取样点，如图 3.2 所示。在取样点取样时，用铁铲将表面刮去 0.1m，深入 0.3m 挖取一个子

样的物料量，每个子样的最小质量不小于5kg。最后合并所采集的子样。

3. 气体采样

采取中压气体，可在导管和采样器之间安装一个三通活塞，将三通的一端连接放空装置或安全装置，如图3.3（a）所示。也可用球胆直接连接采样口，利用设备管路中的压力将气体压入球胆。经多次置换后，采取一定体积的气样，如图3.3（b）所示。

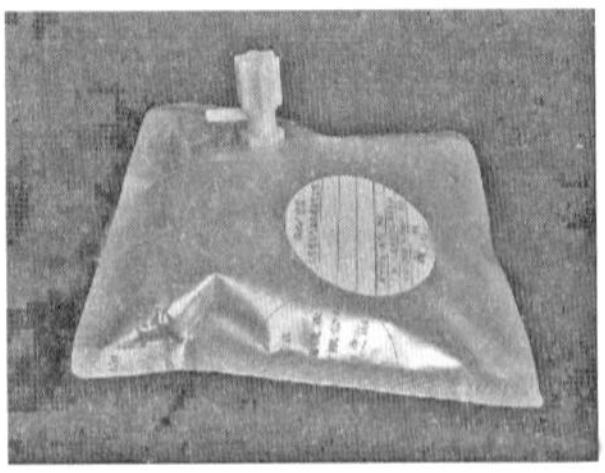

（a）

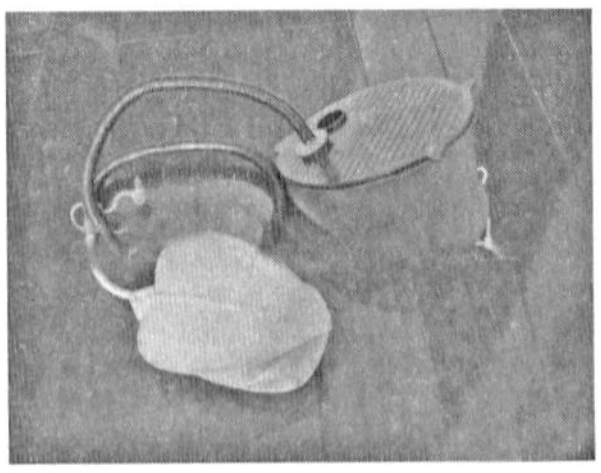

（b）

图3.3 气体采样的方法

（a）气体采样袋；（b）球胆

3.1.5 注意事项

（1）样品容器必须洁净、干燥、严密。

（2）采样设备必须清洁、干燥，不能用与被采取物料起化学作用的材料制造。

（3）采样过程中防止被采物料受到环境污染和变质。

（4）采样者必须熟悉被采产品的特性、安全操作的有关知识及处理方法。

3.2 样品的制备、保存与分解

3.2.1 样品的制备、保存

固体试样制备的操作程序一般分为4个步骤：破碎、过筛、混匀、缩分。

3.2.1.1 煤样制备的基本操作

1. 破碎

可用研钵或锤子等手工工具粉碎样品，也可用适当的装置和研磨机械粉碎样品，如图3.4和图3.5所示。

图3.4 固体样品粉碎机

图3.5 密封鄂式破碎机

2. 过筛

选择目数合适的筛子，手工振动筛子，使所有的试样都通过筛子。如不能通过该筛子，则需重新进行破碎，直至全部试样都能通过。分析试样一般要求通过100～200号筛。

几种筛号及孔径大小的关系见表3.2。

表3.2　我国现用标准筛的筛号（目数）和孔径

筛号（目数）	3	5	10	20	40	60	80	100	120	140	170	200
筛孔直径（mm）	6.350	4.000	2.000	0.840	0.420	0.250	0.177	0.149	0.125	0.106	0.090	0.075

3. 混匀

（1）手工方法。根据试样量的大小，选用适当的手工工具（手铲等），采用堆锥法混合样品。

堆锥法的基本做法为：利用手铲将破碎、筛分后的试样从铺底铲起后堆成圆锥体，再交互地从试样堆两边对角贴底还针铲起堆成另一个圆锥，每铲铲起的试样不宜过多，并分两三次撒落在新堆的锥顶，使其均匀地落在锥体四周，如此反复进行3次，即可认为该试样已被混匀。

（2）机械方法。用合适的机械混合装置混合样品。

4. 缩分

缩分是将在采样点采得的样品按规定把一部分留下来，其余部分丢弃，以减少试样数量的过程。常用的方法有手工方法和机械方法。

（1）手工方法。常用的方法为堆锥四分法。其基本做法为将利用3次堆锥法混匀后的试样锥用薄板压成厚度均匀的饼状，然后用十字形分样板将饼状试样等分成4份，取其对面的两份，其他两份丢弃；再将所取试样堆成锥形压成饼状，取其对面的两份，其他两份丢弃。如此反复多次，直至得到所需的试样量。

注：最终样品的量应满足检测及备考的需要，把样品一般等分成两份。一份供检测用，一份供留作备考。每份样品的量至少应为检验需要量的3倍。

（2）机械方法。用合适的机械分样器缩分样品。如格槽式分样器。

注：在制样过程中，这4个步骤可能是交叉进行的，并不能保证每一个步骤一次完成。

3.2.1.2 试样的保存

样品应保存在对样品呈惰性的包装材质（如塑料瓶、玻璃瓶等）中，贴上标签，写明物料的名称、来源、编号、数量、包装情况、存放环境、采样部位、所采样品数和样品量、采样日期、采样人等，见表3.3。

表3.3　水样说明标签

编号	名称	编号	名称
1	水样编号	7	大气温度（℃）
2	水样数量（瓶）	8	水源周围污染源情况（工厂、厕所等）
3	采集时间：年　月　日　时　分	9	采集水样单位
4	采集地点	10	分析目的（工业用水、矿泉水等）
5	水源种类（海水、湖水、自来水等）	11	分析项目
6	水的温度（℃）	12	水样采集者

固体样品保存时间一般为 6 个月，根据实际需要和物料的特性，可以适当地延长和缩短。

3.2.2 固样、水样的分析试样制备

试样的分解是一个复杂又重要的问题。在分析工作中，对试样分解的一般要求是：试样应分解完全；待测组分不应有损失；不能引入含有待测组分的物质；不应引入干扰待测组分的物质。此外，还要注意在分解试样过程中可能包含着的分离作用，应该充分利用这种作用扩大分解效果。同时，所用的分解方法要尽量满足简便、快速、安全、经济的原则。根据试样的性质和测定的方法不同，应选择正确的试样分解方法，以保证分析工作的顺利进行。

3.2.2.1 试样分解应遵循的原则

（1）试样分解必须完全。

（2）待测组分不应损失。

（3）不应引入与待测组分相同的物质。

（4）防止引入干扰组分。

（5）分解方法与测定方法适应。

（6）根据溶（熔）剂不同选择适当的器皿。

3.2.2.2 溶解法

使用酸（或碱）溶解试样是常用的方法之一，常用溶剂简单介绍如下：

（1）盐酸。盐酸是分解试样时经常使用的强酸，电位序在氢以前的金属或合金、碱金属氧化物及弱酸盐都能溶于盐酸中，生成的金属氯化物大多数溶于水。利用盐酸的弱还原性还可以加速软锰矿（MnO_2）的溶解。

（2）硫酸。浓热的硫酸有强氧化性和脱水能力。不仅能氧化金属，而且能氧化某些非金属，如硫和碳等。硫酸的沸点高（338℃），加热溶液至硫酸冒白烟（SO_3），用以除去溶液中的盐酸、氢氟酸和硝酸。

（3）硝酸。硝酸具有强氧化性。没有络合性能，可以溶解金属置换序中氢以后的金属。但能被硝酸钝化的金属（如铝、铬）及与硝酸作用生成不溶性酸的金属（如锑、锡、钨）不能用硝酸溶解。

（4）磷酸。磷酸具有强络合能力，加热时变成焦磷酸，通常用来溶解难溶矿（如铬铁矿、金红石、铌铁矿等）。

（5）过氯酸。热的过氯酸具有强的氧化性和脱水能力，过氯酸加热至冒白烟（203℃），能除去低沸点酸。热浓过氯酸遇有机物易发生爆炸，使用时应先用硝酸氧化有机物和还原剂，然后再加过氯酸。

（6）氢氟酸。氢氟酸有很强的络合能力，但酸性较弱。常与硫酸或硝酸混合使用以分解硅酸盐和其他试样。用氢氟酸分解试样需使用塑料或白金器皿。

（7）氢氧化钠。铝和铝合金及某些以酸性为主的两性氧化物（如 As_2O_3）可用氢氧化钠溶解。用氢氧化钠溶解应当用塑料或银制器皿。

（8）混合溶剂。实际工作中经常使用混合溶剂，以提高溶解效率。如王水（3 份 HCl 与 1 份 HNO_3 混合）能溶解铂、金及硫化汞等；浓 $H_2SO_4+K_2SO_4$ 分解有机物。使有机氮转变为 NH_4^+，HNO_3+HClO_4 分解有机物等。

3.2.2.3 熔融法

1. 碱熔法

常用的碱性熔剂有 Na_2CO_3、KOH、NaOH、Na_2O_2 等，用来分解酸性试样。例如：Na_2CO_3 常用以分解硅酸盐，如正长石（$K_2Al_2Si_6O_{16}$）的分解反应是

$$K_2Al_2Si_6O_{16} + 7Na_2CO_3 = 6Na_2SiO_3 + 2NaAlO_2 + 6CO_2\uparrow$$

Na_2O_2 用以分解锡石，反应是

$$2Na_2O_2 + 2SnO_2 = 2Na_2SnO_3 + O_2\uparrow$$

熔融物用水浸取，加入盐酸后锡酸即成为氯化锡。

$$Na_2SnO_3 + 6HCl = SnCl_4 + 2NaCl + 3H_2O$$

NaOH 和 Na_2O_2 腐蚀性强，只能在铁、银、刚玉坩埚中熔融。

2. 酸熔法

常用的酸性熔剂有 $K_2S_2O_7$ 或 $KHSO_4$，高温时即分解产生 SO_3 与碱性氧化物作用。例如，铝土矿或铬铁矿熔于 $K_2S_2O_7$ 中，有

$$Al_2O_3 + 3K_2S_2O_7 = Al_2(SO_4)_3 + 3K_2SO_4$$

近年提出的 V_2O_5 作酸性熔剂具有氧化能力，用于分解含氮、硫、卤素的有机物，释放的气体能直接用试纸试验。

3.2.2.4 半熔法

采用熔融法分解试样，熔块常被熔融时用的容器污染，侵蚀下来的杂质给分析带来困难，影响测定结果。半熔法是在低于熔点下，使试样与熔剂作用，温度不太高，对坩埚侵蚀小。可在瓷坩埚中进行。如常用 Na_2CO_3＋MgO（艾斯卡试剂）作熔剂，用半熔法分解煤或矿石以测定硫；用 Ca_2CO_3＋NH_4Cl 混合物半熔（斯密思法）分解硅酸盐测定 K^+、Na^+ 等。

3.3 样品分离方法

在定量分析中，当试样组成比较简单时，将它处理成溶液后，便可直接进行测定。但在实际工作中，常遇到组成比较复杂的试样，而在测定其中某一组分时，共存的其他组分往往产生干扰。因此，必须选择适当的方法来消除其干扰。

采用掩蔽剂来消除干扰是一种比较简单、有效的方法。但在很多情况下，仅用掩蔽方法还不能解决问题。这就需要将被测定组分与干扰组分分离。在采用分离方法时，往往还要加入掩蔽剂来提高分离效果。甚至在经过分离后，有时还要加掩蔽剂来消除残留干扰组分的影响。

有时，试样中被测组分的含量极微，而测定方法的灵敏度不够，这时可在分离干扰组分的同时，将被测组分富集起来，然后进行测定。例如，测定海水中的痕量铀时，通常一升海水中只有 1～2 pgU（VI），往往难以直接进行测定。如果将一升海水最后处理成 10mL 溶液，等于将 U（VI）的浓度提高了 100 倍，这就解决了测定方法灵敏度不够的问题。

在分离过程中，最重要的是要知道被测组分是否有损失。这可由其回收率看出。被测组分的回收率为

$$回收率=\frac{分离后测得的量}{原来含量}\times 100\%$$

回收率当然越高越好。在实际工作中，随着被测组分含量的不同，对回收率的要求也不同。在一般情况下，对于含量在1%以上的组分，回收率在99%以上；对于微量组分，回收率在95%、90%，或更低一些也是允许的。

在分析化学中，常用的有沉淀分离法、萃取分离法、离子交换分离法、色谱分离法、蒸馏和挥发分离法等分离方法。

3.3.1 水样中硫酸根离子分离（沉淀分离法）

沉淀分离法（precipitation）是根据溶度积原理，利用某种沉淀剂有选择性地沉淀一些离子，而另外一些离子不形成沉淀留在溶液中，达到分离的目的。沉淀分离中所用的沉淀剂有无机沉淀剂、有机沉淀剂。痕量组分的分离富集可以采用共沉淀分离法。

3.3.1.1 无机沉淀剂沉淀分离法

有多种多样的无机沉淀剂可形成各种类型的沉淀。这里讨论氢氧化物和硫化物的沉淀分离法。

1. 氢氧化物沉淀分离法

常用的沉淀剂有 NaOH、氨水、ZnO 等。氢氧化物能否沉淀完全，主要取决于溶液的酸度。用氢氧化物沉淀法能否把两种离子完全分离，由它们溶解度的相对大小决定。一些常见金属氢氧化物开始沉淀和沉淀完全时的 pH 值见表 3.4。

表 3.4　常见金属离子氢氧化物开始沉淀和沉淀完全时的 pH 值

氢氧化物	开始沉淀	沉淀完全	沉淀开始溶解	沉淀完全溶解
$Sn(OH)_4$	0.5	1.0	13	>14
$Sn(OH)_2$	2.1	4.7	10	13.5
$Fe(OH)_3$	2.3	4.1	—	—
$ZrO(OH)_2$	2.3	3.8	—	—
HgO	2.4	5.0	—	−10.8
$Al(OH)_3$	4.0	5.2	—	>14
$Cr(OH)_3$	4.9	6.8	7.8	12～13
$Zn(OH)_2$	6.4	8.0	12	—
$Fe(OH)_2$	7.5	9.7	10.5	—
$Ni(OH)_2$	7.7	9.5	−13.5	—
$Cd(OH)_2$	8.2	9.7	—	—
Ag_2O	8.2	11.2	—	13
$Pb(OH)_2$	7.2	8.7	10	—
$Mn(OH)_2$	8.8	10.4	14	—

表 3.4 中所列出的 pH 值数据，是假定存在于溶液中的金属离子浓度为 0.01mol/L，又假定溶液中残留的金属离子浓度 $[M]\leqslant 10^{-6}$mol/L 时认为沉淀完全的条件下，根据溶度积计算出的。

其他缓冲溶液如六次甲基四胺、醋酸—醋酸钠等可分别控制一定的 pH 值，以达到沉淀分离的目的。

氢氧化物沉淀分离的缺点是选择性较差。同时沉淀物为非晶形沉淀，共沉淀现象严重，过滤和洗涤较困难，通常采用浓、热、小体积和加惰性电解质等办法改善沉淀性能，能得到较佳的分离效果。

2. 硫化物沉淀分离法

许多金属离子硫化物沉淀的溶解度相差较大，可以通过控制［S^{2-}］使金属离子彼此分离。常用沉淀剂是 H_2S（或硫代乙酰胺）。根据下式

$$[S^{2-}]=\frac{[H_2S]}{[H^+]^2}\times K_{a1}K_{a2}$$

通过控制 pH 值调节［S^{2-}］，以达到分离目的。例如，当 pH＝2 时，通入 H_2S 可使沉淀析出，与 Fe^{2+}、Mn^{2+}、Co^{2+}、Ni^{2+} 分离；当 pH＝5～6 时，Fe^{2+}、Zn^{2+}、Co^{2+}、Ni^{2+} 等均沉淀析出，与 Mn^{2+} 分离。

若加入适当掩蔽剂，还可提高硫化物沉淀的选择性，扩大应用范围。

硫化物沉淀也属于非晶形沉淀，分离效果不甚理想。由于 H_2S 有毒、气味恶臭，所以应用不广泛。使用硫代乙酰胺则较好。

3.3.1.2 有机沉淀剂沉淀分离法

在测定中经常使用有机沉淀剂，它与无机沉淀剂比较有下列优点：

(1) 沉淀组成恒定，只需烘干就可称重，沉淀物摩尔质量较大，有利于提高分析的准确度。

(2) 沉淀物的 K_{sp} 一般都很小。溶解损失小，沉淀比较完全，测定的准确度较高。

(3) 具有较高选择性。试剂种类繁多，性质各异，根据不同的沉淀需要选择不同试剂。

(4) 共沉淀现象少。沉淀对无机杂质吸附能力弱，易获得纯净沉淀，分离效果好。

最常见的有机沉淀剂有：8—羟基喹啉、丁二酮肟、四苯硼酸钠和亚硝基红盐（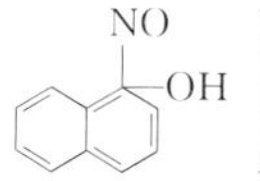）。

3.3.1.3 共沉淀分离和富集

由于沉淀的表面吸附作用、混晶或固溶胶的形成、吸留或包藏等原因引起共沉淀现象。利用这一原理可将一些待测的微量、痕量或示踪量组分通过沉淀物的载带而得到分离和富集。如自来水中微量铅的测定，往大量自来水中加入 Na_2CO_3（必要时可同时加入 $CaCO_3$），使其与水中 Ca^{2+} 生成 $CaCO_3$ 沉淀。经猛烈摇动，使水中微量 Pb^{2+} 被 $CaCO_3$ 沉淀载带下来。将沉淀用酸溶解后，被分离与富集的 Pb^{2+} 即可准确测定。

又如放射性溶液中痕量钚的分离测定. 采用加入 La^{3+} 离子和加 NH_4F 使产生 LaF_3 沉淀，在大量的氟化镧沉淀形成过程把钚载带下来，达到把钚分离和富集的目的。再作适当处理后进行钚的测定。

上述 $CaCO_3$ 和 LaF_3 等沉淀物称作共沉淀剂，也叫载体。共沉淀剂一般分为无机共沉淀剂和有机共沉淀剂两种。无机共沉淀剂对微量组分的共沉淀作用主要是通过表面吸附或形成混晶等方式，多数是某些金属的氢氧化物和硫化物。

无机共沉淀剂一般选择性不高，并且自身往往还会影响（干扰）下一步微量元素的测定，因此应用受到限制。几种常用的无机共沉淀剂及其应用见表 3.5。

表 3.5　部分无机共沉淀剂及应用

无机共沉淀剂（载体）	条　件	被载带离子	应　用
$Al(OH)_3$	$NH_3+NH_4^+$	Fe^{2+}，TiO^{2+}	
$Fe(OH)_3$	$NH_3+NH_4^+$	Sn^{4+}，Al^{3+}，Bi^{3+}	纯金属分析
MnO_2	酸液，MnO_4^-，Mn^{2+}	Sb^{3+}	纯金属分析
HgS	弱酸，$NH_3+NH_4^+$，H_2S	Pb^{2+}	饮料分析
CaC_2O_4	微酸性	稀土	矿石分析
$Mg(OH)_2$	NaOH	稀土	钢铁分析
MgF_2	酸性	稀土、Ca^{2+}	

有机共沉淀剂对微量组分的共沉淀作用不是靠表面吸附或形成混晶，而是首先把无机离子（微量组分）转化为疏水化合物，然后用与其结构相似的有机共沉淀剂将其载带下来。因此有机共沉淀具有选择性高、分离效果好等优点。有机共沉淀剂还有一个优点是沾污少，它自身一般可通过灼烧等手续除去；不干扰对所富集的微量组分的测定。几种常用的有机共沉淀剂及其应用见表 3.6。

表 3.6　部分有机共沉淀剂及其应用

有机共沉淀剂	被载带组分	应　用
辛可宁	H_2WO_4	
动物胶	硅酸	
甲基紫或甲基橙	$Zn(SCN)_4^{2-}$	可富集 100mL 溶液中 1μg 锌
甲基紫	$H_3P(MO_3O_{10})_4$	可富集 10^{-10}mol/L 的 PO_4^{3-}
甲基橙	$TiCl_4^-$	可富集 10^{-10}mol/L 的 Ti^{3+}
丹宁	$NbO(SCN)_4^-$ · $TaO(SCN)_4^-$	
酚酞或 α—萘酚	U（IV）与亚硝基红盐螯合物	

3.3.2 萃取分离

根据物质在两种互不相溶的溶剂中分配特性不同而进行分离的方法就是溶剂萃取分离法（Solvent Extraction）。在一定条件下，向待分离物质的水溶液中加入与水不混溶的有机溶剂一起振荡，使一些组分进入有机相，另一些组分仍留在水相中，从而达到相互分离的目的。使物质从水相进入有机相的这一过程称为萃取，也称为液液萃取法。

溶剂萃取分离法既可用于常量元素的分离，也可用于微量元素的富集和分离。溶剂萃取分离法在无机和放射化学的分离、分析方面应用广泛。

溶剂萃取分离法的缺点是萃取剂常易燃、易挥发，且具有一定毒性。大多数萃取剂价格昂贵。由于在实验室中手工操作比较麻烦，比较费时，所以在应用上受到一定限制。但溶剂萃取分离法仍是化学分析法、电化学分析法和一些仪器分析方法必不可少的前处理手段。

3.3.2.1 基本参数

1. 分配系数和分配比

当溶质 A 同时接触互不相溶的两种溶剂时，如果一种是水，另一种是有机溶剂，A 就在这两种溶剂中作如下分配：

$$A_{水}=A_{有}$$

当分配达平衡时，则有

$$K_{D}=\frac{[A]_{有}}{[A]_{水}}$$

此式称作分配定律，K_D 称分配系数，它在一定温度下为常数。$[A]_{水}$ 和 $[A]_{有}$ 分别为平衡时 A 在水相和有机相中的浓度（指同一型体）。

由于溶质 A 在两相中会发生离解、络合等反应，往往会以多种型体的形成存在，如果用溶质 A 的分析浓度 C 表示分配关系，在应用上更加直观和方便

$$D=\frac{C_{有}}{C_{水}}$$

D 称为分配比。实际上，D 与 K_D 不是同一概念。在分析化学中，通常都使用式 $D=\frac{C_{有}}{C_{水}}$。

2. 萃取效率和分离因素

萃取效率是指溶质 A 从水相中被有机溶剂萃取的百分率。如果两种溶剂的体积分别为 $V_{水}$ 和 $V_{有}$ 时，则萃取效率 E 用下式表示

$$E\%=\frac{C_{有}V_{有}}{C_{有}V_{有}+C_{水}V_{水}}\times 100\%$$

分子分母同乘以$\frac{1}{C_{水}V_{水}}$，则

$$E\%=\frac{D}{D+V_{水}/C_{有}}\times 100\%$$

由上式可见，萃取率高低是由 D 和 $V_{水}/V_{有}$ 决定的。D 值越大，萃取率越高。如果 D 值一定，增加有机溶剂用量（即增大 $V_{有}$），也可提高 E 值。但 $V_{有}$ 增大，使萃取后有机相中的 C_A 降低，不利于后面对 A 的进一步分离与测定。在实际测定中，对于分配比（D）较小的溶质，一般采用多次萃取，以提高萃取效率。

分离的目的是使待测物 A 与干扰组分 B 真正分离开，一方面对 A 的萃取效率要高（假定萃取 A），另一方面对 B 的萃取效率要尽量低。常用分离因数 β 表示分离效果的好坏。

$$\beta=\frac{D_A}{D_B}$$

β 越大，分离效果越好。如果 D_A 与 D_B 比较接近，A 和 B 就难以达到完全分离的目的。

3.3.2.2 萃取体系的分类

根据所形成的可萃取物质不同，萃取体系可分成以下几类。

1. 螯合物萃取体系

（内络盐）萃取用螯合剂作为萃取剂，与金属离子形成难溶于水而易溶于有机溶剂的

中性分子，达到萃取分离的目的。

2. 离子缔合物萃取体系

带不同电荷的离子靠静电引力而形成中性的、具有疏水性并能溶于有机溶剂的离子缔合物。经萃取后达到分离的目的。

3. 其他类型萃取体系

（1）三元络合物萃取。指的是两种萃取剂与被萃取物形成三元络合物后被其他溶剂萃取的一类萃取体系。实际上，上述“离子缔合物萃取”一类也包括三元络合物萃取，由于三元络合物的形成具有选择性好、灵敏度高的特点，因此这类萃取体系近一二十年来发展很快。

（2）共萃取。某些微量组分在单独存在时不被萃取，但当另一相关组分（常量）被萃取时，这些微量组分随同一起被萃取。如在盐酸介质中，乙酸乙酯萃取 $FeCl_4^-$ 时，微量锂、钙同时被萃入有机相中。这可能与形成复杂的离子缔合物有关。

3.2.2.3 萃取操作与反萃取

在分析工作中，萃取操作一般用间接法，在梨形分液漏斗中进行，对于分配系数较小的物质的萃取，则可以在各种不同形式的连续萃取器中进行连续萃取。在萃取过程中，如果在被萃取离子进入有机相的同时还有少量干扰离子亦转入有机相时，可以采用洗涤的方法除去杂质离子。分离以后，如果需要将被萃取去的物质再转到水相中进行测定，可以改变条件进行反萃取。

3.3.3 离子交换分离

利用离子交换剂与溶液中离子发生交换作用而使各种离子分离的方法，称为离子交换分离法（ion - exchange separation）。常用于富集微量元素，除去干扰元素以及分离性质相近的元素，还可用来制取纯水。

3.3.3.1 离子交换树脂

1. 离子交换树脂的结构

离子交换树脂是一种具有网状结构的高分子聚合物，组成可分为两部分：一部分是惰性的网状结构骨架，常用的离子交换树脂是由苯乙烯和二乙烯苯聚合得树脂的骨架：

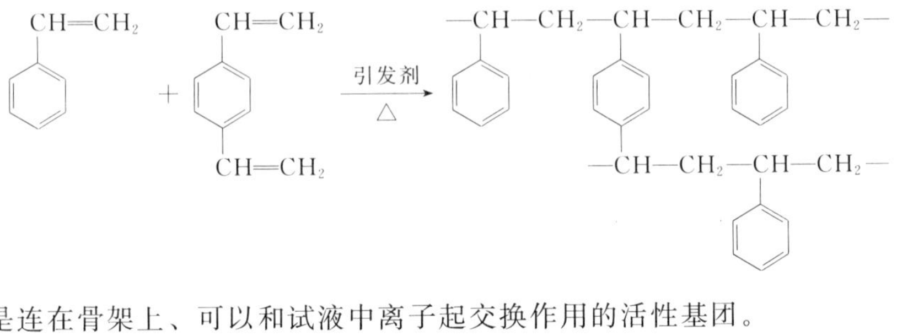

另一部分是连在骨架上、可以和试液中离子起交换作用的活性基团。

骨架的作用是负载活性基团，骨架很稳定，对于酸、碱、一般溶剂（包括有机溶剂）和较弱的氧化剂都不起作用，在交换过程中不发生交换反应，但其结构和性能（如颗粒大小及分布、内部孔径、比表面积等）对分离性能有较大的影响。活性基团，如 $—SO_3H$、$—N(CH_3)_3^+$ 等，由树脂骨架磺化或胺化等而引入。

2. 离子交换树脂的性能

（1）交联度。合成离子交换树脂中，起交联作用的是二乙烯苯，它把各长链状的聚苯乙烯分子交联起来，形成立体网状结构。交联的程度称为交联度。它以二乙烯苯在反应物中所占的重量百分比表示：

$$交联度=\frac{二乙烯苯的重量}{反应混合物的总重量}\times 100\%$$

一般树脂的交联度有4%～12%。交联度的大小直接影响树脂骨架网状结构的紧密程度和孔径大小，它与交换反应速度和选择性有密切关系。一般说，交联度大则结构紧密、孔径小、溶胀性小、交换反应速度快和选择性好，但交换容量小。交联度小则性能相反。实际工作中，需根据分析对象选择适当交联度的树脂。分析化学中常用交联度8%左右的树脂。市场出售的树脂在牌号之后的数字表示交联度，如国产强碱201×7，表示这种阴离子交换树脂的交联度是7%，又如美国产Dowex50×8，表示这种阳离子交换树脂的交联度是8%。

（2）交换容量。它是指树脂进行离子交换能力的大小，它取决于树脂可交换基团的含量，含量多则交换容量大。交换容量可以用每克干树脂能交换离子的物质的量（以mol/g为单位）表示。一般常用的树脂交换容量为3～6mol/g。在进行较大量物质的分离时，交换容量是树脂的一个重要指标。交换容量可用酸碱滴定法测定。

3．离子交换树脂的分类

根据离子交换树脂上可交换的活性基团不同，可将离子交换树脂分为阳离子交换树脂和阴离子交换树脂两大类。

（1）阳离子交换树脂。此类树脂的活性基团为酸性基团，基团上的H^+能与溶液中的阳离子交换。如果活性基团是$—SO_3H$基，因为磺酸是较强的酸，所以$R—SO_3H$是强酸性阳离子交换树脂，它在酸性、碱性和中性溶液中都能用。如果活性基团是—COOH基或—OH基，则称为弱酸性阳离子交换树脂。弱酸性阳离子交换树脂的交换能力受溶液酸度影响较大，羧基在pH值>4、酚基在pH值>9.5时才有交换能力。分析化学中常用强酸性阳离子交换树脂，弱酸性阳离子交换树脂选择性较好，在一些情况下使用可获满意结果。

（2）阴离子交换树脂。此类树脂的活性基团是碱性基团，基团上的OH^-能与溶液中的阴离子发生交换反应。同样阴离子交换树脂也分为强碱性和弱碱性离子交换树脂。如活性基团为季铵碱，则为强碱性阴离子交换树脂；如果活性基团是伯胺基、仲胺基、叔胺基等则为弱酸性阴离子交换树脂。强碱性阴离子交换树脂应用较多，在酸性、中性和碱性溶液中均能使用，弱碱性阴离子交换树脂在碱性溶液中失去交换能力，分析化学中较少使用。

4．离子交换分离操作

分析化学中常用色层柱（离子交换柱）进行分离，它是一种分离效率高的常用方法。过程如下：

（1）树脂的选择及预处理。根据分离的对象和要求，选择适当类型的树脂及其粒度，例如分离混合阳离子，一般可选用阳离子交换树脂，如果离子间相互分离较难，则应选择交联度大、颗粒小的树脂。选择的树脂先用水洗净，然后用4～6mol/L HCl浸泡一两天，以除去杂质，再洗涤至中性，浸泡于蒸馏水中备用。这样，阳离子树脂已处理成H^+型（阴离子树脂已处理成Cl^-型）。

（2）装柱。离子交换分离常用如图3.6所示的交换柱。装柱时，在交换柱充满水的情况下，把经预处理的树脂装入柱中，可轻敲柱子使其装实，并防止树脂中夹有气泡。始终保持液面高于树脂层，防止树脂干裂。图3.6中（a）可保证树脂一直泡在液面下，不会入气泡，但流速慢，还会使色谱峰稍有增宽；图3.6（b）中的装置简单，但应注意勿使树脂层因干涸而混入气泡。

（3）交换分离和洗涤。根据选择的待分离试液的介质或根据实际需要平衡交换柱，将体积尽可能小的待分离试液缓慢注入柱内，以适当的流速流下和交换，如果柱中是阳离子树脂，试液中的阳离子与树脂上的 H^+ 交换而留在柱上。阴离子不交换而存在于流出液中，阳离子和阴离子得以分离。如果交换柱中装的是阴离子交换树脂，则是阴离子发生交换而留于柱中，阳离子存在于流出液中，阳离子和阴离子也得以分离。在试液流完后，需用洗涤液（水或不含待测组分且对后继测定不干扰的试剂空白液）洗去残留试液和树脂中被交换下来的离子。洗涤液应合并于流出液。

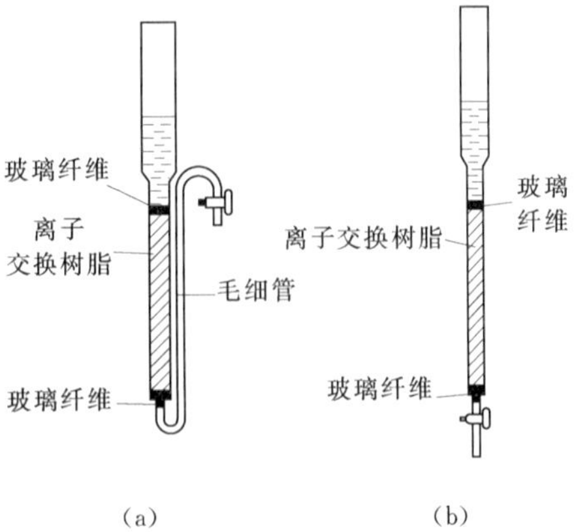

图 3.6　离子交换分离常用装置

（4）洗脱。若要测定交换在树脂上的离子，可用洗脱液将它洗下来。对阳离子交换树脂，常用 HCl 溶液作洗脱液；对于阴离子交换树脂，则常用 HCl、NaCl、NaOH 溶液作洗脱液。如果要使交换在柱上的几种离子（如 Li^+、Na^+、K^+）分离，可选适当的淋洗液使它们先后流出，并分别收集各段流出液。

（5）树脂再生。使交换后的树脂恢复到交换前的状态，此过程称为再生。再生的方法可按预处理方法操作，可在柱上进行。再生后的交换柱也可再用。

3.3.3.2 离子交换分离法的应用

1. 水的净化

天然水中常含一些无机盐类，为了除去这些无机盐类，以便将水净化，可使水通过强酸性阳离子交换树脂，除去各种阳离子后，再通过强碱性阴离子交换树脂，除去各种阴离子，则可以方便地得到不含溶解盐类的去离子水。交换柱经再生后可以循环使用。其过程如下：

首先用强酸性阳离子交换树脂除去水中 Ca^{2+}、Mg^{2+} 其他阳离子：

$$2RSO_3H + Ca^{2+} = (RSO_3)_2Ca + 2H^+$$

再通过强碱性阴离子交换树脂，除去各种阴离子：

$$RN(CH_3)_3OH + Cl^- = RN(CH_3)_3Cl + OH^-$$

交换出的 H^+ 和 OH^- 结合生成成水。它可以代替蒸馏水使用。

2. 干扰离子的分离

干扰离子的分离，一种是阴阳离子的分离。例如，用 $BaSO_4$ 重量法测定黄铁矿中硫的含量，由于黄铁矿中有大量 Fe^{3+}、Ca^{2+} 存在，造成 $BaSO_4$ 沉淀不纯，因此可以先将试液通过阳离子交换树脂除去干扰的 Fe^{3+}、Ca^{2+} 等阳离子，然后再将流出液中的 SO_4^{2-} 沉淀为 $BaSO_4$ 进行硫的测定。另一种是同性电荷的离子的分离。这可以根据各种离子对树脂的亲和力不同，将它们彼此分离。例如，欲分离 Li^+、Na^+、K^+ 3 种离子，将试液通过阳离子树脂交换柱，则 3 种离子均被交换在树脂上，然后用稀盐酸洗脱。交换能力最小的 Li^+ 先流出柱外，其次是 Na^+，而交换能力最大的 K^+ 最后流出来，若分别接取各段流出液，即可测定各种元素的含量。

3. 微量元素的富集

当试样中并不含有大量的其他电解质时，用离子交换分离法富集微量组分是比较方便的。例如，天然水中 K^+、Na^+、Ca^{2+}、Mg^{2+}、Cl^-、SO_4^{2-} 等组分的测定，可将水样流过阳离子交换树脂和阴离子交换树脂，以使各种组分分别交换于柱上。然后用稀盐酸洗脱阳离子，另用稀氨液洗脱阴离子，微量组分得到了富集，于流出液中就可以比较方便地分别测定各种组分的含量。

3.3.4 层析分离

层析分离法（chromatography）是由一种流动相带着试样经过固定相，试样中的组分在两相之间进行反复的分配，由于各种组分在两相之间的分配系数不同，它们的移动速度也不一样，从而达到互相分离的目的。层析分离法按操作的形式不同，有以下几种：柱层析、纸层析、薄层层析。

3.3.4.1 柱层析

把吸附剂如氧化铝或硅胶等，装在一支玻璃柱中，做成色谱柱（如图 3.7 所示），然后将试液加在柱上。若试液中含有 A、B 两种组分，则 A 和 B 便被吸附剂（固定相）吸附在柱的上端，如图 3.7（a）所示。再用一种洗脱剂（亦称展开剂）进行洗脱，这时柱内就连续不断地发生溶解、吸附、再溶解、再吸附的现象。如果展开剂与吸附剂对于二者溶解能力和吸附能力不同，设 A 的分配系数比 B 小，在洗脱剂的解脱作用下，A、B 组分向下流动的速度也不相同，这时 A 和 B 在柱中分别形成两个色带，如图 3.7（b），再继续冲洗，A 和 B 两个色带距离越来越大，由于 A 的吸附能力较弱，最后 A 先被洗脱下来，如图 3.7（c）所示，这样便可将 A、B 两种组分分离。

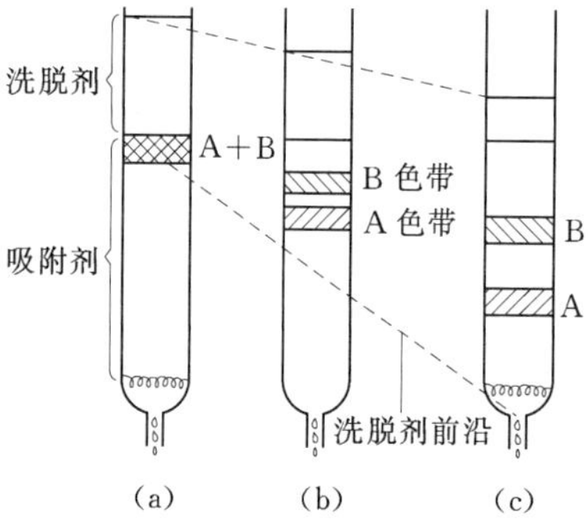

图 3.7　柱层析示意图

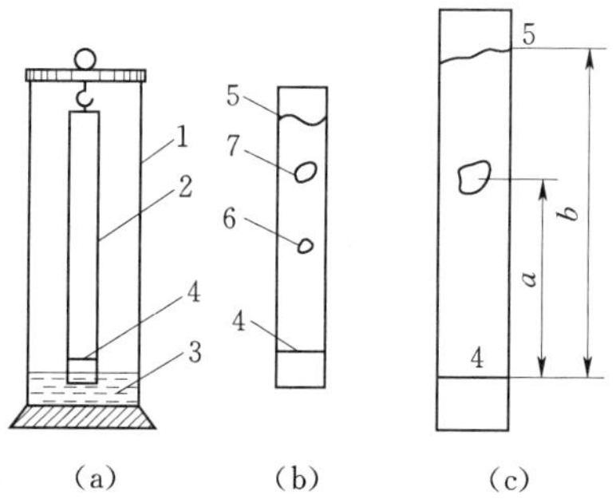

图 3.8　纸层析分离示意图

（a）纸层析分离法；（b）两组分分离法；（c）比移值的计算

1—层析筒；2—滤纸；3—展开剂；4—原点；

5—溶剂前沿；6、7—斑点

3.3.4.2 纸层析

纸层析是用纸作载体的一种层析方法。这种方法设备简单，便于操作，是一种微量分离方法。

纸层析法是先将滤纸放在含饱和水蒸气的空气中，滤纸吸收水分（一般吸收 20%左右）作为固定相，将试液点在滤纸条的原点处，如图 3.8（a）所示。然后使展开剂从有试液斑点的一端靠滤纸的毛细管作用向另一端扩散，当展开剂通过斑点时，试液中的各组分便随着展开剂向前流动，并在水与展开剂两相间进行分配，由于各种组分的分配比不同，移动速度不同，便可以彼此分离开来，如图 3.8（b）所示。

各组分在滤纸上移动的位置，如图 3.8（c）所示。常用比移值 R_F 表示。

$$R_F = \frac{\text{原点至斑点中心的距离}(a)}{\text{原点至溶剂前沿的距离}(b)}$$

在一定实验条件下，每种物质都有它特定的 R_F 值，R_F 值也成为各种物质定性分析的依据。从各物质 R_F 值的相差大小可判断彼此能否分离，在一般情况下，如果斑点比较集中，R_F 值又相差 0.02 以上时，即可以互相分离。

3.3.4.3 薄层层析法

薄层层析法是在纸层析的基础上发展起来的。它是在一平滑的玻璃板上，铺一层厚约 0.25mm 的吸附剂（氧化铝、硅胶、纤维素粉等），来代替滤纸作为固定相，其原理、操作与纸层析法基本相同（图 3.9）。

此法的优点是展开所需时间短，比柱层析和纸层析分离速度快、效率高，斑点不易扩散，因而检出灵敏度可比纸层析高 10～100 倍。薄板负荷试样量大，为试剂纯化分离提供了方便，另外它还可以使用腐蚀性的显色剂。由于薄层层析法具有上述优点，所以近年来发展较快，应用日益广泛。

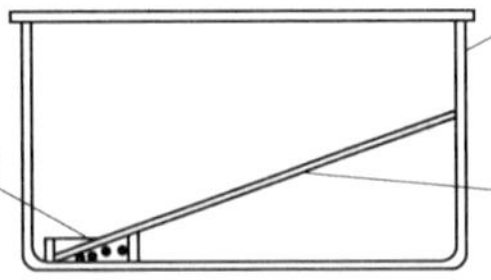

图 3.9　薄层层析示意图

【复习思考题】

1. 试样的制备过程一般包括几个步骤？
2. 正确地采取实验室样品及正确地制备和分解试样对分析工作有何意义？
3. 请叙述各类样品的采集方法。
4. 分解试样常用的方法大致可分为哪两类？在什么情况下采用熔融法？
5. 酸溶法常用的溶剂有哪些？
6. 简述下列各溶（熔）剂对试样分解的作用：HCl、HF、$HClO_4$、H_3PO_3、NaOH、KOH、Na_2CO_3、$K_2S_2O_7$。
7. 查阅相关文献，阐述新的分解样品的方法。
8. 测定自来水、石油或食品中含微量砷时，如何分离？

项目4　用滴定分析法对物质进行测定

项目说明

通过对本项目的学习，能够根据相关理论知识，理解工作原理和目的；通过相关任务的学习，能够根据测定结果判断混合碱样品的成分，并计算各组分含量；进行数据处理，出具实验报告。

总体目标

知识目标

1. 酸碱滴定分析原理和滴定终点的判断方法。
2. 掌握混合碱分析的测定原理、方法和计算。
3. 知道酸碱滴定在化学检验中的具体应用。

能力目标

1. 能够根据测定结果判断混合碱样品的成分，并计算各组分含量。
2. 能够对实验数据进行分析处理。
3. 能够正确处理样品在测定过程中出现的相互干扰、误差等问题。

工作态度

1. 提高学生的团队合作精神。
2. 培养分析问题、解决问题的能力。
3. 培养学生认真负责的工作态度。
4. 使实验室内所有行动符合安全要求。

4.1　滴定分析基础知识

滴定分析法是化学分析法中的重要分析方法之一。将一种已知其准确浓度的试剂溶液（称为标准溶液）滴加到被测物质的溶液中，直到化学反应完全时为止，然后根据所用试剂溶液的浓度和体积可以求得被测组分的含量，这种方法称为滴定分析法（或称容量分析法）。

4.1.1　方法特点

（1）加入标准溶液物质的量与被测物质的量恰好是化学计量关系。

（2）此法适于组分含量在1%以上各种物质的测定。

（3）该法快速、准确，仪器设备简单，操作简便。

（4）用途广泛。

4.1.2　方法分类

根据标准溶液和待测组分间的反应类型的不同，分为4类：

（1）酸碱滴定法——以质子传递反应为基础的一种滴定分析方法。

反应实质：　$H_3O^+ + OH^- \xlongequal{} 2H_2O$

（质子传递）　　　　$H_3O^+ + A^- = HA + H_2O$

（2）配位滴定法——以配位反应为基础的一种滴定分析方法。

$$Mg^{2+} + Y^{4-} = MgY^{2-}$$（产物为配合物或配合离子）

$$Ag^+ + 2CN^- = [Ag(CN)_2]^-$$

（3）氧化还原滴定法——以氧化还原反应为基础的一种滴定分析方法。

$$Cr_2O_7^{2-} + 6Fe^{2+} + 14H^+ = 2Cr^{3+} + 6Fe^{3+} + 7H_2O$$

$$I_2 + 2S_2O_3^{2-} = 2I^- + S_4O_6^{2-}$$

（4）沉淀滴定法——以沉淀反应为基础的一种滴定分析方法。

$$Ag^+ + Cl^- = AgCl\downarrow$$（白色）

4.1.3 对滴定反应的要求

（1）反应要按一定的化学方程式进行，即有确定的化学计量关系。

（2）反应必须定量进行，反应接近完全（大于 99.9%）。

（3）反应速度要快，有时可通过加热或加入催化剂方法来加快反应速度。

（4）必须有适当的方法确定滴定终点。简便可靠的方法就是选用合适的指示剂。

4.1.4 滴定方式

（1）直接滴定法：一种标准溶液。

完全符合滴定反应要求的滴定反应：如 HCl 标液$\longrightarrow$NaOH 溶液（最常用、最基本的方式）。

（2）返滴定法：两种标准溶液——一种过量加入，一种用于返滴定过量的标液。

应用于滴定反应速度慢或无合适的指示剂的滴定反应

如 Al^{3+} 测定：EDTA 与 Al^{3+} 反应慢，先加入过量的 EDTA 与 Al^{3+} 反应，再用 Zn^{2+} 标准溶液滴定。

（3）置换滴定法：两种标准溶液，一种反应剂。

适用于不能定量进行（伴有副反应发生）的滴定反应，如：$S_2O_3^{2-} + Cr_2O_7^{2-} \longrightarrow S_4O_6^{2-}/SO_4^{2-}$（有副反应）。

先置换：　　$Cr_2O_7^{2-} + 3I_2 + 14H^+ \longrightarrow 2Cr^{3+} + 6I^- + 7H_2O$

再滴定：　　　　$2S_2O_3^{2-} + I_2 \longrightarrow S_4O_6^{2-} + 2I^-$

（4）间接滴定法：一种试剂，一种标准溶液。当待测成分不能直接与滴定剂作用时，例：NH_4Cl、$(NH_4)_2SO_4$ 等铵盐，$K_{NH_4} = 5.5\times10^{-10}$，理解常数较小，不能与碱定量反应。

$$4NH_4^+ + 6HCHO \longrightarrow (CH_2)_6N_4H^+ + 3H^+ + 6H_2O$$

（定量进行）

现将 NH_4^+ 与甲醛反应生成可被准确滴定的 H^+，再以酚酞作指示剂，用 NaOH 标液滴定此混合液至呈微红色即为终点。

4.1.5 标准溶液和基准物质

标准溶液：已知准确浓度的溶液。

基准物质：能直接配成标准溶液的物质。

1. 基准物质须具备的条件

组成恒定：实际组成与化学式相符合；纯度高：一般纯度应在99.5%以上；性质稳定：在保存或称量过程中不分解、不吸湿、不风化、不易被氧化等；具有较大的摩尔质量：称取量大，称量误差小；在使用条件下易溶于水（或稀酸、稀碱）。

2. 标准溶液的配制

（1）标准溶液浓度大小选择的依据。滴定终点的敏锐程度；测量标准溶液体积的相对误差；分析试样的成分和性质；对分析结果准确度的要求。

（2）配制标准溶液的方法。

直接配制：准确称量一定量的用基准物质，溶解于适量溶剂后定量转入容量瓶中，定容，然后根据称取基准物质的质量和容量瓶的体积即可算出该标准溶液的准确浓度。

间接配制：先配制成近似浓度，然后再用基准物或标准溶液标定（标定一般要求至少进行3～4次平行测定，相对偏差在0.1%～0.2%之间）。

（3）标准溶液浓度的表示方法。物质的量浓度 c；物质的质量浓度 ρ。

4.1.6 训练项目

实验1 盐酸标准滴定溶液的配制与标定

1. 实验目的

（1）学习减量法称取基准物的方法。

（2）学习用无水碳酸钠标定盐酸溶液的方法。

（3）熟练滴定操作和滴定终点的判断。

2. 实验原理

市售盐酸试剂密度为1.19g/mL，含量约37%，其浓度约为12mol/L。浓盐酸易挥发，不能直接配制成准确浓度的盐酸溶液。因此，常将浓盐酸稀释成所需近似浓度，然后用基准物质进行标定。（考虑到浓HCl的挥发性，应适当多取一点儿）

标定HCl溶液常用的基准物质是无水 Na_2CO_3，反应为

$$Na_2CO_3+2HCl \xlongequal{} 2NaCl+H_2O+CO_2\uparrow$$

以甲基橙作指示剂，用HCl溶液滴定至溶液显橙色为终点；用甲基红—溴甲酚绿混合指示剂时，终点由绿色变为暗红色。

3. 试剂

（1）HCl（密度1.19g/mL）。

（2）无水碳酸钠（基准物）。在270～300℃烘至质量恒定，密封保存在干燥器中。

（3）甲基橙指示液（1g/L）。1g甲基橙溶于100mL水中。

（4）甲基红—溴甲酚绿混合指示液：甲基红乙醇溶液（2g/L）与溴甲酚绿乙醇溶液（1g/L）按1∶3体积比混合。

4. 实验内容

（1）0.1mol/L HCl溶液的配制。用量杯量取9mL浓盐酸，倒入预先盛有200mL水的试剂瓶中，加水稀释至1000mL，摇匀，待标定。

（2）标定。

1）用甲基橙指示液指示终点。以减量法称取预先烘干的无水碳酸钠 0.15～0.2g（称准至 0.0002g）置于 250mL 锥形瓶中，加 25mL 水溶解，再加甲基橙指示液 1～2 滴，用欲标定的 0.1mol/L HCl 标准滴定溶液进行滴定，直至溶液由黄色转变为橙色时即为终点。读数并记录，平行测定 3 次，同时作空白。

2）用甲基红—溴甲酚绿混合指示液指示终点（国标法）。准确称取基准物无水 Na_2CO_3 0.15～0.2g，溶于 50mL 水中，加 10 滴甲基红—溴甲酚绿混合指示液，用 HCl 标准滴定溶液滴定至溶液由绿色变为暗红色，煮沸 2min，冷却后继续滴定至溶液呈暗红色，读数并记录，平行测定三次，同时作空白。

5. 计算公式

$$c_{HCl}=\frac{m_{Na_2CO_3}\times 1000}{(V_{HCl}-V_{空白})M_{\frac{1}{2}Na_2CO_3}}$$

式中 c_{HCl}——HCl 标准滴定溶液的浓度，mol/L；

V_{HCl}——滴定时消耗 HCl 标准滴定溶液的体积，mL；

$V_{空白}$——空白实验滴定时消耗 HCl 标准滴定溶液的体积，mL；

$m_{Na_2CO_3}$——Na_2CO_3 基准物的质量，g；

$M_{\frac{1}{2}Na_2CO_3}$——$\frac{1}{2}Na_2CO_3$ 的摩尔质量，g /mol。

6. 数据记录

项目 \ 序号	1	2	3
称量瓶＋Na_2CO_3（倾样前）(g)			
称量瓶＋Na_2CO_3（倾样后）(g)			
$m_{Na_2CO_3}$ (g)			
V_{HCl} (mL)			
$V_{空白}$ (mL)			
c_{HCl} (mol/L)			
HCl 溶液平均浓度（mol/L）			
相对平均偏差			

7. 注意事项

用无水碳酸钠标定盐酸时反应产生碳酸会使滴定突跃不明显，致使指示剂颜色变化不够敏锐。因此，在接近滴定终点时应剧烈摇动或最好把溶液加热至沸，并摇动以赶出 CO_2，冷却后再继续滴定。

8. 思考题

（1）为什么把碳酸钠放在称量瓶中称量？称量瓶是否要预先称准？称量时盖子是否要盖好？

(2) 还可用哪些基准物质标定盐酸?

(3) 分析一下盐酸溶液浓度标定引入的个人操作误差。

实验2　氢氧化钠标准滴定溶液的配制与标定

1. 实验目的

(1) 熟练减量法称取基准物的方法。

(2) 学习用邻苯二甲酸氢钾标定氢氧化钠溶液的方法。

2. 实验原理

由于氢氧化钠易吸收 CO_2 和水，不能用直接法来配制标准滴定溶液，应先配成近似浓度的溶液，再进行标定。

标定 NaOH 溶液所用基准物质为邻苯二甲酸氢钾，反应如下

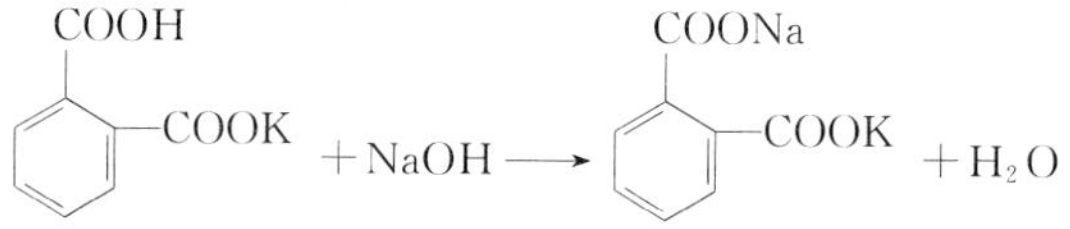

用酚酞作指示剂，由无色变为浅粉红色半分钟不褪为终点。

3. 试剂

(1) NaOH 固体。

(2) 邻苯二甲酸氢钾（基准物）：105～110℃烘至质量恒定。

(3) 酚酞指示液（10g/L）。1g 酚酞溶于 100mL 乙醇中。

4. 实验内容

(1) 0.1mol/L NaOH 溶液的配制。称取固体 NaOH 100g，溶于 100mL 水中，摇匀，将其注入聚乙烯容器中，密封放置至溶液清亮。用塑料管虹吸 5mL 上层清液，注入 1000mL 无 CO_2 的水中，摇匀，待标定。

(2) 标定。用减量法称取邻苯二甲酸氢钾三份，每份重量为 0.5～0.6g（称准至 0.0002g）分别置于三个 250mL 锥形瓶中，各加 50mL 不含二氧化碳的蒸馏水使之溶解。加酚酞指示液 2 滴，用欲标定的 NaOH 溶液滴定，直至溶液由无色变为浅粉色，以 30s 不褪即为终点。记录滴定时消耗 NaOH 溶液的体积，平行测定 3 次，同时作空白。

计算 NaOH 溶液的浓度及标定的精密度。

5. 计算公式

$$c_{NaOH}=\frac{m_{KHC_8H_4O_4}\times 1000}{(V_{NaOH}-V_{空白})M_{KHC_8H_4O_4}}$$

式中　c_{NaOH}——NaOH 标准滴定溶液的浓度，mol/L；

V_{NaOH}——滴定时消耗 NaOH 标准滴定溶液的体积，mL；

$V_{空白}$——空白实验滴定时消耗 NaOH 标准滴定溶液的体积，mL；

$m_{KHC_8H_4O_4}$——邻苯二甲酸氢钾基准物的质量，g；

$M_{KHC_8H_4O_4}$——邻苯二甲酸氢钾的摩尔质量，g/mol。

附注：如果较长时间后终点的浅粉色褪去，那是因为溶液吸收了空气中的 CO_2 所致。

6. 数据记录

项目 \ 序号	1	2	3
称量瓶＋$KHC_8H_4O_4$（倾样前）(g)			
称量瓶＋$KHC_8H_4O_4$（倾样后）(g)			
$m_{KHC_8H_4O_4}$ (g)			
V_{NaOH} (mL)			
$V_{空白}$ (mL)			
c_{NaOH} (mol/L)			
NaOH溶液平均浓度(mol/L)			
相对平均偏差			

7. 思考题

（1）称取基准物的锥形瓶，其内壁是否必须干燥？为什么？溶解基准物所用水的体积是否需要精确？为什么？

（2）用邻苯二甲酸氢钾标定 NaOH 时为什么用酚酞作指示剂而不用甲基橙？

（3）根据标定结果，分析一下本次标定引入的个人操作误差。

4.2 混合碱的含量测定

4.2.1 混合碱含量测定

1. 双指示剂法

烧碱中 NaOH 和 Na_2CO_3 含量的测定。

烧碱（NaOH）在生产和储存过程中因吸收空气中的 CO_2 能而产生部分 Na_2CO_3。因此，在测定烧碱中 NaOH 含量的同时，常需要测定 Na_2CO_3 的含量，此称为混合碱的分析。最常用的方法是双指示剂法。

2. 问题的提出

酸碱反应的实质是什么？

酸碱指示剂的指示原理是什么？

如何选择指示剂？

如何配制标准溶液？

滴定过程中 pH 值的变化有什么规律？

什么是双指示剂法？

混合碱测定的原理是什么？

4.2.2 酸碱滴定法原理

1. 酸碱质子理论

酸碱质子理论认为：凡是能给出质子（H^+）的物质就是酸，凡是能接受质子的物质就是碱。这就是按酸碱质子理论酸碱的定义。

2. 酸碱的解离

以HB代表酸，在水溶液中有

$$HB \xrightleftharpoons{K_a} H^+ + B^-$$

酸HB发生解离，失去质子后成为碱B^-，K_a称为解离常数，$K_a=\frac{a_{H^+}a_{B^-}}{a_{HB}}$，温度一定时$K_a$为一个与HB本性有关酸常数。

3. 共轭酸碱对

当酸HB解离时，除了给出H^+，还生成它的碱式型体B^-，同理，B^-可以获得一个H^+变为酸式型体HB。像HB和B^-这样仅仅相差一外质子的酸碱型体称为共轭酸碱对。

4. 酸碱中和反应的实质

按照酸碱质子理论，酸碱反应的实质就是酸失去质子，碱得到质子的过程，酸碱反应是酸碱之间发生了质子转移。

5. 溶剂水的质子自递

同种溶剂自身分子之间质子的转移称为质子自递反应。

其平衡常数称为质子自递常数（K_s），对于水有

$$H_2O+H_2O \xrightleftharpoons{K_s} H_3^- O+OH^-$$

$$K_s=\frac{a_{H_3^+O}a_{OH^-}}{a_{H_2O}^2}$$

在纯溶剂或稀溶液中，溶剂活度（a_{H_2O}）取值为1，则$K_s=a_{H_3^+O}a_{OH^-}$，一定温度下，K_s为常数，称活度积，对于水习惯记作K_w。

常温时

$$K_w=1.0\times10^{-14}$$

根据溶剂水的质子自递，可以推知共轭酸碱对的酸的解离常数K_a和碱的水解常数K_b之间始终有$K_aK_b=K_w$。

6. 酸碱的强度

酸碱的强弱不仅取决于酸碱的本质，而且与它所在的溶剂的性质关系很大。

如$HClO_4$、H_2SO_4、HCl、HNO_3四种酸性的强度本来是有差别的，但以水为溶剂时，它们均完全解离，它们的强度被拉平到H_3+O水平，而在冰醋酸溶剂中，强度有明显差别，解离数分别为$10^{-5.8}$、$10^{-8.2}$、$10^{-8.8}$和$10^{-9.4}$。

4.2.3 酸碱指示剂

1. 指示剂的作用原理及变色pH值范围

（1）作用原理。酸碱指示剂一般是弱的有机酸或有机碱，其酸式及其共轭碱式具有不同的颜色。当溶液的pH值改变时，指示剂因失去质子或得到质子发生酸式和碱式型体变化时，由于结构上的变化，从而引起颜色的变化。

（2）变色pH值范围。以弱酸型指示剂HIn为例，在溶液中

$$HIn=H^+ + In^-$$

（酸式）　（碱式）

$$K_{HIn}=\frac{[H^+][In^-]}{[HIn]}\Rightarrow[H^+]=\frac{[HIn]}{[In^-]}K_{HIn}$$

即

$$pH=pK_{HIn}+\lg\frac{[In^-]}{[HIn]}$$

当$[In^-]=[HIn]$时，$pH=pK_{HIn}$称为理论变色点。

一般而言，当$\frac{[In^-]}{[HIn]}\leqslant\frac{1}{10}$时，只能观察出酸式颜色；当$\frac{[In^-]}{[HIn]}\geqslant\frac{1}{10}$时，只能观察出碱式颜色，故其变色的范围为$pH=pK_{HIn}\pm1$，应该指出，指示剂的实际变色范围只有1.6～1.8个pH单位，并且由于人对颜色的敏感程度不同其理论变色点也不是变色范围的中点。它更靠近于人较敏感的颜色的一端。指示剂的变色范围越窄越好。

2. 影响指示剂变色范围的因素

温度：温度主要引起指示剂离解常数的变化，从而影响变色范围。

溶剂：不同溶剂的质子自递常数不同，使K_{HIn}也不同。

离子强度

$K_{ao}=\frac{a_{H^+}a_{In^-}}{a_{HIn}}=\frac{a_{H^+}\gamma_{In^-}[In^-]}{\lambda_{HIn}[HIn]}$，理论变色点时$\frac{[In^-]}{[HIn]}=1$

$$\alpha_{H^+}=Ka^0/\gamma_{In^-}$$

$$pH=-\lg\alpha_{H^+}=pK_{ao}+\lg\gamma_{In^-}\approx pK_{ao}-0.52\sqrt{I}$$

可见I升高时，理论变色点的pH减小。

指示剂用量：设人眼观察［In^-］颜色的最小浓度$[In^-]=a$，则有$\frac{K_a}{H^+}=\frac{[In^-]}{[HIn]}=\frac{a}{C-a}$，由于$K_a$，$a$为定值，则$C$增大时，pH值会变小，因此会在较低pH处变色。

3. 混合指示剂

一般指示剂变色范围过宽（约2个pH单位），且颜色变化不敏锐，混合指示剂可克服此缺点。

混合指示剂的配制方法有二：一种是由两种指示剂按一定比例混配；另一种是加入一种不变色染料作背衬。

4. 常见酸碱指示剂

甲基橙：变色范围3.1～4.4；用酸滴碱时，由黄变为橙红。

甲基红：变色范围4.4～6.2；用酸滴定弱碱时，由黄变红。

酚酞：变色范围8.0～10.0；用碱滴定酸时，由无色变至浅红。

4.2.4 酸碱溶液pH值的计算

由分布分数表达式知道，要计算酸碱溶液中各型体的平衡浓度就必须首先计算溶液的H^+的平衡浓度。

1. 强酸（强碱）溶液

以浓度为Cmol/L的一元强酸HX为例，PBE为

$$[H^+]-C=[H^-]$$

$$[H^+][OH^-]=K_w$$

$$[H^+]=\frac{K_w}{[H^+]}+C$$

$$[H^+]^2 - C[H^+] - K_w = 0$$

即

$$[H^+] = \frac{C + \sqrt{C^2 + 4K_w}}{2}$$

当 C 非常小时，$[H^+] = \sqrt{K_w}$。

关于一元强碱，情形类似。

2. 一元弱酸（强碱）溶液

设浓度为 Cmol/L 的弱酸 HA，其 PBE 为

$$[H^+] = [A^-] + [OH^-]$$

由弱酸的解离平衡和水的离子积得到

$$[H^+] = \frac{K_a[HA]}{[H^+]} + \frac{K_w}{[H^+]}$$

$$[H^+] = \sqrt{K_a[HA] + K_w}$$

当 $K_{a[HA]} \approx C_{Ka} \geqslant 20K_w$ 时，有

$$[H^+] = \sqrt{K_a[HA]} = \sqrt{K_a(C - [H^+])}$$

即

$$[H^+]^2 + K_a[H^+] - CK_a = 0$$

解一元二次方程取正根得到

$$[H^+] = \frac{-K_a + \sqrt{K_a^2 + 4CK_a}}{2}$$

当 $C_{Ka} \geqslant 20K_w$ 且 $\frac{C}{K_a} \geqslant 500$ 时，$C - [H^+] \approx C$　$[H^+] = \sqrt{CK_a}$。

当 $\frac{C}{K_a} \geqslant 500$，但 $C_{Ka} = K_w$ 时，$[H^+] = \sqrt{CK_a + K_w}$。

对于一元弱碱，求得的是 $[OH^-]$，将 K_a 换作 K_b，其处理方法相同。

3. 多元弱酸（碱）溶液

对于多元弱酸碱溶液 pH 值的计算，我们要求掌握那些可以忽略二级解离的弱酸碱，也就是当做一元弱酸碱处理。

以浓度为 Cmol/L 的二元弱酸 H_{2A} 为例，其 PBE 为

$$[H^+] = [OH^-] + [HA^-] + 2[A^-]$$

同样可以根据弱酸的解离平衡及水的离子积进行代换，得

$$[H^+] = \frac{[H_2A]K_{a1}}{[H^+]} + \frac{2[H_2A]K_{a1}K_{a2}}{[H^+]^2} + \frac{K_w}{[H^+]}$$

为了避免得到难解的三次方程，整理为

$$[H^+] = \sqrt{[H_2A]K_{a1}\left(1 + \frac{2K_{aL}}{[H^+]^2}\right) + K_w}$$

当 $\frac{2K_{aL}}{[H^+]} \approx \frac{2K_{a2}}{\sqrt{CK_a}} \leqslant 0.05$ 时，可忽略二级解离，得

$$[H^+]=\sqrt{K_{a1}[H_2A]+K_w}$$

此式与一元弱酸的计算公式相同，处理方法也一样。

课后读者可以总结二元弱酸和弱碱的计算公式。

对于三元以上的弱酸碱我们不作要求，将在后续课程中介绍。

4. 混合酸（碱）溶液

弱酸与强酸的混合：以 Cmol/L HAc 和 $C_a$mol/L HCl 混合为例，PBE 为

$$[H^+]-C_a=[OH^-]+[Ac^-]$$

因为溶液呈酸性，$[OH^-]$ 可忽略。

所以

$$[H^+]\approx[Ac^-]+C_a=C\frac{K_a}{[H^+]+K_a}+C_a$$

整理得

$$[H^+]=\frac{(C_a-K_a)+\sqrt{(C_a-K_a)^2+4K_a(C_a+C)}}{2}$$

只有当弱酸的解离常数 K_a 很小，强酸浓度 C 不太小时，混合液可看作是强酸溶液。

弱酸与弱酸混合：当浓度为 C_{HA} 和 C_{HB} 的两弱酸 HA 和 HB 混合时，有：

$$[H^+]=\sqrt{C_{HA}K_{HA}+C_{HB}K_{HB}}$$

5. 缓冲溶液

（1）缓冲溶液的组成及作用原理。缓冲溶液是一种对溶液的酸度起稳定作用的溶液。

向缓冲溶液中稍加酸或碱，或者溶液中化学反应产生少量酸或碱以及将其稍加稀释，其 pH 值基本稳定不变。一般由浓度较大的弱酸及其共轭碱组成。pH 值小于 2 或 pH 值大于 12 的强酸或强碱溶液也有缓冲作用。

由于共轭酸碱浓度较大，加入少量强碱后生成的弱酸碱对溶液组成影响不大，因此 pH 值维持不变。

（2）缓冲溶液 pH 值的计算。缓冲溶液组成为 HA～NaA，浓度分别为 C_a、C_b。

$K_a=\frac{[A^-][H^+]}{[HA]}$，代入 $[A^-]$ 和 $[HA]$ 得

$$[H^+]=K_a\frac{C_a-[H^+]+[OH^-]}{C_b+[H^+]-[OH^-]}$$

当 C_a、C_b 不太小时

$$[H^+]=K_a\frac{C_a}{C_b}$$

$$pH=pK_a+\lg\frac{C_a}{C_b}$$

当 C_a、C_b 不是特别大时，计算时一般先用最简式计算 $[H^+]$ 然后判定是否可用最简式。

（3）标准缓冲溶液。缓冲溶液 pH 值可由实验测定，用于测量时作参照标准的缓冲溶液称为标准缓冲溶液。当按理论计算标准缓冲溶液 pH 值时，必须校正离子强度。校正方

法大家可以自学。

（4）缓冲容量及缓冲范围。缓冲容量定义式

$$\beta=\frac{d_b}{d_{pH}}=-\frac{d_a}{d_{pH}}$$

物理意义是：为使缓冲溶液的 pH 值改变 1 个单位所需加入的强酸或强碱的物质的量。

缓冲范围：实验表明$\frac{1}{10}\leqslant\frac{[A^-]}{[HA]}\leqslant 10$时，缓冲溶液有较好的缓冲效果，超出该范围，缓冲能力显著下降。

$$pH=pK_a+\log\frac{[A^-]}{[HA]}=pK_a\pm 1$$

即 HA—A^-体系的缓冲 pH 值范围为 $pK_a\pm1$。

（5）选择缓冲溶液的原则。缓冲溶液对分析过程无干扰；所需控制的 pH 值应在缓冲溶液的缓冲范围之内；缓冲溶液应有足够的缓冲容量。

4.2.5　酸碱滴定曲线及指示剂的选择

1. 强酸（碱）的滴定

强酸强碱滴定的基本反应为

$$H^+ + OH^- = H_2O$$

$$K_t=\frac{1}{K_w}=1.0\times10^{14}$$

现以 0.1000mol/L 的 NaOH 滴定 20.00mL 0.1000mol/L 的 HCl 为例，讨论分析滴定的全过程。

滴定前（加入的碱 $V_b=0$），此时$[H^+]=0.1000$mol/L，pH=1.00。滴定开始到化学计学计量点前：(pH 值用剩余 HCl 计算)。令 V_a 是 HCl 的体积，则有

$$[H^+]=\frac{V_a-V_b}{V_a+V_b}C_a$$

若滴到 99.9%时，即还有 0.1%9（0.002mL 未滴）时：

$$[H^+]=\frac{20.00-19.98}{20.00+19.98}\times0.1000=5.0\times10^{-5}$$

$$pH=4.30$$

化学计算点时（$V_b=V_a$）

$$[H^+]=1.0\times10^{-7}\text{mol/L}$$

$$pH=7.00$$

化学计量点后（pH 值用过量的 NaOH 计算）

$$[OH^-]=\frac{V_a-V_b}{V_a+V_b}C_b$$

若过量 0.1%，即加入 NaOH 20.02mL，则有

$$[OH^-]=\frac{20.02-20.00}{20.02+20.00}\times0.1000=5.0\times10^{-5}$$

$$pH=14.00-pOH=9.70$$

通过以上方法对每个 V_b 时的 pH 进行计算，从 $V_b=0$ 到 $V_b=19.98$mL NaOH 的变化，pH 只变化了 3.30 个 pH 值，而从 19.98 到 20.02mL，只加 1 滴 NaOH，pH 值由 4.30 变化到 9.70，近 5.40 个 pH 单位。我们将计量点前后±0.1%的 pH 值的变化叫滴定突跃。这一变化范围为酸碱滴定的 pH 突跃范围。

（1）强酸碱滴定的指示剂选择和终点误差。

（2）指示剂的选择。

选择依据：滴定突跃是选择指示剂的依据。

选择原则：所选用的指示剂的变色点必须在滴定突跃范围之内。

其变色点越接近等当点越好。如用 NaOH 滴定 HCl 时，可选酚酞 9.0、酚酞 8.0、溴百里酚蓝（BTB7.3）作指示剂。如用 HCl 滴定 NaOH 可选甲基橙、甲基红等为指示剂。

（3）终点误差。终点误差是由于滴定终点与化学计算不一致而引起的误差。用指示剂作为检测终点手段时，就是指示剂的变色点与化学计量点不一致所引起的误差。滴定误差用 $TE\%$ 表示：

$$TE\%=\frac{\text{过量的滴剂的物质的量}}{\text{应加入的滴定剂的物质的量}}\times100\%$$

设用 NaOH 滴定 HCl，浓度 C_b 和 C_a；令终点时 NaOH 过量 C（若过量 C 为正，不足为负）。

PBE：（选 H_2O 作零水准）

$$[H^+]=[OH^-]-C$$

$$C=[OH^-]-[H^+]$$

$$TE\%=\frac{[OH^-]-[H^+]}{C_{NaOH}^{ep}}\times100\%$$

若 $C_b=C_a$，则有

$$C_{NaOH}^{ep}=\frac{1}{2}C_b=\frac{1}{2}C_a$$

同理可知 HCl 滴定 NaOH 时，终点误差也为上式。

【例】 用 0.1000mol/L NaOH 滴定 25.00mL 0.1000mol/L HCl，酚酞指示剂变色时，（pH=9.0），求终点误差。

pH=9.0 时，$[H^+]=10^{-9}$，$[OH^-]=10^{-5}$，$C_{NaOH}^{ep}=0.05000$mol/L

$$TE\%=\frac{[OH^-]-[H^+]}{C_{NaOH}^{ep}}\times100\%=0.02\%$$

2. 强酸（碱）滴定一元弱碱（酸）

基本反应： $OH^-+HA=A^-+H_2O$，$K_t=\frac{K_a}{K_w}$

$$H^++B^-=HB,\ K_t=\frac{K_b}{K_w}$$

现以 0.1000mol/L NaOH 滴定 0.1000mol/L HAc 为例

对滴定过程（$V_{HAc}=20.00$mL）

滴定前（$V_b=0$）：此时溶液即为 0.1000mol/L 的 HAc 溶液

因为 $CK_a>25K_w$，$C/K_a>500$ 则有

$$[H^+]=\sqrt{CK_a}=\sqrt{0.1000\times1.8\times10^{-5}}=1.35\times10^{-3}$$
$$pH=2.87$$

滴定开始至化学计量点前：此时加入 NaOH 为 V_b，生成 NaAc 即为 V_b，还有剩余 HAc，因此时为一缓冲体系。

$$pH=pK_a+\lg\frac{[Ac^-]}{[HAc]}$$

在滴定到－0.1%时，有

$$pH=4.74+\lg\frac{19.98}{20.00-19.98}=7.74$$

化学计量点时（$V_b=V_a$）：此时就是浓度为 0.05000mol/L 的 NaAc 溶液，$K_b=5.6\times10^{-10}$，$C/K_b>500$，$CK_b>25K_w$。

所以

$$[OH^-]=\sqrt{CK_a}=5.3\times10^{-6}$$
$$pH=14.00-pOH=14.00-5.28=-8.72$$

化学计量点后（$V_b>V_a$）：溶液的酸度决定于 NaOH，其计算公式与强碱滴强酸相同，当滴至＋0.1%时，有

$$[OH^-]=\frac{20.02-20.00}{40.02}=5.00\times10^{-5}$$

所以

$$pH=14.00-4.30=9.70$$

从计算可知，用 NaOH 滴定 HAc 的滴定突跃是 7.74～9.70，因此选指示剂且为酚酞和百里酚酞。

由上面计算可知，对于较弱的酸来说，用强碱滴定时，滴定下限总是由强碱过量的部分来计算，一般为定值，滴定上限为 $pH=pK_n+\lg\frac{C_{碱}}{C_{酸}}$，当 pK_a 值越小时，突跃越大，越容易找到适当的指示剂确定终点。当 pK_a 越大时，越滴定突跃越小，越难找到适当的指示剂确定滴定终点。

一般而言，要求 $C_s\cdot pK_a\geqslant10^{-8}$，才有可能准确滴定，若不能准确滴定，有时可采取强化酸碱的办法来滴定。如 H_3BO_3 的 $K_a=5.7\times10^{-10}$，$C_s\cdot pK_a\leqslant10^{-8}$，加入甘油后可生成 $K_a=3.0\times10^{-7}$的甘油硼酸，就可以准确滴定。

再如 NH_4Cl，$K_a'=5.6\times10^{-10}$也不能直接准确滴定，但加入甲醛后，有

$$4NH_4^++6HCHO=\!=\!=(5H_2)6N_4H^++3H^++6H_2O$$

就可以准确滴定了。

3. 多元酸碱的滴定

（1）多元酸（碱）分步准确滴定的条件。

多元要经历多个突跃，但由于滴定突跃的计算比较复杂，不作要求。仅介绍多元酸分

步准确滴定的条件，并且掌握化学计量点时 pH 值的计算。以二元酸为例：

若将终点定为 0.2 个 pH 单位，$TE\%$控制在 0.3%以内，则$\frac{K_{a1}}{K_{a2}}\geqslant 10^{-5}$时，可分布滴定。

即 $C_{sp1}K_{a1}\geqslant 10^{-8}$时，$\frac{K_{a1}}{K_{a2}}>10^{-5}$可准确滴至第一计量点；

$C_{sp2}K_{a2}\geqslant 10^{-8}$时，也可准确滴至第二计量点；

$C_{sp1}K_{a1}\geqslant 10^{-8}$，$C_{sp2}K_{a2}\geqslant 10^{-8}$，$\frac{K_{a1}}{K_{a2}}<10^{-5}$时，只能同时滴至一、二两计量点。

多元酸碱滴定时，指示剂的选择主要是尽量选择变色点与化学计量点 pH 值相近的指示剂，在计算化学计量点 pH 值时，要注意浓度的变化，特别是二元酸的第二计量点，三元酸的第三计量点。

如用 0.10mol/L NaOH 滴定等体积的 0.10mol/L H_3PO_4 时，第二计量点是 0.033mol/L 的 Na_2HPO_4。

（2）多元酸碱的滴定误差。

以 C_a mol/L H_3PO_4 的滴定为例，设标液 NaOH 的浓度 $C_b=C_a$ 第一计量点时，设过量的 NaOH 为 C，溶液为 $H_2PO_4^-$

PBE：　$[H^+]+[H_2PO_4]=[OH^-]-C+[HPO_4^{2-}]+2[PO_4^{3-}]$

由于溶液呈酸性，可略去 $[OH^-]$ 和 $[PO_4^{3-}]$，则

$$C=[HPO_4^{2-}]-[H^+]-[H_3PO_4]$$

$$TE\%=\frac{C}{C_{NaOH}^{ep}}=\frac{[HPO_4^{2-}]-[H^+]-[H_3PO_4]}{\frac{1}{2}C_a}\times 100\%$$

第二计量点时 PBE 为

$$2[H_3PO_4]+[H^+]+[H_2PO_4^-]=[OH^-]-C+[PO_4^{3-}]$$

所以
$$C=[OH^-]-[H_2PO_4^-]+[PO_4^{3-}]$$

因此

$$TE\%=\frac{[PO_4^{3-}]+[OH^-]-[H_2PO_4^-]}{C_{NaOH}^{ep}}\times 100\%$$

由于
$$C_{NaOH}^{ep}=\frac{2}{3}C_a$$

因此
$$TE\times 100\%=\frac{[PO_4^{3-}]+[OH^-]-[H_2PO_4^-]}{\frac{2}{3}C_a}\times 100\%$$

4.2.6 混合碱分析双指示剂法

双指示剂定性：设用 HCl 标液混合碱时，用酚酞为指示剂时，消耗的 HCl 体积为 V_1，继续以甲基橙为指示剂消耗的体积为 V_2，则有

体积：　$V_1=0, V_2=0, V_1=V_2, V_1>V_2, V_1<V_2$

组成：$NaHCO_3$、NaOH、Na_2CO_3、$NaOH+Na_2CO_3$、$NaHCO_3+Na_2CO_3$

（1）测 NaOH 和 Na_2CO_3 的含量。称取适当量的混合碱于锥形瓶中，加水溶解。加入酚酞，用 HCl 标液滴定至无色，消耗体积为 V_1，加入甲基橙，继续滴定至橙红，又消耗 HCl 体积为 V_2，则有

$$NaOH\% = \frac{\frac{[C(V_1 - V_2)]_{HCl}}{1000} \times 40.00}{\text{试样质量}} \times 100\%$$

$$Na_2CO_3\% = \frac{\frac{(CV_2)_{HCl}}{1000} \times 105.99}{\text{试样质量}} \times 100\%$$

（2）测 $NaHCO_3$ 和 Na_2CO_3 的含量。

$$NaHCO_3\% = \frac{\frac{[C(V_1 - V_2)]_{HCl}}{1000} \times 84.01}{\text{试样质量}} \times 100\%$$

（3）Na_2CO_3 与 $NaHCO_3$ 混合物的测定。Na_2CO_3 与 $NaHCO_3$ 混合碱的测定，与测定烧碱的方法相类似。用双指示剂法。

双指示剂法不仅用于混合碱的定量分析，还可用于判断混合碱的组成：

V_1 或 V_2 的变化	试样的组成
$V_1 \neq 0$，$V_2 = 0$	OH^-
$V_1 = 0$，$V_2 \neq 0$	HCO_3^-
$V_1 = V_2 \neq 0$	CO_3^{2-}
$V_1 > V_2 > 0$	$OH^- + CO_3^{2-}$
$V_2 > V_1 > 0$	$HCO_3^- + CO_3^{2-}$

4.2.7　训练项目

实验3　混合碱的分析（双指示剂法）

1. 实验目的

（1）掌握双指示剂法测定混合碱中两种组分的方法。

（2）根据测定结果判断混合碱样品的成分，并计算各组分含量。

2. 实验原理

混合碱是指 NaOH、Na_2CO_3 与 $NaHCO_3$ 中两种组分 NaOH 与 Na_2CO_3 或 Na_2CO_3 与 $NaHCO_3$ 的混合物。在试液中，先加酚酞指示剂，用盐酸标准滴定溶液滴定至溶液由红色恰好褪去，消耗 HCl 溶液体积为 V_1。反应式如下

$$NaOH + HCl = NaCl + H_2O$$

$$Na_2CO_3 + HCl = NaHCO_3 + NaCl$$

然后在试液中加甲基橙指示剂，继续用 HCl 标准滴定溶液滴定至溶液由黄色变橙色，消耗 HCl 溶液体积为 V_2，反应式为

$$NaHCO_3 + HCl = NaCl + H_2O + CO_2\uparrow$$

3. 试剂

(1) HCl 标准滴定溶液 $c_{HCl}=0.1mol/L$。

(2) 甲基橙指示剂 (1g/L)。

(3) 酚酞指示剂 (10g/L)。

4. 实验内容

准确称取 1.5～2.0g 碱试样于 250mL 烧杯中，加水使之溶解后，定量转入 250mL 容量瓶中，用水稀释至刻度，充分摇匀。

用移液管移取 25.00mL 试液于锥形瓶中，加入酚酞指示液 2 滴，用 0.1mol/L HCl 标准滴定溶液滴定至溶液由红色恰好变为无色，记下 HCl 溶液用量 V_1，然后，加入甲基橙指示液 1～2 滴，继续用 HCl 标准滴定溶液滴定至溶液由黄色变为橙色。记下 HCl 溶液用量 V_2（即终读数减去 V_1）。平行测定 3 次。

根据 V_1、V_2 判断混合碱组成，并计算各组分的含量。

5. 计算公式

(1) 若 $V_1>V_2$ 混合碱则为 NaOH 和 Na_2CO_3 的混合物。

$$\omega_{NaOH}=\frac{c_{HCl}(V_1-V_2)\times10^{-3}\times M_{NaOH}}{m\times\frac{25}{250}}\times100\%$$

$$\omega_{Na_2CO_3}=\frac{c_{HCl}2V_2\times10^{-3}\times M_{\frac{1}{2}Na_2CO_3}}{m\times\frac{25}{250}}\times100\%$$

(2) 若 $V_1<V_2$ 混合碱则为 Na_2CO_3 和 $NaHCO_3$ 的混合物。

$$\omega_{Na_2CO_3}=\frac{c_{HCl}2V_1\times10^{-3}\times M_{\frac{1}{2}Na_2CO_3}}{m\times\frac{25}{250}}\times100\%$$

$$\omega_{NaHCO_3}=\frac{c_{HCl}(V_2-V_1)\times10^{-3}\times M_{NaHCO_3}}{m\times\frac{25}{250}}\times100\%$$

式中 ω_{NaOH}——NaOH 的质量分数，%；

$\omega_{Na_2CO_3}$——Na_2CO_3 的质量分数，%；

ω_{NaHCO_3}——$NaHCO_3$ 的质量分数，%；

c_{HCl}——HCl 标准滴定溶液的浓度，mol/L；

V_1——酚酞终点时消耗 HCl 标准滴定溶液的体积，mL；

V_2——甲基橙终点时消耗 HCl 标准滴定溶液的体积，mL；

m——试样的质量，g；

M_{NaOH}——NaOH 的摩尔质量，g/mol；

$M_{\frac{1}{2}Na_2CO_3}$——$\frac{1}{2}Na_2CO_3$ 的摩尔质量，g/mol；

M_{NaHCO_3}——$NaHCO_3$ 的摩尔质量，g/mol。

6. 数据记录

项目 \ 序号	1	2	3
称量瓶＋纯碱(倾样前)(g)			
称量瓶＋ 纯碱(倾样后)(g)			
m(纯碱)(g)			
取试液体积(mL)			
V_1(mL)			
V_2(mL)			
c_{HCl}(mol/L)			
$\omega_{Na_2CO_3}$(%)			
ω_{NaOH}(%)			
ω_{NaHCO_3}(%)			
Na_2CO_3 的平均质量分数(%)			
NaOH 的平均质量分数(%)			
$NaHCO_3$ 的平均质量分数(%)			
Na_2CO_3 相对平均偏差			
$NaHCO_3$ 相对平均偏差			
NaOH 相对平均偏差			

7. 思考题

取等体积的同一混合碱试液两份，一份加酚酞指示液，另一份加甲基橙指示液，分别用 HCl 标准滴定液滴定，怎样确定 NaOH 和 Na_2CO_3 或 Na_2CO_3 和 $NaHCO_3$ 所用 HCl 溶液的量？

4.3　水中氯含量的测定

沉淀反应是一类广泛存在的反应，基于沉淀溶解平衡可以建立溶液中的滴定分析。但是由于沉淀的生成是一个比较复杂的过程，往往因为沉淀的溶解度大，生成沉淀的反应速度慢，或者没有适当的指示剂等，能够真正用于沉淀滴定分析的沉淀反应并不是很多。本章主要介绍应用比较多的银量法，包括滴定的基本原理、滴定的条件控制等。

4.3.1　沉淀滴定法

以沉淀反应为基础的滴定分析方法。

沉淀反应很多，表示这些沉淀反应完全程度的量值是 K_{sp}。比如：

$$Ag^+ + Cl^- \xlongequal{} AgCl\downarrow \ (白色) \qquad K_{sp}=1.8\times10^{-10}$$

$$Ca^{2+} + C_2O_4^{2-} \xlongequal{} CaC_2O_4\downarrow \qquad K_{sp}=2.0\times10^{-9}$$

$$Ag^{+} + SCN^{-} = AgSCN\downarrow \text{（白色）} \quad K_{sp} = 1.0\times10^{-12}$$

$$2Ag^{-} + CrO_4^{2+} = Ag_2CrO_4\downarrow \text{（砖红色）} \quad K_{sp} = 2.0\times10^{-12}$$

但不是所有的沉淀反应都能用于滴定分析。

沉淀滴定法对沉淀反应的要求：

沉淀的溶解度必须很小，拓应能定量进行；反应速度快，不易形成过饱和溶液；终点检测方便。

由于许多沉淀反应不能同时满足以上条件，实际上应用较多的沉淀滴定法是银量法。

4.3.2 银量法简介

利用生成难溶性银盐的沉淀滴定法称为银量法。

1. 银量法分类

根据所用的标准溶液和指示剂的不同，主要的银量法有3种：

（1）莫尔法：以 $AgNO_3$ 为标液，K_2CrO_4 为指示剂，测 Cl^- 和 Br^-。

（2）佛尔哈德法：以 KSCN 或 NH_4SCN 为标液，$NH_4Fe(SO_4)_2$ 为指示剂，测 Ag^+、卤化物、SCN^- 等。

（3）法扬斯法：以 $AgNO_3$ 为标液，吸附指示剂，测 Cl^-、Br^- 和 I^- 及 SCN^-。

2. 银量法滴定方式

直接滴定法：用沉淀剂作标准溶液，直接滴定被测物质的离子，如莫尔法等。

返滴定法：被测物质液中加入过量沉淀剂标液，待反应完全后，用另一标准溶液滴定剩余的沉淀剂标准溶液，如佛尔哈德法测卤化物。

3. 常用的银量法

（1）莫尔法。

1）原理：以 K_2CrO_4 为指示剂的银量法称为莫尔法。

$$Ag^{+} + Cl^{-} \longrightarrow AgCl\downarrow \text{（白色）}$$

$$2Ag^{+} + CrO_4^{2-} = Ag_2CrO_4\downarrow \text{（砖红色）}$$

当用 $AgNO_3$ 标液滴定含有指示剂 CrO_4^{2-} 和 Cl^- 溶液时，由于 AgCl 沉淀（$K_{sp}=1.8\times10^{-10}$）的溶解度，因此首先生成 AgCl 的白色沉淀。

作一简单计算：

设 Cl^- 浓度为 0.10mol/L，CrO_4^{2-} 的浓度为 0.010mol/L，则生成 AgCl 时 Ag^+ 浓度为

$$[Ag^{+}] = \frac{K_{sp(AgCl)}}{[Cl^{-}]} = \frac{1.8\times10^{-10}}{0.10} = 1.8\times10^{-9}\text{(mol/L)}$$

生成 Ag_2CrO_4 时 Ag^+ 的浓度为

$$[Ag^{+}] = \sqrt{\frac{K_{sp(Ag_2CrO_4)}}{[CrO_4^{2-}]}} = \sqrt{\frac{1.1\times10^{-12}}{0.010}} = 1.0\times10^{-5}\text{(mol/L)}$$

当有 Ag_2CrO_4 沉淀生成时

$$[Cl^{-}] = \frac{K_{sp(AgCl)}}{[Ag^{+}]} = \frac{1.8\times10^{-10}}{1.0\times10^{-5}} = 1.8\times10^{-5}\text{(mol/L)}$$

即终点时 Cl^- 浓度已很小了。

2）滴定条件。

a. K_2CrO_4 的用量。

K_2CrO_4 过多，则终点提前；过少，则多消耗 Ag^+。实验表明，其浓度约为 5×10^{-3} mol/L 比较合适。以此为例计算沉淀滴定终点误差的计算。

若以 0.1000mol/L 的 $AgNO_3$ 滴定同浓度的 NaCl，计量点时，有

$$[Ag^+]_{sp}=\sqrt{K_{sp(AgCl)}}=\sqrt{1.8\times10^{-10}}=1.3\times10^{-5}(mol/L)$$

终点时（即 $[CrO_4]=5\times10^{-3}$）

$$[Ag^+]_{sp}=\sqrt{K_{sp(Ag_2CrO_4)}/[CrO_4^{2-}]}=\sqrt{1.1\times10^{-12}/5\times10^{-3}}=1.5\times10^{-5}(mol/L)$$

因为

$$TE\%=\frac{[Ag^+]_{ep}-[Cl^-]_{ep}}{C_{Cl^-}^{sp}}\times100\%\quad（对照强碱强酸滴定）$$

又因为

$$[Cl^-]_{ep}=\frac{K_{sp(AgCl)}}{[Ag^+]_{ep}}=\frac{1.8\times10^{-10}}{1.5\times10^{-5}}=1.2\times10^{-5}(mol/L)$$

$$C_{Cl^-}^{sp}=\frac{1}{2}\times0.1000=5.0\times10^{-2}(mol/L)$$

所以

$$TE\%=\frac{1.5\times10^{-5}-1.2\times10^{-5}}{5.000\times10^{-2}}\times100\%=0.006\%$$

误差很小。

b. 滴定应控制的酸度。

通常酸度 pH 为 6.5～10.5。若酸度过高，则有

$$2CrO_4^{2-}+2H^+ = Cr_2O_7^{2-}+H_2O$$

若酸度太低时，有

$$2Ag^++2OH^- = Ag_2O\downarrow+H_2O$$

若溶液中有 NH_4^+，酸度 pH 应为 6.5～7.2。因 pH>7.2 时，NH_4^+ 将转化为 NH_3，增加银难溶盐的溶解度。

c. 滴定时注意事项。

滴定时剧烈摇动，以减小沉淀对被滴定剂的吸附，使终点提前。

3）应用。莫尔法只适用于测定 Cl^- 和 Br^- 的含量，不适用于滴定 I^- 和 SCN^-。因 AgI 或 AgSCN 吸附 I^- 或 SCN^- 更为强烈。凡是能与 Ag^+ 生淀的阴离子，如 PO_4^{3-}、CO_3^{2-}、$C_2O_4^{2-}$、AsO_4^{3-}、SO_3^{2-}、S^{2-} 等都干扰测定，能与 CrO_4^{2-} 生成沉淀的阳离子，如 Ba^{2+}、Pb^{2+} 等，以及有色离子 Cu^{2+}、Co^{2+} 和 Ni^{2+} 等都干扰滴定，因此使莫尔法的应用受到很大限制。

（2）佛尔哈德法。

1）原理。以铁铵矾 $NH_4Fe(SO_4)_2$ 为指示剂的银量法称为佛尔哈德法。在直接滴定方式中，它是以 NH_4SCN 标液滴定 Ag^+，反应为

$$SCN^-+Ag^+ = AgSCN\downarrow（白色）$$

$$SCN^-+Fe = FeSCN^{2+}（血红色）$$

2）滴定条件。

a. 滴定应强酸性条件下进行，$[H^+]$ 约为 0.1～1mol/L 之间，以稀 HNO_3 调节。较低时，Fe^{3+} 将水解成棕黄色的羟基配合物，使终点不明显；更低时，还可能有 $Fe(OH)_3$ 沉淀生成。佛尔哈德法在强酸条件下进行可减小 PO_4^{3-}、CO_3^{2-}、CrO_4^{2-} 的干扰。

b. 滴定时应剧烈摇动，减少 AgSCN 对 Ag^{2+} 的吸附。

3）应用。佛尔哈德法主要用是返滴定方式测卤离子。即在含卤离子的溶液中加入过量的 $AgNO_3$ 标液，然后以 NH_4SCN 标液返滴过量的 Ag^+。

当测 Cl^- 时，由于 AgCl 溶解度大于 AgSCN 溶解度，会发生沉淀转化：

$$AgCl + SCN^- = AgSCN + Cl^-$$

使终点拖后，甚至无法达到终点。为防止这种情况发生，滴定前加入少量硝基苯，覆盖于 AgCl 沉淀表面。也可过滤。（也可加 1、2、二氯乙烷）

测 I^- 时须先加过量 $AgNO_3$ 后，再加入指示剂，以防止 Fe^{3+} 氧化 I^-。

此方法易受强氧化剂、氮的低价氧化物及铜盐、汞盐的干扰。

（3）法扬司法。用吸附指示滴定终点的银量法，称为“法扬司法”。

1）原理。以有机弱酸荧光黄为例（HFI）。

$$HFI = H^+ + FI^-（黄绿色），pK_a = 7$$

FI^- 阳离子呈黄绿色。作指示剂时，控制 pH=7～10.5 之间，测 Cl^-。过量的 Ag^+ 将吸附于 AgCl 表面，形成 $AgCl \cdot Ag^+$，此时 FI^- 将被吸附而呈粉红色。

$$AgCl \cdot Ag^+ + FIn^- = AgCl \cdot Ag^+ \cdot FIn（粉红色）$$

2）滴定条件。

a. 为使充分吸附，要求沉淀具有较大表面。因此最好生成小颗粒沉淀，常加入糊精、选粉等作保护剂，阻止卤化银凝聚为较大颗粒的沉淀。

b. 控制适宜的酸度，使指示剂以共轭碱型体存在，如荧光黄 pH 值为 7～10.5。

c. 选择适当吸附能力的指示剂，通常指示剂被沉淀吸附应略弱于对卤离子的吸附。

$$I^- > 二甲基二碘荧光黄 > Br^- > 曙红 > Cl^- > 荧光黄$$

故滴 Cl^- 时不能选曙红，滴 Br^- 时不能选二甲基二碘荧光黄，也不宜选曙红。

d. 避免在强的阳光下进行滴定，因为卤化银沉淀光照易变为灰黑色，影响终点的观察。

4.3.3 训练项目

实验 4 硝酸银标准滴定溶液的制备

1. 实验目的

（1）掌握 $AgNO_3$ 溶液的配制和标定方法。

（2）掌握用 K_2CrO_4 作指示剂判断滴定终点。

2. 实验原理

$AgNO_3$ 的标准滴定溶液可用基准物 $AgNO_3$ 直接配制。但对于一般市售 $AgNO_3$，常因含有 Ag、Ag_2O、有机物和铵盐等杂质，故须用基准物标定。

标定 $AgNO_3$ 溶液的基准物质多用 NaCl、K_2CrO_4 作指示剂。反应式为

$$NaCl + AgNO_3 = AgCl\downarrow（白色）+ NaNO_3$$

$$K_2CrO_4 + 2AgNO_3 = Ag_2CrO_4\downarrow(\text{砖红色}) + 2KNO_3$$

当反应达化学计量点，Cl^- 定量沉淀为 AgCl 后，利用微过量的 Ag^+ 与 CrO_4^{2-} 生成砖红色 Ag_2CrO_4 沉淀，指示滴定终点。因此应注意以下两点。

（1）K_2CrO_4 溶液浓度至关重要，一般以 5×10^{-3}mol/L 为宜。

（2）滴定反应必须在中性或弱碱性溶液中进行，最适宜的酸度为 pH＝6.5～10.5。

3. 试剂

（1）固体 $AgNO_3$。

（2）基准 NaCl：于 500～600℃灼烧至恒重。

（3）K_2CrO_4 指示液（50g/L）：称取 5g K_2CrO_4，溶于适量水中，稀释至 100mL。

4. 实验内容

（1）$AgNO_3$ 溶液 $c_{AgNO_3}=0.1$mol/L 的配制：称取 8.5g $AgNO_3$，溶于 500mL 不含 Cl^- 的蒸馏水中，贮于棕色瓶中，摇匀。置暗处保存，待标定。

（2）$AgNO_3$ 溶液的标定：准确称取 0.12～0.15g 基准 NaCl 于锥形瓶中，加 50mL 水，加 1mL K_2CrO_4 指示液，在不断摇动下，用 $AgNO_3$ 标准滴定溶液滴定至溶液微呈淡橙色即为终点，平行测定三次，同时作空白。

5. 计算公式

$$c_{AgNO_3}=\frac{m_{NaCl}\times1000}{(V_{AgNO_3}-V_{\text{空白}})M_{NaCl}}$$

式中　c_{AgNO_3}——$AgNO_3$ 标准滴定溶液的浓度，mol/L；

V_{AgNO_3}——滴定时消耗 $AgNO_3$ 标准滴定溶液的体积，mL；

$V_{\text{空白}}$——空白实验滴定时消耗 $AgNO_3$ 标准滴定溶液的体积，mL；

m_{NaCl}——基准物质氯化钠的质量，g；

M_{NaCl}——NaCl 的摩尔质量，g/mol。

6. 数据记录

项目 \ 序号	1	2	3
称量瓶＋样品（倾样前）(g)			
称量瓶＋样品（倾样后）(g)			
m_{NaCl}(g)			
V_{AgNO_3}(mL)			
$V_{\text{空白}}$(mL)			
c_{AgNO_3}(mol/L)			
$AgNO_3$ 溶液平均浓度(mol/L)			
相对平均偏差			

7. 思考题

（1）用 $AgNO_3$ 滴定 NaCl 时，在滴定过程中，为什么要充分摇动溶液？否则，会对测定结果产生什么影响？

（2）K_2CrO_4 指示剂的浓度为什么要控制？浓度过大或过小对测定有什么影响？

（3）为什么溶液的 pH 值须控制在 6.5～10.5？

实验5 水中氯含量的测定

1．实验目的

（1）掌握莫尔法测定水中氯含量的原理和方法。

（2）学会用 K_2CrO_4 指示液正确判断滴定终点。

2．实验原理

测定原理与莫尔法用 NaCl 标定 $AgNO_3$ 溶液相同。

3．试剂

（1）K_2CrO_4 指示液（50g/L）。

（2）$AgNO_3$ 标准滴定溶液 $c_{AgNO_3}=0.01mol/L$：用移液管吸取或滴定管量取前述实验标定好的（0.1mol/L）$AgNO_3$ 溶液 25.00mL，于 250mL 容量瓶中稀释至刻度，摇匀。

（3）水试样：自来水或天然水。

4．实验内容

用移液管移取水样 100.00mL 放于锥形瓶中，加 K_2CrO_4 指示液 2mL，在充分摇动下，用 $c_{AgNO_3}=0.01mol/L$ $AgNO_3$ 标准滴定溶液滴定至溶液由黄色变为淡橙色，即为终点，平行测定三次。同时作空白实验。

计算水中氯以 mg/L 表示的含量。

5．计算公式

$$\rho_{Cl}=\frac{c_{AgNO_3}(V_{AgNO_3}-V_{空白})M_{Cl}}{V_{水样}}\times 1000$$

式中 ρ_{Cl}——水中氯的质量浓度，mg/L；

c_{AgNO_3}——$AgNO_3$ 标准滴定溶液的浓度，mol/L；

V_{AgNO_3}——滴定时消耗 $AgNO_3$ 标准滴定溶液的体积，mL；

$V_{空白}$——空白实验滴定时消耗 $AgNO_3$ 标准滴定溶液的体积，mL；

M_{Cl}——Cl 的摩尔质量，g/mol；

$V_{水样}$——水试样的体积，mL。

6．数据记录

项目＼序号	1	2	3
取试液体积(mL)			
V_{AgNO_3}(mL)			
$V_{空白}$(mL)			
c_{AgNO_3}(mol/L)			
ρ_{Cl}(g/L)			
Cl 的平均质量浓度(g/L)			
相对平均偏差			

7. 思考题

(1) 水样如为酸性或碱性，对测定有无影响？应如何处理？

(2) 做空白实验的目的是什么？列出计算公式。

4.4 水总硬度的测定

络合滴定法是以络合反应为基础的滴定分析方法，本项目主要内容是以 EDTA 为滴定剂的络合滴定方法。络合物在分析化学中有着广泛的应用，在定性分析、光度分析、分离和掩蔽等方面都涉及配合物的形成，因此需要了解有关的化学平衡问题及其处理方法。络合反应也是路易士酸碱反应，它与酸碱滴定反应有许多相似之处，但较之更复杂。这是因为在水溶液中络合反应受到各种因素的影响，例如酸度、其他络合剂、共存阳离子等，这些因素直接影响了络合反应的完全程度。为了处理上述因素影响络合平衡的复杂关系，并能进行定量的计算，引入了副反应系数及条件稳定常数的计算公式。这样处理问题的方法使复杂络合平衡关系的计算大为简化，计算的结果与实际的反应情况比较接近。这种简便的处理方法也广泛地应用于涉及复杂平衡的其他体系，因此本项目也是分析化学的重要基础之一。本项目介绍利用反应系数处理平衡的反复法，在此基础上再介绍络合滴定的原理及其应用。

在本项目的学习中，主要解决以下几个方面的问题：

弄清概念（如：酸效应系数、络合效应系数、共存离子效应系数及条件稳定常数等）；

掌握副反应系数及条件常数的计算方法并能在络合滴定方法中具体运用；

理解和掌握络滴定方法基本原理（滴定曲线、最佳酸度的控制、分别准确滴定的判据等）；

运用所学知识解决在络合滴定中所遇到的一般问题。

4.4.1 EDTA 及其分析特性

络合物（亦称配合物），其结构的共同特征是都具有中心体，在中心体周围排列着数目不等的配体。中心体所键合的配位原子数目称为配位数。络合物可以是中性分子，可以是络阳离子，如 $Co(NH_3)_6^{2+}$、$Cu(H_2O)_4^{2+}$ 等，或者是络阴离子，如 $Fe(CN)_6^{3-}$、$CuCl_4^{2-}$ 等。络合物具有一定的立体构型。

根据配位体可提供的配位原子数目不同，可将其与金属离子形成的络合物分成两类。

1. 简单络合物

(1) 定义：若一个配位体只含有一个可提供电子对的配位原子，称其为单基配位体，如 CN^-、Cl^- 等。它与金属离子络合时，每一个单基配位体与中心离子之间只形成一个配位键，此时形成的络合物称为简单络合物。若金属离子的配位数为 n，则一个金属离子将与 n 个配位体结合，形成 MIn 物，也称为简单络合物。

(2) 性质：简单络合物不稳定。

与多元酸相类似，简单络合物是逐级形成的，也是逐级离解的，一般相邻两级稳定常数相差不大，而且形成的络合物多数不稳定。

如：Cu^{2+} 与单基配位体 NH_3 的反应：

$$Cu^{2+} + NH_3 = Cu(NH_3)^{2+}, \quad K_1 = 10^{4.18}$$

$$Cu(NH_3)^{2+} + NH_3 = Cu(NH_3)_2^{2+}, \quad K_2 = 10^{3.48}$$

$$Cu(NH_3)_2^{2+} + NH_3 = Cu(NH_3)_3^{2+}, \quad K_3 = 10^{2.87}$$

$$Cu(NH_3)_3^{2+} + NH_3 = Cu(NH_3)_4^{2+}, \quad K_4 = 10^{2.11}$$

正是因为这一性质限制了简单络合物在滴定分析中的应用，仅作为掩蔽剂、显色剂和指示剂，而作为滴定剂的只有以 CN^- 为络合剂的氰量法和以 Hg^{2+} 为中心离子的汞量法具有一些实际意义。

如：1）以 $AgNO_3$ 标准溶液测定氰化物，反应如下

$$2CN^- + Ag^+ = [Ag(CN)_2]^-$$

此反应的累积稳定常数 $\beta_2 = K_1K_2 = 10^{21}$，相当稳定。当滴定到计量点时，稍过量的 Ag^+ 与 $Ag(CN)_2^-$ 结合生成白色 AgCN 沉淀，使溶液变浑浊而指示终点。

$$Ag^+ + Ag(CN)_2^- = 2AgCN\downarrow（白色）$$

2）以 Hg^{2+} 溶液作滴定剂，二苯胺基脲作指示剂，滴定 Cl^-，反应如下

$$Hg^{2+} + 2Cl^- = HgCl_2$$

生成的 $HgCl_2$ 是解离度很小的络合物，称为拟盐或假盐。过量的汞盐与指示剂形成蓝紫色的螯合物以指示终点的到达。

2. 螯合物

（1）定义：在络合滴定中，广泛应用的是多基配位体的络合剂。由于多基配位本能提供两个或两个以上的配位原子，它与金属子络合时，形成环状的络合物亦称为螯合物。

（2）性质：稳定性高。

螯合物要比同种原子所形成的非螯合物配位络合物稳定得多。螯合物稳定性与成环的数目有关，当配位原子相同时，成环越多，螯合物越稳定，一般是五元环或六元环的螯合物最稳定。多基配位体中含有多个配位原子，当它与金属离子络合时，需要较少的配位体，甚至仅与一个配位体络合，这样就减少甚至避免了分级络合的现象；而且，有的螯合剂对金属离子具有一定的选择性，这些特点对于应用螯合反应进行滴定分析是有利的。因此，在络合滴定中，广泛应用的是有机螯合剂。

（3）分类：化学分析中，重要的螯合，其主要有以下几种类型。

1）“OO 型”螯合剂。这类螯合剂以两个氧原子为键合原子，例如羟基酸、多元酸、多元醇、多元酚等。它们通过氧原子（硬碱）与金属离子键合，能与硬酸型阳离子形成稳定的螯合物（如酒石酸与 Al^{3+} 的螯合反应 P_{88}）。

2）“NN 型”螯合剂。这类螯合剂，如各种有机胺类或含氮杂环化合物等，通过氮原子（中间碱）与金属离子相键合，能与中间酸和一部分软酸型的阳离子形成稳定的螯合物（如 1，10—邻二氮菲与 Fe^{3+} 生成的螯合物 P_{89}）。

3）“NO 型”螯合剂。这类螯合剂，如氨羧络合剂、羟基喹啉和一些邻羟基偶氮染料等，通过氧原子（硬碱）和氮原子（中间碱）与金属离子相键合，能与许多硬酸、软酸和中间酸的阳离子形成稳定的螯合物（如 8—羟基喹啉与 Al^{3+} 的螯合物反应 P_{89}）。

4）含硫螯合剂。含硫螯合剂可分为“SS 型”、“SO 型”和“SN 型”等。

由两个硫原子（软碱）作键合原子的“SS 型”螯合剂，能与软酸和一部分中间酸型阳离子形成稳定的螯合物，通常多形成较稳定的四原子环螯合物。

“SO 型”和“SN 型”螯合剂能与许多种阳离子形成螯合物，通常形成较稳定的五原

子环螯合物。

3. 乙二胺四乙酸

很多金属离子易与螯合剂中的氧原子形成配位键，也有很多离子易与螯合剂中的氮原子形成配位键。如果在同一配体中，既有氧原子，又有氮原子，则必须具有很强的螯合能力，才可形成NO型稳定螯合物。同时具有氨氮和羧基的氨羧化合物就是这一类螯合剂，其中在滴定分析中应用最为广泛的是乙二胺四乙酸，简称EDTA，表示为H_2Y。其性质如下：

（1）具有双偶极离子结构。许伐辰巴赫根据分所测得的离解常数提出，在溶液中EDTA具有双偶极离子结构。其中两个可离解的氢是强酸性的，另外两个氢在氮原子上，释出较困难。

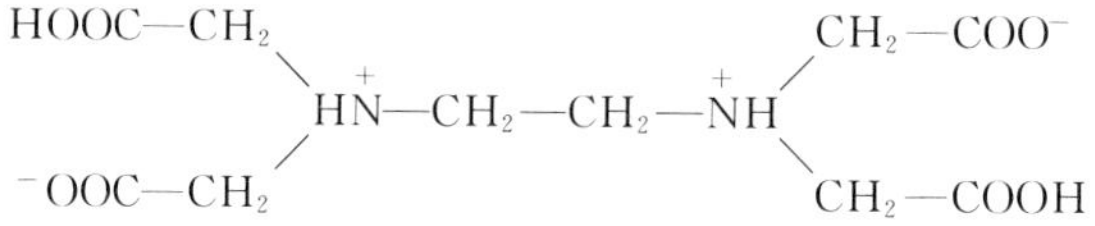

（2）溶解度较小。EDTA的水溶性较差，故通常将其制成二钠盐，以$Na_2H_2Y \cdot 2H_2O$表示。

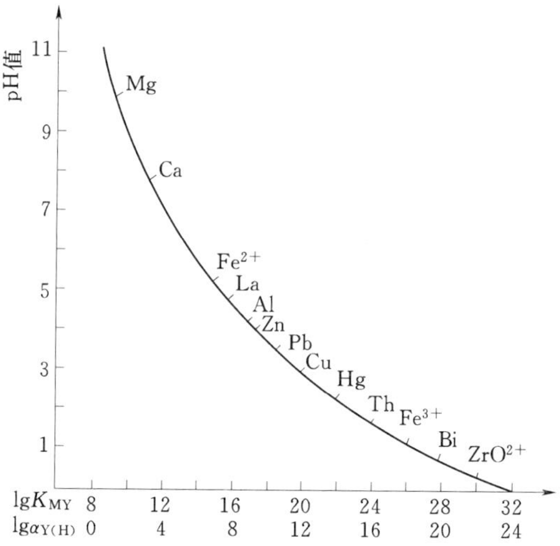

图4.1　EDTA的酸效应曲线（C_M=0.010mol/L）

（3）相当于质子化的六元酸。当H_4Y溶解于酸性很强的溶液时，它的两个羟基可再接受H^+而形成H_6Y^{2+}，这样质子化的EDTA就相当于六元酸，有6级离解平衡。在任何水溶液当中，已质子化了的EDTA总是没H_6Y^{2+}、H_5Y^+、H_4Y、H_3Y^-、H_2Y^{2-}、HY^{3-}、Y^{4+}等7种型体存在。它们的分布分数与溶液的pH值有关。如图4.1所示，只有在pH大于10.26时，才主要以Y^{4-}形式存在，在EDTA与金属离子形成的配合物中，以Y^{4-}与金属离子形成的络合物最为稳定。因此溶液的酸度便成为影响“金属—EDTA”络合物稳定性的一个重要因素。

4.4.2　乙二胺四乙酸

EDTA与金属离子形成的络合物具有如下特点。

1. 几乎与所有的金属离子络合

EDTA具有广泛的配位性能，几乎能与所有的金属离子形成螯合物。这主要是因为EDTA分子中含有配位能力很强的氨氮和羧氧。

2. 络合比一般为1∶1

EDTA与金属离子形成的配合物的配位比简单，一般情况下，多为1∶1。EDTA分子中含有两个氨基和四个羧基，也就是说它具有6个配位原子，大多数金属离子的配位数不超过6，因此，无论金属离子的价数是多少，一般情况下均按1∶1配位；只有少数变价金属离子与 EDTA 配位时不是形成 1∶1 配合物。如 Mo^{V} 与 EDTA 形成 2∶1 配合物，在中性或碱性溶液中 Zr^{IV} 与 EDTA 亦形成 2∶1 配合物。

3. 可形成酸式或碱式络合物

溶液的酸度或碱度高时，一些金属离子和 EDTA 还可形成酸式配合物 MHY 或碱式配合物 MOHY。但酸式或碱式配合物大多数不稳定，不影响金属离子与 EDTA 之间 1∶1 的计量关系，故一般可忽略不计。

4. 络合物易溶于水

EDTA 与金属离子形成的配合物大多带电荷，因此能够溶于水中，一般配位反应迅速，使滴定能在水溶液中进行。

5. 形成颜色较深的络合物

EDTA 与无色金属离子配位时，则形成无色的螯合物，与有色金属离子配位时，一般则形成颜色更深的螯合物，如：

N：Y^{2-}	CuY^{2-}	CoY^{2-}	MnY^{2-}	CrY^{-}	FeY^{-}
蓝色	深蓝	紫红	紫红	深紫	黄

在滴定这些金属离子时，若其浓度过大，则螯合物的颜色很深，这对使用指示剂确定终点将带来一定的困难。

4.4.3 络合物的平衡常数

1. 络合物的稳定常数

在络合反应中，络合物的形成和离解，同处于相对的平衡状态中。其平衡常数，常以形成常数或稳定常数来表示。

如：逐级络合物在溶液中的平衡（为简化书写，将所有离子的电荷均略去）。

$$M+L=\!=\!=ML \qquad K_{稳1}=\frac{[ML]}{[M][L]}$$

$$ML+L=\!=\!=ML_2 \qquad K_{稳2}=\frac{[ML_2]}{[ML][L]}$$

$$\vdots \qquad\qquad \vdots$$

$$ML_{n-1}+L=\!=\!=ML_n \qquad K_{稳n}=\frac{[ML_n]}{[ML_{n-1}][L]}$$

对具有相同配位体数目的络合物或配离子，$K_{稳}$ 值越大，说明络合物越稳定。

在许多络合平衡的计算中，为了计算和表述上的方便，常使用逐级累积稳定常数，用符号 β 表示：

第一级累积稳定常数 $\beta_1=K_{稳1}$

第二级累积稳定常数 $\beta_2=K_{稳1}K_{稳2}$

$\vdots$

第 n 级累积稳定常数 $\beta_n=K_{稳1}K_{稳2}\cdots K_{稳n}$

因此

$$\beta_n=\prod_{i=1}^{n}K_{稳i},\lg\beta_n=\sum_{i=1}^{n}\lg K_{稳i}$$

最后一级累积稳定常数 β_n 又称为总稳定常数。

2. 溶液中各级络合物的分布

前面已经指出，当金属离子与单基配位体配位时，由于各级稳定常数的差别不大。因此，在同一溶液中其各级形成的络合物，往往是同时存在的，而且其各型体存在的比值与游离络合剂的浓度有关。当我们知道溶液中金属离子的浓度、游离配位剂的浓度及其有关络合物的积累稳定常数值时，即可计算出溶液中各种型体的浓度。

如：金属离子 M、C_M；配位体 L、C_L。

$$M+L = ML \qquad [ML]=\beta_1[M][L]$$

$$ML+L = ML_2 \qquad [ML_2]=\beta_2[M][L]^2$$

$$\vdots \qquad\qquad \vdots$$

$$ML_{(n-1)}+L = ML_n \qquad [ML_n]=\beta_n[M][L]^n$$

MBE：

$$\begin{aligned}C_M&=[M]+[ML]+[ML_2]+\cdots+[ML_n]\\&=[M]+\beta_1[M][L]+\beta_2[M][L]^2+\cdots+\beta_n[M][L]^n\\&=[M](1+\beta_1[L]+\beta_2[L]^2+\cdots+\beta_n[L]^n)\\&=[M](1+\sum_{i=1}^{n}\beta_i[L]^i)\end{aligned}$$

$$\delta_M=\frac{[M]}{C_M}=\frac{[M]}{[M](1+\sum_{i=1}^{n}\beta_i[L]^i)}=\frac{1}{1+\sum_{i=1}^{n}\beta_i[L]^i}$$

$$\delta_{ML}=\frac{[ML]}{C_M}=\frac{\beta_1[M][L]}{[M(1+\sum_{i=1}^{n}\beta_i[L]^i)]}=\frac{\beta_i[L]}{1+\sum_{i=1}^{n}\beta_i[L]^i}$$

$$\delta_{MLn}=\frac{[ML_n]}{C_M}=\frac{\beta_n[M][L]^n}{[M](1+\sum_{i=1}^{n}\beta_i[L]^n)}=\frac{\beta_n[L]^n}{1+\sum_{i=1}^{n}\beta_i[L]^i}$$

从以上各值可以看出，各型体的分布分数 δ 与溶液中游离的配位体 L 的浓度有关，而与总浓度无关。因此，根据上述各式，只要知道 β 值，就可计算出在不同配位体的浓度下，各型体的分布分数 δ 值。若以 δ 为纵坐标，lg ［L］ 为横坐标，可得到各级络合物的分布曲线。二者区别：铜氨络合物中由于相邻两级络合物的稳定常数差别不大，没有一种型体的 δ 接近于 1，故无法用 NH_3 作为络合剂来滴定 Cu^{2+}；汞（Ⅱ）氯络合物中，k_2 与 k_3 差别很大，当 $\lg[Cl^-]=-5\sim-3$ 时，$\delta_{HgCl_2}=100\%$，故可用 Hg^{2+} 来滴定 Cl^-，计量点时生成 $HgCl_2$，这就是常用的滴定 Cl^- 的汞量法。

4.4.4　副反应系数和条件稳定常数

络合反应应用于滴定分析法中，其反应能否达到上完全是能否进行定量测定的关键。但在络合滴定反应中所涉及的化学反应是比较复杂的，除了被测金属离子（M）与络合剂（Y）之间的主反应外，溶液的酸度、缓冲剂、其他辅助络合剂及共存离子等，都可能与 M 或 Y 发生反应，这必然使 M 与 Y 的主反应受到影响，从而使络合反应的完全程度发生变化。除主反应以外其他的反应统称为副反应，其平衡关系如下：

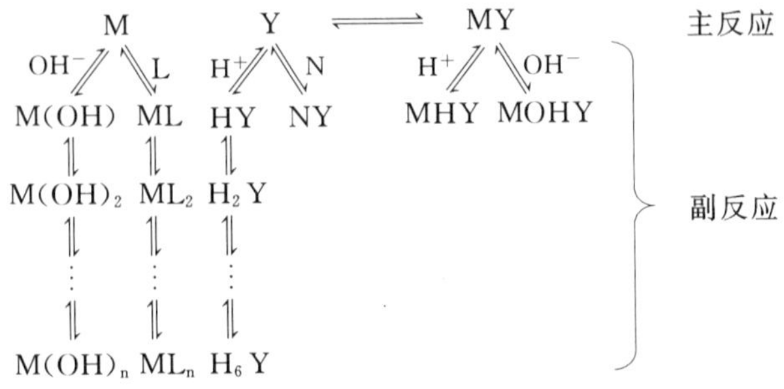

由上图可知，反应物（M、Y）发生副反应时，使平衡向左移动，不利于主反应的进行，使主反应的完全程度降低；反应产物（MY）发生副反应时，形成酸式（MHY）络合物或碱式（MOHY）络合物，使平衡向右移动，有利于主反应的进行。M、Y 及 MY 的各种副反应进行的程度，可由其相应的副反应系数表示出来。下面着重讨论滴定剂（Y）和金属离子（M）的副反应。

1. 副反应系数

未参加主反应组分 M 或 Y 的总浓度与平衡浓度［M］或［Y］的比值，称为副反应系数 α。

以下对络合滴定中几种重要的副的应及副反应系数分别加以讨论。

（1）络合剂 Y 的副反应及副反应系数。在 EDTA 滴定中，络合剂的副反应主要来自溶液的酸度和干扰离子的影响。络合剂是一种碱，易接受质子形成它的共轭酸，因此，当 H^+ 离子浓度较高时，［Y］的浓度就降低，使主反应受到影响；当干扰离子 N 存在时，有可能与 M 争夺络合剂 Y，从而影响了主反应的完全度。下面主要从这两个方面讨论。

1）EDTA 的酸效应和酸效应系数 $\alpha_{Y(H)}$。

a. 定义：由于 H^+ 存在使配位体参加主反应能力降低的现象称为酸效应。

b. 表示：酸效应系数 $\alpha_{Y(H)}$。

对于 EDTA，$\alpha_{Y(H)}$，有

$$\alpha_{Y(H)}=\frac{[Y']}{[Y]}$$

式中　［Y′］——未与 M 络合的 EDTA 总浓度；

［Y］——Y 的平衡浓度。

可见，α 越大，其副反应越严重，若 Y 没有副反应，即未络合的 EDTA 全部以 Y 形式存在，则 $\alpha=1$，有

$$\begin{aligned}\alpha_{Y(H)}&=\frac{[Y']}{[Y]}=\frac{[Y]+[HY]+[H_2Y]+\cdots+[H_6Y]}{[Y]}\\&=+K_1[H^+]+K_1\cdot K_2[H^+]^2+\cdots+K_1K_2\cdots K_6\cdot[H^+]^6\\&=1+\beta_1[H^+]+\beta_2[H^+]^2+\cdots+\beta_6[H^+]\\&=1+\sum_{i=1}^{n}\beta_i[H^+]^i\end{aligned}$$

为方便起见，将不同 pH 时的 $\lg\alpha_{Y(H)}$ 值计算出来，可绘制成 $\lg\alpha_{Y(H)}$—pH 图，也称 EDTA 的酸效应曲线。

2）共存离子效应。

a. 定义：若溶液中存在干扰离子 N 也与 Y 发生络合反应，降低 Y 的平衡浓度，这种副反应称为共存离子效应。

b. 表示：

$$\alpha_{Y(H)}=\frac{[Y']}{[Y]}=\frac{[Y]+[NY]}{[Y]}$$
$$=1+K_{NY}[N]$$

式中　K_{NY}——NY 的稳定常数；

[N]——游离 N 的浓度。

可见，$\alpha_{Y(H)}$只与 K_{NY}以及［Y］有关，如果 K_{NY}越大，N 的游离浓度越大，则 $\alpha_{Y(N)}$值越大，表示副反应越严重。

若溶液中同时存在多种共存离子 N_1，N_2，…，N_n，则

$$\alpha_{Y}=\frac{[Y']}{[Y]}=\frac{[Y]+[N_1Y]+[N_2Y]+\cdots+[N_nY]}{[Y]}$$
$$=1+K_{NY}[N_1]+K_{N_2Y}[N_2]+\cdots+K_{N_nY}[N_n]$$
$$=1+\alpha_{Y(N_1)}+\alpha_{Y(N_2)}+\cdots+\alpha_{Y(N_n)}-n$$
$$=\alpha_{Y(N_1)}+\alpha_{Y(N_2)}+\cdots+\alpha_{Y(N_n)}-(n-1)$$

3）Y 的总副反应系数 α_Y。

当体系中既有共存离子 N，又有酸效应时，Y 的总副反应系数为

$$\alpha_{Y}=\frac{[Y']}{[Y]}=\frac{[Y]+[HY]+\cdots+[H_6Y]+[NY]}{[Y]}$$
$$=\frac{[Y]+[HY]+\cdots+[H_6Y]}{[Y]}+\frac{[Y]+[NY]}{[Y]}-\frac{[Y]}{[Y]}$$
$$=\alpha_{Y(H)}+\alpha_{Y(N)}-1$$

可见，只要求出各个因素为的副反应系数，就很容易求出络合剂的总副反应系数 α_Y。

金属离子 M 的副反应及副反应系数：

络合效应与络合效应系数：溶液中存在的另一种络合剂 L 与 M 形成络合物，降低了金属离子参加主反应的能力的现象称为络合效应。

表示：络合效应系数 $\alpha_{M(L)}$

$$\alpha_{M(L)}=\frac{[M']}{[M]}$$

式中　[M′]——未参加主反应的金属离子总浓度；

[M]——游离金属离子浓度。

可见，$\alpha_{M(L)}$越大，表示金属离子被络合剂 L 络合得越完全，即副反应越严重，如果 M 没有副反应，则 $\alpha_{M(L)}=1$。

如果 M 与 L 发生逐级络合，则形成 ML，ML_1，ML_2，…，ML_n 逐级络合物，则

$$[M']=[M]+[ML_1]+[ML_2]+\cdots+[ML_n]$$
$$=[M](1+\beta_1[L]+\beta_2[L]^2+\cdots+\beta_n[L]^n)$$
$$\alpha_{M(L)}=\frac{[M']}{[M]}=1+\beta_1[L]+\beta_2[L]^2+\cdots+\beta_n[L]^n$$

在上式中，通过 $\beta_1[L]$，$\beta_2[L]^2$，…，$\beta_n[L]^n$ 各项数值的比较，可判断溶液中的主要型体。

4）金属离子的总副反应系数 α_M。

前面我们只讨论 M 与一种络合剂发生副反应，若溶液中两种络合剂 L 和 A 均能与 M 发生副反应，则其影响可用 M 的总副反应系数 α_M 表示：

$$\alpha_M=\frac{[M']}{[M]}=\frac{[M]+[ML]+\cdots+[ML_n]}{[M]}+\frac{[M]+[MA]+\cdots+[MA_m]}{[M]}-\frac{[M]}{[M]}$$

$$=\alpha_{M(L)}+\alpha_{M(A)}-1$$

因此，若溶液中有各种络合剂 L_1，L_2，L_3，…，L_n 同时与 M 发生副反应，则

$$\alpha_M=\alpha_{M(L_1)}+\alpha_{M(L_2)}+\cdots+\alpha_{M(L_n)}-(n-1)$$

在副反应系数的计算时，可能包括有多项，但通常在一定条件下，仅有少数项（1～2 项）是主要的，其他的项可略去，这样可以使计算简化。

（2）络合物 MY 的副反应及副反应系数 α_{MY}。

络合物 MY 副反应的发生，使平衡向右移动，对主反应有利。

1）当溶液的酸度较高时，H^+ 与 MY 发生副反应，形成酸式络合物 MHY：

$$MY+H \longrightarrow MHY,\quad K_{MHY}=\frac{[MHY]}{[MY][H^+]}$$

$$\alpha_{NY(H)}=\frac{[MY']}{[MY]}=\frac{[MY]+[MHY]}{[MY]}=1+K_{MHY}[H^+]$$

2）当溶液的酸度较低时，OH^- 与 MY 发生副反应，形成碱式络合物 MOHY：

$$MY+H \longrightarrow MHY,\quad K_{MOHY}=\frac{[MOHY]}{[MY][OH]}$$

$$\alpha_{MY(OH)}=\frac{[MY']}{[MY]}=\frac{[MY]+[MOHY]}{[MY]}=1+K_{MOHY}[OH]$$

因为酸式或碱式络合物只有在 pH 很低和 pH 很高的条件下才能生成，而且络合物大多数不稳定，在一般条件下可忽略不计。

2. 条件稳定常数

在溶液中，金属离子 M 与络合剂 EDTA 反应生成 MY。如果没有副反应发生，当达到平衡时，K_{MY}是衡量络合反应进行程度的主要标志。如果有副反应发生，将受到 M、Y 及 MY 的副反应的影响。

设未参加主反应的 M、Y、MY 的总浓度分别为[M′]、[Y′]、[MY′]，则当达到平衡时，可以得到[M′]、[Y′]、[MY′]表示的张合物的稳定常数——条件稳定常数 K'_{MY}：

$$K'_{MY}=\frac{[MY']}{[M'][Y']}=\frac{\alpha_{MY}[MY]}{\alpha_M[M]\alpha_Y[Y]}=K_{MY}\frac{\alpha_{MY}}{\alpha_M\alpha_Y}$$

因此

$$\lg K'_{MY}=\lg K_{MY}-\lg\alpha_M-\lg\alpha_Y+\lg\alpha_{MY}$$

K'_{NY}表示在有副反应的情况下，络合反应进行的程度，在一定条件下，α_M、α_Y、α_{MY} 为定值，故 K'_{NY}为常数。

因为多数情况下，MHY 和 MOHY 可忽略。

因此

$$\lg K'_{MY}=\lg K_{MY}-\lg\alpha_M-\lg\alpha_Y$$

4.4.5　金属指示剂

络合滴定也和其他滴定方法一样，确定终点的方法有多种，如电化学方法、光化学方法等，但是最常用的还是指示剂的方法，利用金属指示剂判断滴定终点。

近 30 年来，由于金属指示剂的发展很快，使得络合滴定法成为化学分析中最重要的滴定分析方法之一。

1. 金属指示剂的作用原理

定义：能与金属离子络合，并由于络合和离解作用而产生明显颜色的改变，以指示被滴定的金属离子在计量点附近浓度变化的一种指示剂，称为金属指示剂。

(1) 作用原理。以 In 代表指示剂，与金属离子 (M) 形成 1∶1 络合物（以简便，略去电荷)，用 EDTA 滴定金属离子前，反应过程如下：

滴定前，加入少量的指示剂与溶液中 M 络合，形成一种与指示剂本身颜色不同的络合物：

$$M+In=\!=\!=MIn$$

甲色　　乙色

滴定开始主计量点前，EDTA 与溶液中 M 络合，形成络合物 MY，此时溶液部仍呈现（乙色）的颜色。

$$M+Y=\!=\!=MY$$

当滴定主计量点附近，金属离子浓度已很低，EDTA 进而夺取 MIn 中的 M，将指示剂 In 释放出来，此时溶液的颜色由乙色变为甲色，指示终点到达。

$$MIn+Y=\!=\!=MY+In$$

乙色　　　　甲色

【例】 EDTA 滴定 Mg^{2+} (pH≈10)，铬黑 T (EBT) 作指示剂，有：

$$Mg^{2+}+EBT=\!=\!=Mg-EBT$$

蓝色　　　　鲜红色

$$Mg-EBT+EDTA=\!=\!=Mg-EDTA+EBT$$

鲜红色　　　　蓝色

(2) 具备的条件。在滴定的 pH 范围内，游离指示剂本身的颜色与其金属离子配合物的颜色应有显著区别。这样，终点时的颜色变化才明显。

指示剂与金属离子的显色反应必须灵敏、迅速，且有良好的可逆性。

“MIn” 配合物的稳定性要适当。即 MIn 既要有足够的稳定性，又要比 MY 稳定性小。如果稳定性太低，就会使终点提前，而且颜色变化不敏锐；如果稳定性太高，就会使终点拖后，甚至使 EDTA 不能夺取 MIn 中的 M，到达计量点时也不改变颜色，看不到滴定终点。通常要求两者的稳定常数之差大于 100，即：$\lg K_{MY}-\lg K'_{MIn}>2$。

指示剂应比较稳定，便于储藏和使用。

此外，生成的 MIn 应易溶于水，如果生成胶体溶液或沉淀，则会使变色不明显。

2. 金属离子指示剂的选择

(1) 指示剂的变色点。

$$M+In=\!=\!=MIn$$

$$K_{MIn}=\frac{[MIn]}{[M][In]}$$

$$\lg K_{MIn}=pM+\lg\frac{[MIn]}{[In]}$$

当[MIn]=[In]时，溶液呈现混合色，此即指示剂的颜色转变点（理论变色点），若以此转变点来确定滴定终点，则滴定终点时金属离子的浓度（pM_{ep}）：

$$\lg K_{MIn}=pM_{ep}$$

（2）指示剂的选择。络合滴定中所用的指示剂一般为有机弱酸，In具有酸效应，若仅考虑指示剂的酸效应，则：

$$K'_{MIn}=\frac{[MIn]}{[M][In]},\quad \lg K_{MIn}=pM+\lg\frac{[MIn]}{[I'n]}=pM+\lg\frac{[MIn]}{\alpha[In]}$$

当到达变色点时， $[MIn]=[I'n], \lg K_{MIn}=pM$

将上式转化： $\lg K'_{MIn}=\lg K_{MIn}-\lg\alpha In(H)$

可见，指示剂与金属离子形成的络合物的$\lg K'_{MIn}$将随pH的变化而改变；指示剂变色点的pM_{ep}也随pH的变化而改变。因此，金属指示剂不可能像酸碱指示剂那样有一个确定的变色点，在选择金属指示剂时，必须考虑体系的酸度，使pM_{ep}与pM_{sp}尽量一致，至少应在化学计量点附近的pM突跃范围内，否则误差太大。与酸碱指示剂相似，$\lg K_{MIb}\pm 1$被称为金属指示剂的变色范围。

3. 指示剂的封闭与僵化

（1）指示剂的封闭现象。有时某些指示剂与金属离子生成稳定的配合物，这些配合物较对的MY配合物更稳定，以致到达计量点时滴入过量EDTA，也不能夺取指示剂配合物（MIn）中的金属离子，指示剂不能释放出来，看不到颜色的变化，这种现象叫指示剂的封闭现象。

如以铬黑T作指示剂，pH=10.0时，EDTA滴定Ca^{2+}、Mg^{2+}时，Al^{3+}、Fe^{3+}、Ni^{2+}和Co^{2+}对铬黑T有封闭作用，这时可加入少量三乙酸（掩蔽Al^{3+}和Fe^{3+}）和KCN（掩蔽Co^{2+}和Ni^{2+}）以消除干扰。

由于有色配合物的颜色变化为不可逆反应也会引起封闭现象。这时MIn有色配合物的稳定性虽然没有MY的稳定性高，但由于其颜色变化为不可逆，有色配合物并不是很快地被EDTA破坏，因而对指示剂也产生了封闭。如果封闭现象是被滴定离子本身所引起的，一般可用返滴定法予以消除。

如Al^{3+}对二甲酸橙有封闭作用，测定Al^{3+}时可先加入过量的EDTA标准溶液，于pH=3.5时煮沸，使Al^{3+}与EDTA完全配位后，再调整溶液pH值为5.0～6.0，加入二甲酚橙，用Zn^{2+}或Pb^{2+}标准溶液返滴定，即可克服Al^{3+}对二甲酚橙的封闭现象。

（2）指示的僵化现象。有些金属指示剂本身与金属离子形成配合物的溶解度很小，使终点的颜色变化不明显；还有些金属指示剂与金属离子所形成的配合物的稳定性稍差于对应EDTA配合物，因而使EDTA与MIn之间的反应缓慢，使终点拖长，这种现象叫做指示剂的僵化。这时，可加入适当的有机溶剂或加热，以增大其溶解度。

如用PAN作指示剂时，可加入少量甲醇或乙酸；也可以将溶液适当加热，以加快置换速度，使指示剂的变色较明显；用磺基水杨酸作指示剂，以EDTA标准溶液滴定Fe^{3+}

时，可先将溶液加热到50～70℃以后，再进行滴定。

另外，金属指示剂大多数是具有许多双键的有色化合物，易被日光、氧化剂、空气所分解；有些指示剂在水溶液中不稳定，日久会变质。如铬黑T、钙指示剂的水溶液均易氧化变质，所以常配成固体混合物或用具有还原性的溶液来配制溶液。分解变质的速度与试剂的纯度也有关。一般纯度较高时，保存时间长一些。有些金属离子对指示剂的氧化分解起催化作用，如铬黑T在Mn（Ⅳ）或Ce^{4+}存在下，仅数秒钟就褪色，为此，在配制铬黑T时，应加入盐酸羟胺等还原剂。

4.4.6　络合滴定法的基本原理

EDTA能与大多数金属离子形成1∶1的配合物，它们之间的定量关系是：

EDTA的物质的量＝金属离子的物质的量

或

$$(CV)EDTA=(CV)M$$

1. 络合滴定曲线

络合滴定与酸碱滴定的异同点：

相同点：酸碱的电子理论指出，酸碱中和反应是碱的未共用电子对跃迁到酸的空轨道中而形成配位键的反应。在络合反应中，配位剂EDTA供给电子对，是碱；中心离子接受电子对，是酸。所以，从广义上讲，络合反应也属于酸碱反应的范畴。有关酸碱滴定法中的一些讨论，在EDTA滴定中也基本适用。络合滴定中，被测金属离子的浓度也会随EDTA的加入，不断减小，到达计量点前后，将发生突变，可利用适当方法去指示。

不同点：在络合滴定中M有络合效应和水解效应，EDTA有酸效应和共存离子效应，所以络合滴定比酸碱滴定复杂。

酸碱滴定中，K_a、K_b是不变的；而络合滴定中，K'是随滴定体系中反应的条件而变化。欲使滴定过程中K'_{MY}基本不变，常用酸碱缓冲溶液控制酸度。

与酸碱滴定相对应，也可将络合滴定分为4个部分依次讨论其pM。

如用1.0×10^{-2}mol/L EDTA滴定相同浓度的M20.00mL，设$\lg K_{MY}=17.0$，$\lg\alpha_Y=5.0$，$\lg\alpha_M=4.0$，忽略MY的副反应并认为在整个滴定过程中α_M和α_Y不变。

（1）滴定前。

$$C_M=[M']=1.0\times10^{-2}\text{mol/L},\quad pM'=2.0$$

$$[M]=[M']/\alpha_M$$

$$pM=pM'+\lg\alpha_M=2.0+4.0=6.0$$

（2）滴定开始至化学计量点之前。溶液中有剩余的M和产物MY，由于$\lg K'_{MY}=\lg K_{MY}-\lg\alpha_M-\lg\alpha_Y=8.0$较大，剩余的M对MY的离解又有一定的抑制作用，MY的离解可以忽略。可按剩余的金属离子的浓度[M′]计算pM和pM'值。如：加入18.00mL EDTA时，有

$$[M']=C_M\times\frac{20.00-18.00}{20.00+18.00}=5.3\times10^{-4}(\text{mol/L})$$

$$pM'=3.28$$

$$pM=pM'+\lg\alpha_M=7.28$$

（3）化学计量点时。滴入EDTA 20.00mL，有

$$C_M^{eq}=\frac{1}{2}C_M, \quad [M']_{eq}=[Y']_{eq}$$

$$[MY]_{eq}=C_M^{eq}-[M']\approx C_M^{eq}$$

$$[M']_{eq}=\sqrt{\frac{[MY]_{eq}}{K'_{MY}}}\approx\sqrt{\frac{C_M^{eq}}{K'_{MY}}}$$

$$pM'_{eq}=\frac{1}{2}(\lg K'_{MY}+pC_M^{eq})=\frac{1}{2}(8.0+2.3)=5.15$$

$$pM_{eq}=pM'_{eq}+\lg\alpha_M=9.15$$

（4）化学计量点后。一般情况下，按过量 EDTA 浓度计算［M′］，如：加入 EDTA 22.00mL。

$$[MY]=C_M\frac{20.00}{20.00+22.00}=4.8\times10^{-3}(mol/L)$$

$$[Y']=C_Y\frac{22.00-20.00}{20.00+22.00}=4.8\times10^{-4}(mol/L)$$

$$[M']=\frac{[MY]}{[Y']K'_{MY}}=\frac{4.8\times10^{-3}}{4.8\times10^{-4}\times10^{8.0}}=1.0\times10^{-7}(mol/L)$$

$$pM'=7.00, \quad pM=11.00$$

在有关 pM' 计算中，以化学计量点时的 pM'_{eq} 和 pM_{eq} 为最重要。

影响滴定突跃大小的因素：

由图 4.2 和图 4.3 可以看出：滴定曲线下限起点的高低，取决于金属离子的原始浓度 C_M；曲线上限的高低，取决于络合物的 $\lg K'_{MY}$ 值，也就是说，滴定曲线突跃范围的长短，取决于配合物的条件稳定常数和金属离子的浓度。

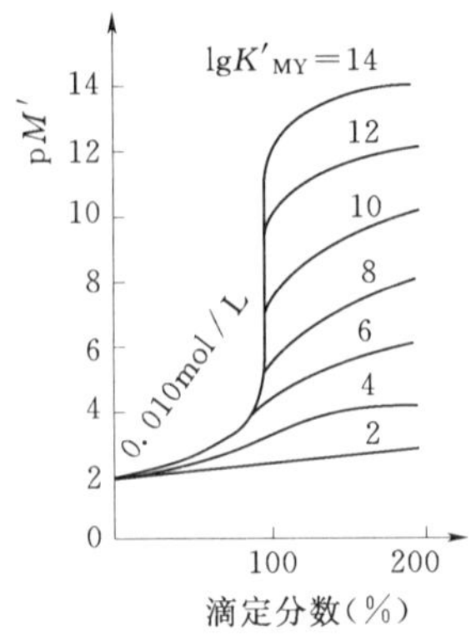

图 4.2 K'_{MY} 对 pM' 突跃大小影响（$C_Y=C_M=0.010mol/L$）

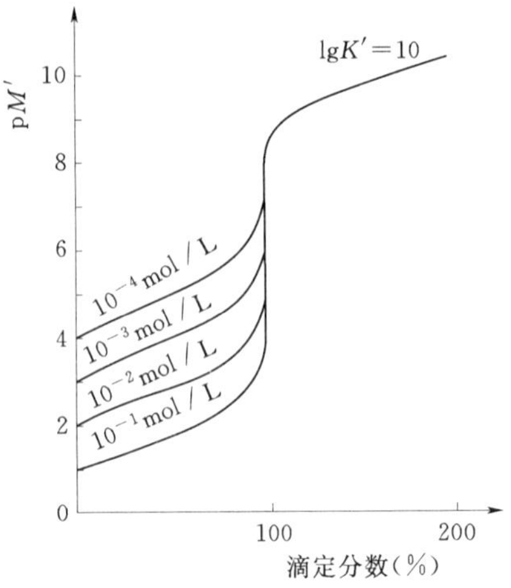

图 4.3 C_M 对 pM' 突跃大小的影响（$C_Y=C_M$）

浓度的影响：

从上述 pM' 的计算可知，对于以 $pM'—T$ 表示的滴定曲线，当 K'_{MY} 一定时，金属离子的原始浓度 C_M 越大，pM' 越小，pM 也越小，曲线的下限（起点）就越低，得到的滴定突跃就越大；反之，滴定突跃越小。

K'_{MY}的影响：

K'_{MY}取决于 K_{MY}、α_M 和 α_Y。

1）K_{MY}越大，K'_{MY}值相应增大，pM'突跃也大，反之就小。

2）滴定体系酸度越大，pH 越小，$\alpha_{Y(H)}$越大，K'_{MY}越小，引起滴定曲线上限（上部平台）下降，使 pM'突跃减小。

3）缓冲溶液及其他辅助络合剂的络合作用。当缓冲剂对 M 有络合效应（如在 pH＝10 的氨性缓冲，用 EDTA 滴 Zn^{2+} 时，M 对 Zn^{2+} 有络合效应）。或为了防止 M 的水解，加入辅助络合剂阻止水解沉淀的析出时，OH^- 和所加入的辅助络合剂对 M 就有络合效应。缓冲剂或辅助络合剂浓度越大，$\alpha_{Y(L)}$值越大，K'_{MY}值越小，使 pM'突跃减小。

2. 准确滴定判别式

在络合滴定中，通常采用指示剂指示滴定终点，由于眼判断颜色的局限性，即使指示剂的变色点与计量点完全一致，仍有可能造成±(0.2～0.5)pM'单位的不确定性。

设 $\Delta pM'=\pm 0.2$，用等浓度的 EDTA 滴定初始浓度为 C 的金属离子 M，若要求终点误差 $E_t \leqslant |\pm 0.1\%|$，则：

$$C_M^{sp}K'_{MY} \geqslant \left(\frac{10^{0.2}-10^{-0.2}}{0.001}\right)^2$$

得：$C_M^{sp}K'_{MY} \geqslant 10^6$，或 $\lg C_M^{sp}K'_{MY} \geqslant 6$。上式为判断能否准确滴定的判别式。

这种判断是有前提条件的，若允许误差增大到 10%，则允许 $\lg C_M^{sp}K'_{MY}=4$；若采用多元混配络合物作指示剂或应用仪器分析方法检测终点，可使 $\Delta pM'$的不确定性变小，使相应误差减小，$\lg(CK'_{MY})$ 要求亦随之而改变。

4.4.7 络合滴定中酸度的控制

络合滴定时因为 EDTA 与金属离子的螯合反应不断释放 H^+，溶液酸度随之升高，K'_{MY}下降，影响滴定突跃和准确度，而且 pH 的改变也会影响指示剂颜色的变化，因此络合滴定必须在缓冲溶液中进行，即要获得准确的滴定结果，选择和控制一适宜的酸度条件是很重要的。

1. 单一离子络合滴定的适宜酸度范围

由林邦误差公式可知，当 CM_{sp}、K'_{MY}和 E_t 一定时，K'_{MY}必须大于某一数值，否则就会超过规定的允许误差。

设络合反应中只存在酸效应和 M 的水解效应这两种副反应，则：

$$\lg K'_{MY}=\lg K_{MY}-\lg\alpha_{Y(H)}-\lg\alpha_{M(OH)}$$

在高酸度下，$\lg\alpha_{M(OH)}$很小，可忽略不计，则：

$$\lg K'_{MY}=\lg K_{MY}-\lg\alpha_{Y(H)} \geqslant (\lg K'_{MY})_{ct} \qquad ①$$

对于一种金属离子，$\lg K_{MY}$为一定值，欲使其被准确滴定，必须满足式①，这就必须存在一个最大的 $\lg\alpha_{Y(H)}$，或说是有一个最高允许酸度（最小 pH 值）。超过此酸度，$\lg\alpha_{Y(H)}$过大，不能满足式①，就不能被准确滴定，这一酸度称为“最高酸度”。

确定金属离子滴定的最高酸度的方法有两种。

计算法：当 $\lg\alpha_{Y(H)}$值在数值上等于 $\lg K_{MY}-(\lg K'_{MY})_{ct}$时，所对应的 pH 值即为最高酸度。

查“酸效应曲线”法：图 4.1EDTA 的酸度应曲线。曲线上对应的 pH 值即为该种 M 滴定的最高酸度。

滴定时酸度过低会引起某些金属离子的水解，影响滴定的准确度甚至无法进行，因此络合滴定应有“最低酸度”（最高 pH）。

一般粗略计算时，“最高 pH”就是金属氢氧化物开始沉淀的 pH 值。

$$M^{n+}+nOH^{-}=\!=\!=M(OH)_{n}\downarrow$$

$$K_{sp}=[M^{n+}][OH^{-}]^{n}$$

$$[OH^{-}]=\sqrt[n]{\frac{K_{sp}}{[M^{n+}]}}\approx\sqrt[n]{\frac{K_{sp}}{C_{M}}}$$

注：按 K_{sp} 计算得到的最低酸度，有时与实际情况会有出入，这是由于在计算过程中，往往忽略了离子强度，氢氧基络合物的生成与辅助络合剂的加入等外界因素的影响。

2. 分别滴定的酸度控制

混合离子滴定时酸度的选择较为复杂，通常是通过实验来确定的。但是为了在试验之前对酸度范围有一粗略估计，采用滴定单一金属离子时溶液酸度选择的一些原则，仍然是适用的。

（1）最低酸度。与单一离子滴定相同，是 M 离子水解的酸度。少数金属离子极易水解，且其 EDTA 络合物的稳定常数很大，此时可以提高酸度。

（2）最高酸度。溶液中有共存离子 N 存在：

当 $\alpha_{Y(H)}\gg\alpha_{Y(N)}$ 时，与单独滴定 M 一样，将酸度降低而增大。

当 $\alpha_{Y(H)}\ll\alpha_{Y(N)}$ 时，可忽略酸效应。

$$K'_{MY}=\frac{K_{MY}}{\alpha_{Y(N)}}=\frac{K_{MY}}{1+K_{MY}[N]}\approx\frac{K_{MY}}{K_{NY}[N]}$$

K'_{MY} 将不受溶液酸度的影响，虽然，此时 K'_{MY} 达到最大值，在这种情况下，突跃更为明显，有利于滴定进行。因此，以它作为 N 存在时滴定 M 的最高酸度。为了方便计算往往粗略地以 $\alpha_{Y}\approx\alpha_{Y(N)}$ 时对应的酸度作为最高酸。

4.4.8 提高络合滴定选择性的途径

当 $\Delta\lg(KC)<5$ 时，N 必然会对 M 的测定产生干扰，可采用三种方法降低 $K_{NY}C_{N}^{sp}$ 以消除干扰：络合掩蔽法和沉淀掩蔽法，降低 [N]，使 $\Delta\lg(KC)>5$；氧化还原掩蔽法，改变 N 价态，降低 NY 的稳定性或使其不与 EDTA 络合；

换用其他的氨羧络合剂或多胺类螯合剂 X 作滴定剂，使：

$$\lg(K_{MX}C_{M}^{sp})-\lg(K_{NX}C_{M}^{sp})\geqslant5$$

1. 络合掩蔽法

络合掩蔽法：加入掩蔽剂与干扰离子络合成稳定络合物，从而消除干扰的方法。

如：加入络合掩蔽剂 L 后，N 与 L 形成稳定的络合物，降低了 [N]，有：

$$\alpha_{Y(N)}=1+K_{NY}[N]=1+K_{NY}\frac{C_{N}^{sp}}{\alpha_{N(L)}}$$

即使 $K_{NY}C_{N}^{sp}$ 降低了 $\alpha_{N(L)}$ 倍，可使 $\Delta\lg(KC)\geqslant5$，达到选择滴定 M 的目的。

具体方法：

单独测定 M：先加掩蔽剂 L，使生成 NL 后，用 EDTA 准确滴定 M，再用 X 破坏

NL，将 NL 中 N 释放了来，用 EDTA 再准确滴定 N。（X 解除了业已存在的掩蔽作用，故称为解蔽剂）

先后测定 N、M：先以 EDTA 直接滴定或返滴定 M、N 总量，再加络合掩蔽剂 L，L 与 NY 中 N 络合，释放出 NY 中 Y，再以金属离子标准溶液滴定 Y，测得和 N 络合的 Y 的含量，以总量减去 N 的含量，即为 M 的含量。

络合掩蔽法有以下几种性质和分类。

（1）性质。

掩蔽剂与干扰离子生成的络合物应比滴定剂与干扰离子生成的络合物稳定。

掩蔽剂与干扰离子络合物应为无色或浅色。

加入掩蔽剂后，试液 pH 不应有太大的变化。

掩蔽剂不应影响测定的准确度。

具有以上性质的络合掩蔽剂种类繁多。

（2）分类。

1）无机掩蔽剂。

a. 氰化物。KCN 是一种有效的掩蔽剂，由于 HCN 是一极弱酸且有剧毒，因此 KCN 只能在碱性介质中使用，否则不仅无掩蔽效果，还会引起中毒。

pH 值大于 8，可掩蔽 Cu^{2+}、Ni^{2+}、Co^{2+}、Hg^{2+}、Zn^{2+}、Cd^{2+}、Ag^{+}、Fe^{3+}、Fe^{2+} 及铂族金属离子。

pH≈6，由于酸效应，Zn^{2+}、Cd^{2+} 的络合物被破坏。

在强碱性溶液中，加入 H_2O_2 和 KCN，形成 $[Mn(CN)_6(H_2O_2)]_3$—三元络合物，可掩蔽适量的 Mn^{2+}。

溶液中含有六甲基四胺时，水解产生甲醛，对氰化物有解蔽作用。

氰络合物具有较高稳定性，利用其选择性的掩蔽和解蔽作用，可分别滴定某些金属离子：

（a）Cu^{2+}、Co^{2+}、Ni^{2+}、Hg^{2+} 能用氰化物掩蔽。

（b）Zn^{2+}、Cd^{2+} 氰化物掩蔽后，可被甲醛解蔽。

（c）Ca^{2+}、Mg^{2+}、Pb^{2+}，稀土不被氰化物掩蔽。

pH≈10 时，用 KCN 掩蔽（a）、（b）组离子后，可用 EDTA 滴定（c）组离子；再加入甲醛，（b）组被解蔽，因而可以滴定（b）组离子；另外，不加掩蔽剂，可测得三组离子的总量，从而可以由差减法计算出（a）组离子的含量。

尽管 KCN 是重金属的有效掩蔽剂，但在络合滴定中较少使用，主要原因是它的毒性和对环境的污染。实际工作中，若有可能，尽量用其他掩蔽剂代之。

b. 氟化物。HF 是中强酸，pH 大于 5 时主要型体是 F^-，因此作为掩蔽剂的氟化物应在弱酸或碱性介质中使用。它可以掩蔽 Al^{3+}、Ti^{4+}、Sn^{4+}、Be^{2+}、Zn^{4+}、Hf^{4+} 等，也可以沉淀掩蔽稀土、碱土等离子。当溶液中有其他离子共存时，先用 EDTA 将它们完全络合，再加入 NH_4F，由于形成稳定的氟络合物，故 EDTA 络合物完全被破坏，从而放出相当量的 EDTA，用金属盐类标准溶液滴定释放出来的 EDTA，即可测定该离子的含量。

2）有机掩蔽剂。

a. CO配位体掩蔽剂。

(a) 乙酰丙酮。pH＝5～6 时，可以掩蔽 Al^{3+}、Fe^{3+}、Be^{2+}、Pd^{2+}、Uo_2^{2+}，部分掩蔽 Cu^{2+}、Hg^{2+}、Cr^{3+}、Ti^{4+}，然后可用 EDTA 滴定 Pb^{2+}、Zn^{2+}、Mn^{2+}、Co^{2+}、Ni^{2+}、Cd^{2+}、Bi^{3+}、Sn^{2+} 等。

(b) 柠檬酸。用于在近中性溶液中掩蔽 Bi^{3+}、Cr^{3+}、Fe^{3+}、Sn(Ⅳ)、Th(Ⅳ)、Ti(Ⅳ)、Uo_2^{2+}、Zr(Ⅳ)，然后用 EDTA 滴定 Cn^{2+}、Hg^{2+}、Cd^{2+}、Pb^{2+} 和 Zn^{2+}。

(c) 酒石酸。常用于在氨性溶液中掩蔽 Fe^{3+}、Al^{3+} 后，再用 EDTA 滴定 Mn^{2+}。与柠檬酸类似。二者还常用于防止高价金属离子在碱性溶液中析出水合氧化物沉淀。

(d) 草酸。用于在氨性溶液中掩蔽 Fe^{3+}、Al^{3+}、Mn^{2+}、Th(Ⅳ)、Uo_2^{2+} 等。

(e) 磺基水杨酸。用于在酸性溶液中掩蔽 Al^{3+}、Th(Ⅳ)、Zr(Ⅳ) 等。

b. NN 配位体掩蔽剂。1，10—邻二氮菲用于在 pH＝5～6 时，掩蔽 Cu^{2+}、Ni^{2+}、Zn^{2+}、Cd^{2+}、Hg^{2+}、Co^{2+}、Mn^{2+} 与 Fe^{2+} 形成的螯合物呈深红色，干扰终点的观察。

c. 乙二胺及其同系物。

$$NH_2—[CH_2—CH_2—NH]_n—CH_2—CH_2—NH_2$$

n＝0 是乙二胺，n＝1 是二乙撑三胺，n＝2 是三乙撑四胺，n＝3 是四乙撑五胺。它们用于在碱性溶液中掩蔽 Cu^{2+}、Ni^{2+}、Co^{2+}、Zn^{2+}、Cd^{2+}、Hg^{2+} 等。

d. ON 配位体掩蔽剂。

三乙酸胺

$$CH_2CH_2O^-$$
$$CH_2CH_2OH$$
$$H\overset{+}{N}\quad CH_2CH_2OH$$

通常配成 1：3 或 1：4 的水溶液使用，不纯的试剂由于含重金属，因而带黄色。

三乙酸胺用于在碱性溶液中掩蔽 Fe^{3+}、Al^{3+}、Ti（亚）、Sn（亚）和少量 Mn^{2+} 等。使用三乙酸胺时，应在酸性溶液中加入，然后用调节至碱性。如果原溶液是碱性，应先酸化后再加入，否则已水解的高价金属离子不易被它掩蔽。

e. 氨羧络合剂。这些试剂本身有时出可作掩蔽剂。如在 pH≈10 时，可用 EDTA 掩蔽 Ca^{2+}，然后用 EDTA 滴定 Mg^{2+}。

f. 含硫配位体掩蔽剂。它分为 SS、SN、SO 型 3 种。

硫是软碱型的配位体，与软酸型阳离子相结合较为稳定，而与硬酸型阳离子不易络合。常见的含硫掩蔽剂及可掩蔽的离子见表 4.1。

表 4.1　　常见含硫掩蔽剂及可掩蔽离子

序　号	掩　蔽　剂	掩　蔽　离　子
1	$S_2O_3^{2-}$	Ag^+，Au^+，Bi^{3+}，Cd^{2+}，Co^{2+}，Cu^{2+}，Hg^{2+}，Pb^{2+}，Pd^{2+}，Pt^{2+}，Sb^{3+}，BrO_3^-，$Cr_2O_7^{2-}$，CrO_4^{2-}，ClO_3^-，I_2，IO_3^-，MnO_4^-
2	SCN^-	Ag^+，Au^+，Bi^{3+}，Cd^{2+}，Co^{2+}，Cu^{2+}，Hg^{2+}，In^{3+}，Ni^{2+}，Pd^{2+}，Pt^{2+}，Zn^{2+}
3	S^{2-}	As^{3+}
4	SO_4^{2-}	Ba^{2+}，Th^{4+}，Pb^{2+}

续表

序 号	掩 蔽 剂	掩 蔽 离 子
5	SO_3^{2-}	$Cr_2O_7^{2-}$，CrO_4^{2-}，BrO_3^-，ClO_4^-，IO_3^-，MnO_4^-
6	巯基乙酸	In^{3+}，Pb^{2+}，Zn^{2+}
7	二巯基丙醇	As^{3+}，Bi^{3+}，Cd^{2+}，Co^{2+}，Cu^{2+}，Hg^{2+}，Mn^{3+}，Ni^{2+}，Pb^{2+}，Sb^{3+}，Sn^{2+}，Zn^{2+}
8	二巯基丙磺酸钠	As^{3+}，Cd^{2+}，Cu^{2+}，Hg^{2+}，Pb^{2+}，Sb^{3+}，Sn^{2+}，Zn^{2+}
9	对氨基苯磺酸	NO_2^-

2. 沉淀掩蔽法

于溶液中加入一种沉淀剂，使其中的干扰离子浓度降低，在不分离沉淀的情况下直接进行滴定，这种消除干扰的方法称为沉淀掩蔽法。

如：当Ca^{2+}、Mg^{2+}共存时，因为CaY、MgY络合物的稳定常数相差不大（$\Delta \lg K=2$），欲单测Ca^{2+}时，Mg^{2+}产生干扰，可调节pH值大于12，使$Mg(OH)_2$沉淀，然后用EDTA滴定Ca^{2+}，此时$Mg(OH)_2$不干扰Ca^{2+}的测定，此时OH^-就是Mg^{2+}的沉淀掩蔽剂。

缺点：某些沉淀反应进行不完全，掩蔽效率有时不高；发生沉淀反应时，通常伴随共沉淀现象，影响滴定的准确度。当沉淀能吸附金属指示剂时，会影响终点观察；某些沉淀颜色很深，或体积庞大，妨碍终点观察。

3. 氧化还原掩蔽法

利用氧化还原反应，来改变干扰离子的价态，以消除干扰的方法

$$\lg K_{FeY}=25.1,\lg K_{FeY^{2-}}=14.33$$

表明Fe^{3+}与EDTA形成的络合物比Fe^{2+}与EDTA形成的络合物要稳定得多。

在pH=1时，用EDTA滴定Bi^{3+}、Zr^{4+}、Th^{4+}等离子时，如有Fe^{3+}存在，就会干扰滴定。此时，如果用羟胺或抗坏血酸（维生素C）等还原剂将Fe^{3+}还原为Fe^{2+}，可以消除Fe^{3+}的干扰。但是在pH=5.0～6.0时，用EDTA滴定Pb^{2+}、Zn^{2+}等离子，Fe^{3+}即使还原为Fe^{2+}仍不能消除其干扰，而需用其他方法消除其干扰。因为PbY^{2-}、ZnY^{2-}的形成常数与FeY^{2-}的形成常数相差不大。

有些氧化还原掩蔽剂既具有还原性，又能与干扰离子形成配合物。

如：$NO_2S_2O_3$与Cu^{2+}的作用

$$2Cu^{2+}+2S_2O_3^{2-}=\!=\!=2Cu^++S_4O_6^{2-}$$

$$Cu^++2S_2O_3^{2-}=\!=\!=[Cu(S_2O_3)_2]^{3-}$$

有些变价离子，在溶液中以酸根离子形式存在时，有时不干扰某些组分的测定，则可将低价氧化为高价状态，以消除其干扰。属于这种尖型的有：

$$Cr^{3+}\rightarrow Cr_2O_7^{2-};VO^{2+}\rightarrow VO^{3-};Mo^{5+}\rightarrow MoO_4^{2-};\cdots$$

注：氧化还原掩蔽法，只适用于那些易发生氧化还原反应的金属离子，且生成的还原型物质或氧化型物质不干扰测定的情况。因此，目前只有少数几种离子可用这种掩蔽方法。

4. 其他滴定剂的应用

目前除了EDTA外，还有其他氨羧配位剂，如CyDTA、EGTA、DTPA、EDTP和

TTHA 等，也能与金属离子形成稳定的配合物，但稳定性与 EDTA 配合物的稳定性有是差别较大，故选用这些氨羧配位剂作滴定剂时，有可能提高滴定某些金属离子的选择性。

(1) EGTA（乙二醇二乙醚二胺四乙酸）。如果要在大量 Mg^{2+} 存在下滴定 Ba^{2+} 或 Ca^{2+} 时，选用 EGTA，Mg^{2+} 干扰较小。

(2) EDTP（乙二胺四丙酸）。控制一定的 pH，用 EDTP 滴定 Cu^{2+}、Zn^{2+}、Cd^{2+}、Mn^{2+}、Mg^{2+} 都不干扰。

有 Mn^{2+}、Pb^{2+} 存在时，用三乙撑四胺滴定 Ni^{2+}、Mn^{2+} 的干扰很小，Pb^{2+} 也容易掩蔽。

4.4.9 络合滴定方式及其应用

络合滴定与一般滴定分析法相同，有直接滴定、返滴定、置换滴定和间接滴定等各种滴定方式。根据被测溶液的性质，采用适宜的滴定方法，可扩大配位滴定的应用范围和提高滴定的选择性。

1. 直接滴定法

这是络合滴定中最基本的方法。这种方法是将被测物质处理成溶液后，调节酸度，加入指示剂（有时还需要加入适当的辅助配位剂及掩蔽剂），直接用 EDTA 标准溶液进行滴定，然后根据消耗的 EDTA 标准溶液的体积，计算试样中欲测组分的百分含量。

要求：

采用直接滴定法，必须符合以下几个条件：

被测离子的浓度 C_M 以及 K'_{MY} 应满足 $\lg(CK'_{MY})\geqslant 6$ 的要求；

络合速度应很快；

应有变色敏锐的指示剂，且没有封闭现象；

在选用的滴定条件下，被测离子不发生水解和沉淀反应。

示例：

可以直接滴定的金属离子如下：

pH＝1.0 时，Zr^{4+}；

pH＝2.0～3.0 时，Fe^{3+}、Bi^{3+}、Th^{4+}、Ti^{4+}、Hg^{2+}；

pH＝5.0～6.0 时，Zn^{2+}、Pb^{2+}、Cd^{2+}、Cu^{2+} 及稀土元素；

pH＝10.0 时，Mg^{2+}、Co^{2+}、Ni^{2+}、Zn^{2+}、Cd^{2+}、Pb^{2+}；

pH＝12.0 时，Ca^{2+} 等。

2. 返滴定法

在被测定的溶液中先加入一定过量的 EDTA 标准溶液，待被测的离子完全反应后，再用另外一种金属离子的标准溶液滴定剩余的 EDTA，根据两种标准溶液的浓度和用量，即可求得被测物质的含量。

要求：

返滴定剂所生成的络合物应有足够的稳定性，但不宜超过被测离子络合物的稳定性太多，否则，在滴定过程中的返滴剂会置换出被测离子，引起误差，而且使终点不敏锐。

适用范围：

采用直接滴定法时，缺乏符合要求的指示剂，或者被测离子对指示剂有封闭作用；

被测离子与 EDTA 的络合速度很慢；

被测离子发生水解等副反应，影响测定。

示例：

Al^{3+} 的测定，由于以下原因不能采用直接滴定法：

Al^{3+} 与 EDTA 络合速度缓慢，需在过量的 EDTA 存在下，煮沸才能络合完全；

Al^{3+} 易水解，在最高酸度（pH4.1）时，水解反应相当明显，并可能形成多核羟基络合物，如 $[Al_2(H_2O)_6(OH)_3]^{3+}$，$[Al_3(H_2O)_6(OH)_6]^{3+}$ 等。这些多核络合物不仅与 EDTA 络合缓慢，并可能影响 Al 与 EDTA 的络合比，对滴定十分不利；

在酸性介质中，Al^{3+} 对常用的指示剂二甲酚橙有封闭作用。

由于上述原因 Al^{3+} 一般采用返滴定法进行测定：试液中先加入一定量过量的 EDTA 标准溶液，在 pH≈3.5 时煮沸 2～3min，使络合完全。冷至室温，pH＝5～6 在 HAc—NaAc 缓冲溶液中，以二甲酚橙作指示剂，用 Zn^{2+} 标准溶液返滴定。

用返滴定法测定的常见离子还有 Ti^{4+}、Sn^{4+}（易水解且无适宜指示剂）和 Cr^{3+}、Co^{2+}、Ni^{2+}（与 EDTA 络合速度慢）。

3. 置换滴定法

利用置换反应，置换出等物质的量的另一种金属离子（或 EDTA），然后滴定，这就是置换滴定法。置换滴定法灵活多样，不仅能扩大配位滴定的应用范围，同时还可以提高配位滴定的选择性。

方式：

置换出金属离子：如被测定离子 M 与 EDTA 反应不完全或所形成的配合物不稳定，这时可让 M 置换出另一种络合物 NL 中等物质的量的 N，用 EDTA 溶液滴定 N，从而可求得 M 的含量。

$$M+NL \xlongequal{} ML+N$$

$$N+Y \xlongequal{} NY$$

置换出 EDTA：将被测定的金属离子 M 与干扰离子全部用 EDTA 配位，加入选择性高的配位剂 L 以夺取 M，并释放出 EDTA：$MY+L \xlongequal{} ML+Y$，待反应完全后，释放出与 M 等物质的量的 EDTA，然后再用金属盐类标准溶液滴定所释放出来的 EDTA，从而即可示得 M 的含量。

另外，利用置换滴定法的原理，还可以改善指示剂指示滴定终点的敏锐性。例：钙镁特（CMG）与 Mg^{2+} 显色很灵敏，但与 Ca^{2+} 显色的灵敏性较差，为此，在 pH 值 10.0 的溶液中用 EDTA 滴定 Ca^{2+} 时，常于溶液中先加入少量 MgY，此时发生下列置换反应：

$$MgY+Ca^{2+} \xlongequal{} CaY+Mg^{2+}$$

置换出来的 Mg^{2+} 与钙镁特为很深的红色。滴定时，EDTA 先与 Ca^{2+} 配位，当达到滴定终点时，EDTA 夺取 Mg—CMG 中的 Mg^{2+}，形成 MgY，游离出指示剂，颜色为蓝色，变化很明显。加入的 MgY 和最后生成的 MgY 的量是相等的，故加入的 MgY 不影响滴定结果。

4. 间接滴定法

适用范围：

有些金属离子（如 Li^+、Na^+、K^+、W^{5+} 等）和一些非金属离子（如 SO_4^{2-}、PO_4^{3-} 等），由于不能各 EDTA 配位，或与 EDTA 生成的配位物不稳定，不便于配位滴定，这时可采用间接滴定法进行测定。

示例：

PO_4^{3-} 的测定，在一定条件下，可将 PO_4^{3-} 沉淀为 $MgNH_4PO_4$，然后过滤，洗净并将它溶解，调节溶液的 pH=10.0，用铬黑 T 作指示剂，以 EDTA 标准溶液滴定 Mg^{2+}，从而求得试样中磷的含量。

4.4.10 项目训练

实验 6 EDTA 标准滴定溶液的制备

1. 实验目的

(1) 掌握 EDTA 溶液的配制和标定方法、标定原理。

(2) 掌握铬黑 T 指示剂的应用条件和终点颜色的变化。

2. 实验原理

EDTA 制成溶液后，可用 ZnO 基准物标定。当用缓冲溶液控制溶液酸度为 pH=10 时，EDTA 可与 Zn^{2+} 反应生成稳定的配合物。铬黑 T 为指示剂，终点由酒红色变为纯蓝色。反应如下：

$$HI^{2-}n + Zn^{2+} = ZnIn^- + H^+$$

$$Zn^{2+} + H_2Y^{2-} = ZnY^{2-} + 2H^+$$

$$ZnIn^- + H_2Y^{2-} = ZnY^{2-} + HIn^{2-} + H^+$$

3. 试剂

(1) EDTA 二钠盐（分析纯）。

(2) 氧化锌（基准物）：于 800℃灼烧至恒重。

(3) 浓 HCl。

(4) 氨水（1+1）。

(5) NH_3—NH_4Cl 缓冲溶液（pH=10）：称取 54.0g NH_4Cl，溶于 200mL 水中，加 350mL 氨水，用水稀释至 1000mL，摇匀。

(6) 铬黑 T(5g/L)：称取 0.5g 铬黑 T 和 2.0g 盐酸羟胺，溶于乙醇，用乙醇稀释至 100mL，摇匀。(使用前新配)

4. 实验内容

(1) EDTA 标准滴定溶液 c(EDTA)=0.02mol/L 的配制。称取 EDTA 二钠盐 7.5g，溶于 200mL 水中，加热促其溶解，冷却至室温用水稀释至 1L，摇匀备用。

(2) 标定。准确称取 0.4g 已恒重的基准 ZnO，放入 100mL 烧杯中，用少量水润湿，滴加浓 HCl 至 ZnO 全部溶解（约 1～2mL）。加入 25mL 水，定量转移入 250mL 容量瓶中，用水稀释至刻度，摇匀。用移液管吸取上述溶液 25.00mL，置于锥形瓶中，加 50mL 水，滴加（1+1）氨水至刚出现白色浑浊，（此时溶液 pH 值应为 7～8），再加 10mL NH_3－NH_4Cl 缓冲溶液及 4 滴铬黑 T 指示液，用 EDTA 标准滴定溶液滴定，颜色由酒红色变为纯蓝色为终点。平行测定三次，同时作空白。

5. 计算公式

$$c_{EDTA}=\frac{m_{ZnO}\times\frac{25}{250}\times1000}{(V_{EDTA}-V_{空白})M_{ZnO}}$$

式中 c_{EDTA}——EDTA标准滴定溶液的浓度，mol/L；

V_{EDTA}——滴定时消耗EDTA标准滴定溶液的体积，mL；

$V_{空白}$——空白实验滴定时消耗EDTA标准滴定溶液的体积，mL；

m_{ZnO}——基准物ZnO的质量，g；

M_{ZnO}——ZnO的摩尔质量，g/mol。

6. 数据记录

序号 项目	1	2	3
称量瓶+ZnO（倾样前）(g)			
称量瓶+ZnO（倾样后）(g)			
m_{ZnO} (g)			
取试液体积（mL）			
V_{EDTA}(mL)			
$V_{空白}$ (mL)			
c_{EDTA}(mol/L)			
EDTA溶液平均浓度（mol/L）			
相对平均偏差			

7. 思考题

(1) 加氨缓冲溶液的目的是什么？

(2) 铬黑T指示剂最适用的pH值范围是什么？

(3) 用氨水调节pH值时，先出现白色沉淀，后又溶解，解释现象并写出反应式。

实验7 水中硬度的测定

1. 实验目的

(1) 掌握配位滴定法测定水中硬度的原理和方法。

(2) 掌握钙指示剂的应用条件和终点颜色的判断。

(3) 了解水硬度的表示方法，掌握计算方法。

2. 实验原理

水的总硬度，一般是指水中钙、镁的总量。用氨—氯化铵缓冲溶液控制水试样pH=10，以铬黑T为指示剂，用EDTA标准滴定溶液直接滴定Ca^{2+}和Mg^{2+}，终点为纯蓝色。

用NaOH调节水试样pH=12，Mg^{2+}形成$Mg(OH)_2$沉淀，用EDTA标准滴定溶液可滴定Ca^{2+}，钙指示剂在终点时颜色由红色变为蓝色。

镁硬度则可由总硬度与钙硬度之差求得。

3. 试剂

（1）EDTA 标准滴定溶液 $c_{EDTA}=0.02mol/L$。

（2）铬黑 T 指示液（5gL）。

（3）钙指示剂：钙指示剂 1.0g 与固体 NaCl（干燥、研细）100g 混合均匀。临用前配制。

（4）NH_3—NH_4Cl 缓冲溶液（pH=10）。

（5）HCl(1+1)。

（6）NaOH 溶液 $c_{NaOH}=4mol/L$：160g 固体 NaOH 溶于 500mL 水中，冷却至室温，稀释至 1000mL。

（7）刚果红试纸。

4. 实验内容

（1）总硬度的测定。用移液管移取水样 100.00mL 于 250mL 锥形瓶中，加入 NH_3—NH_4Cl 缓冲溶液 5mL，铬黑 T 指示液 3～4 滴，然后用 EDTA 标准滴定溶液滴定至溶液颜色由酒红色变成纯蓝色，即为终点。记录消耗 EDTA 标准滴定溶液的体积 V_1。平行测定 3 次，同时作空白。

（2）钙硬度的测定。用移液管移取水样 100.00mL 于 250mL 锥形瓶中，加入刚果红试纸一小块，加入（1+1）HCl 1～2 滴，至试纸变蓝紫色为止，煮沸 2～3min，冷却至 40～50℃，加入 4mol/L NaOH 溶液 4mL，再加少量钙指示剂，用 EDTA 标准滴定溶液滴定至溶液由红色变成蓝色，即为终点。记录消耗 EDTA 标准滴定溶液的体积 V_2。平行测定 3 次，同时作空白。

5. 计算公式

总硬度

$$\rho_{总CaCO_3}=\frac{c_{EDTA}(V_1-V_{1空白})M_{CaCO_3}}{V}\times 1000$$

$$度(°)=\frac{c_{EDTA}(V_1-V_{1空白})M_{CaO}}{V\times 10}\times 1000$$

钙硬度

$$\rho_{钙CaCO_3}=\frac{c_{EDTA}(V_2-V_{2空白})M_{CaCO_3}}{V}\times 1000$$

镁硬度=总硬度－钙硬度

式中 $\rho_{总CaCO_3}$——水样的总硬度，mg/L；

$\rho_{钙CaCO_3}$——水样的钙硬度，mg/L；

c_{EDTA}——EDTA 标准滴定溶液的浓度，mol/L；

V_1——测定总硬度时消耗 EDTA 标准滴定溶液的体积，mL；

$V_{1空白}$——测定总硬度空白实验消耗 EDTA 标准滴定溶液的体积，mL；

V_2——测定钙硬度时消耗 EDTA 标准滴定溶液的体积，mL；

$V_{2空白}$——测定钙硬度空白实验消耗 EDTA 标准滴定溶液的体积，mL；

V——所取水样体积，mL；

M_{CaCO_3}——$CaCO_3$ 的摩尔质量，g/mol；

M_{CaO}——CaO 的摩尔质量，g/mol。

6. 数据记录

项目＼序号	1	2	3
V(mL)			
V_1(mL)			
V_2(mL)			
$V_{1空白}$(mL)			
$V_{2空白}$(mL)			
c_{EDTA}(mol/L)			
$\rho_{总CaCO_3}$(mg/L)			
$\rho_{钙CaCO_3}$(mg/L)			
总硬度的平均质量浓度（mg/L）			
钙硬度的平均质量浓度（mg/L）			
总硬度相对平均偏差			
钙硬度相对平均偏差			

7. 思考题

（1）水的硬度有哪几种表示方法？

（2）用 EDTA 滴定法测定水的硬度时，有哪些离子存在干扰？如何清除这些离子？

（3）测定水总硬度时，何种情况下需加三乙醇胺溶液和 Na_2S 溶液？它起何作用？

4.5　工业双氧水含量测定

4.5.1　氧化还原法概述

氧化还原滴定法是以溶液中氧化剂和还原剂之间的电子转移为基础的一种滴定分析方法。

1. 方法特点

氧化还原反应的特点是反应机理比较复杂。

前述酸碱反应和配位反应都基于离子或分子的相互结合，反应简单，一般瞬时即可完成。

氧化还原反应是基于电子转移的反应，比较复杂，反应常是分步进行的，需较长时间才能完成。有些氧化还原反应虽然从理论上看是可能进行的，但由于反应速度太慢而认为反应实际没有发生。因此，当我们讨论氧化—还原反应时，除了从平衡观点判断反应的可能性之外，还应考虑反应机理和反应速度问题。

2. 分类

可以用来进行氧化还原滴定的反应很多。根据所应用的氧化剂或还原剂，可以将氧化还原滴定法分为 $KMnO_4$ 法、$K_2Cr_2O_7$ 法、碘量法、铈量法、溴酸盐法和矾酸盐法等。

4.5.2 氧化还原平衡

1. 条件平衡

氧化剂和还原剂的强弱，可以用有关电对的标准电极电位（简称标准电位）来衡量。电对的标准电位越高，其氧化型的氧化能力就越强；反之电对的标准电位越低，则其还原型的还原能力就越弱。因此，作为一种氧化剂，它可以氧化电位比它低的还原剂；同样，作为一种还原剂，它可以还原电位比它高的氧化剂。根据电对的标准电位，可以判断氧化—还原反应进行的方向、次序和反应进行的程度。

对于一半电池反应：

$$O_x + ne^- \rightleftharpoons Red$$

由 Narst 方程，得

$$E = E^0 + \frac{0.059}{n}\lg\frac{[O_x]}{[Red]} \quad ①$$

其中 E^0 称为标准电极电位，它是在特定条件下测得的，即：湿度为 25℃，有关离子的浓度（严格讲应该为活度）都是 1mol/L（或其比值为 1）气体压力为 1.013×10^5 Pa 时测得的相对于标准氢电极的电位值。

当反应条件（主要为离子浓度和酸度）改变时，E 值就会发生相应的变化。故影响电极电位的 E 的因素有：

（1）氧化还原电对（即氧化还原半电池反应）的性质，决定 E^0 的大小。

（2）氧化还原电对的有关离子（包括 H^+）浓度的大小及比值。

利用能斯特方程式，可以计算各种可逆均相氧化—还原半电池的电极电位。

不过，上面用能斯特公式时，用的是浓度。实际上，溶液中离子强度是很大的，故必须考虑离子强度的影响，则以 a 代替浓度，Nwrst 方程为

$$E = E^0 + \frac{0.059}{n}\lg\frac{[a_{Ox}]}{[a_{Red}]} \quad ②$$

式中 a_{Ox}、a_{Red}——氧化型和还原型的活度；

n——半电池反应转移的电子数。

因此，E 与溶液中的 a_{Ox}、a_{Red} 有关。上式又可写为

$$E = E^0 + \frac{0.059}{n}\lg\frac{\gamma_{Ox}[O_x]}{\gamma_{Red}[Red]} \quad ③$$

但在实际计算时，由于存在有各种副反应，使溶液中离子的存在形式发生了改变，使其分析浓度与平衡浓度不等，例如：计算 HCl 溶液中 Fe（Ⅲ）/Re（Ⅱ）体系的电极电位时，则

$$E = E^0 + 0.059\lg\frac{a_{Re}^{3+}}{a_{Re}^{2+}} = E = E^0 + 0.059\lg\frac{\gamma_{Re}^{3+}[Re^{3+}]}{\gamma_{Re}^{2+}[Re^{2+}]} \quad ④$$

但实际上在 HCl 溶液中，由于有以下副反应

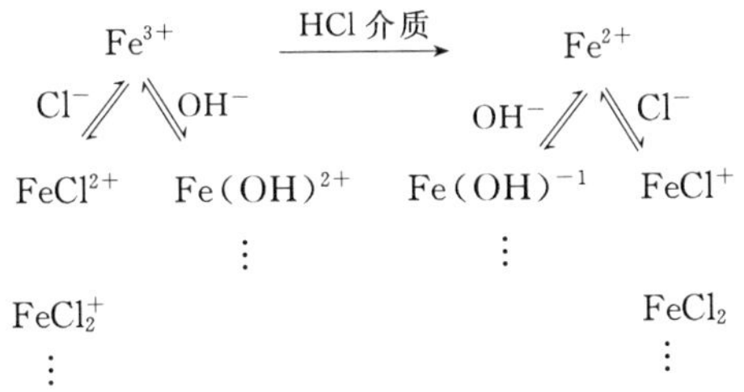

则有 $C_{Fe}(Ⅲ)=[Fe^{3+}]+[Fe(OH)^{2+}]+[Fe(OH)_2^+]+[FeCl^{2+}]+[FeCl_2^+]+\cdots$

$C_{Fe}(Ⅱ)=[Fe^{2+}]+[Fe(OH)^{2+}]+[Fe(OH)_2]+[FeCl^+]+[FeCl_2]+\cdots$

此时

$$[Fe^{3+}]=C_{Fe}(Ⅲ)\alpha_{Fe}^{3+} \quad ⑤$$

$$[Fe^{2+}]=C_{Fe}(Ⅱ)\alpha_{Fe}^{2+} \quad ⑥$$

将式⑤、式⑥代入式④，则有

$$E=E^0+\frac{0.059}{n}\lg\frac{\gamma_{Fe}^{3+}\alpha_{Fe}^{3+}C_{Fe}(Ⅲ)}{\gamma_{Fe}^{2+}\alpha_{Fe}^{2+}C_{Fe}(Ⅱ)} \quad ⑦$$

式⑦是考虑了上述因素的能斯特方程式的表达式。但当溶液的离子强度很大时，γ很难求得；当副反应较多时，求α值变较难。因此使式⑦应用受到限制。可改为

$$E=E^0+0.059\lg\frac{\gamma_{Fe}^{3+}\alpha_{Fe}^{3+}}{\gamma_{Fe}^{2+}\alpha_{Fe}^{2+}}+0.059\lg\frac{C_{Fe}(Ⅲ)}{C_{Fe}(Ⅱ)} \quad ⑧$$

当 $C_{Fe}(Ⅲ)=C_{Fe}(Ⅱ)=1mol/L$［或其浓度比 $C_{Fe}(Ⅲ)=C_{Fe}(Ⅱ)=1$］时，得

$$E=E^0+0.059\lg\frac{\gamma_{Fe}^{3+}\alpha_{Fe}^{3+}}{\gamma_{Fe}^{2+}\alpha_{Fe}^{2+}}$$

上式中，γ及α在一定情况下，是一固定值，因而上式E应为一常数以E^{of}表示，则

$$E^0+0.059\lg\frac{\gamma_{Fe}^{3+}\alpha_{Fe}^{3+}}{\gamma_{Fe}^{2+}\alpha_{Fe}^{2+}}=E^{of} \quad ⑨$$

其中E^{of}为条件电位，它是在特定情况下，氧化型和还原型浓度均为1mol/L（或其浓度比为$C_{Ox}/C_{Red}=1$）时，校正3各种外界因素影响后的实际电极电位，在条件不变时为一常数，则上述E为

$$E=E^{of}+0.059\lg\frac{C_{Fe}(Ⅲ)}{C_{Fe}(Ⅱ)} \quad ⑩$$

对于一般反应，可写成：

$$E=E_{Ox/Red}^{of}+\frac{0.059}{n}\lg\frac{C_{Ox}}{C_{Red}}(25℃)$$

$$E_{Ox/Red}^{of}=E_{Ox/Red}^{0}+\frac{0.059}{n}\lg\frac{\gamma_{Ox}\alpha_{Ox}}{\gamma_{Red}\alpha_{Red}} \quad ⑪$$

标准电极电位与条件电位的关系，与配位反应中的K_{MY}和K'_{MY}的关系相似。这样使处理实际问题较简单，但测E^{of}很难，到目前为止，还有许多体系的条件电位没有测出来。附表十一列出了部分氧化还原电对的条件电位。对于没有E^{of}的体系，只好用E^0代替。本书在处理有关氧化还原反应的电位计算时，如无特别说明，一般仍采用E^0。

2. 影响条件电位的因素

在一般情况下，可根据氧化还原反应中两个电对的E^0来判断氧经还原反应的方向；在一定条件下，也可根据两电对的E^{of}值来进行判断。但条件改变时，E^{of}值也随之而变，影响氧化还原反应进行的程度，甚至改变反应方向。因此下面着重讨论几种主要因素对E^{of}值的影响。

（1）离子强反应E^{of}影响。从条件电位定义式可知，γ是E^{of}值的影响因素之一。而治度系数又取决于溶液的离子强度。所以离子强度不同时，同一电对的E^{of}值就不同。但是γ往往不易计算，而各种副反应及其他因素的影响一般又都大大超过离子强度的影响，所

以在下面的讨论中，如果涉及计算 E^{of}时，一般均忽略离子强度的影响，即 $\gamma\approx1$。

（2）沉淀生成对 E^{of}的影响。对一个氧化还原电对，如果加入一种可以与氧化型或还原型生成沉淀的沉淀剂，则由于游离态的氧化型或还原型浓度的改变，使其电极电位发生改变。也可以把电极电位的这种改变按照在沉淀剂存在下的条件电位来处理。

【例】 计算当溶液中 Cu^{2+} 和 KI 浓度均为 0.1mol/L 时，Cu^{2+}/Cu^{+} 电对的条件电位（忽略离子强度影响）。

解： 已知：　$E^{0}_{Cu^{2+}/Cu^{+}}=0.17V, K_{sp}(Cu^{2+})=1.1\times10^{-12}$

$$E=E^{0}_{Cu^{2+}/Cu^{+}}+0.059\lg\frac{[Cu^{2+}]}{[Cu^{+}]}$$

$$=E^{0}_{Cu^{2+}/Cu^{+}}+0.059\lg\frac{[Cu^{2+}][I^{-}]}{K_{sp}[CuI]}\quad K_{sp}=[Cu^{+}][I^{-}]$$

$$=E^{0}_{Cu^{2+}/Cu^{+}}+0.059\lg\frac{1}{K_{sp}[CuI]}+0.059\lg[Cu^{2+}][I^{-}]$$

当 $[Cu^{2+}]$ $[I^{-}]$ $=1.0$mol/L 时，$E=E^{of}$

$$E^{of}=E^{0}_{Cu^{2+}/Cu^{+}}-0.059\lg K_{sp}(Cu^{+})$$

$$=0.17-0.059\lg1.1\times10^{-12}=0.88(V)$$

（3）形成配合物对 E^{of}的影响。对于一个氧化还原电对，如果有能与氧化型或者还原型生成配合物的配位剂存在，则从 E^{of}定义可见，氧化型和还原型的副反应系数必然会影响 E^{of}值。

（4）溶液酸度对 E^{of}影响。凡是有 H^{+} 或 OH^{-} 直接参加的氧化还原反应，或物质的氧化态或还原态是弱酸或弱碱时，酸度对电对的条件电位的影响较大。

【例】 分别计算 1.0mol/L 和 0.10mol/L HCl 溶液中 As^{V}/As^{III} 电对的条件电位（忽略离子强度的影响）（$E^{0}=0.059V$）。

解： 此电对反应为

$$H_3A_3O_4+2H^{+}+2e^{-}\rightleftharpoons HA_3O_2+2H_2O$$

$$E=E^{0}+\frac{0.059}{2}\lg\frac{[H_3A_3O_4][H^{+}]^{2}}{[HA_3O_2]}$$

$$=E^{0}+\frac{0.059}{2}\lg\frac{[H_3A_3O_4]}{[HA_3O_2]}+0.059\lg[H^{+}]$$

当 $[H_3A_3O_4]=[HA_3O_2]=1.0$mol/L 时，$E=E^{of}$

$$E^{of}=E^{0}+0.059\lg[H^{+}]$$

酸度为 1.0mol/L 时

$$E^{of}=0.559V$$

酸度为 0.1mol/L 时

$$E^{of}=0.559-0.059=0.50(V)$$

3. 氧化还原反应进行的次序

溶液中若同时含有几种还原剂时，若加入氧化剂，则首先与溶液中最强的还原剂作用。同样的，溶液中同时含有几种氧化剂时；若加入还原剂，则首先与溶液中最强的氧化剂作用。即在适宜的条件下，所有可能发生的氧化—还原反应中，标准电极电位相差最大的电对间首先进行反应。

例如：$K_2Cr_2O_7$ 标液滴定 Fe^{2+}、Sn^{2+} 时，有

$$E^0_{Cr_2O_7^{2-}}/Cr^{3+}=1.33(V)$$

$$E^0_{Fe^{3+}}/Fe^{2+}=0.771(V)$$

$$E^0_{Sn^{4+}}/Sn^{2+}=0.154(V)$$

$Cr_2O_7^{2-}$ 是其中最强的氧化剂，Sn^{2+} 是最强的还原剂；滴加的 $Cr_2O_7^{2-}$ 首先要氧化 Sn^{2+}，只有将 Sn^{2+} 完全氧化后，才能氧化 Fe^{2+}。

4. 氧化还原反应进行的程度

对于一般的氧化还原反应，可以通过计算反应达到平衡时的平衡常数 k，来了解反应进行的程度。而 k 又与该反应有关电对的电极电位有着确定的数量关系。例如反应：

$$n_2O_{x1}+n_1Red_2 \rightleftharpoons n_2Red_1+n_1O_{x2}$$

平衡常数

$$K=\frac{a_{Red1}^{n_2}a_{Ox2}^{n_1}}{a_{Ox1}^{n_2}a_{Red2}^{n_1}}$$

对于物质1的关反应为

$$O_{x1}+n_1e^- \rightleftharpoons Red_1$$

$$E_{Ox1}/Red_1=E^0_{Ox1}/Red_1+\frac{0.059}{n_1}\lg\frac{a_{Ox1}}{a_{Red1}}$$

对物质2半反应为

$$O_{x2}+n_2e^- \rightleftharpoons Red_2$$

$$E_{Ox2}/Red_2=E^0_{Ox2}/Red_2+\frac{0.059}{n_2}\lg\frac{a_{Ox2}}{a_{Red2}}$$

当反应达到平衡时

$$E_{Ox1}/Red_1=E^Q_{Ox2}/Red_2$$

$$E^0_{Ox1}/Red_1+\frac{0.059}{n_1}\lg\frac{a_{Ox1}}{a_{Red1}}+\frac{0.059}{n_2}\lg\frac{a_{Ox2}}{a_{Red2}}$$

等式两边同时乘以 n_1n_2，则

$$n_1n_2E^0_{Ox1}/Red_1+0.059\lg\frac{a_{Ox2}^{n_2}}{a_{Red1}^{n_2}}=n_1n_2E^0_{Ox2}/Red_2+0.059\lg\frac{a_{Ox2}^{n_1}}{a_{Red2}^{n_1}}$$

$$n_1n_2(E^0_{Ox1}/Red_1-E^0_{Ox2}/Red_2)=0.059\lg\frac{a_{Ox2}^{n_1}a_{Red1}^{n_2}}{a_{Ox1}^{n_2}a_{Red2}^{n_1}}$$

其中 E^0_{Ox1}/Red_1、E^0_{Ox2}/Red_2 分别为氧化剂和还原剂的标准电位，n_1、n_2 为两个半电池反应转移的电子数，且 n_1、n_2 互为质数。

从上式可看出，氧化还原反应平衡常数 k 值的大小是直接由氧化剂和还原剂两电对的标准电位之差决定的。一般来讲，E^0_{Ox1}/Red_1 和 E^0_{Ox2}/Red_2 之差越大平衡常数 k 值也越大，反应进行得就比较完全。如果 E^0_{Ox1}/Red_1 和 E^0_{Ox2}/Red_2 相差不大，则反应进行得就不完全，那么平衡常数 k 值达到多大时，反应才能进行完全，以上述反应为例，则

设滴定分析的允许误差小于等于 0.1%，则终点时

$$[O_{x2}] \geqslant 99.9\% C_{Red2}$$

$$[Red_1] \geqslant 99.9\% C_{Ox1}$$

而剩下来的物质必须小于或等于原始浓度的 0.1%，即

$$[Red_2] \leqslant 0.1\% C_{Red2}$$

$$[O_{x1}] \leqslant 0.1\% C_{Ox1}$$

$$\lg k \geqslant \lg \frac{(99.9\%)^{n_1} C_{Red2}^{n_1} (99.9\%)^{n_2} C_{Ox1}^{n_2}}{(0.1\%)^{n_2} C_{Ox1}^{n_2} (0.1\%)^{n_1} C_{Red2}^{n_1}}$$

因此

$$\lg k \geqslant (\lg 10^{3n_2} \times 10^{3n_1})$$

因此

$$\lg k \geqslant \lg 10^{3(n_1+n_2)}$$

此时

$$\lg k \geqslant \frac{n_1 n_2 (E^0_{Ox1/Red1} - E^0_{Ox2/Red2})}{0.059} \geqslant \lg 10^{3(n_1+n_2)}$$

因此

$$\Delta E \geqslant \frac{0.059}{n_1 n_2} \times 3(n_1 + n_2)$$

如果 $n_1 = n_2 = 1$ 时

$$\lg k \geqslant 6, \Delta E \geqslant 0.35V$$

$n_1 = 1$，$n_2 = 2$ 时

$$\lg k \geqslant 9, \Delta E \geqslant 9 \times \frac{0.059}{2} \approx 0.27(V)$$

$n_1 = 1$，$n_2 = 3$ 时

$$\lg k \geqslant 12, \Delta E \geqslant 12 \times \frac{0.059}{3} \approx 0.24(V)$$

4.5.3 氧化还原反应的速度及其影响因素

1. 氧化还原反应的速度

与酸碱反应和配位反应比较，氧化还原反应的速度一般要小得多。而氧化还原平衡常数 k 值的大小，只能表示氧化—还原反应的完全程度，不能说明氧化—还原反应的速度。如 H_2 和 O_2 反应生成 H_2O，$k=10^{41}$。但是在通常情况下几乎觉察不到反应的进行，只有在点火或者有催化剂存在的条件下，反应才能很快进行，甚至发生爆炸。因此，在讨论氧化—还原滴定时，除考虑反应进行的方向和程度以外，还要考虑反应的速度问题。

氧化—还原反应是分步进行的，对任何氧化还原反应，可以根据反应物和生成物，写出有关化学反应式。例如，H_2O_2 氧化 I^- 的反应式为

$$H_2O_2 + I^- + 2H^+ \rightleftharpoons I_2 + 2H_2O \quad ①$$

式①只能表示反应的最初状态和最终状态，不能说明反应进行的真实情况，实际上这个反应是分步进行的。以上反应为

$$I^- + H_2O_2 \rightleftharpoons IO^- + H_2O(\text{慢}) \quad ②$$

$$IO^- + H^+ \rightleftharpoons HIO(\text{快}) \quad ③$$

$$HIO + I^- + H^+ \rightleftharpoons I_2 + H_2O(\text{快}) \quad ④$$

将上面式②～式④相加，才得到式①所示的总反应式。其中反应速度最慢的是式②，其决定总的反应的速度。

2. 影响氧化—还原反应速度的因素

（1）反应物浓度对反应速度的影响。一般来讲，增加反应物浓度都能加快反应速度。对于 H^+ 参加的反应，提高酸度也能加快反应速度，例如在酸性溶液中 $K_2Cr_2O_7$ 与 KI 的反应：

$$Cr_2O_7^{2-}+6I^-+14H^+ = 2Cr^{3+}+3I_2+7H_2O$$

此反应的速度较慢，通常采用增加 H^+ 和 I^- 浓度加快反应速度。实验证明：$[H^+]$ 保持在 0.2～0.4mol/L，KI 过量 5 倍，放置 5min，反应可进行完全。

（2）温度对反应速度的影响。实验证明，一般温度升高 10℃，反应速度可增加 2～4 倍。如在酸性溶液中 MnO_4^- 与 $C_2O_4^{-2}$ 的反应：

$$2MnO_4^-+5C_2O_4^{2-}+16H^+ \rightleftharpoons 2M_n^{2+}+10CO_2\uparrow+8H_2O$$

在室温下，反应速度很慢，加热却能加快反应速度。因此，当用 $KMnO_4$ 溶液滴定 $H_2C_2O_4$ 溶液时，必须将溶液加热到 75～85℃。

对于易挥发物质（如 I_2），只能用其他办法加快反应速度。

（3）催化反应和诱导反应对应速度的影响。

催化反应：使用催化剂是提高反应速度的和方法。催化剂分正催化剂和负催化剂两类。正催化剂加快反应速度；负催化剂减慢反应速度。

催化反应的机理非常复杂。在催化反应中，由于催化剂的存在，可能新产生了一些不稳定的中间价态的离子、游离基或活泼的中间配合物，从而改变了原来的氧化—还原反应历程，或者降低了原来进行反应时所需的活化能，使反应速度发生变化。

诱导反应：在氧化还原反应中，一种反应（主反应）的进行，能够诱发反应速度极慢或不能进行的另一种反应的现象，叫做诱导作用。后一反应（副反应）叫做被诱导的反应（简称诱导反应）。

例如，$KMnO_4$ 氧化 Cl^- 的速度极慢，但是当溶液中同时存在有 Fe^{2+} 时，由于 MnO_4^- 与 Cl^- 的反应称为被诱导的反应：

$$MnO_4^-+5Fe^{2+}+8H^+ \longrightarrow M_n^{2+}+5Fe^{3+}+4H_2O\text{(初级反应或主反应)}$$

$$2MnO_4^-+10Cl^-+16H^+ \longrightarrow 2M_n^{2+}+10CO_2\uparrow+8H_2O\text{(诱导反应)}$$

其中 MnO_4^- 称为作用体，Fe^{2+} 称为诱导体，Cl^- 称为受诱体。

诱导反应和催化反应是不相同的。在催化反应中，催化剂参加反应后又变回到原来的组成，而在诱导反应中，诱导体参加反应后，变为其他物质。

4.5.4　氧化还原滴定曲线

在酸碱滴定过程中，研究的是溶液中 pH 值的改变。在配位滴定中，研究的是溶液中 pM 的改变。而在氧化还原滴定过程中，要研究的则是由氧化剂和还原剂所引起的电极电位的改变，这种电位改变的情况可以用与其他滴定法相似的滴定曲线来表示，即以滴定过程中的电极电位对加入滴定剂的体积来作一曲线。

现以 0.1000mol/L $Ce(SO_4)_2$ 标记滴定 20.00mL 0.1000mol/L Fe^{2+} 溶液为例，说明滴定过程中电极电位的计算方法。设溶液的酸度为 1mol/L H_2SO_4，此时：

$$Fe^{3+}+e^- \rightleftharpoons Fe^{2+},E^{of}_{Fe^{3+}/Fe^{2+}}=0.68V$$

$$Ce^{4+}+e^- \rightleftharpoons Ce^{3+},E^{of}_{Ce^{4+}/Ce^{3+}}=1.44V$$

Ce^{4+}滴定 Fe^{2+}的反应式为

$$Ce^{4+} + Fe^{2+} \rightleftharpoons Fe^{3+} + Ce^{3+}$$

滴定过程中电位的变化可计算如下：

1. 滴定前

滴定前虽是 0.1000mol/L 的 Fe^{2+}溶液，但是由于空气中氧的氧化作用，不可避免地会有 Fe^{2+}存在，组成 Fe^{3+}/Fe^{2+}电对。但由于 Fe^{3+}的浓度不定，所以此时的电位也就无法计算。

2. 计量点前溶液中电极电位的计算

在化学计量点前，溶液中存在有 Fe^{3+}/Fe^{2+}和 Ce^{4+}/Ce^{3+}两个电对，此时：

$$E = E^{of}_{Fe^{3+}/Fe^{2+}} + 0.059\lg\frac{C^{3+}_{Fe}}{C^{2+}_{Fe}}$$

$$E = E^{of}_{Ce^{4+}/Ce^{3+}} + 0.059\lg\frac{C^{4+}_{Ce}}{C^{3+}_{Ce}}$$

达到平衡时，溶液中 Ce^{4+}很小，且没有直接求得，故此时可利用 Fe^{3+}/Fe^{2+}电对计算 E 值。另外，为简便计算，采用 Fe^{3+}与 Fe^{2+}浓度的百分比来代替 C^{3+}_{Fe}/C^{2+}_{Fe}之比，代入上式计算。

例如，若加入 12.00mL 0.1000mol/L Ce^{4+}标准溶液，则溶液中 Fe^{2+}将有 60%被氧化为 Fe^{3+}，这时溶液中：

$$C^{3+}_{Fe} = \frac{12.00}{20.00} \times 100\% = 60\%$$

$$C^{2+}_{Fe} = \frac{20.00 - 12.00}{20.00} \times 100\% = 40\%$$

则得

$$E = E^{of}_{Fe^{2+}/Fe^{2+}} + 0.059\lg\frac{C^{3+}_{Fe}}{C^{2+}_{Fe}}$$

$$= 0.68 + 0.059\lg\frac{60}{40} = 0.69(V)$$

同样计算，当加入 19.98mL Ce^{4+}液时 $E = 0.86V$。

3. 化学计量点时，溶液电极电位的计算

化学计量点时，已加入 20.00mL 0.1000mol/L Ce^{4+}标液，此时 Ce^{4+}和 Fe^{3+}的浓度均很小，不能直接求得，但两电对的电位相等，即

$$E_{Ce^{4+}/Ce^{3+}} = E_{Fe^{3+}/Fe^{2+}} = E_{sp}$$

因此

$$E_{sp} = E_{Ce^{4+}/Ce^{3+}} = 1.44 + 0.059\lg\frac{C^{4+}_{Ce}}{C^{3+}_{Ce}}$$

$$E_{sp} = E_{Fe^{3+}/Fe^{2+}} = 0.68 + 0.059\lg\frac{C^{3+}_{Fe}}{C^{2+}_{Fe}}$$

将以上两式相加，整理后得

$$2E_{sp} = 1.44 + 0.68 + 0.059\lg\frac{C^{4+}_{Ce}C^{3+}_{Fe}}{C^{3+}_{Ce}C^{2+}_{Fe}}$$

当达到计量点时，溶液中：

$C_{Ce}^{4+}=C_{Fe}^{2+}$，$C_{Ce}^{4+}=C_{Ce}^{3+}$代入上式：

$$2E_{sp}=1.44+0.68+0.059\lg\frac{C_{Ce}^{4+}C_{Fe}^{3+}}{C_{Ce}^{3+}C_{Fe}^{2+}}$$

$$E_{sp}=\frac{1.44+0.68}{2}=1.06(V)$$

对于一般的氧化还原反应：

$$n_2O_{x1}+n_1Red_2=n_1O_{x2}+n_2Red_1$$

有关电对为

$$O_{x1}+n_1e^-\rightleftharpoons Red_1$$

$$O_{x2}+n_2e^-\rightleftharpoons Red_2$$

$$E_{Ox1/Red1}=E^0_{Ox1/Red1}+\frac{0.059}{n_2}\lg\frac{[O_{x1}]}{[Red_1]} \quad ①$$

$$E_{Ox2/Red2}=E^0_{Ox2/Red2}+\frac{0.059}{n_2}\lg\frac{[O_{x2}]}{[Red_2]} \quad ②$$

当达到计量点时，两电对的电位相等，即$E_{Ox1/Red1}=E_{Ox2/Red2}=E_{sp}$，将式①$\times n_1+$式②$\times n_2$得

$$(n_1+n_2)E_{sp}=n_1E^0_{Ox1/Red2}+n_2E^0_{Ox2/Red2}+0.059\lg\frac{[O_{x1}][O_{x2}]}{[Red_1][Red_2]}$$

当反应达到计量点时

$\frac{[O_{x1}]}{[Red_2]}=\frac{n_2}{n_1}$，$\frac{[O_{x2}]}{[Red_1]}=\frac{n_1}{n_2}$代入上式：

$$(n_1+n_2)E_{sp}=n_1E^0_{Ox1/Red1}+n_2E^0_{Ox2/Red2}$$

$$E_{sp}=\frac{n_1E^0_{Ox1/Red1}+n_2E^0_{Ox2/Red2}}{n_1+n_2}$$

对于有不对称电对参加的氧化还原反应，例如：

$$O_{x1}+n_1e^-\rightleftharpoons aRed_1$$

$$O_{x2}+n_2e^-\rightleftharpoons aRed_2$$

$$E_{Ox1/Red1}=E^0_{Ox1/Red1}+\frac{0.059}{n_1}\lg\frac{[O_{x1}]}{[Red_1]^a} \quad ③$$

$$E_{Ox2/Red2}=E^0_{Ox2/Red2}+\frac{0.059}{n_2}\lg\frac{[O_{x2}]}{[Red_2]} \quad ④$$

反应达到计量点时，$E_{Ox1/Red1}=E_{Ox2/Red2}=E_{sp}$。

式③$\times n_1+$式④$\times n_2$得

$$(n_1+n_2)E_{sp}=n_1E_{Ox1/Red1}+n_2E^0_{Ox2/Red2}+0.059\lg\frac{[O_{x1}][O_{x2}]}{[Red_1]^a[Red_2]}$$

由反应式，得

$\frac{[O_{x1}]}{[Red_2]}=\frac{n_2}{n_1}$，$\frac{[O_{x2}]}{[Red_1]}=\frac{n_1}{n_2a}$代入上式：

$$(n_1+n_2)E_{sp}=n_1E_{Ox1/Red1}+n_2E^0_{Ox2/Red2}+0.059\lg\frac{n_1}{n_2}\frac{n_1}{n_2a}\frac{[Red_1]}{[Red_1]^a}$$

$$E_{sp}=\frac{n_1E^0_{Ox1/Red1}+n_2E^0_{Ox2/Red2}}{n_1+n_2}+\frac{0.059}{n_1+n_2}\lg\frac{1}{a[Red_1]^{a-1}}$$

4. 化学计量点后溶液电极电位的计算

此时溶液中 Ce^{4+}、Ce^{3+} 浓度均容易求得，而 Fe^{2+} 则不易直接求出，故此时用 Ce^{4+}/Ce^{3+} 电对计算 E 值比较方便。

$$E=1.44+0.059\lg Ce^{4+}/Ce^{3+}$$

例如：当 Ce^{4+} 有 0.1%过量（即加入 20.02mL）时，则

$$E=1.44+0.059\lg\frac{0.1}{100}=1.26(\text{V})$$

同样可计算加入不同量的 Ce^{4+} 溶液时的电位值。

4.5.5 氧化还原滴定法的指示剂

在氧化还原滴定中，除了用电位法确定终点外，还可以根据所使用的标准溶液的不同，选用不同类型的指示剂来确定滴定的终点。

1. 氧化还原指示剂

氧化还原指示剂是一些复杂的有机化合物，它们本身具有氧化还原性质。它的氧化型和还原型具有不同的颜色。通常以 $\text{In}(\text{O}_x)$ 代表指示剂的氧化型；$\text{In}(\text{Red})$ 代表指示剂的还原型；n 代表反应中电子得失数。如果反应中没有 H^+ 参加，则氧化还原指示剂的半反应可用下式表示：

$$\text{In}(\text{O}_x)+ne^- \rightleftharpoons \text{In}(\text{Red})$$

根据能斯特方程，则

$$E_{\text{In}}=E_{\text{In}}^{\text{of}}+\frac{0.059}{n}\lg\frac{C_{\text{In}}(\text{O}_x)}{C_{\text{In}}(\text{Red})} \quad ①$$

对于不同的指示剂，则 $E_{\text{In}}^{\text{of}}$ 值不同；同一指示剂、溶液介质不同，$E_{\text{In}}^{\text{of}}$ 值也有差别。当 $C_{\text{In}}(\text{O}_x)/C_{\text{In}}(\text{Red})$ 比值在 $\frac{1}{10}$～10 之间时，可观察到指示剂颜色的改变，则指示剂变色的电位范围为

$$E_{\text{In}}=E_{\text{In}}^{\text{of}}\pm\frac{0.059}{n}(25℃) \quad ②$$

在实际滴定中，指示剂的变色范围应包括在滴定进行 99.9%～100.1%之间（即指示剂的变色范围应在滴定突跃范围之内），如以 O_{x1} 滴定 Red_2，则

$$n_2\text{O}_{x1}+n_1\text{Red}_2 \rightleftharpoons n_2\text{Red}_1+n_1\text{O}_{x2}$$

计量点前 99.9%电位值为

$$E_{\text{Ox2/Red2}}=E_{\text{Ox2/Red2}}^{\text{of}}+\frac{0.059}{n_2}\lg\frac{99.9}{0.1}$$

$$\approx E_{\text{Ox2/Red2}}^{\text{of}}+\frac{0.059}{n_2}\times 3$$

计量点后 100.1%的电位值为

$$E_{\text{Ox1/Red1}}=E_{\text{Ox1/Red1}}^{\text{of}}+\frac{0.059}{n_1}\lg\frac{0.1}{100}$$

$$\approx E_{\text{Ox1/Red1}}^{\text{of}}+\frac{0.059}{n_1}\times 3$$

因此，指示剂的变色电位（E_{In}）值应在突跃范围之间，即

$$E^{of}_{Ox2/Red2}+\frac{0.059}{n_2}\times 3<E_{In}<E^{of}_{Ox1/Red1}-\frac{0.059}{n_1}\times 3 \qquad ③$$

式③即为选择氧化还原指示剂的依据。

(1) 二苯胺磺酸钠。二苯胺磺酸钠是以 Ce^{4+} 滴定 Fe^{2+} 时常用的指示剂，其 $E^{of}_{In}=0.85V$。在酸性溶液中，主要以二苯胺磺酸的形式存在。当二苯胺磺酸遇到氧化剂 Ce^{4+} 时，它首先被氧化为无色的二苯胺联胺磺酸（不可逆），再进一步被氧化为二苯联胺磺酸等（可逆）的紫色化合物，显示出颜色变化，过程中 E_{In} 为

$$E_{In}=0.85\pm\frac{0.059}{2}=0.85\pm 0.03(V)$$

即二苯胺磺酸钠变色时电位范围在 0.82～0.88V 之间。

而 $E^{of}_{Ce^{4+}/Ce^{3+}}=1.44V$，$E^{of}_{Fe^{3+}/Fe^{2+}}=0.68V$，用 Ce^{4+} 滴定 Fe^{2+} 时，其突跃范围的电位值为

$$0.68+\frac{0.059}{1}\lg\frac{99.9}{0.1}=0.68+0.059\times 3=0.86(V)$$

$$1.44+\frac{0.059}{1}\lg\frac{0.1}{100}=1.44-0.059\times 3=1.26(V)$$

即为 0.86～1.26V。

若用二苯胺磺酸钠作指示剂，则变色电位与突跃范围只有很少一部分重合，滴定误差必然很大。故加入一些 H_3PO_4，降低 Fe^{3+}/Fe^{2+} 电对的电位，使突跃范围加大。例如，使 Fe^{3+} 浓度降低 10000 倍，则突跃范围起点电位为

$$0.68+0.059\lg\frac{99.9}{0.1}\times\frac{1}{10000}=0.62(V)$$

突跃范围为 0.62～1.26V。

(2) 邻二氮菲—Fe(Ⅱ)。邻二氮菲易溶于亚铁盐溶液形成红色的 $Fe(C_{12}H_8N_2)_3^{2+}$ 的配离子，遇到氧化剂时改变颜色，其反应式：

$$\underset{\text{(深红色)}}{Fe(C_{12}H_8N_2)_3^{2+}}-e^- = \underset{\text{(浅蓝色)}}{Fe(C_{12}H_8N_2)_3^{2+}}-e^-$$

2. 其他指示剂

指示剂与氧化剂合成还原剂产生蓝色反应：碘量法用淀粉作指示剂，$KMnO_4$ 为自身指示剂。

4.5.6　待测组分滴定前的预处理

预处理典型实例：铁矿石中铁含量的测定：

$$Fe^{3+}+SnCl_2+4Cl^- = 2Fe^{2+}+SnCl_6^{2-}$$

然后用 $KMnO_4$、$K_2Cr_2O_7$、Ce^{4+} 标液滴定，用 $KMnO_4$ 滴定反应为

$$MnO_4^-+5Fe^{2+}+8H^+ = Mn^{2+}+5Fe^{3+}+4H_2O$$

使用 $SnCl_2$ 还原 Fe^{3+}，必须注意以下几点：

加入 $HgCl_2$ 以破坏过量的 $SnCl_2$

$$Sn^{2+}+2HgCl_2+HCl^- = SnCl_6^{2-}+Hg_2Cl_2\downarrow$$

过量的 $SnCl_2$ 必须很少，即 $SnCl_2$ 必须逐滴慢慢地加入。

不可使 $HgCl_2$ 进一步还原为金属 Hg（灰黑色，影响终点确定），故 $HgCl_2$ 过量且快

速加入。

因此，应尽快完成滴定。

$$Hg_2Cl_2 + 2FeCl_4^- \longrightarrow 2Hg^{2+} + 2Fe^{2+} + 10Cl^-$$

4.5.7 $KMnO_4$ 法

1. 概述

$KMnO_4$ 是一种较强的氧化剂，在强酸性溶液中，其与还原剂作用时，

$$MnO_4^- + 8H^+ + 5e^- \longrightarrow Mn^{2+} + 4H_2O$$

$$E^0_{MnO_4^-/Mn^{2+}} = 1.51V$$

在弱酸性、中性或碱性溶液中，$KMnO_4$ 与还原剂作用，则会生成褐色的水合二氧化锰（$MnO_2 \cdot H_2O$）沉淀。妨碍滴定终点的观察，所以用 $KMnO_4$ 标液进行滴定时，一般都在强酸性溶液中进行。强酸通常用 H_2SO_4，避免使用 HCl 或 HNO_3。因为 Cl^- 具有还原性，也能与 MnO_4^- 作用，而 HNO_3 具有氧化性，它可能氧化某些被滴定的物质。

用 $KMnO_4$ 溶液作滴定剂时，根据被测物质的性质，可采用不同的滴定方式：

直接滴定法：许多还原性物质如 $PeSO_4$、$H_2C_2O_4$、H_2O_2、Sn^{2+}、As（Ⅲ）、NO_2^- 等，均可用 $KMnO_4$ 标液直接滴定。

返滴定法：有些氧化性物质，如不能用 $KMnO_4$ 标液直接滴定，可用返滴定法进行滴定。例如：测软锰矿中 MnO_2 的含量时，可在 H_2SO_4 存在下，加入准确而过量的 $Na_2C_2O_4$ 总量，再减去剩余量，就可标出与 MnO_2 作用所消耗去的 $Na_2C_2O_4$ 的量，从而求得软锰矿中 MnO_2 的百分含量。

间接滴定法：有些非氧化性或非还原性的物质，不能用 $KMnO_4$ 标液直接滴定或返滴定，只好采用间接滴定法进行测定。如测定 Ca^{2+} 时，首先将 Ca^{2+} 过滤，再用稀 H_2SO_4 沉淀溶解，然后再用 $KMnO_4$ 标液滴定溶液中的 $C_2O_4^{2-}$，间接求得 Ca^{2+} 的百分含量。

$KMnO_4$ 法的优点是氧化能力强，一般不需另加指示剂。$KMnO_4$ 法的缺点是试剂中常含有少量杂质，因而溶液不够稳定。$KMnO_4$ 氧化能力强，能和很多还原性物质发生反应，所以干扰也较严重。

2. $KMnO_4$ 溶液配制与标定

$KMnO_4$ 溶液配制与标定见训练项目。

3. $KMnO_4$ 法应用实例——钙盐中钙的测定

先将样品处理成溶液后，使 Ca^{2+} 进入溶液中，然后利用 Ca^{2+} 与 $C_2O_4^{2-}$ 生成微溶性 CaC_2O_4 沉淀溶于稀 H_2SO_4 中，用 $KMnO_4$ 标液进行滴定，其反应如下

$$Ca^{2+} + C_2O_4^{2-} \rightleftharpoons CaC_2O_4 \downarrow$$

$$CaC_2O_4 + 2H^+ \longrightarrow Ca^{2+} + H_2C_2O_4$$

$$5H_2C_2O_4 + 2MnO_4^- + 6H^+ \longrightarrow 2Mn^{2+} + 10CO_2 \uparrow + 8H_2O$$

在沉淀 Ca^{2+} 时，为了得到大的易过滤、洗涤的粗晶形沉淀，应先将 Ca^{2+} 溶液先用 HCl 酸化，然后加入（NH_4）$_2C_2O_4$。在酸性溶液中，$C_2O_4^{2-}$ 大部分是以 $HC_2O_4^{2-}$ 形式存在的，所以这时不会有 CaC_2O_4 沉淀生成。再慢慢加入氨水，由于溶液中 H^+ 逐渐被中和，$C_2O_4^{2-}$ 浓度也缓慢地增加，所以便得到 CaC_2O_4 的粗晶形沉淀。最后 pH 值控制在 3.5～

4.5，以防止难溶性 Ca 盐的生成。最后陈化、过滤、洗涤、酸化，得到 $HC_2O_4^{2-}$，用 $KMnO_4$ 标液进行滴定。

4.5.8 $K_2Cr_2O_7$ 法

1. 概述

$K_2Cr_2O_7$ 也是一种较强的氧化剂，在酸性溶液中，$K_2Cr_2O_7$ 与还原剂作用时被还原为 Cr^{3+}，其半电池反应为

$$Cr_2O_7^2+14H^++6e^-=\!=\!=2Cr^{3+}+7H_2O$$

$K_2Cr_2O_7/Cr^{3+}$ 电对标准电极电位（$E^0_{Cr_2O_7^2/Cr^{3+}}=1.33V$），虽然比 $KMnO_4$ 的标准电位（$E^0=1.51V$）低些，但与 $KMnO_4$ 法比较，具有以下一些优点：

（1）$K_2Cr_2O_7$ 容易提纯。在 140～150℃时干燥后，可直接称量，配成标液。

（2）$K_2Cr_2O_7$ 标液非常稳定。曾有人发现，保存 24 年的 0.02mol/L $K_2Cr_2O_7$ 溶液，其浓度无显著改变。因此，它可长期保存。

（3）$K_2Cr_2O_7$ 氧化能力弱于 $KMnO_4$。在 1mol/L HCl 溶液中，$E^{of}=1.00V$，室温下不与 Cl^- 作用（$E^0_{Cl_2/Cl^-}=1.33V$），故可在 HCl 溶液中滴定 Fe^{2+}。$E^{of}_{KMnO_4/Mn^{2+}}=1.51V$，指示剂为二苯胺磺酸钠或邻苯氨基苯甲酸作指示剂。

2. $K_2Cr_2O_7$ 法应用示例——铁矿石中全铁含量的测定

试样一般用 HCl 加热分解，在热的浓 HCl 溶液中，用 $SnCl_2$ 将 Pe(Ⅲ) 还原为 Fe(Ⅲ)，过量的 $SnCl_2$ 用 $HgCl_2$ 氧化，此时溶液中析出 Hg_2Cl_2 丝状白色沉淀，然后在 1～2mol/L H_2SO_4—H_3PO_4 混合酸介质中，以二苯胺磺酸钠作指示剂，用 $K_2Cr_2O_7$ 标液滴定 Fe(Ⅱ)。

用 $K_2Cr_2O_7$ 滴定 Fe^{2+} 时，常采用二苯胺磺酸钠作指示剂，其 $E^{of}_{In}=0.85V$，若 Fe^{3+}/Fe^{2+} 电对按 $E^{of}=0.68V$ 计算，指示剂变色时 Fe^{2+} 被 $K_2Cr_2O_7$ 滴定的百分率可计算如下：

$$E=E^{of}_{Fe^{3+}/Fe^{2+}}+0.059\lg C_{Fe^{3+}}/C_{Fe^{2+}}$$

即

$$0.85=0.68+0.059\lg C_{Fe^{2+}}/C_{Fe^{2+}}$$

解之，则

$$\frac{C_{Fe^{3+}}}{C_{Fe^{2+}}}=761=\frac{761}{1}$$

故当指示剂变色时，Fe^{2+} 已被滴定的百分率为

$$\frac{761}{761+1}\times100\%=99.87\%$$

可见滴定终点出现得稍早。

为减少终点时因指示剂变色稍早而造成的误差，常于被滴定的溶液中加入 H_3PO_4 使 Fe^{3+} 生成无色而稳定的 $[Fe(HPO_4)]^+$，从而消除了溶剂化 Fe^{3+} 的黄色，有利于终点观察。

4.5.9 碘量法

1. 概述

碘量法也是常用的氧化还原滴定法之一。它是以 I_2 的氧化性和 I^- 的还原性为基础的滴定分析法。因此，碘方法的基本反应是：

$$I_2+2e^-=2I^-,\ E^0_{I_2/I}=0.535V$$

由 E^0 可知，I_2 是一种较弱的氧化剂，能与较强的还原剂作用，而 I^- 是一种中等强度

的还原剂，能与许多氧化剂作用，因此，碘量法又可以用直接和间接的两种方式进行滴定。

（1）碘滴定法（直接碘量法）。电位比 $E^0_{I_2/I^-}$ 低的还原性物质，可以直接用 I_2 的标准溶液滴定的并不多，只限于较强的还原剂，如：S^{2-}、SO_3^{2-}、Sn^{2+}、$S_2O_3^{2-}$、AsO_3^{2-} 等。

（2）滴定碘法（间接碘量法）。电位比 $E^0_{I_2/I^-}$ 高的氧化性物质，可在一定条件下，用碘离子来还原，定量析出 I_2，对于多面手，可用 $Na_2S_2O_3$ 标液滴定：

$$Cr_2O_7^{2-}+6I^-+14H^+ = 2Cr^{3+}+3I_2+7H_2O$$

$$I_2+2S_2O_3^{2-} = 2I^-+S_4O_6^{2}$$

利用这一方法可以测定很多氧化性物质，如 ClO_3^-、ClO^-、CrO_4^{2-}、IO_3^-、BrO_3^- 等，以及能与 CrO_4^{2-} 生成沉淀的阳离子 Pb^{2+}、Ba^{2+} 等，所以滴定 I_2 法应用相当广泛。

所需指示剂为淀粉（需 I^- 存在，pH 中性左右，加入时直接开始间接，近终点时加入）。

间接碘量法注意事项：

1）pH 值影响。pH 为中性或弱酸性溶液，因为在碱性溶液中有

$$S_2O_3^{2-}+4I_2+10OH^- = 2SO_4^{2-}+8I^-+5H_2O$$

$$3I_2+6OH^- = IO_3^-+5I^-+3H_2O$$

在强酸性溶液中，有

$$S_2O_3^{2-}+2H^+ = SO_2+S\downarrow+H_2O$$

$$4I^-+4H^++O_2 = 2I_2+2H_2O$$

2）过量 KI 的作用。KI 与 I_2 形成 I_3^-，以增大 I_2 的挥发性，提高淀粉指示剂的灵敏度。另外，加入过量的 KI，可加快反应速度和提高反应的完全程度。

3）温度的影响。反应时溶液的温度不能高，一般在室温下进行。因升高温度可增大 I_2 挥发性，降低淀粉指示剂的灵敏度。保存 $Na_2S_2O_3$ 溶液时，室温升高，增大了细菌的活性，加速 $Na_2S_2O_3$ 的分解。

4）光线的影响。光线能催化 I^- 被空气氧化。

5）滴定前的放置。当氧化性物质与 KI 作用时，一般在暗处放置 5min，使其反应后，立即用 $Na_2S_2O_3$ 进行滴定（避免 I_2 挥发，I^- 被空气氧化）。

2. 标准溶液的配制与标定

（1）$Na_2S_2O_3$ 溶液配制与标定（见训练项目）。

（2）I_2 溶液的配制与标定（见训练项目）。

（3）碘量法的应用实例——铜矿石中铜的测定。

在待测 Cu^{2+} 溶液中加入过量 I^-，发生反应，有

$$2Cu^{2+}+5I^- = 2CuI\downarrow+I_3^-$$

这里 I^- 既是还原剂［将 Cu(Ⅲ) 还原为 Cu(Ⅰ)］，又是沉淀剂（将 Cu^+ 沉淀为 CuI），还是络合剂（将 I_2 络合为 I_3^-）。生成的 I_2（或 I_3^-）用 $Na_2S_2O_3$ 标准溶液滴定，以淀粉为指示剂，以蓝色褪去为终点。其方程式为

$$I_2+2S_2O_3^{2-} = 2I^-+S_4O_6^{2-}$$

由于 CuI 沉淀表面吸附 I_2，往往使这部分 I_2 还未被滴定而溶液已经褪色，造成分析结果偏低。为此，可在临近终点时加入 SCN^-，使 CuI 转化为溶解度更小的 CuSCN。

$$CuI\downarrow + SCN^- = CuSCN\downarrow + I^-$$

CuSCN 不吸附 I_2，消除了由部分 I_2 被吸附造成的误差。

若待测溶液中有 Fe^{3+} 共存，由于 Fe^{3+} 也能氧化 I^-，因而干扰铜的测定，可加入 NH_4HF_2

$$HF_2^- \rightleftharpoons HF + F^-$$

使 F^- 与 Fe^{3+} 反应生成 FeF^{3-}，降低了铁电对电位，使 Fe(Ⅲ) 不能氧化 I^-。同时，HF_2^- 实际上是一酸碱缓冲体系，(pH=3～4)，可保证间接碘量法所要求的弱酸性条件。

【例】 称取含 PbO_2 和 PbO 的试样 1.234g，用 20.00mL 0.2500mol/L $H_2C_2O_4$ 溶液处理，PbO_2 被还原成 Pb^{2+}，溶液用氨水中和，使所有的 Pb^{2+} 沉淀为 PbC_2O_4，过滤液并酸化，和 10.00mL $KMnO_4$ 溶液（1.00mL $KMnO_4$ 溶液≈0.01461g $KHC_2O_4\cdot H_2O$）滴定至化学计量点。再把 PbC_2O_4 溶于酸，以同样浓度的 $KMnO_4$ 溶液滴定，用去 30.00mL，计算试样中 PbO_2 和 PbO 的百分含量。（$M_{KHC_2O_4\cdot H_2O}=146.1$，$M_{PbO_2}=239.1$，$M_{PbO}=223.1$）

解： 有关反应为

$$PbO + 2H^+ = Pb^{2+} + H_2O$$

$$PbO_2 + H_2C_2O_4 + 2H^+ = Pb^{2+} + 2CO_2 + 2H_2O$$

$$PbC_2O_4\downarrow + 2H^+ = Pb^{2+} + H_2C_2O_4$$

$$2MnO_4^- + 5H_2C_2O_4 + 6H^+ = 2Mn^{2+} + 10CO_2 + 8H_2O$$

这里

$$1PbO_2 \sim 1H_2C_2O_4 \sim \frac{2}{5}MnO_4^-$$

$$1PbO_2 \sim 1PbC_2O_4 \sim 1H_2C_2O_4 \sim \frac{2}{5}MnO_4^-$$

开始加的 20.00mL $H_2C_2O_4$ 一部分与 PbO_2 反应，一部分与 Pb^{2+} 形成 PbC_2O_4，还有剩余

$$n_{PbO_2} + n_{PbO_2} + n_{PbO} + \frac{5}{2}\times n_{KMnO_4} = n_{H_2C_2O_4}$$

即

$$2n_{PbO_2} + n_{PbO} = \frac{20.00\times 0.2500}{1000} - \frac{5}{2}C_{KMnO_4}\times 10.00 \qquad ①$$

另

$$n_{PbO_2} + n_{PbO} + \frac{5}{2}n_{KMnO_4(v_2)} = \frac{5}{2}C_{KMnO_4}\times 30.00 \qquad ②$$

$$n_{KMnO_4} : n_{KAC_2O_4\cdot H_2O} = 2.5$$

得

$$\frac{C_{KMnO_4}\times 1.00}{1000} : \frac{0.01461}{146.1} = 2:5 \qquad ③$$

由式③得 $C_{KMnO_4} = 0.04000mol/L$

代入式①、式②，并由式①－式②得

$$n_{PbO_2}\frac{20.00\times 0.2500}{1000} - \frac{5}{2}\times 0.04000\times 40.00 = \frac{1}{1000}(mol)$$

因此

$$PbO_2\% = \frac{n_{PbO_2} \times M_{PbO_2}}{M} \times 100\% = 19.38\%$$

$$PbO\% = \frac{\left(\frac{5}{2} \times 0.0400 \times \frac{30.00}{1000} - \frac{1}{1000}\right) M_{PbO}}{n} \times 60\% = 36.16\%$$

【例】 用重铬酸钾法测定铁，称取矿样 0.2500g，滴定时消耗 $K_2Cr_2O_7$ 标液 23.68mL。此 $K_2Cr_2O_7$ 标液 25.00mL，在酸性介质中与过量的 KI 作用后，析出的 I_2 需用 20.00mL $Na_2S_2O_3$ 1.00mL，相当于 0.01587gI_2。请计算矿样中 Fe_2O_3 的百分含量。($M_{Fe_2O_3}=159.7$　$M_{I_2}=253.8$)

解：

$$Fe_2O_3 + HO^+ \longrightarrow 2Fe^{2+}$$

$$14H^+ + 10Cr_2O_7^{2-} + 7Fe^{2+} \longrightarrow 2Cr^{3+} + 3I_2 + 7H_2O$$

$$Cr_2O_7^2 + 6I^- + 14H^+ \longrightarrow Cr^{3+} + 3I_2 + 7H_2O$$

$$I_2 + 2S_2O_3^{2-} \longrightarrow 2I^- + S_4O_6^{2-}$$

因为

$$1Cr_2O_7^{2-} \sim 3I_2 \sim 6S_2O_3^{2-}，1Fe_2O_3 \sim \frac{1}{3}Cr_2O_7^{2-}$$

$$\begin{cases} n_{Fe_2O_3} : n_{K_2Cr_2O_7(1)} = 1/3 \\ n_{Na_2S_2O_3} : n_{K_2Cr_2O_7(2)} = 6 \\ \dfrac{C_{Na_2S_2O_3}}{1000} : \dfrac{0.01587}{M_{I_2}} = 2 \end{cases}$$

$$Fe_2O_3\% = 75.65\%$$

【例】 在一定量纯 MnO_2 固体中，加入过量盐酸，使 MnO_2 全部溶解，将反应生成的 Cl_2 导入过量的 KI 溶液中，被 Cl_2 氧化生成的 I_2 以 0.1000mol/L $Na_2S_2O_3$ 溶液滴定，耗用 $Na_2S_2O_3$ 20.00mL，求 MnO_2 固体的质量。($M_{MnO_2}=86.94$)

解：

$$MnO_2 + 2Cl^- + 4H^+ = Cl_2 + Mn^{2+} + 2H_2O$$

$$Cl_2 + 2I^- = I_2 + 2Cl^-$$

$$I_2 + 2S_2O_3^{2-} = S_4O_6^{2-} + 2I^-$$

$$1MnO_2 \sim 2S_2O_3^{2-}$$

$$M_{MnO_2} = \frac{1}{2}(CV)_{Na_2S_2O_2} \times \frac{M_{MnO_2}}{1000} = 0.08694(g)$$

【例】 称取 Pb_3O_4 试样 0.1000g，加适量过量 HCl 后释放出氯气，此氯气与 KI 溶液反应，析出 I_2 用 $Na_2S_2O_3$ 溶液滴定，用去 20.00mL，已知 1mL $Na_2S_2O_3$ 溶液相当于 0.3250mg $KIO_3 \cdot HIO_3$，求试样中 Pb_3O_4 的百分含量。($M_{Pb_3O_4}=685.6$，$M_{KIO_3 \cdot HIO_3}=389.9$)

4.5.10 训练项目

实验 8　高锰酸钾标准滴定溶液的制备

1. 实验目的

(1) 掌握 $KMnO_4$ 标准滴定溶液的配制方法和保存条件。

(2) 掌握用 $Na_2C_2O_4$ 基准物标定 $KMnO_4$ 溶液浓度的原理、方法和操作条件。

2. 实验原理

$KMnO_4$ 在强酸性条件下，可以获得5个电子使之还原成为 Mn^{2+}，利用其氧化性，在 H_2SO_4 介质中可以与基准物 $Na_2C_2O_4$ 发生反应，以 $KMnO_4$ 为自身指示剂。其反应式为

$$2MnO_4^- + 5C_2O_4^{2-} + 16H^+ = 10CO_2 + 2Mn^{2+} + 8H_2O$$

根据基准 $Na_2C_2O_4$ 的质量及所用 $KMnO_4$ 溶液的体积，计算 $KMnO_4$ 标准溶液的浓度。

3. 仪器和试剂

(1) G_4 微孔玻璃漏斗。

(2) 固体 $KMnO_4$。

(3) $Na_2C_2O_4$ (基准物)：在105～110℃烘至质量恒定。

(4) H_2SO_4 溶液 (8+92)。

4. 实验内容

(1) $KMnO_4$ 标准滴定溶液 $c_{\frac{1}{5}KMnO_4}=0.1mol/L$ 的配制。称取3.3g高锰酸钾，溶于1050mL水中，缓缓煮沸15min，冷却后置于暗处保存两周。以4号玻璃滤锅过滤于干燥的棕色瓶中。过滤高锰酸钾溶液所使用的4号玻璃滤锅预先应以同样的高锰酸钾溶液缓缓煮沸5min，收集瓶也要用此高锰酸钾溶液洗涤2～3次。

(2) $KMnO_4$ 溶液的标定。称取0.2g于105～110℃烘至恒重的基准草酸钠，精确至0.0001g，放入250mL锥形瓶中，加100mL硫酸溶液(8+92)，用配制好的高锰酸钾溶液滴定，近终点时加热至65℃，继续滴定到溶液呈粉红色，并保持30s。平行测定三次，同时做空白试验。

5. 计算公式

$$c_{\frac{1}{5}KMnO_4}=\frac{m_{Na_2C_2O_4}\times 1000}{(V_{KMnO_4}-V_{空白})M_{\frac{1}{2}Na_2C_2O_4}}$$

式中 $c_{1/5KMnO_4}$——$KMnO_4$ 标准滴定溶液的浓度，mol/L；

V_{KMnO_4}——滴定时消耗 $KMnO_4$ 标准滴定溶液的体积，mL；

$V_{空白}$——空白试验滴定时消耗 $KMnO_4$ 标准滴定溶液的体积，mL；

$m_{Na_2C_2O_4}$——基准物 $Na_2C_2O_4$ 的质量，g；

$M_{1/2Na_2C_2O_4}$——$1/2Na_2C_2O_4$ 的摩尔质量，g/mol。

6. 数据记录

项目 \ 序号	1	2	3
称量瓶+样品(倾样前)(g)			
称量瓶+样品(倾样后)(g)			
$m_{Na_2C_2O_4}$ (g)			
V_{KMnO_4} (mL)			
$V_{空白}$ (mL)			
$c_{1/5KMnO_4}$ (mol/L)			
$KMnO_4$ 溶液平均浓度(mol/L)			
相对平均偏差			

7. 思考题

（1）配制 $KMnO_4$ 溶液时，为什么要先煮沸一定时间，再放置几天？能否用滤纸过滤？

（2）用 $Na_2C_2O_4$ 标定 $KMnO_4$ 溶液，有哪些因素影响反应速度？如何控制反应速度？

（3）高锰酸钾应放在哪种滴定管中？应怎样读数？

实验9　过氧化氢含量的测定

1. 实验目的

（1）掌握用 $KMnO_4$ 法直接滴定 H_2O_2 的基本原理和方法。

（2）掌握用吸量管移取试液的操作。

2. 实验原理

在强酸性条件下，$KMnO_4$ 与 H_2O_2 进行如下反应：

$$2KMnO_4+5H_2O_2+3H_2SO_4 \xlongequal{} 2MnSO_4+K_2SO_4+5O_2\uparrow+8H_2O$$

$KMnO_4$ 自身作指示剂。

3. 试剂

（1）$KMnO_4$ 标准滴定溶液 $c_{\frac{1}{5}KMnO_4}=0.1mol/L$。

（2）$H_2SO_4(3mol/L)$。

（3）双氧水试样。

4. 实验内容

用吸量管准确量取 2.00mL（或准确称取 2g）双氧水试样，放入装有 200mL 水的 250mL 容量瓶中，用水稀释至刻度，摇匀。

用移液管吸取上述试液 25.00mL，置于锥形瓶中，加入 20mL $H_2SO_4(3mol/L)$，用 $c_{\frac{1}{5}KMnO_4}=0.1mol/L$ $KMnO_4$ 标准滴定溶液滴定至溶液呈浅粉色，以保持 30s 不褪为终点。平行测定三次。

5. 计算公式

$$\omega_{H_2O_2}=\frac{c_{\frac{1}{5}KMnO_4}(V_{KMnO_4}-V_{空白})\times10^{-3}\times M_{\frac{1}{2}H_2O_2}}{m_{样品}\times\frac{25}{250}}\times100\%$$

$$\rho_{H_2O_2}=\frac{c_{\frac{1}{5}KMnO_4}(V_{KMnO_4}-V_{空白})\times10^{-3}\times M_{\frac{1}{2}H_2O_2}}{V_{样品}\times\frac{25}{250}}\times1000$$

式中　$\omega_{H_2O_2}$——过氧化氢的质量分数，%；

$\rho_{H_2O_2}$——过氧化氢的质量浓度，g/L；

$c_{\frac{1}{5}KMnO_4}$——$KMnO_4$ 标准滴定溶液的浓度，mol/L；

V_{KMnO_4}——滴定时消耗 $KMnO_4$ 标准滴定溶液的体积，mL；

$V_{空白}$——空白试验滴定时消耗 $KMnO_4$ 标准滴定溶液的体积，mL；

$m_{样品}$——H_2O_2 试样的质量，g；

$V_{样品}$——H_2O_2 试样的体积，mL；

$M_{\frac{1}{2}H_2O_2}$——$\frac{1}{2}H_2O_2$ 的摩尔质量，g/mol。

6. 数据记录

项目＼序号	1	2	3
$V_{样品}$(mL)			
取试液体积(mL)			
V_{KMnO_4}(mL)			
$V_{空白}$(mL)			
$c_{1/5KMnO_4}$(mol/L)			
$\rho_{H_2O_2}$(g/L)			
H_2O_2 的平均质量浓度(g/L)			
相对平均偏差			

7. 思考题

(1) 用移液管移取试样时，应注意些什么？

(2) 滴定开始时反应慢，能否加热？

(3) 若试样中 H_2O_2 的质量分数为 3%，应如何进行测定？

8. 注意事项

(1) 蒸馏水中常含有少量的还原性物质，使 $KMnO_4$ 还原为 $MnO_2 \cdot nH_2O$。市售高锰酸钾内含的细粉状的 $MnO_2 \cdot nH_2O$ 能加速 $KMnO_4$ 的分解，故通常将 $KMnO_4$ 溶液煮沸一段时间，冷却后，还需放置 2～3d，使之充分作用，然后再将沉淀物过滤除去。

(2) 在室温条件下，$KMnO_4$ 与 C_2O^{4-} 之间的反应速度缓慢，故将之加热提高反应速度。但温度又不能太高，如温度超过 85℃，则有部分 $H_2C_2O_4$ 分解，反应式如下：

$$H_2C_2O_4 = CO_2\uparrow + CO\uparrow + H_2O$$

(3) 草酸钠溶液的酸度在开始滴定时，约为 1mol/L；滴定终了时，约为 0.5mol/L，这样能促使反应正常进行，并且防止 MnO_2 的生成。滴定过程中如果发生棕色浑浊(MnO_2)，应立即加入 H_2SO_4 补救，使棕色浑浊消失。

(4) 开始滴定时，反应很慢，在第一滴 $KMnO_4$ 还没有完全褪色以前，不要加入第二滴。当反应生成能使反应加速进行的 Mn^{2+} 后，可以适当加快滴定速度，但过快则导致局部 $KMnO_4$ 过浓而分解，放出 O_2 或引起杂质的氧化，都可造成误差。

如果滴定速度过快，部分 $KMnO_4$ 将来不及与 $Na_2C_2O_4$ 反应，而会按下式分解：

$$4MnO_4^- + 4H^+ = 4MnO_2 + 3O_2\uparrow + 2H_2O$$

(5) $KMnO_4$ 标准溶液滴定时的终点极不稳定，当溶液出现微红色，在 30s 内不褪时，滴定就可认为已经完成，如对终点有疑问时，可先将滴定管读数记下，再加入 1 滴 $KMnO_4$ 标准溶液，发生紫红色即证实终点已到，滴定时不要超过计量点。

(6) $KMnO_4$ 标准溶液应放在酸式滴定管中，由于 $KMnO_4$ 溶液颜色很深，液面凹下弧线不易看出，因此，应该从液面最高边上读数。

【复习思考题】

1. 什么叫“双指示剂法”?

2. 什么叫混合碱? Na_2CO_3 和 $NaHCO_3$ 的混合物能不能采用“双指示剂法”测定其含量? 测定结果的计算公式如何表示?

3. 简述用双指示剂（酚酞和甲基橙）法测定混碱时的实验现象。

4. 简述双指示剂法测定混碱的实验原理。

5. 有一碱溶液可能是 NaOH、$NaHCO_3$、Na_2CO_3 或以上几种物质混合物，用 HCl 标准溶液滴定，以酚酞为指示剂滴定到终点时消耗 HCl v_1 mL；继续以甲基橙为指示剂滴定到终点时消耗 HCl V_2mL，由以下 V_1 和 V_2 的关系判断该碱溶液的组成。①$V_1>0$，$V_2=0$；②$V_2>0$，$V_1=0$；③$V_1=V_2$；④$V_1>V_2>0$；⑤$V_2>V_1>0$。

6. 测定水中氯离子含量时，若酚酞试剂在水样中呈红色，为何加入 HNO_3 使之中和? 进行空白实验的目的何在?

7. 水中硬度的测定实验中移液管是否要用去离子水润洗? 锥形瓶是否要用去离子水润洗?

8. 络合滴定近终点时，滴定操作有哪些注意事项?

9. 用 EDTA 法测定水的硬度时，哪些离子的存在有干扰? 如何消除?

10. 当水样中 Mg^{2+} 离子含量低时，以铬黑 T 指示剂测定水中总硬度时，终点不明晰，因此常在水样中先加少量的 Mg—Y 配合物，再用 EDTA 滴定，终点就敏锐。这样做对测定结果有无影响? 说明其原理。

11. 试述酸度对高锰酸钾氧化性强弱的影响。

12. 高锰酸钾标准溶液配制及标定中的注意事项有哪些?

13. 高锰酸钾法测定双氧水中反应过程中高锰酸钾是自身指示剂，其催化机理是什么?

14. 过氧化氢含量的测定实验反应过程中滴定速度的控制有哪些要求?

项目5 用重量分析法对物质进行测定

项目说明

通过本项目学习，能够熟知重量分析法测定的原理、方法和计算；能够正确处理样品在测定过程中出现的相互干扰、误差等问题；提高分析问题和解决问题的能力。

总体目标

知识目标

1. 能够熟知重量分析法测定的原理、方法和计算。

2. 学会沉淀重量法的基本操作方法以及沉淀重量法中沉淀称量式的计算时换算因数的计算。

技能目标

1. 能用重量法进行物质含量的分析。

2. 能够对实验数据进行分析处理，能够对实验数据进行分析处理。

3. 能够正确处理样品在测定过程中出现的相互干扰、误差等问题。

工作态度

1. 提高学生的团队合作精神。

2. 培养分析问题，解决问题的能力。

3. 培养学生认真负责的工作态度。

4. 实验室内所有行动应符合安全要求。

5.1 工业碳酸钠中硫酸盐含量的测定知识要点

5.1.1 概述

在重量分析中，一般是将被测组分与试样中的其他组分分离后，转化为一定的称量形式，然后用称重方法测定该组分的含量。

根据被测组分与试样中组分分离的方法不同，重量分析法又可分为沉淀法、气化法、提取法和电解法。

1. 沉淀法

利用沉淀反应使被测组分生成溶解度很小的沉淀，将沉淀过滤、洗涤后，烘干或灼烧使之成为一定的物质，然后称其质量，再计算被测组分的含量。

例如：测定试样中的Ba时，可以在制备好的溶液中，加入过量的稀 H_2SO_4，使生成 $BaSO_4$ 沉淀，根据所得沉淀的重量，即可求出试样中Ba的百分含量。

2. 气化法

一般是通过加热或其他方法使试样中的被测组分挥发逸出，然后根据试样重量的减轻计算该组分的含量；或者当该组分逸出时，选择一吸收剂将其吸收，然后根据吸收剂重量的增加来计算该组分的含量。

例如：测定试样中的吸湿水或结晶水时，可将试样烘干至恒重，试样减少的重量，即所含水分的重量。也可将加热后产生的水汽吸收在干燥剂里，干燥剂增加的重量，即所含水分的重量。根据称量结果，可求得试样中吸湿水或结晶水的含量。

3. 电解法

利用电解原理，使金属离子在电极上析出，然后称重，求得其含量。

优点：准确度较高。重量分析法直接用分析天平称量而获得分析结果，不需要与标准试样或基准物质进行比较，所以其准确度较高。

缺点：手续繁琐费时，且难以测定微量成分。目前已逐渐被其他方法所代替。不过对于某些常量元素（如：硫、硅、钨等）及水分、灰分、挥发物等测定仍在用重量法。故其仍是定量分析基本内容之一。

5.1.2 重量分析对沉淀的要求

1. 沉淀形式与称量形式概念

沉淀形式：往试液中加入适当的沉淀剂，使被测组分沉淀出来，所得的沉淀称为沉淀形式。

称量形式：沉淀经过过滤、洗涤、烘干或灼烧后，得到的便是称量形式。根据称量形式的化学组成和质量，可算出被测组分的含量。沉淀形式与称量形式可以相同，亦可不相同。例如测 Cl^- 时，加入沉淀剂 $AgNO_3$，以得到 AgCl 沉淀，烘干后为 AgCl，故此时沉淀形式与称量形式均为 AgCl。

在测定 Mg^{2+} 时，沉淀形式为 $MgNH_4PO_4$，经灼烧后得到称量形式为 $Mg_2P_2O_7$，此时沉淀形式与称量形式不同。

2. 重量分析对沉淀形式的要求

沉淀的溶解度要小，要求沉淀的溶解损失不应超过天平的称量误差，一般要求溶解损失应小于 0.1mg。

沉淀必须纯净，不应混进沉淀剂和其他杂质。

沉淀应易于过滤和洗涤。因此，在进行沉淀时，希望得到粗大的晶形沉淀。如果只能得到无定形沉淀，则必须控制一定的沉淀条件，改变沉淀的性质，以便得到易于过滤和洗涤的沉淀。

3. 重量分析对称量形式的要求

应有固定的已知的组成，才能根据化学比例计算被测组分的含量。

要有足够的化学稳定性，不应吸收空气中的水分和 CO_2 而改变质量，也不应受 O_2 的氧化作用而发生结构的改变。

应具有尽可能大的摩尔质量，沉淀的摩尔质量越大，则被测组分在沉淀中的含量越少，其称量误差也就越小。

$$Al^{3+} \xrightarrow{NO_3 \cdot H_2O} Al(OH)_3 \longrightarrow Al_2O_3(M: 101.96)$$

$$Al^{3+} \longrightarrow (C_9H_6NO)_3Al(459.44)$$

5.2 沉淀的溶解度及其影响因素

利用沉淀反应进行重量分析时，要求沉淀反应尽可能进行得完全。沉淀反应是否完全，可根据其溶解度的大小来衡量。

5.2.1　溶解度

当水中存在有难溶化合物 MA 时，则 MA 将有部分溶解，当其达到饱和状态时，即建立如下平衡关系：

$$\text{MA(固)} \rightleftharpoons \text{MA(水)} \rightleftharpoons M^{+} + A^{-}$$

上式表明，固体 MA 的溶解部分，以 M^{+}、A^{-} 状态和 MA 分子状态存在。例如 AgCl 在水溶液中除了存在着 Ag^{+} 和 Cl^{-} 以外，还有少量未离解的可溶性 AgCl 分子。M^{+} 和 A^{-} 之间也可能由于静电引力的作用，互相缔合成为 $M^{+}A^{-}$ 离子对状态而存在。例如：Ca_3O_4 在水溶液中，除存在 Ca^{2+} 和 SO_4^{2-} 之外，还存在着 $Ca^{2+}SO_4^{2-}$ 的离子对。

由上面平衡关系可得

$$\frac{a_{\text{MA(水)}}}{a_{\text{MA(固)}}} = K_1$$

考虑到固体活度 $a_{\text{MA(固)}}$ 为 1，而通常溶液中分子的活度系数 $\gamma \approx 1$，则有

$$a_{\text{MA(水)}} = K_1 a_{\text{MA(固)}} = S^{\circ} \qquad ①$$

S° 表示 MA 微溶化合物在水溶液中以分子状态或离子对状态存在的活度，简称分子溶解度；因为 S° 为一常数（$K_1 a_{\text{MA(固)}}$）的总浓度，包括 MA（水）和 M^{+} 和 A^{-} 离子态存在的。故溶解度 S 为

$$S = S^{\circ} + [M^{+}] = S^{\circ} + [A^{-}] \qquad ②$$

不同物质的固有溶解度的相对大小相差很大。有的物质的固有溶解度相对较大，如 $HgCl_2$，在其饱和溶液中主要以 $HgCl_2$ 分子型体存在，只有很少一部分继续离解。但大多数物质的固有溶解度很小，如 AgBr、AgI 的 S° 只占 S 的 0.1%～1%，相比之下可忽略不计。故在以后讨论中，一般忽略 S°，则近似有：

$$S = [M^{+}] = [A^{-}] \qquad ③$$

5.2.2　活度积和溶度积

由

$$\text{MA(固)} \rightleftharpoons \text{MA(水)} \rightleftharpoons M^{+} + A^{-}$$

$$\frac{a_{M^{+}} a_{A^{-}}}{a_{\text{MA(水)}}} = k_2$$

而

$$a_{\text{MA(水)}} = S^{o}$$

则相乘

$$a_{M^{+}} a_{A^{-}} = K_2 S^{o} = K_{ap} \qquad ④$$

式中 K_{ap} 称为活度积常数，简称活度积，当温度一定时，一般不变化。

又因

$$a_{M^{+}} = \gamma_{m^{+}}\ [M^{+}]$$

$$a_{A^{-}} = \gamma_{A^{-}}\ [A^{-}]$$

代入式④，则

$$[M^{+}][A^{-}] = K_{ap}/\gamma_{M^{+}}\gamma_{A^{-}} = K_{sp} \qquad ⑤$$

K_{sp} 称为溶度积常数，简称溶度积。

K_{sp} 大小随溶液中离子强度的变化而变化，I 增大（即电解质浓度增大）则 γ 减小，$K_{sp} = K_{ap}/\gamma_{M^{+}}\gamma_{A^{-}}$ 则亦增大，因而溶解度也会增大。在水溶液中：

由于

$$S = [M^{+}] = [A^{-}]$$

而 $$[M^+][A^-]=K_{sp}$$

所以

$$S=\sqrt{K_{sp}}=\sqrt{K_{ap}/\gamma_{M^+}\gamma_{A^-}} \qquad ⑥$$

当溶液浓度很稀，则 $\gamma\approx 1$，故 $K_{sp}\approx K_{ap}$

$$S=\sqrt{K_{sp}}=\sqrt{K_{ap}}$$

上面讨论的溶解度表达式为1∶1型沉淀，对于 $m:n$ 型的 M_mA_n 沉淀，则

$$M_mA_n(固)\rightleftharpoons M_mA_n(水)\rightleftharpoons mM^{n+}+nA^{m-}$$

$$[M^{n+}]^m[A^{m+}]^n=K_{sp}$$

该沉淀的溶解度为 S，即平衡时每升溶液中有 S(mol) 的 M_mA_n（固）溶解。此时每升溶液中必同时产生 mSmol/L 的 M^{n+} 和 nSmol 的 A^{n+}，即：

$$[M^{n+}]=mS$$

$$[A^{m+}]=nS$$

$$K_{sp}=(mS)^m(nS)^n=m^mn^nS^{m+n}$$

因此

$$S=\sqrt[m+n]{\frac{K_{sp}}{m^mn^n}} \qquad ⑦$$

5.2.3 条件溶度积

在沉淀溶解平衡中，除主反应外，溶液中也往往有副反应发生，如：

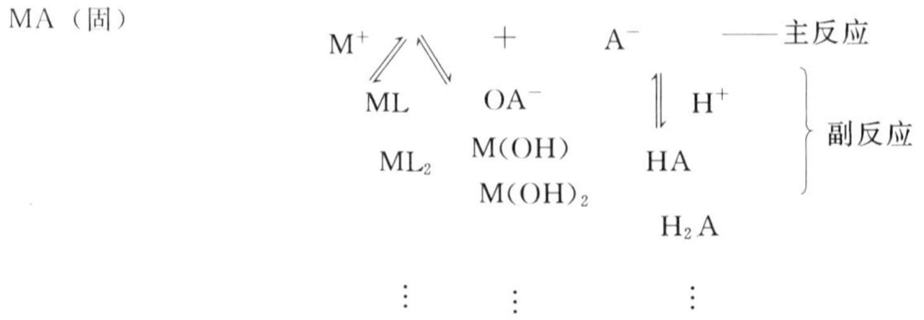

可以像处理配位平衡的副反应那样，通过副反应分数来使复杂问题简化。

$$\alpha_M=\frac{[M^+]}{C_M}$$

$$\alpha_A=\frac{[A^-]}{C_A}$$

$[M^+]$、$[A^-]$ 为溶液中平衡浓度，C_M、C_A 为溶液中各型体总浓度。

因为

$$S=C_M=C_A$$

$$K_{sp}=[M^+][A^-]$$

因此

$$K_{sp}=C_M\alpha_M C_A\alpha_A=S^2\alpha_M\alpha_A$$

因此 $$S=\sqrt{\frac{K_{sp}}{\alpha_M\alpha_A}}$$

其中

$$\alpha_M=\frac{[M^+]}{C_M}=\frac{[M^+]}{[M^+]+[ML]+[ML]_2+\cdots+[ML_n]+[M(OH)]+[M(OH)_2]+\cdots+[M(OH)_2]}$$

$$=\frac{1}{1+\beta_1(L)+\beta_2(L)^2+\cdots+\beta_n[L]^n+\beta_1'[OH]+\beta_2'[OA]^2+\cdots+\beta_n'[OH]^n}$$

$$\alpha_A=\frac{1}{1+\beta_1[H^+]+\beta_2[H^+]^2+\cdots+rA_n[H^-]^n}$$

令 $K_{sp}/\alpha_M\alpha_A=K'_{sp}$，则

$$S=\sqrt{\frac{K_{sp}}{\alpha_M\alpha_A}}=\sqrt{K'_{sp}}$$

式中 K'_{sp}为条件溶度积，从上式可知：形成配合物越稳定（β、β'越大），配位剂浓度越大，则 α_M 越小；酸效应越大（pH↓）则 α_A 越小，从而使 K'_{sp}增大，因此 S 增大。

对于 M_mA_n 型沉淀，亦有：

$$S=\sqrt[m+n]{\frac{K'_{sp}}{M^mA^n}} \qquad ⑧$$

【例】 计算 AgCl 沉淀在 pH＝8.0，络合剂 L 的总浓度 C_L＝0.10mol/L 溶液中的溶解度。[pK_{sp}(AgCl)＝9.74　pK_a(HL)＝10.0　Ag－Lr lgβ_1＝3.0　lgβ_2＝7.0]

解： AgCl（固）$\rightleftharpoons Ag^++Cl^-$

$$\Downarrow$$

$AgL \cdot AgL_2$

$$S=C_{Ag^+}=C_{Cl^-}$$

$$K_{sp}=[Ag^+][Cl^-]$$

$$K_{sp}=C_{Ag}\alpha_{Ag(L)}C_{Cl^-}=S^2\alpha_{Ag(L)}$$

$$S=\sqrt{\frac{K_{sp}}{\alpha_{Ag(L)}}}$$

$$\alpha_{Ag(L)}=\frac{[Ag^+]}{C_{Ag^+}}=\frac{1}{1+\beta_1[L]+\beta_2[L]^2}$$

$$[L]=C_L\alpha_{L(H)}$$

$$\alpha_{L(H)}=\frac{[L]}{[L]+[HL]}=\frac{1}{1+\beta[H^+]}\text{or}\,\alpha_{(1H)}=\frac{K_a}{K_a+[H^+]}$$

由于

$$pK_a=10$$

所以

$$\beta=10^{10}$$

所以

$$\alpha_{(1H)}=\frac{1}{1+10^{10}\times10^{-8}}=10^{-2}$$

$$[L]=C_2\alpha_{(1H)}=10^{-3}\text{mol/L}$$

$$\alpha_{Ag(L)}=\frac{1}{1+10^3\times10^{-3}+10^7\times10^{-6}}=\frac{1}{12}$$

所以

$$S\sqrt{\frac{K_{sp}}{\alpha_{Ag(L)}}}=\sqrt{\frac{10^{-9.74}}{1/12}}=4.67\times10^{-5}(mol/L)$$

【例】 计算 Ag_2S 在 $[NH_3]=0.100mol/L$ 且 $pH=11.10$ 时的溶解度。

$(K_{sp(Ag_2S)}=2.0\times10^{-49})$；$H_2S$ 的 $K_{a1}=1.3\times10^{-7}$，$K_{a2}=7.3\times10^{-15}$

$Ag(NH_3)_2^+$ 的 $\lg\beta_1=3.24$，$\lg\beta_2=7.05$

解： 设溶解度为 S，则

$$C_{Ag^+}=2S, C_{S^{2-}}=S$$

$$K_{sp}=[Ag^+]^2[S^{2-}]=(2S)^2\cdot S/\alpha_{Ag}^2\alpha_S$$

$$S=\sqrt[3]{\frac{K_{sp}}{4\alpha_{Ag}^2\alpha_S}}$$

$$\alpha_{Ag}=\frac{1}{1+\beta_1[NH_3]+\beta_2[NH_3]^2}=\frac{1}{1+10^{3.24}\times10^{-1}+10^{7.05}\times10^{-2}}=10^{-5.05}$$

$$\alpha_{S(H)}=\frac{1}{1+\beta_1[H^+]+\beta_2[H^+]^2}$$

$$or=\frac{K_{a1}K_{a2}}{[H^+]^2+K_{a1}[H^+]+K_{a1}K_{a2}}$$

$$\beta_1=\frac{1}{K_{a2}}=\frac{1}{7.1}\times10^{-15}=1.41\times10^{14}$$

$$\alpha_{S(H)}=\frac{1}{1+1.41\times10^{-11.10}+1.08\times10^{21}\times10^{-22.2}}$$

$$=\frac{1}{1+1120+0.068}=8.92\times10^{-4}$$

$$S=\sqrt[3]{\frac{2.0\times10^{-49}}{4\times10^{-5.252}\times8.92\times10^{-4}}}=\sqrt[3]{1.77\times10^{-36}}=1.21\times10^{-12}(mol/L)$$

【例】 计算 $pH=8.0$、$C_{NH_3}=0.2mol/L$ 时，$MgNH_4PO_4$ 的溶解度。

$[pK_{sp(MgNH_4pH)}=12.7 \quad pK_{a(NH_3)}=9.26 \quad H_3PO_4$ 的 $pK_{a1}\sim pK_{a3}$ 分别为 2.12、7.20、12.36$]$

解： 设溶解度为 S，有

$K_{sp}=[Mg^{2+}][NH_4^+][PO_4^{3-}]$

$[Mg^{2+}]=S\ [NH_4^+]=C_{NH_3}\alpha_{NH_4^+}=0.2\times\frac{[H^+]}{[H^+]+K_a}=0.2\times\frac{10^{-8}}{15^8+10^{-9.26}}=10^{-0.72}$

$[PO_4^{-3}]=C\alpha_{PO_4^{-3}}=S\frac{K_{a1}K_{a2}K_{a3}}{[H^+]^3+K_{a1}[H^+]^2+K_{a1}K_{a2}[H]^+K_{a1}K_{a2}K_{a3}}=10^{-4.42}S$

所以

$$S\times10^{-0.72}\times10^{-4.42}\times S=10^{-12.7}\Rightarrow S=1.7\times10^{-4}(mol/L)$$

5.2.4 影响沉淀溶解度的因素

影响沉淀溶解度的因素主要是同离子效应、盐效应、酸效应和配位效应。此外，温度、介质、沉淀颗粒大小等因素对溶解度都有一定的影响。

1. 同离子效应

为了减少沉淀的溶解损失，在进行沉淀时，应加入过量的沉淀剂，以增大构晶离子的浓度，从而减小沉淀的溶解度，这一效应称为同离子效应。

例如：以 $BaCl_2$ 为沉淀剂使溶液 SO_4^{2-} 以 $BaSO_4$ 沉淀下来。若 Ba^{2+} 与 SO_4^{2-} AW 共量，

则 $$S=\sqrt{K_{sp}}=\sqrt{10^{-9.97}}=10^{-4.98}(\text{mol/L})$$

在400mL溶液中所损失的SO_4^{2-}的质量为

$$10^{-4.98}\times\frac{400}{1000}\times96=4.0\times10^{-4}=0.4(\text{mg})$$

其溶解损失已超过0.1mg，即超过了重量分析法对沉淀形式损失量的要求。此时，可向溶液中加入过量的$BaCl_2$，使$[Ba^{2+}]=0.01\text{mol/L}$，则

$$S=[SO_4^{2-}]=\frac{K_{sp}}{[Ba^{2+}]}=\frac{10^{-9.97}}{0.01}=10^{-7.97}(\text{mol/L})$$

在400mL溶液中所损失的SO_4^{2-}的质量为

$$10^{-7.97}\times\frac{400}{1000}\times96=4.0\times10^{-7}(9)=4.0\times10^{-4}(\text{mg})$$

损失量小于0.1mg，因而满足了重量分析法对沉淀形式的要求。

可见，利用同离子效应可大大降低沉淀的溶解度，这是沉淀重量法中保证沉淀完全的主要措施。但沉淀剂量不能太多（有热效应、配位效应）通常沉淀剂过量50%～100%。

【例】 已知磷酸铵镁的饱和溶液的pH值为9.70，测得该溶液中$[Mg^{2+}]=5.6\times10^{-4}\text{mol/L}$，求磷酸铵镁的溶度积。

如PO_4^{3-}的$K_{a1}\sim K_{a2}$分别为7.5×10^{-3}、1.8×10^{-13}，NH_3的$K_b=1.8\times10^{-5}$，$K_{sp}=[Mg^{2+}][NH_4^+][PO_4^{3-}]$

$$[NH_4^+]=C_{NH_3}\delta_{NH_4^+}=S\delta_{NH_4^+}=S\frac{[A_1]}{[A]+K_a'}=S\frac{10^{-9.7}}{10^{-9.7}+5.6\times10^{-10}}=30.26$$

$$[PO_4^{3-}]=c_{PO_4^{2-}}\delta_{PO_4^{3-}}=S=50.22$$

$$K_{sp}=[Mg^{2+}]^3\delta_{NH_4^+}\delta_{PO_4^{3-}}=(15.6\times10^{-4})^3\times0.26\times0.22=1.0\times10^{-11}$$

2. 盐效应

溶液中存在着非共同离子的强电解质盐类，而引起沉淀溶解度增大的现象，称为盐效应。产生效应的原因是：由于强电解质的存在，离子浓度增大，则离子强度亦增大，从而使υ减小。根据：

$$S=\sqrt{K_{sp}}=\sqrt{\frac{K_{ip}}{\upsilon_M+\upsilon_A^-}}=[M^+]=[A^-]$$

在一定T下，K_{ap}为常数，υ减小，从而引起$[M^+]$ $[A^-]$增大，即沉淀的溶解度增大。

【例】 计算在0.0080mol/L溶液中$BaSO_4$的溶解度。

$$I=\frac{1}{2}\sum C_iZ_i^2$$

$$=\frac{1}{2}(C_{Mg}^{2+}\times2^2+C_{Cl^-}\times1^2+C_{Ba^{2+}}\times2^2+C_{SO_4^{2-}}\times2^2)$$

$$=\frac{1}{2}(0.0080\times2^2+0.016\times1^2)=0.024$$

$$\lg\gamma_{Ba^{2+}}=\lg\gamma_{SO_4^{2-}}=-0.50Z^2\left(\frac{\sqrt{I}}{1+\sqrt{I}}-0.30I\right)$$

$$=-0.50\times2^2\left(\frac{\sqrt{0.024}}{1+\sqrt{0.024}}-0.30\times0.024\right)=-0.2538$$

$$\gamma_{Ba^{2+}}=\gamma_{SO_4^{2-}}=0.56$$

$$S=\sqrt{\frac{K_{ap}}{\gamma_{Ba^{2+}}\gamma_{SO_4^{2-}}}}=\sqrt{\frac{1.1\times10^{-10}}{0.56^2}}=1.88\times10^{-5}(\text{mol/L})$$

因此，从上述讨论可看出，在进行沉淀时，应当尽量避免其他强电解质的存在。但是，对于溶解度很小的沉淀，对盐效应的影响很小。

由于盐效应的存在，所以在利用同离子效应降低沉淀溶解度时，应考虑到盐效应的影响，即沉淀剂不能过量太多，否则，将使沉淀的溶解度增大，反而不能达到预期的效果。

3. 酸效应

溶液酸度对沉淀溶解度的影响，称为酸效应。

关于酸度对 S 的影响，我们在上节课计算 K_{sp}时已经讨论过，对不同类型沉淀，其影响情况也不一样。

（1）对弱酸盐沉淀，如 CaC_2O_4、$CaCO_3$、CdS、$MgNH_4PO_4$ 等，应在较低的酸度下进行沉淀。

（2）若沉淀本身是弱酸，如硅酸（SiO_2、nH_2O）、钨酸（WO_3、nH_2O）等，易溶于碱，则应在强酸性介质中进行沉淀。

（3）若沉淀是强酸盐，如 AgCl 等，在酸性溶液中进行沉淀时，酸度对沉淀的溶解度影响不大。

（4）对于硫酸盐沉淀，由于 H_2SO_4 的 ka_2 不大，所以溶液的酸度太高时，沉淀的溶解度也随之增大。

4. 配位效应

当溶液中存在能与沉淀的构晶离子形成配合物的配位剂，则沉淀的溶解度增大，甚至完全溶解，这种现象称为配位效应。

（1）有配位剂 L 时

$$MA=M+A$$

$$ML、ML_2、\cdots$$

$$S=[A]=CM=[M]+[ML]+[ML_2]+\cdots+[ML_n]$$

$$K_{sp}=[M][A]$$

$$[M]=C_M/2_M$$

所以

$$K_{sp}=S^2/\alpha_M S=\sqrt{\frac{K_{sp}}{\alpha_M}}=\sqrt{K'_{sp}}$$

$$\alpha_M=\frac{1}{1+\beta_1[l]+\beta_2[l]^2+\cdots+\beta_n[l]^n}$$

（2）沉淀剂本身为配位剂时。如用 HCl 或 NaCl 作沉淀剂沉淀 Ag^+ 时，生成的 AgCl 沉淀又可以与过量的 Cl^- 形成 $AgCl_4^-$、$AgCl_4^{2-}$、$AgCl_4^{3-}$ 等配离子，使 AgCl 沉淀的溶解度增大。对于这种情况，既要考虑同离子效应，又要考虑配位效应。现以沉淀 MA 的溶解度与沉淀剂浓度之间的关系为，进行讨论如下：

在溶液中存在下列平衡：

$$S=K_{sp}/[Cl]^{-}=4.5\times10^{-7}/0.10=4.5\times10^{-6}(mol/L)$$

5. 影响沉淀溶解度的其他因素

（1）温度的影响。溶解反应一般是吸热反应，因此，沉淀的溶解度一般是随着温度的升高而增大。所以对于溶解度不太小的晶形沉淀。如 $MgNH_4PO_4$ 应在室温下进行过滤和洗涤。若沉淀的溶解度很小［如 $Fe(OH)_3$、$Al(OH)_3$ 和其他氢氧化物］，或者受温度的影响很小，在热溶液中过滤，可加快速度。

（2）溶剂的影响。多数无机化合物沉淀为离子晶体，它们在有机溶剂中的溶解度要比在水中小，在沉淀重量法中，可采用向水中加入乙醇，丙酮里有机溶剂的办法来降低沉淀的溶解度。

（3）沉淀颗粒大小的影响。沉淀的溶解度和颗粒大小的关系，由奥斯特瓦尔德—弗仑德里希（Ostwld－Frenndlich）方程式表示：

$$\ln\frac{C_2}{C_1}=\frac{2\sigma M}{KTP}\left(\frac{1}{r_2}-\frac{1}{r_1}\right)$$

式中　r_1、r_2——颗粒米径；

C_1、C_2——半径为 r_1、r_2 颗粒的溶解度；

σ——固相和液相界面的表面强力；

M——沉淀的摩尔质量；

P——固相的密度。

对于某种沉淀来说，高温度一定时，σ、M、P 为定值。如果 $r_1>r_2$，则 $\ln\frac{C_2}{C_1}>0$，且 $C_2>C_1$，即小颗粒的溶解度大于大颗粒的溶解度。因此，在进行沉淀时，总是希望得到较大的沉淀颗粒，这样不仅沉淀的溶解度小，而且也便于过滤和洗涤。

5.3　沉淀的形成

5.3.1　沉淀的类型

通常按照沉淀颗粒的大小将沉淀分为三种类型：晶形沉淀、凝乳状沉淀和无定形沉淀。

1. 晶形沉淀

颗粒最大，某直径大约在 0.1～1μm 之间。在晶形沉淀底部，离子按晶体结构有规则地排列，因而结构紧密，整个沉淀所占体积较小，极易沉降于容器的底部。比如 $BaSO_4$、$MgNHPO_4$ 等属于晶形沉淀。

2. 无定形沉淀

无定形沉淀，颗粒最小，其直径大约在 0.02μm 以下。无定形沉淀的内部离子排列杂乱无章，并且包含有大量水分子，因而结构疏松，整个沉淀所占体积较大。比如 $Fe(OH)_3$、$Al(OH)_3$ 等就属于无定形沉淀，因此也常写成 $Fe_2O_3\cdot nH_2O$ 和 $Al_2O_3\cdot nH_2O$。

3. 凝乳状沉淀

凝乳状沉淀，沉淀颗粒大小介于晶形沉淀与无定形沉淀之间，其直径大约在 0.02～

1μm 之间，因此它的性质也介于二者之间，属于二者之间的过渡形。比如，AgCl 就属于凝乳状沉淀。

生成的沉淀究竟属于哪种类型，首先取决于构成沉淀的那种物质本身的性质，这是内因；但是沉淀形成时的条件以及沉淀以后的处理情况对沉淀的类型也有一定影响，这是外因。有必要从内因和外因这两个方面来探讨一般沉淀的形成过程及对沉淀类型的影响。

5.3.2 沉淀的形成过程

沉淀形成的微观过程是极其复杂的，影响沉淀形成的因素也是多方面的，而不是单一的。一般认为，沉淀的形成可以大致分为三个阶段：晶核形成（成核）、晶核成长和沉淀微粒的堆积。可示意为

$$\text{构晶离子}\xrightarrow{\text{成粒}}\text{晶核}\xrightarrow{\text{成长}}\text{沉淀微粒}\xrightarrow{\text{堆积}}\text{沉淀}$$

1. 晶核的生成过程

晶核的生成有两种方法：

（1）均相成核过程。均相成核过程是指过饱和溶液中的构晶离子自发地形成晶核的过程。

如 $BaSO_4$ 未形成晶核前过饱和溶液，由于离子（或分子）热运动，溶液的某一部分可能生成离子对 $Ba^{2+}SO_4^{2-}$，再结合 Ba^{2+}、SO_4^{2-} 形成聚系体。因为这种聚系体微粒非常小，所以溶解度必然很大，瞬间又分散，故存在一个动态平衡。因为这种聚集体，还未达到临界核的大小，所以它不是晶核，与溶液仍处于同一相。当这种聚集体进一步长大，达到临界粒大小时，便形成晶核而出现固相，如书中 $BaSO_4$ 晶核的生成。

基本条件：溶液处于过饱和状态。

（2）异相成核过程。异相成核过程是指在过饱和溶液中，构晶离子在外来固体微粒的诱导下，聚合在固体微粒周围形成晶核的过程。

由于 Q/S 小于 Q/S，因此异相成粒作用总先于均相成核作用。

开始形成晶核数目的多少，取决于外来杂质颗粒的多少。为了控制形成较少的晶核，得到较大的沉淀颗粒，应当采用纯度较高的试剂和特别洁净的容器，但是绝对纯净是不可能的。在沉淀过程中，外来杂质的固体微粒总是存在的，所以异相成核过程总是存在的。而且有时是主要的成核过程。内因：$\dfrac{Q}{S}$、$\dfrac{Q^*}{S}$；外因：$k\dfrac{Q-S}{S}$。

2. 晶体的成长过程

除了从成核过程探讨影响沉淀颗粒大小的因素之外，晶核成长和沉淀颗粒的堆积阶段，对沉淀颗粒的大小便可能产生重要影响。

一般认为，同晶核成长和沉淀微粒的堆积有两种性质不同的方式或过程。一方面，构晶离子具有按照一定规则整齐排列在晶核表面从而形成更大晶粒的倾向，称为定向过程；另一方面，构晶离子及沉淀微粒又具有杂乱聚合成为更大聚集体的倾向，称为聚集过程。一般来说，在成长和堆积过程中这两种倾向是同时存在的。如果定向速度大于聚集速度，即以定向过程为主，则有利于形成结构整齐紧凑的大颗粒晶形沉淀。如果聚集速度大于定向速度，即以聚集过程为主，则有利于形成结构杂乱疏松的小颗粒无定形沉淀。

定向速度大小与沉淀物性质有关。

5.4 影响沉淀纯度的因素

重量分析不仅要求沉淀的溶解度要小，而且要求纯净，但是当沉淀从溶液中析出时，常常被溶液中存在的其他离子所沾污。因此，必须了解影响沉淀纯度的原因，采取一定的措施，以提高沉淀的纯度。

5.4.1 影响沉淀纯度的因素

影响沉淀纯度的主要因素有共沉淀和后沉淀现象，分别讨论如下。

5.4.1.1 共沉淀现象

共沉淀现象：在进行沉淀反应时，某些可溶性杂质同时沉淀下来的现象，叫做共沉淀现象。产生共沉淀现象的原因是由于表面吸附、吸留和生成混晶所造成的。

1. *表面吸附*

表面吸附是在沉淀的表面上吸附了杂质。产生这种现象的原因，是由于晶体表面上离子电荷的不完全等衡引起的。

表面吸附是有选择性的，选择吸附的规律是：

（1）第一吸附层吸附的选择离子为：

1）构晶离子首先吸附，例如：AgCl 沉淀易吸附，如 Ag^+ 和 Cl^-。

2）与构晶离子大小相近，电荷相同的离子易吸附，例如 $BaSO_4$ 沉淀比较容易吸附 Pb^{2+}。

（2）第二吸附层选择吸附离子为：

1）高价态离子易吸附，如 Fe^{3+} 比 Fe^{2+} 容易被吸附。

2）与构晶离子生成难溶化合物或离解度较小的化合物的离子容易吸附。

例如：沉淀 $BaSO_4$ 时，要有 Ba^{2+}、NO_3^-、Cl^-、Na^+、H^+。当沉淀剂 H_2SO_4 不足时，$BaSO_4$ 首先吸附 Ba^{2+}。然后吸附 NO_3^-，而不是 Cl^-，因为 $Ba(NO_3)_2$ 的溶解度小于 $BaCl_2$。

另外，吸附杂质量的多少，还与下列因素有关：

1）沉淀得比表面越大，吸附杂质的量越多。

2）杂质离子的浓度越大，被吸附的量也越多。

3）溶液温度高，吸附杂质的量越少。（因吸附过程为放热过程）

2. *吸留*

在沉淀过程中，当沉淀剂的浓度较大，加入较快时，沉淀迅速增大，则先被吸附在沉淀表面的杂质离子来不及离开沉淀，于是就留在沉淀晶体的内部，这种现象称为吸留现象。

这种现象造成的沉淀是不能用洗涤方法除去的，因此，在进行沉淀时，应尽量避免其发生。

3. *生成混晶*

有种晶形沉淀，都具有一定的晶体结构，如果杂质离子与构晶离子的半径相近，电子层结构相同，而且所形成的晶体结构也相同。则它就能生成混晶。

常见的混晶体有 $BaSO_4$ 和 $PbSO_4$、AgCl 和 AgBr 等。

也有一些杂质与沉淀具有不相同的晶体结构，如立方体的 NaCl 和四面体的 Ag_2CrO_4 晶体结构不同，也能生成混晶体。这种混晶体的形状往往不完整，当其与溶液一起放置时，杂质离子将逐渐被驱出，结晶形状慢慢变得完整些，所得到的沉淀也就更纯净一些。

5.4.1.2 后沉淀现象

当沉淀析出之后，在放置的过程中，溶液的杂质离子慢慢沉淀到原沉淀上的现象，称为后沉淀现象。例如：在含有 Cu^{2+}、Zn^{2+} 等离子的酸性溶液中，当通入 H_2S 时，最初得到 CuS 沉淀，其中未夹杂 ZnS。但若沉淀与溶液长时间接触，则由于 CuS 沉淀表面吸附 S^{2-} 而 S^{2-} 浓度与 Zn^{2+} 浓度之积大于 K_{sp}(ZnS)，则 CuS 表面析出 ZnS 沉淀。

5.4.2 提高沉淀纯度的措施

上面提到，由于其沉淀及后沉淀现象，使沉淀被沾污而不纯净。为了提高沉淀的纯度，减少被沾污，可采用下列措施：

1. 选择适当的分析程序

例如：测定试样中某少量组分的含量时，由于杂质含量较多，则应使少量被测组分首先沉淀下来。不要首先沉淀主要组分（杂质），否则，由于大量沉淀的析出，使部分少量组分混入沉淀中，而引起分析结果不准确。

2. 改变杂质的存在形式

由于吸附作用具有选择性，所以在实际分析中，应尽量改变易被吸附的杂质离子的存在形式，以减小其沉淀。如：沉淀 $BaSO_4$ 时，其易吸附 Fe^{3+}，可将 Fe^{3+} 还原为 Fe^{2+}，或用 EDTA 将它络合，Fe^{3+} 的沉淀就大为减少。

3. 改善沉淀条件

沉淀条件包括溶液浓度、温度、试剂的加入次序和速度、陈化情况等。它们与沉淀的吸附作用有关，选择适宜的沉淀条件。

4. 选择适当的洗涤剂

由于吸附作用是一种可逆过程，因此，洗涤可使沉淀上吸附的杂质进入洗涤液，从而达到提高沉淀纯净的目的。当然，所选择的洗涤剂必然是在灼烧或烘干时容易挥发的物质。

5. 进行再沉淀

即将已得到的沉淀过滤后溶解，再进行第二次沉淀，称之为再沉淀，第二次沉淀时，溶液中杂质的量大为降低，其沉淀或后沉淀现象自然也就减少。

5.5 沉淀条件的选择

1. 晶形沉淀的沉淀条件

晶形沉淀应在适当稀的溶液中进行，快搅慢加，热沉淀冷过滤，陈化。

2. 无定形沉淀的沉淀条件

无定形沉淀应在较浓的溶液中进行，应在热溶液中进行并趁热过滤，加入电解质，不必陈化。

3. 均匀沉淀法

加入到溶液中的试剂，通过化学反应，逐步均匀地在溶液中产生沉淀剂，从而使沉淀在整个溶液中均匀地缓缓析出。这样可得到大颗粒沉淀。

5.6　重量分析结果的计算

在重量分析中，通常按下式计算被测组分的百分含量：

$$x\%=\frac{W}{G}\times 100\%$$

式中　$x\%$——被测组分的百分含量；

W——被测组分的重量；

G——试样的重量。

如果最后得到的称量形式是被测组分的表示形式，则分析结果的计算比较简单。例如，重量法测定岩石中的 SiO_2，称样 0.2000g，析出硅胶沉淀后，灼烧成 SiO_2 的形式称量，得 0.1364g，则试样中 SiO_2 的百分含量为

$$SiO_2\%=\frac{0.1364}{0.2000}\times 100\%=68.20\%$$

但在很多情况下，沉淀的称量形式与被测组分的表示形式不一样，这时就需要先由沉淀称量形式的重量换算出被测组分的重量后，再按上式计算其百分含量。换算时需要用上一个换算因数。

$$换算因数=\frac{a\times 被测组分的摩尔质量}{b\times 沉淀质量形式的摩尔质量}$$

式中，a、b 是使分子、分母中所含主体元素的原子个数相等，而需要乘以适当的系数。

$$W=w\times 换算因数$$

式中　W——被测组分质量；

w——沉淀的质量。

【例】 测定某铁矿石中铁的含量时，称取样品 0.2500g，经处理后，其测定形式为 $Fe(OH)_3$，然后灼烧为 Fe_2O_3，称得其质量为 0.2490g，求此矿石中铁的百分含量为多少？若以 Fe_3O_4 表示结果，其组分百分含量又是多少？

解： 0.2490g Fe_2O_3 中 Fe 的含量为

$$换算因数=\frac{2\times M_{Fe}}{M_{Fe_2O_3}}$$

$$Fe\%=\frac{0.2490\times 2\times 55.85/159.7}{0.2500}\times 100\%=69.66\%$$

以 Fe_3O_4 表示时：

$$换算因数=\frac{2\times M_{Fe_3O_4}}{3\times M_{Fe_2O_3}}$$

$$F_3O_4\%=\frac{0.2490\times 2\times 231.5/3\times 159.7}{0.2500}\times 100\%=96.25\%$$

5.7 训 练 项 目

工业碳酸钠中硫酸盐含量的测定

1. 实验目的

(1) 了解晶形沉淀的沉淀条件、原理和沉淀方法。

(2) 熟练重量分析法的基本操作技能。

(3) 学习工业碳酸钠中硫酸盐含量的测定原理和方法。

2. 实验原理

硫酸钡重量分析法是测定可溶性盐中硫含量或钡含量的经典方法。测定可溶性盐中硫含量时，首先称取一定量的样品溶解，加稀酸酸化，加热至沸，在不断搅动下，慢慢地加入稀、热的 $BaCl_2$ 溶液。SO_4^{2-} 与 Ba^{2+} 反应生成 $BaSO_4$ 晶形沉淀，沉淀经陈化、过滤、洗涤、烘干、炭化、灰化、灼烧后，以 $BaSO_4$ 形式称重，可求出可溶性盐中 SO_4^{2-} 的含量。

$BaSO_4$ 溶解度很小，组成相当稳定。在过量的沉淀剂存在时，$BaSO_4$ 几乎不溶解。为了防止生成 $BaCO_3$、$BaHPO_4$ 沉淀及 $Ba(OH)_2$ 共沉淀，须在酸性溶液中进行沉淀。同时，适当地提高酸度，增加 $BaSO_4$ 在沉淀过程中溶解度，以降低其相对过饱和度，有利于获得较好的晶形沉淀。通常在 0.05mol/L HCl 溶液中进行沉淀。另外样品中应不含有酸性不能溶解物质、易于被吸附的离子（如 Fe^{3+}、NO_3^- 等离子）和 Pb^{2+}、Sr^{2+} 离子，若含有它们须要预先处理样品。

硫酸钡重量法

仲裁法：本方法参照采用国际标准《工业用碳酸钠—硫酸盐含量的测定—硫酸钡重量法》(ISO 743—1976)。

3. 试剂和溶液

(1) 盐酸（GB 622）溶液：1+1。

(2) 氨水（GB 631）。

(3) 氯化钡（GB 652）溶液：100g/L。

(4) 硝酸银（GB 670）溶液：5g/L。

用少量水溶解 0.5g 硝酸银，加 20mL 硝酸溶液（1+1），用水稀释至 100mL，摇匀。

(5) 甲基橙（HGB 3089）指示液：1g/L。

4. 分析步骤

称取约 20g 试样，精确至 0.01g，置于烧杯中，加 50mL 水，搅拌，滴加 70mL 盐酸溶液中和试料并使之酸化，用中速定量滤纸过滤。将滤液和洗液收集于烧杯中，控制试验溶液体积约 250mL，滴加 3 滴甲基橙指示液，用氨水中和后再加 6mL 盐酸溶液酸化，煮沸，在不断搅拌下滴加 25mL 氯化钡溶液（约 90s 加完），在不断搅拌下继续煮沸 2min。在沸水浴上放置 2h，停止加热，静置 4h，用慢速定量滤纸过滤，用热水洗涤沉淀直到取 10mL 滤液与 1mL 硝酸银溶液混合，5min 后仍保持透明为止。

将滤纸连同沉淀移入预先在 800±25℃下恒重的瓷坩埚中，灰化后移入高温炉内，于 800±25℃下灼烧至恒重。

5. 分析结果的表述

以质量百分数表示的硫酸盐（以 SO_4^{2-} 计）含量 w；按下式计算：

$$w_{SO_4^{2-}}=\frac{m_{BaSO_4}\times M_{SO_4^{2-}}}{W_{样品}\times M_{BaSO_4}}\times 100$$

6. 实验记录与处理

编号 实验项目	1	2
倾出前（称量瓶＋试样）质量 倾出后（称量瓶＋试样）质量 取出试样的质量 W		
（$BaSO_4$＋坩埚）质量	（1） （2）	（1） （2）
坩埚质量	（1） （2）	（1） （2）
滤纸灰粉质量		
$BaSO_4$ 质量		
$w_{SO_4^{2-}}$		
$w_{SO_4^{2-}}$ 平均值		

7. 允许差

取平行测定结果的算术平均值为测定结果，平行测定结果的绝对差值不大于 0.006%。

【复 习 思 考 题】

1. 影响沉淀溶解度的因素有哪些？

2. $BaSO_4$ 和 AgCl 的 K_{sp} 相差不大，但在相同条件下进行沉淀，为什么所得沉淀的类型不同？

3. 讨论下述各情况对 $BaSO_4$ 沉淀法测定结果的影响（A. 偏高；B. 偏低；C. 无影响）。

（1）测 S 时有 Na_2SO_4 共沉淀。

（2）测 Ba 时有 Na_2SO_4 共沉淀。

（3）测 S 时有 H_2SO_4 共沉淀。

（4）测 Ba 时有 H_2SO_4 共沉淀。

4. 灼烧过的 $BaSO_4$ 沉淀为 0.5013g，其中有少量 BaS，用 H_2SO_4 润湿，过量的 H_2SO_4 蒸气除去。再灼烧后称得沉淀的质量为 0.5021，求 $BaSO_4$ 中 BaS 的质量分数。

项目6　按工作过程进行样品分析（滴定分析）

项目说明

通过本项目学习，让学生灵活应用所学知识与技能解决实际问题；学习各种标准的查阅及各指标检测方法的选择；综合运用所学各类分析方法相关操作技能完成相应指标的测试；能够正确处理样品在测定过程中出现的相互干扰、误差等问题；提高分析问题和解决问题的能力。

总体目标

知识目标

1. 能正确讲述样品分析的工作过程。
2. 产品的预处理一般方法。
3. 标准的查阅，各指标检测方法的选择。
4. 分析结果允许差。
5. 误差校正（空白实验、仪器校正、溶液温度补正等）。

技能目标

1. 能读懂滴定分析检测的方法、标准、操作规范和检（试）验装置示意图。
2. 能灵活应用所学知识与技能解决实际问题。
3. 能综合运用所学各类分析方法相关操作技能，完成相应指标的测试。
4. 根据所选择的测试方法对工业碳酸钠等产品进行正确的预处理。
5. 能够正确处理样品在测定过程中出现的相互干扰、误差等问题。
6. 能进行数据处理，校核原始记录。
7. 能正确填写实验报告，做到内容完整、表述准确、字迹（或打印）清晰。

工作态度

1. 提高学生的团队合作精神。
2. 培养分析问题、解决问题的能力。
3. 培养学生认真负责的工作态度。

6.1　工业产品碳酸钠的分析

任务要完成工业碳酸钠等产品部分指标（包括总碱量、氯化物含量、SO_4^{2-}、堆积密度、水不溶物、粒度、烧矢量等）的分析检测，记录并处理分析数据，根据国家标准和所测试数据评价产品质量。

要求学生能正确使用分析仪器；掌握实验原理、方法和操作步骤，数据记录以及实验结果的数据处理、分析、正确书写实验报告；根据所学理论能设计简单分析项目的实验步骤；实验结果应满足精密度要求。

6.2　工业碳酸钠产品质量标准

工业碳酸钠（GB 210—1992）节选如下。

1　主题内容与适用范围

本标准规定了工业碳酸钠的技术要求、试验方法、检验规则、标志、包装、运输和储存。

本标准适用于以工业盐或天然碱为原料，由氨碱法、联碱法或其他方法制得的工业碳酸钠。该产品主要用于化工、玻璃、冶金、造纸、印染、合成洗涤剂、石油化工等工业。

分子式：Na_2CO_3

相对分子质量：105.99（按1987年国际相对原子量）

2　引用标准

GB 191　包装储运图示标志

GB 601　化学试剂 滴定分析（容量分析）用标准溶液的制备

GB 602　化学试剂 杂质测定用标准溶液的制备

GB 603　化学试剂 试验方法中所用制剂及制品的制备

GB 1250　极限数值的表示方法和判定方法

GB 3040　化工产品中铁含量测定的通用方法 邻菲啰啉分光光度法

GB 3050　无机化工产品中氯化物含量测定的通用方法 电位滴定法

GB 3051　无机化工产品中氯化物含量测定的通用方法 汞量法

GB 6003　试验筛

GB 6678　化工产品采样总则

GB 6682　实验室用水规格

GB 8946　塑料编织袋

GB 8947　复合塑料编织袋

GB 10454　柔性集装袋

GSB G12 001　工业碳酸钠国家标准样品

3　产品分类

工业碳酸钠分为三种类别：

Ⅰ类为特种工业用重质碳酸钠。适用于制造显像管玻壳、浮法玻璃、光学玻璃等。

Ⅱ类为一般工业盐及天然碱为原料生产的工业碳酸钠。包括轻质碳酸钠和重质碳酸钠。

Ⅲ类为硫酸钠型卤水盐为原料联碱法生产的工业碳酸钠。包括轻质碳酸钠和重质碳酸钠。

4　技术要求

4.1　外观：Ⅰ类为白色细小颗粒。Ⅱ、Ⅲ类轻质碳酸钠为白色结晶粉末，重质碳酸钠为白色细小颗粒。

工业碳酸钠产品质量标准，见表6.1。

表 6.1 工业碳酸钠产品质量标准

指标项目			Ⅰ类	Ⅱ类		
			优等品	优等品	一等品	合格品
总碱量（以干基的 Na_2CO_3 的质量分数计）(%)		≥	99.4	99.2	98.8	98.0
总碱量（以湿基的 Na_2CO_3 的质量分数计）①(%)		≥	98.1	97.9	97.5	96.7
氯化钠（以干基的 NaCl 的质量分数计）(%)		≤	0.30	0.70	0.90	1.20
铁（Fe）的质量分数计（干基计）(%)		≤	0.003	0.0035	0.006	0.010
硫酸盐（以干基的 SO_4^{2-} 的质量分数计）(%)		≤	0.03	0.03②		
水不溶物的质量分数（%）		≤	0.02	0.03	0.10	0.15
堆积密度③(g/mL)		≥	0.85	0.90	0.90	0.90
粒度，筛余物（%）	180μm	≥	75.0	70.0	65.0	60.0
	1.18mm	≤	2.0			

① 包装时含量，交货时产品中总碱量乘以交货产品的质量再除以交货清单上产品的质量之值不得低于此数值。

② 氨碱产品控制指标。

③ 重质碳酸钠控制指标。

6.3 标 准 查 阅

可到化验室网站（http：//www.hyswz.com/fxfa/index.htm）和食品伙伴网（http：//www.foodmate.net）等网站查阅分析标准，并参考《工业碳酸钠及其试验方法》（GB 210.1—2004）。《无机化工产品中氯化物含量测定的通用方法汞量法》（GB/T 3051—2000）。

6.4 主要分析项目的基本原理

1. 总碱量的测定

以溴甲酚绿—甲基红混合液为指示剂，用盐酸标准滴定溶液滴定总碱量。

2. 氯化物含量的测定

在微酸性的水或乙醇—水溶液中，用强电离的硝酸汞标准滴定溶液将氯离子转化为弱电离的氯化汞，用二苯偶氮碳酰肼指示剂与过量的 Hg^{2+} 生成紫红色络合物来判断终点。

3. SO_4^{2-} 的测定

溶解试样并分离不溶物，在稀盐酸介质中使硫酸盐沉淀为硫酸钡，将得到的沉淀进行分离，在（800±25）℃下灼烧后称量。

本项目内容主要是对前 5 个项目所学知识和技能的应用，在实际执行时，根据实验内容重点强调知识综合应用。

【复 习 思 考 题】

1. 工业纯碱的主要成分是什么？它含有哪些主要杂质？为什么说用 HCl 标准溶液滴定工业纯碱所得的结果是“总碱度”？

2. “总碱度”的测定为何选用甲基橙为指示剂？能否用酚酞作指示剂？为什么？
3. 样品如何采集？
4. 什么是分析结果的允差？
5. 在分析结果中，如何考虑溶液温度补正值？

项目7　紫外—可见分光光度法应用

项目说明

通过本项目学习，了解紫外—可见分光光度法的特点、结构和类型；理解掌握光吸收定律及适用条件；会正确使用紫外—可见分光光度计完成试样的测定任务；知道光度法分析测量条件选择及干扰的消除等。在接受实训项目后，学会对资料的收集、整理。善于思考，根据具体任务设计出合理化的实施方案，并能在完成的过程中提出问题，注意团队协作，寻找解决问题的最佳方法。

总体目标

知识目标

1. 能说出仪器的结构、作用、安装调试及基本维护。
2. 知道光吸收定律及适用条件。
3. 熟悉分光光度法分析试样的原理、特点及相关术语。
4. 能用分光光度计进行样品的定性或定量测定。
5. 能讲述测量条件选择及干扰的消除方法等。

技能目标

1. 能独立进行分光光度计等的调试、操作和基本维护。
2. 能熟练配制标准溶液。
3. 能完成实际样品测试任务。
4. 会数据的记录、结果处理和报告编写，对实验结果简单评价。

工作态度

1. 能够遵守分析检验职业道德，遵纪守法。
2. 培养学生团结协作、积极进取精神。
3. 实事求是，如实反映客观问题。
4. 培养学生的安全意识。

7.1　紫外—可见分光光度计的使用

7.1.1　光度法基本概念

光是一种电磁波，因为光具有反射、干涉、偏振等波的特性，而且光与物体作用的光吸收现象，它又是一种带有能量的光量子，所以光兼具有波动及量子的物理特性。由于电磁波的范围相当大，其包含宇宙射线、紫外线、可见光、红外线、微波等，但是真正能够在人眼的视觉系统上产生色彩感觉的电磁波只有可见光波，其波长范围大约在400～760nm，在这段可见光谱中，不同波长的电磁波可产生不同的色彩感觉。

物质的颜色与光有密切关系，例如蓝色硫酸铜溶液放在钠光灯（黄光）下就呈黑色；如果将它放在暗处，则什么颜色也看不到了。可见，物质的颜色不仅与物质的本质有关，也与有无光照和光的组成有关，因此为了深入了解物质对光的选择性吸收，首先对光的基本性质要有所了解。

1. 光的波粒子二象性

实验证明，光是一种电磁波，具有波动性和微粒性。光的最小单位是光子，光子具有一定的能量（E），它与光波频率（ν）或波长（λ）的关系式为

$$E=h\nu=h\frac{c}{\lambda} \tag{7.1}$$

式中　E——能量，eV；

h——普朗克常数（6.626×10^{-34}），J·s；

ν——频率，Hz；

λ——波长，nm；

c——光速，m/s（真空中约为 3.0×10^{8} m/s）。

从公式 7.1 可知，光子的能量 E 与频率 ν 或波长 λ 相对应，波长越长能量越小，波长越短能量越大。

2. 电磁波谱

电磁辐射的覆盖范围很大，为了对各种电磁波有个全面的了解，人们按照波长或频率的顺序把这些电磁波排列起来，这就是电磁波谱，见表 7.1。

表 7.1　电磁波谱

电磁辐射名称	波长范围	频率（MHz）	光子能量（eV）
γ 射线	5×10^{-3}～0.1nm	6×10^{13}～3×10^{12}	2.5×10^{6}～8.3×10^{3}
X 射线	0.1～10nm	3×10^{12}～3×10^{10}	1.2×10^{6}～1.2×10^{2}
远紫外光	10～200nm	3×10^{10}～1.5×10^{9}	125～6
近紫外光	200～400nm	1.5×10^{9}～7.6×10^{8}	6～3.1
可见光	400～760nm	7.5×10^{8}～4×10^{8}	3.1～1.7
红外光	0.76～50μm	4×10^{8}～6×10^{6}	1.7～0.02
远红外光	50～1000μm	6×10^{6}～3×10^{5}	2×10^{-2}～4×10^{-4}
微波	0.1～100cm	3×10^{5}～3×10^{2}	4×10^{-4}～4×10^{-7}
无线电波	1～1000m	3×10^{2}～0.3	4×10^{-7}～4×10^{-10}

从表 7.1 可知，近紫外光波长：200～400nm；可见光波长：400～760nm；红外光波长：0.76～1000μm。

3. 比色分析法

利用比较待测溶液本身的颜色或加入试剂后呈现的颜色的深浅来测定溶液中待测物质的浓度的方法就称为比色分析法。以人的眼睛来检测待测物质颜色深浅的方法称为目视比色法。以光电转换器件（如光电池、光电管）为检测器来区别颜色深浅的方法称光电比色法。它比目视比色法的准确度和选择性好。

4. 单色光

单一频率（或波长）的光，不能产生色散。由红到紫的七色光中的每种色光并非真正意义上的单色光，它们都有相当宽的频率（或波长）范围，如波长为 770～622nm 范围内

的光都称为红光，而氦氖激光器辐射的光波单色性最好，波长为632.8nm，可认为它是一种单色光。

一般的光源是由不同波长的单色光所混合而成的复色光，所谓的“单色光”是指白光或太阳光经三棱镜折射所分离出光谱色光如红、橙、黄、绿、蓝、靛、紫等七个颜色，因为这种被分解的色光，即使再一次通过三棱镜也不会再分解为其他的色光，所以将这种不能再分解的色光叫做单色光；而由“单色光”所混合的光称为“复色光”。自然界中的太阳光及人工制造的日光灯等所发出的光都是复色光。

5. 互补色光

互补色光就是将适当颜色的两种单色光按一定比例混合，能够组成白光的两种光互称为互补色光（见图7.2）。溶液呈现的颜色是它吸收光的互补色。

可见光的波长范围在760～400nm之间。波长不同的电磁波，引起人肉眼的颜色感觉不同。760～622nm，感觉为红色；622～597nm，为橙色；597～577nm，为黄色；577～492nm，为绿色；492～455nm，为蓝靛色；455～400nm，为紫色。可见光的颜色与波长，如图7.2所示。

图7.1 互补色光示意图

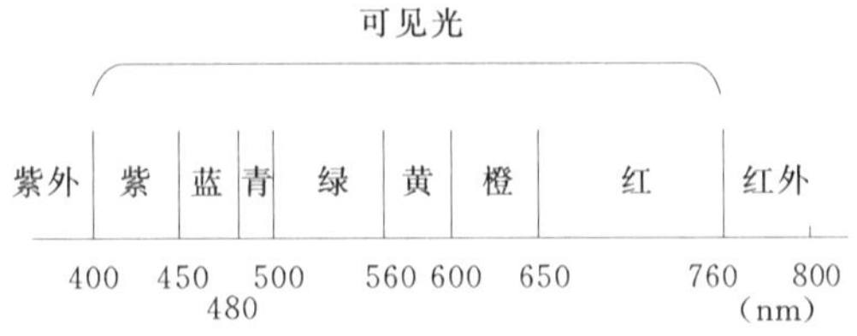

图7.2 可见光的颜色与波长

6. 分光光度法（又称吸光光度法）

应用分光光度计，根据物质对不同波长的单色光的吸收程度不同而对物质进行定性和定量分析的方法。分光光度法中，按所用的光的波谱区域不同又可分为可见分光光度法（400～760nm）、紫外分光光度法（200～400nm）和红外分光光度法（760～1000nm）。其中紫外分光光度法和可见分光光度法合称紫外—可见分光光度法。

紫外—可见光分光光度法（UV—VIS）：属于光学分析法中的光谱法。它是利用物质对200～760nm波长范围内光的选择性吸收而进行物质含量分析的方法。由于200～760nm光辐射的能量主要与物质中原子的价电子的能级跃迁相适应，可以导致这些电子的跃迁，所以紫外—可见分光光度法又称电子光谱法。吸光度是指光线通过溶液或某一物质前的入射光强度与该光线通过溶液或物质后的透射光强度比值的对数。当一束光通过一个吸光物质（通常为溶液）时，溶质吸收了光能，使光的强度减弱。吸光度就是用来衡量光被吸收程度的一个物理量。吸光度用A表示。

7.1.2 紫外—可见分光光度法方法特点

分光光度法对于分析人员来说，可以说是最有用的分析方法之一。几乎每一个分析实验室都离不开紫外—可见分光光度计。分光光度法的主要特点为：

应用广泛：由于各种各样的无机物和有机物在紫外—可见区都有吸收，因此均可用该法进行测定。到目前为止，几乎化学元素周期表上的所有元素（除少数放射性元素和惰性元素之外）均可采用该法。

灵敏度高：由于相应学科的发展，使新的有机显色剂的合成和研究取得了可喜的进展，从而对元素测定的灵敏度大大提高了一步。特别是由于多元络合物和各种表面活性剂的应用研究，使许多元素的摩尔吸光系数由原来的几万提高到几十万。相对于其他痕量分析方法而言，光度法的精密度和准确度比较高。不但在实际工作中光度法被广泛采用，在标准参考物质的研制中，它更受重视，很多光度分析法已制定成为标准方法。

选择性好：有些元素只要利用控制适当的显色条件就可直接进行光度法测定，如铬、铁、钴、镍、铜等元素的测定。

准确度高：对于一般的分光光度法来说，其浓度测量的相对误差在1%～3%范围内，如采用示差分光度法测量，则误差往往可减少到千分之几。

适用浓度范围广：可从常量（1%～50%）（尤其是使用示差法）到痕量（经预富集后，10^{-6}%～10^{-8}%）分析。分析成本低、操作简便、快速，发展前景广阔。

7.1.3　紫外—可见分光光度计的基本组成部件

7.1.3.1　主要组成部件

尽管紫外—可见分光光度计种类、型号很多，紫外—可见分光光度计由5个部件组成，它们的基本组成元件相同。

光源 → 单色器 → 吸收池 → 检测系统 → 信号显示系统

7.1.3.2　各部件的作用

1. 光源

光源是能够发射所需的有足够辐射强度和稳定性的连续光谱。

可见光分光光度计常用钨丝灯和卤钨灯作光源，钨灯和碘钨灯可产生范围在350～2500nm连续光谱，但由于能量输出的波动为电压波动的四次方倍，因此仪器需配有稳压装置。

紫外分光光度计常用氢灯或氘灯作光源，它们可提供波长为185～460nm范围内的连续光源。氘灯的灯管内充有氢的同位素氘，它是紫外光区应用最广泛的一种光源，其光谱分布与氢灯类似，但光强度比相同功率的氢灯要大3～5倍。

2. 单色器

单色器的作用是把光源发出的连续光谱分解成单色光，并能准确方便地“取出”所需要的某一波长的光，它是分光光度计的心脏部分。它由入射、出射狭缝、透镜系统和色散元件（棱镜或光栅）组成，其中色散元件是关键部件。色散元件是棱镜和反射光栅或两者的组合，是用以产生高纯度单色光束的装置，狭缝和透镜系统主要是用来控制光的方向，调节光的强度和“取出”所需要的单色光，狭缝对单色器的分辨率起重要作用，它对单色光的纯度在一定范围内起着调节作用。单色器的性能直接影响入射光的单色性，从而影响到测定的灵敏度、选择性及校准曲线的线性关系等。

棱镜是透明材料（如玻璃、水晶等）做成的多面体。在光学仪器中应用很广，在光谱仪器中把复合光分解为光谱的“色散棱镜”，较常用的是等边三棱镜。棱镜在光学中起着许多各不相同的作用，棱镜的组合可以用作分束器、起偏器等，但在大多数应用中，只是用了棱镜的色散功能，或使像的方向、光束传播方向发生改变的功能。色散功能使棱镜作为色散元件，如在分光计、摄谱仪、单色仪中的棱镜就起着色散作用。当入射角固定时，不同波长的光有着不同的偏折角，在可见光中偏折角最大的是紫光，最小的是红光。光学玻璃棱镜透明范围在350～3200nm，可用于可见光区。但玻璃对紫外光有吸收，不适于紫外光区。紫外—可见光分光光度计采用石英棱镜，它的波长范围较宽，可从185～4000nm，适用于紫外、可见整个光区。

光栅是利用光的衍射与干涉作用制成的，可用于紫外、可见及红外光区。光栅作为色散元件，具有不少独特的优点。光栅可定义为一系列等宽、等距离的平行狭缝。光栅的色散原理是以光的衍射现象和干涉现象为基础的。常用的光栅单色器为反射光栅单色器，它又分为平面反射光栅和凹面反射光栅两种，其中最常用的是平面反射光栅。由于光栅单色器的分辨率比棱镜单色器分辨率高（可达±0.2nm），而且它可用的波长范围也比棱镜单色器宽。因此目前生产的紫外—可见分光光度计大多采用光栅作为色散元件。近年来，光栅的刻制复制技术在不断地改进，其质量也在不断地提高，因而应用日益广泛。无论何种单色器，出射光光束常混有少量与仪器所指示波长十分不同的光波，即“杂散光”。杂散光会影响吸光度的正确测量，其产生主要原因是光学部件和单色器的外壁内壁的反射和大气或光学部件表面上尘埃的散射等。为了减少杂散光，单色器用涂以黑色的罩壳封起来，通常不能任意打开罩壳。

3. 比色皿

比色皿又称吸收池，用于盛放被测溶液，让单色光从中穿过，且决定透光液层厚度的无色透明器皿。一般有石英和玻璃材料两种。石英吸收池适用于可见光区及紫外光区，玻璃吸收池只能用于可见光区。紫外—可见分光光度计常用的玻璃吸收池规格有：0.5cm、1.0cm、2.0cm、3.0cm、5.0cm等；常用石英吸收池规格为1.0cm。使用时，可根据实际需要进行选择。

比色皿常用（1+2）盐酸—酒精浸泡（时间不宜过长），然后再用水洗涤。使用时将洗净的比色皿用待装试液润洗2～3次，装试液高度位于1/2～3/4体积之间，外壁应保持干燥、洁净。为减少光的损失，吸收池的光学面必须保持垂直于光束方向。

使用吸收池过程中，注意使用同一套比色皿，也应特别注意保护两个光学面。为此，必须做到：

（1）取用吸收池时，只能用手指接触两侧的毛玻璃，不可接触光学面，不能将光学面与硬物或脏物接触，只能用擦镜纸或丝绸擦拭光学面，并防碰撞。

（2）洗涤时一般用自来水、蒸馏水洗涤干净。如果有色物污染可以用（1+2）盐醇—酒精的混合液浸泡洗涤。

（3）不能在烘箱或电炉上进行加热或烘烤吸收池。

（4）凡含有腐蚀玻璃的物质（如HF、$SnCl_2$、H_3PO_4等）的溶液，不得长时间盛放在吸收池中。

（5）吸收池使用后应立即用水冲洗干净。生物样品、胶体或其他在吸收池光学面上形成薄膜的物质要用适当的溶剂洗涤。

4. 检测系统

检测系统又称光电转换器，作用是将透过吸收池的光转变成光电流。其输出电信号大小与透过光的强度成正比。目前用得较多的检测器是光电管和光电倍增管，它们都是基于光电效应原理制成的，后者较前者更灵敏，特别适用于检测较弱的辐射。作为检测器，对光电转换器要求是：光电转换有恒定的函数关系，响应灵敏度要高、速度要快，噪声低、稳定性高，所产生的电信号易于检测放大等。近年来还使用光导摄像管或光电二极管矩阵作检测器，具有快速扫描的特点。

光电管是基于外光电效应的基本光电转换器件。光电管可使光信号转换成电信号，分为真空光电管和充气光电管两种。光电管的典型结构是将球形玻璃壳抽成真空，在内半球面上涂一层光电材料作为阴极，球心放置小球形或小环形金属作为阳极。若球内充低压惰性气体就成为充气光电管。光电子在飞向阳极的过程中因与气体分子碰撞而使气体电离，可增加光电管的灵敏度。用作光电阴极的金属有碱金属、汞、金、银等，可适合不同波段的需要。光电管灵敏度低、体积大、易破损，现已被固体光电器件所代替。

光电倍增管用在光学测量仪器和光谱分析仪器中。它能在低能级光度学和光谱学方面测量波长200～1200nm的极微弱辐射功率。光电倍增管是检测微弱光时最常用的光电元件，它的灵敏度比一般光电管要高200倍，因此可使用较窄的单色器狭缝，从而对光谱的精细结构有较好的分辨能力。

5. 信号显示系统

它的作用是放大信号并以适当方式指示或记录下来。这部分装置发展较快，较高级的光度计，常备有微处理机、荧光屏显示和记录仪等，可将图谱、数据和操作条件都显示出来。

7.1.4　紫外—可见分光光度计的类型

1. 按使用波长范围分类

按使用波长范围可分为可见分光光度计和紫外—可见分光光度计两类。前者的使用波长范围是400～780nm；后者的使用波长范围为200～1000nm。可见分光光度计只能用于测量有色溶液的吸光度，而紫外—可见分光光度计可测量在紫外、可见光及近红外有吸收的物质的吸光度。

2. 按光路紫外—可见分光光度计分类

按光路紫外—可见分光光度计可分为单光束式及双光束式两类。

所谓单光束是指从光源中发出的光，经过单色器等一系列光学元件及吸收池后，最后照在检测器上时始终为一束光。常用的单光束紫外—可见分光光度计有：751G型、752型、754型、756MC型、TU1810型等。常用的单光束可见分光光度计有721型、722型、723型、724型、V—1200型等。这种应用最普通、最简单的分光光度计，结构简单，操作方便，维修容易，主要适于作定量分析。其不足之处是测定结果受光源强度波动的影响较大，因而给定量分析结果带来较大误差。

双光束分光光度计，从光源中发出的光经过单色器后被一个旋转的扇形反射镜（即切光器）分为强度相等的两束光，分别通过参比溶液和样品溶液。利用另一个与前一个切光器同步的切光器，使两束光在不同时间交替地照在同一个检测器上，并通过一个同步信号发生器对来自两个光束的信号加以比较，将两信号的比值经对数变换后转换为相应的吸光度值。常用的双光束紫外—可见分光光度计有710型、730型、760MC型、760CRT型、日本岛津UV—210型等。这类仪器的特点是：能连续改变波长，自动地比较样品及参比溶液的透光强度，自动消除光源强度变化所引起的误差。对于必须在较宽的波长范围内获得复杂的吸收光谱曲线的分析，此类仪器极为合适。

3. 按测量时提供的波长数分类

按测量时提供的波长数可分为单波长分光光度计和双波长分光光度计两类。

双波长分光光度计与单波长分光光度计的主要区别在于采用双单色器，由同一光源发出的光被分成两束，分别经过两个单色器，得到两束不同波长（λ_1 和 λ_2）的单色光，利用切光器使两束光以一定的频率交替照射装有试液的同一吸收池，然后经过光电倍增管和电子控制系统，最后由显示器显示出两个波长处的吸光度差值 ΔA，则

$$\Delta A = A_{\lambda 1} - A_{\lambda 2} = (\varepsilon_{\lambda 1} - \varepsilon_{\lambda 2})bc \tag{7.2}$$

由式 7.2 可知，ΔA 与吸光物质 c 成正比。这就是双波长分光光度进行定量分析的理论根据。

常用的双波长分光光度计有国产 WFZ800S，日本岛津 UV—300、UV—365 型。这类仪器的特点是不用参比溶液，只用一个待测溶液，因此可以消除背景吸收干扰，包括待测溶液与参比溶液组成的不同及吸收液厚度的差异的影响，提高了测量的准确度。它特别适合混合物和混浊样品的定量分析，可进行导数光谱分析等，其不足之处是价格昂贵。

7.1.5 紫外—可见分光光度计的使用与基本维护

7.1.5.1 分光光度计的使用

下面介绍两种实训室目前正在使用的可见分光光度计和紫外—可见分光光度计的基本操作方法。

1. V—1200型可见分光光度计操作步骤（光度测量）

（1）阅读说明书：首先在了解光度法原理和分光光度计组成的前提下，认真阅读仪器使用说明书后，按仪器光度测量要求进行下列操作。

（2）开机准备：打开电源开关，在仪器初始化完成后，按任意键等待仪器预热 20min。

（3）进行光度测量。

1）按仪器的“SET”键进入功能选择模式，然后按“↑”或“↓”键使光标选中“测量模式”，按“确认”键进入测量方式选择界面，再按“↑”或“↓”键使光标选中“光度测量”，按“确认”键后，找到“取消”键按两次，即设定好了光度测量界面。

2）设定工作波长。在光度测量界面下，按“GOTOλ”键可进入波长设定界面，用“↑”或“↓”键调节波长大小至所需测量波长，按“确认”键回到光度测量界面。

3）自动校零。在光度测量主界面下，把参比溶液和待测样品溶液倒入校正好的比色皿，依次放入仪器比色槽中，将参比溶液置于光路按“ZERO”键对当前工作波长下的参比液进行调 0.000Abs、100%T。

4）开始测量。调零完成后，把待测样品溶液拉入光路，等待显示数值稳定，在原始数据记录本上记下对应样品的吸光度读数。然后将测量后的样品溶液取出倒掉换其他没测定的样品，再盖上比色槽盖子，还用参比溶液调零，把换上的待测样品溶液拉入光路，读取吸光度值。以此往复直至将待测样品溶液测完为止。

（4）整理仪器。测量完毕，把比色皿取出倒掉测量样品溶液，用蒸馏水冲洗比色皿将水尽量控干，放入比色皿盒，整理台面，填写仪器使用记录。

（5）注意事项。

1）每次测量结束或溶液更换后，必须对比色皿及时清洗，否则比色皿壁上的残留溶液会对后来试样的测量带来误差。

2）如果将溶液遗洒在仪器外壳上，请立即用湿毛巾擦拭干净。

2. TU1810型紫外—可见分光光度计操作步骤（光度测量）

（1）认真阅读仪器使用说明书后，进行操作。

（2）打开电源开关，在仪器初始化完成后，按选择键选择“光度测量”进入主界面。

（3）预热仪器。为使测定稳定，将电源开关打开，使仪器预热20min，为了防止光电管疲劳，不要连续光照。预热仪器和不测定样品时应将挡光块放入比色槽置于光路，使光路切断。

（4）参数设置。在测量模式下按照实验需要进行参数设置。按“F1”键进入设置界面，按“RETURN”键返回到测量模式的主界面；按“F3”键根据实验要求对样品池状态进行设置，按“RETURN”键返回到测量模式的主界面；在光度测量模式下按“F2”键进行删除测量数据，刷新屏幕。

（5）校正。在测量界面下，按“A/Z”键对当前工作波长或者设定的扫描波长范围进行归零和校正。

（6）测量。将参比溶液和待测试样溶液依次装入比色皿，置入光路进行测定。

（7）退出测量。在测量操作完成后，可以按RETURN键退出测量操作，此时提示窗口会提示“数据将丢失，继续？（是：Enter，否：Clear）”的信息，确定即可回到测量模式的主界面。

注意事项：

（1）为了防止光电管疲劳。不测定时必须将挡光快放入比色槽置于光路（比色皿暗箱盖打开），使光路切断，以延长光电管使用寿命。

（2）防止机器表面和比色皿暗箱被酸碱溶液腐蚀，应及时检查清理仪器。

7.1.5.2　分光光度计的检验

分光光度计是精密仪器，为保证测试结果的准确、可靠，在新制造、使用中和修理后的分光光度计都应定期进行检验。分光光度计的检验包括正确安装使用、检验校正，对保持仪器的良好性能和保证测试结果的准确度有重要的作用。

国家技术监督局批准颁布了各类紫外、可见分光光度计的检定规程。这类规程有：《可见分光光度检定规程》（JJG 178—1996）；《单光束紫外—可见分光光度计检定规程》（JJG 375—96）；《双光束紫外—可见分光光度计检定规程》（JJG 682—1990）；《紫外、可见、近红外分光光度计检定规程》（JJG 689—1990）。检定规程规定，检定周期为半年，两次检定合格的仪器检定周期可延长至一年。在验收仪器时应按仪器说明书及验收合同进行验收。下面简单介绍分光光度计的检验方法。

1. 分光光度计的检验

通常新购置或实验室使用过一段时间的分光光度计都要进行仪器的检验和校正。因在使用过程中，由于机械振动、温度变化、灯丝变形、灯座松动或更换灯泡等原因，经常会引起刻度盘上的读数（标示值）与实际通过溶液的波长不符合的现象，导致仪器灵敏度降低，影响测定结果的精度，需要经常进行检验。分光光度计的检验校正包括：波长、吸光度、比色皿和杂散光。其校正方法如下：

波长校正。分光光度计的波长精度（即波长准确度），是分光光度计的重要指标之一。它指的是波长显示装置所显示的波长值，与狭缝此时出射的实际的波长值之间的符合程度。通常用二者之差来表示其误差的大小。若波长误差大，会影响测量精度。所以，对任何分光光度计而言，均要求它在波长精度的允许误差范围内工作。如果发现波长超差，就需要及时校正。分光光度计波长的校正有许多方法，如可以用有色溶液、干涉滤光片、镨钕玻璃（滤光片）、氧化钬玻璃（滤光片）、汞灯等来进行波长校正。

在可见光区检验波长准确度最简便的方法是绘制镨钕玻璃滤光片吸收曲线（图 7.3）。镨钕滤光片的吸收峰为 528.7nm 和 807.7nm。如果测出的峰的最大吸收波长与仪器标示值相差±3nm 以上，可细微地调节波长刻度校正螺丝（不同型号的仪器波长读数的调整方校正法有所不同，应按仪器说明书进行波长调节）。如果测出的最大吸收波长与仪器波长标示值差大于±10nm，则需要重新调整钨灯灯泡位置，或检修单色器的光学系统（应由计量部门或生产厂家专业技术人员检修，用户不可自己打开单色器）。

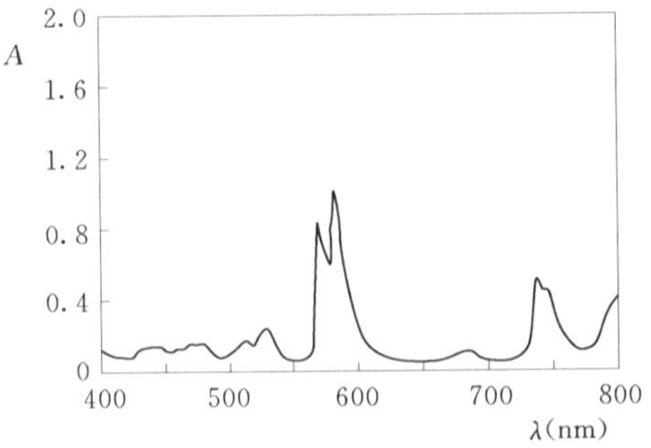

图 7.3 镨钕玻璃滤光片吸收曲线

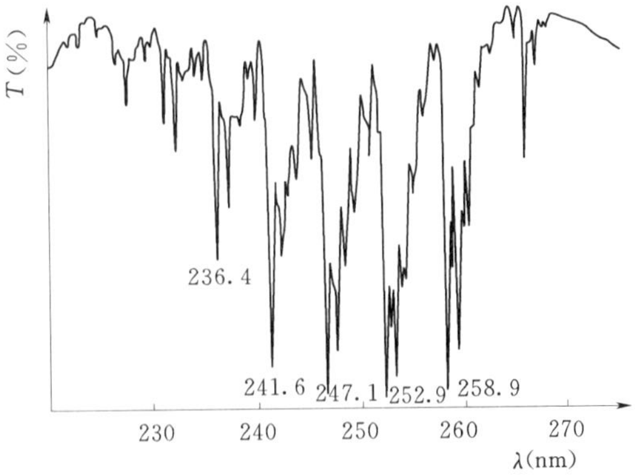

图 7.4 苯蒸气的吸收曲线

紫外光区波长校正可用苯蒸气的吸收曲线（见图 7.4）来检验。测定方法是：在 1cm 比色皿中滴加一滴液体苯，盖好比色皿盖，等比色皿被挥发的苯蒸气充满后，测量绘制其吸收曲线。若与标准曲线相同，仪器可正常使用；若有误差，则按仪器说明书或光学仪器手册进行调整。

2. 吸光度校正

以重铬酸钾水溶液的吸收曲线为标准值校正。将 0.0303g 重铬酸钾溶于 1L 的 0.05mol/L 氢氧化钾中，以 1cm 吸收池，25℃以表 7.2 列出的各波长处分别测定吸光度 A 值，然后与表中对应波长处的吸光度值比较，其相应差值应在 0.8%～2.5%之间。

表 7.2　　25℃重铬酸钾溶液的吸光度

波长(nm)	吸光度	透光率(%)	波长(nm)	吸光度	透光率(%)	波长(nm)	吸光度	透光率(%)
220	0.446	35.8	300	0.149	70.9	380	0.932	11.7
230	0.171	67.4	310	0.048	89.5	390	0.695	20.2
240	0.295	50.7	320	0.063	86.4	400	0.396	40.2
250	0.496	31.9	330	0.149	71.0	420	0.124	75.1
260	0.633	23.3	340	0.316	48.3	440	0.054	88.2
270	0.745	18.0	350	0.559	27.6	460	0.018	96.0
280	0.712	19.4	360	0.830	14.8	480	0.004	99.1
290	0.428	37.3	370	0.987	10.3	500	0.000	100

3. 比色皿校正

在定量工作中，尤其是在紫外光区测定时，需要对比色皿作校准及配对工作，以消除吸收池的误差，提高测量的准确度。根据 JJG 178—1996 规定，石英比色皿在 220nm 处装蒸馏水；在350nm处装$K_2Cr_2O_7$ 0.001mol/L $HClO_4$溶液。玻璃比色皿在600nm处装蒸馏水；在400nm处装$K_2Cr_2O_7$溶液（浓度同上）。以一个比色皿为参比，调节T为100%，测量其他各比色皿的透射比，透射比的偏差小于0.5%的比色皿可配成一套。

较为简便的校正方法是：用铅笔在需要校准的比色皿毛面上编号，标出光路方向，装入蒸馏水，以一个为参比，测定其他比色皿吸光度。如果吸光度相等，则可配对使用；如果吸光度不相等，选吸光度最小的那个比色皿作参比，再测定其他比色皿吸光度，作为它们的修正值。以后使用此比色皿测定的吸光度分别减去其修正值即为此待测液真正的吸光度。

4. 杂散光校正

杂散光是指远离吸收光的其他波长的入射光。由于光源发出的光经过单色器时有可能从单色器舱内及其他光学元件表面发生反射，从光学元件表面以及大气中的灰尘也可以发生散射，这些都会产生杂散光。杂散光的存在会对比尔定律产生偏移。

杂散光是紫外—可见分光光度计分析误差的主要来源，直接限制被分析测试样品的上限。当仪器的杂散光一定时，被分析样品的浓度越大，其分析误差就越大。

杂散光的主要来源：灰尘沾污光学元件；光学元件被损伤；准直系统内部或有关隔板边缘的反射；光学系统屏蔽不好；热辐射或荧光引起的二次电子反射；狭缝的缺陷；光学系统的像差；单色器内壁黑化处理不当。

测定方法：测试杂散光最常用的方法是所谓“截止滤光法”，主要是采用滤光片或滤光液来测试紫外—可见分光光度计的杂散光。目前国内测试分光光度计的杂散光时通常用溶液来进行测试，通常测2个波长点，一个是在220nm处，另一个是在340nm处。

测试220nm处的杂散光时，国际上都采用10g/L的NaI水溶液。该水溶液的光谱特性为：0～258nm处不透光，而从258nm开始，透光率可立即达到90%以上，并且上升坡度很陡。只要将10g/L的NaI水溶液装入比色皿，参比比色皿中装入水，将仪器的波长调到220nm。因为10g/L的NaI水溶液在0～258nm处不透光，故仪器的输出应该为零。但仪器的实际输出不是零，即有光信号输出，这就是220nm处的杂散光。

在测试340nm处的杂散光时，国际上都是采用50g/L的$NaNO_2$水溶液。50g/L的$NaNO_2$水溶液的光谱特性为：0～385nm处不透光，而从385nm处开始，透光率可达90%以上，并且上升坡度很陡。我们只要将50g/L的$NaNO_2$水溶液装入比色皿，参比比色皿中装入水，将仪器的波长调到340nm。此时，因为50g/L的$NaNO_2$水溶液在0～385nm处不透光，故仪器在340nm处的输出应该为零。但仪器的实际输出不是零，即有光信号输出，就是340nm处的杂散光。

7.1.5.3　分光光度计的维护与保养

1. 对仪器工作环境的要求

分光光度计应安装在稳固的工作台上（周围不应有强磁场，以防电磁干扰）室内温度宜保持在15～28℃。室内应干燥，相对湿度宜控制在45%～65%，不应超过70%。室内应无腐蚀性气体（如SO_2、NO_2及酸雾等），应与化学分析操作室隔开，室内光线不宜过强。

2. 对仪器的维护和保养

(1) 外接220V电源要预先稳压，仪器工作电源一般允许220V±10%的电压波动。为保持光源灯和检测系统的稳定性，在电源电压波动较大的实验室，最好配备稳压器（有过电压保护），并保证仪器接地良好。

(2) 为了延长光源使用寿命，在不使用时不要开光源灯。如果光源灯亮度明显减弱或不稳定，应及时更换新灯。更换后要调节好灯丝位置，不要用手直接接触窗口或灯泡，避免油污沾附上，若不小心接触过，要用无水乙醇擦拭。

(3) 预热仪器应打开比色槽门，切断光路，以防光电管长时间被光照射，缩短使用寿命。

(4) 单色器是仪器的核心部分，装在密封盒内，不能拆开，为防止色散元件受潮生霉，必须保持仪器清洁、干燥，经常更换单色器盒干燥剂。

(5) 仪器停止工作时，必须切断电源，照上防尘罩，以防仪器积灰和沾污。

(6) 仪器工作几个月或搬动后，应进行波长精度、重复性和吸光度精度等方面的检查，以保证仪器的测量精度。

7.1.6 训练项目

1. 紫外—可见分光光度计的操作

(1) 先进行紫外—可见分光光度计的仿真模拟练习基本操作。

(2) 再对照实训室仪器，利用比色皿校正项目来练习仪器的操作。

比色皿校正操作步骤：较为简便的校正方法是用铅笔在需要校准的比色皿毛面上编号，标出光路方向，装入蒸馏水，以一个为参比，测定其他比色皿吸光度。如果吸光度相等，则可配对使用；如果吸光度不相等，选吸光度最小的那个比色皿作参比，再测定其他比色皿吸光度，求出它们的修正值。以后测定的吸光度分别减去其修正值。

2. 归纳总结

(1) 请学生根据所用仪器讲述操作步骤及存在的问题。

(2) 教师归纳总结仪器操作规程及注意事项。

(3) 以学习小组为单位讨论，每组选一位代表讲述所用仪器的基本操作步骤。

【复 习 思 考 题】

1. 整理编写紫外—可见分光光度计的操作流程。

2. 查阅资料，收集并整理生活饮用水的水质标准；饮用水六价铬是如何测定的？如何知道其准确含量？

3. 自测题。

(1) 选择题。

1) 紫外—可见光区波长范围是（　　）。

A. 400～760nm　　B. 200～400nm　　C. 10～200nm　　D. 200～760nm

2) 可见光分光光度计的光源是用（　　）。

A. 氢灯　　B. 氘灯　　C. 钨灯　　D. 空心阴极灯

3) 紫外—可见光分光光度计结构组成为（　　）。

A. 光源—吸收池—单色器—检测器—信号显示系统

B. 光源—单色器—吸收池—检测器—信号显示系统

C. 单色器—吸收池—光源—检测器—信号显示系统

D. 光源—吸收池—单色器—检测器

4) V—1200 型分光光度计单色器的色散元件是（　　）。

A. 滤光片　　B. 玻璃棱镜　　C. 石英棱镜　　D. 光栅

5）一台分光光度计的校正应包括（　　）等。

A. 吸收池的校正　B. 杂散光的校正　C. 吸光度的校正　D. 波长的校正

6）石英玻璃含二氧化硅质量分数在99.95%以上，它的耐酸性能非常好，但石英玻璃器皿不能盛放下列（　　）。

A. 盐酸　B. 氢氟酸　C. 硝酸　D. 硫酸

7）高锰酸钾溶液对可见光中的（　　）有吸收，所以溶液显示其互补光（　　）。

A. 蓝色　B. 黄色　C. 绿色　D. 紫色

8）使用721型分光光度计时仪器在100%处经常漂移的原因是（　　）。

A. 险丝断了　B. 电流表动线圈不通电

C. 压电源输出导线断了　D. 电源不稳定

9）光子能量E与波长λ、频率ν和速度C及h（普朗克常数）之间的关系为（　　）。

A. $E=h/\nu$　B. $E=h/\nu=h\lambda/c$　C. $E=h\nu=hc/\lambda$　D. $E=c\lambda/h$

10）分光光度计中检测器灵敏度最高的是（　　）。

A. 光敏电阻　B. 光电管　C. 光电池　D. 光电倍增管

（2）判断题。

1）做空白试验，可以减少滴定分析中的偶然误差。（　　）

2）对照试验是用以检查试剂或蒸馏水是否含有被鉴定离子。（　　）

3）紫外—分光光度计的光源常用碘钨灯。（　　）

4）可见分光光度计检验波长准确度是采用苯蒸气的吸收光谱曲线检查。（　　）

5）分析测定结果的偶然误差可通过适当增加平行测定次数来减免。（　　）

（3）简答题。

1）分光光度计由哪几个主要部件组成？各部件的作用是什么？

2）分光光度计对光源有什么要求？常用光源有哪些？它们使用的波长范围各是多少？

3）吸收池的规格以什么作标志？吸收池按其材质分为哪几种？如何选择使用不同材质的吸收池？

4）在使用吸收池时，应如何保护吸收池光学面？

5）什么叫检测器？常用检测器有哪几种？

6）紫外—可见分光光度计按光路可分为哪几类？它们各有什么特点？V—1200型可见分光光度计和TU1810型紫外—可见分光光度计各属于哪一类分光光度计？

7）为什么要对分光光度计波长进行校验？如何检验紫外—可见分光光度计上波长标示值的准确度？

8）如何进行吸收池的配对检验？

9）如何维护保养好分光光度计？

7.2　二苯碳酰二肼分光光度法测定水中六价铬含量

7.2.1　物质对光的选择性吸收

1. 物质对光产生选择性吸收的原因

溶液为什么会对光线有选择性吸收呢？物质总是在不断地运动着，而构成物质的分子及原子具有一定的运动方式，各种运动方式具有不同的能量，属于一定的能级，分子内部运动的方式有 3 种：电子相对于原子核心的运动、原子在平衡位置附近的振动和分子本身绕其重心的转动。因此，相对于这三种不同的运动形式，分子具有电子能级、振动能级和转动能级。能级具有量子化的特征，不连续，其中，电子能级的能量差最大一般为 1～20eV；其次为振动能级，一般在 0.025～1eV 之间；转动能级的能量差最小，一般小于 0.025eV。

当一束光照射到物质或溶液时，组成该物质的分子、原子或离子与光子发生“碰撞”，光子的能量就转移到分子、原子上，使这些粒子由低能态（基态）跃迁到较高能态（激发态）：

$$\underset{\text{(基态)}}{\mathrm{M}} + h\upsilon \longrightarrow \underset{\text{(激发态)}}{M^*}$$

这个作用叫做物质对光的吸收。被激发的粒子约在 10^{-8}s 后，又回到基态，并以热或荧光等形式释放出能量。只有当照射光的能量与物质分子的某一能级恰好相等时，才有可能发生能级跃迁，与此能量相应的那种波长的光才能被吸收。或者说，能被吸收的光的波长必须符合公式（7.3）：

$$\Delta E = hc/\lambda \tag{7.3}$$

式中　ΔE——某一能差的能量，J；

h——普朗克常数，6.626×10^{-34}J·s；

c——光速，3.0×10^{3}m/s；

λ——波长，nm。

这里，$\Delta E = E_2 - E_1$，表示某一能吸级差的能量。由于不同物质的分子其组成与结构不同，它们所具有的特征能级不同，能级差也不同，所以不同物质对不同波长的光的吸收就具有选择性，有的能吸收，有的不能吸收。

由于分子、原子或离子具有不连续的量子化能级，仅当照射光光子的能量（$h\nu$）与被照射物质粒子的基态和激发态能量之差相当时才能发生吸收。不同物质微粒由于结构不同而具有不同的量子化能级，其能量差也不相同。所以物资对光的吸收具有选择性。不过，由于溶液中分子内部这 3 种能级都有，且可见光的能量较大，3 种能级跃迁均可同时激发，大小能级叠加后能级差相对较小，所以在分子吸收的吸收曲线上相邻波长的光也被吸收，一般呈带状吸收。

2. 物质的颜色与吸收光的关系

不同溶液会呈现不同的颜色，是由于溶液对不同波长的光选择性吸收的结果。在白光的照射下，如果可见光几乎全部被吸收，则溶液呈现黑色；如果全部不被吸收或吸收极少，则溶液呈现无色；如果只吸收或最大程度吸收某种波长的色光，则溶液呈现被吸收色光的互补色。例如，当白光通过 $KMnO_4$ 溶液时，它选择性地吸收了白光中的绿色光，其他色光不被吸收而透过溶液，从互补规律可知，透过的光线中，除紫色光外，其他颜色的光互补成白光，所以 $KMnO_4$ 溶液呈透过光的颜色，即紫色。

为了更详细地了解溶液对光的选择性吸收性质，可以使用不同波长的单色光分别通过某一固定浓度和厚度的有色溶液，测量该溶液对各种单色光的吸收程度（即吸光度），以波长 λ 为横坐标，吸光度 A 为纵坐标作图，所得曲线叫光吸收曲线，该曲线能够很清楚地描述溶液对不同波长单色光的吸收能力。图 7.5 是 3 种不同浓度 $KMnO_4$ 溶液的光吸收曲线。从图中可以看出，不管浓度大小，在可见光范围内，$KMnO_4$ 溶液对波长 525nm 附近的绿色光吸

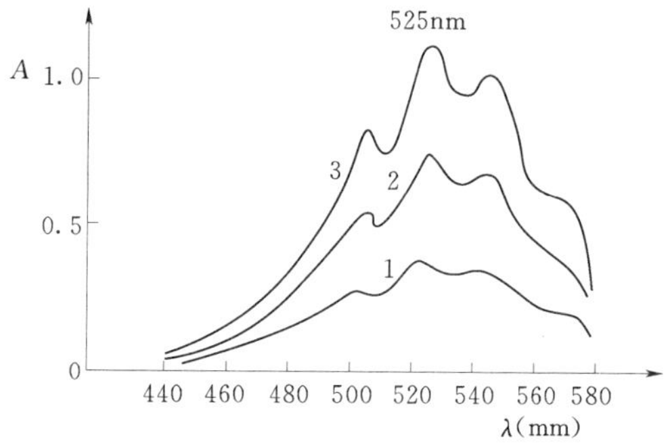

图7.5　$KMnO_4$ 溶液的光吸收曲线

收最多，而对紫色和红色光吸收很少。光吸收最大处的波长叫最大吸收波长，常用 λ_{max} 表示。$KMnO_4$ 溶液的 $\lambda_{max}=525nm$。浓度不同时，溶液对光的吸收程度（吸光度）不同，由于最大吸收波长不变，故三条光吸收曲线的形状相似。从光吸收曲线归纳可知：

（1）溶液对不同波长的光的吸收程度是不同的，存在最大吸收波峰的位置称为最大吸收波长。

（2）同一物质不同浓度的溶液，其吸收曲线的形状相似，最大吸收波长也一样。

（3）不同物质的光吸收曲线，其形状和最大吸收波长都各不相同，因此可利用光吸收曲线来作为物质定性分析的依据。

3. 光吸收定律

物质的吸收光谱本质上就是物质中的分子和原子吸收了入射光中的某些特定波长的光能量，相应地发生了分子振动能级跃迁和电子能级跃迁的结果。由于各种物质具有各自不同的分子、原子和不同的分子空间结构，其吸收光能量的情况也就不会相同，因此，每种物质都有其特有的、固定的光吸收光曲线，可根据光吸收曲线上的某些特征波长处的吸光度的高低判别或测定该物质的含量，这就是分光光度定性和定量分析的基础。分光光度分析就是根据物质的光吸收曲线研究物质的成分、结构和物质间相互作用的有效手段。紫外—可见分光光度法的定量分析基础是朗伯—比尔（Lambert - Beer）定律，俗称光吸收定律。当入射光波长一定时，溶液的吸光度 A 是吸光物质的浓度 c 及吸收介质厚度 b 的函数。朗伯和比尔分别于1760年和1852年研究了这三者之间的定量关系。朗伯的结论是，当用适当波长的单色光照射某一固定浓度的均匀溶液时，A 与 b 成正比，其数学式为

$$A=K_1b \quad \text{（此即称为朗伯定律，}K_1\text{ 为比例常数）} \tag{7.4}$$

而比尔的结论是，当用适当波长的单色光照射某一固定液层厚度的均匀溶液时，A 与 c 成正比，其数学表达式为

$$A=K_2c \quad \text{（此即称为比尔定律，}K_2\text{ 称为比例常数）} \tag{7.5}$$

合并上述两式，则可写为

$$A=\lg\frac{I_0}{I_t}=Kbc \text{（此即称为朗伯—比尔定律，}K\text{ 称为比例常数）} \tag{7.6}$$

式中　I_0——入射光的强度；

I_t——透射光的强度；

K——比例常数；

b——液层的厚度即光程长度，cm；

c——溶液的浓度，mol/L 或 g/L。

朗伯—比尔（Lambert - Beer）定律的表述内容：当一束平行的单色光通过均匀、非散射的稀溶液时，溶液对光的吸收程度与溶液的浓度及液层厚度的乘积成正比。

式（7.6）中 K 的数值取决于吸光物质的特性外，还与入射光波长，溶液温度和溶剂

性质等有关。液层厚度通常采用 cm 为单位，并用 b 表示。所以 K 的单位取决 c 采用的单位。

当 c 采用重量单位 g/L 时，吸收定律表达为

$$A = ab\rho \tag{7.7}$$

式中　a——质量吸光系数，L/g·cm。

当 c 采用摩尔浓度 mol/L 时，吸收定律表达为

$$A = \varepsilon bc \tag{7.8}$$

式中　ε——摩尔吸光系数，L/mol·cm。

朗伯—比尔定律适用的条件为：一是必须使用单色光；二是吸收发生在均匀的介质中；三是吸收过程中，吸收物质互相不发生作用。

4. 吸光度加和性原理

在多组分的体系测定中，在某一波长下，如果各种对光有吸收的物质之间没有相互作用，这时体系在该波长的总吸光度等于各组分吸光度之和，即光具有加和性，称为吸光度加和性原理。可用式（7.9）表示如下

$$A_{总} = A_1 + A_2 + \cdots + A_n \tag{7.9}$$

式中各吸光度的下标表示组分 1，2，…，n。

吸光度的加和性对多组分同时定量测定、校正干扰等都极为有用。

7.2.2　定量分析方法——标准曲线法

标准曲线法是光度分析中一种重要的定量测定方法，也是仪器分析中普遍采用的一种重要方法。

1. 标准曲线的绘制方法

在朗伯—比尔定律的浓度范围内，配制四个以上浓度不同的待测组分的标准溶液，显色后，以空白溶液为参比溶液，在选定的波长下，在相同条件下分别测定各溶液的吸光度值，然后以标准溶液浓度 C 为横坐标，对应的吸光度 A 为纵坐标，在坐标纸上绘制曲线（图 7.6），此曲线即称为标准曲线。在实际工作中，为了避免使用时出现差错，在所作的标准曲线上还必须标明标准曲线的名称、所用标准溶液（或标样）名称和浓度、坐标分度和单位、测量条件（仪器型号、入射光波长、吸收池厚度、参比液名称）以及制作日期和制作者姓名。在测定样品时，应按相同的方法制备待测试样，在相同条件下（为了保证显色条件一致，操作时一般是试样与标样同时显色）测出试样吸光度 A_x 值，根据 A_x 值，从标准曲线上直接查出试样的含量 C_x。

为了保证测定准确度，要求标样与试样溶液的组成保持一致，待测试液的浓度应在标准曲线线性范围内，最好在工作曲线中部。工作曲线应定期校准，如果实验条件变动（如更换标准溶液、所用试剂重新配制、仪器经过修理、更换光源等情况），工作曲线应重新绘制。如果实验条件不变，那么每次测量只要带一个标样校验一下实验条件是否符合，就可直接用此工作曲线测量试样的含量。这种方法准确度较好，主要适用于大批试样的分析，可以简化手续，加快分析速度，它可以消除一定的随机误差。

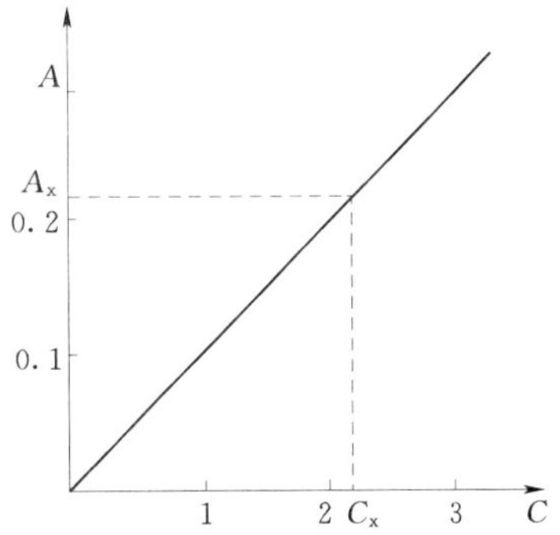

图 7.6　标准曲线

用于描述待测物质的浓度或含量与相应的测量仪器的响应量或其他指示量之间的定量关系的曲线称校准曲线。校准曲线包括“工作曲线”和“标准曲线”。两种校准曲线的区别在于工作曲线中所使用的标准系列溶液经过了与水样完全相同的消解、净化、测量等操作；而标准曲线中使用的标准系列溶液没有经过与水样完全相同的消解、净化等预处理操作，直接进行与水样相同的测量操作。当水样为废水样品或基体复杂的样品时，后者往往造成较大的误差。

由于受到各种因素的影响，实验测出的各点可能不完全在一条直线上，这时“画”直线的方法就显得随意性大了一些，若采用最小二乘法来确定直线回归方程，将会更准确些。工作曲线可以用一元线性方程表示，即

$$y=a+bx \tag{7.10}$$

式中 x——标准溶液的浓度；

y——相应的吸光度；

a、b——回归系数，直线称为回归直线。

b 则为直线斜率，可由下式求出

$$b=\frac{\sum(x_i-\overline{x})(y_i-\overline{y})}{\sum(x_i-\overline{x})^2} \tag{7.11}$$

式中 $\overline{x}$、$\overline{y}$——x 和 y 的平均值；

x_i——第 i 个点的标准溶液的浓度；

y_i——第 i 个点的吸光度（以下相同）。

a 为直线的截距，可由下式求出

$$a=\overline{y}-b\overline{x}=\frac{\sum y_i-b\sum x_i}{n} \tag{7.12}$$

工作曲线线性的好坏可以用回归直线的相关系数来表示，相关系数 r 可用下式求得

$$r=b\sqrt{\frac{\sum_{i=1}^{n}(x_i-x)^2}{\sum_{i=1}^{n}(y_i-y)^2}} \tag{7.13}$$

相关系数接近 1，说明工作曲线线性好。一般要求所作工作曲线的相关系数 $r \geqslant 0.999$。

【例】 用分光光度法测定 Fe^{2+} 实验数据如下，请确定其工作曲线的直线回归方程，并计算相关系数和试样含量。

项目 \ 编号	1	2	3	4	5	6	7（试样）
标准溶液浓度（$\times 10^{-5}$ mol/L）	1.00	2.00	3.00	4.00	6.00	8.00	C_x
吸光度	0.114	0.212	0.335	0.434	0.670	0.868	0.406

解：设直线回归方程为 $y=a+bx$，令 $x=10^5c$。

计算得：$\overline{x}=4.00$，$\overline{y}=0.439$，$b=0.109$，$a=0.003$，$r=0.999$（工作曲线线性符合要求）。

则得直线回归方程：

$$y=0.003+0.109x$$

那么试样含量可写成：

$$A_x=0.003+0.109\times10^{-5}C_x$$

所以：$C_x=(A_x-0.003)/0.109\times10^{-5}=(0.406-0.003)/0.109\times10^{-5}=3.70\times10^{-5}$（mol/L）。

因而，只要在相同条件下，测出试样吸光度 A_x 代入上式，即可得到试样浓度 C_x。

2. 绘制标准曲时应注意的问题

（1）配制的标准系列应在方法的线性范围以内，不得少于5个点，其中两点必须接近该分析方法的上限和下限浓度点。（线性范围是指某一方法的校准曲线的直线部分所对应的待测物质的浓度或含量的变化范围。）

（2）严格地说，绘制校准曲线时应对标准溶液进行与样品完全相同的分析处理，包括样品的前处理操作。只有经过充分的验证，确认省略某些操作对校准曲线无显著影响时，方可免除这些操作。

（3）校准曲线应作空白校正后进行回归，相关系数一般应达到0.999，其截距在无特殊规定时，一般控制在±0.005，截距不能过大。

（4）校准曲线的斜率常随实验条件（试剂批号、环境温度、测量仪器的稳定性等）的改变而改变。因此，在每次分析样品的同时绘制校准曲线。否则在每次分析样品同时，平行测定零点浓度和中等浓度标准溶液各两份取其均值相减后与原校准曲线上相应点核对，其相对差值根据方法精密度不得大于5%～10%，否则应重新绘制校准曲线。

（5）绘制校准曲线时，通常没有考虑样品的基体效应。然而，这对某些分析方法却至关重要。在这种情况下，可使用含有与实际样品类似基体的工作标准系列进行校准曲线的绘制。

（6）对经过验证的标准方法绘制线性范围内的校准曲线时，如出现各点分散较大或不在一条直线上的现象，则应检查试剂、量器及操作步骤是否有误，并作必要的纠正。此后如果仍不能得到满意的结果，应根据专业知识和实际经验，对校准曲线做必要的回归计算，再重新绘图。

（7）利用校准曲线的响应值推测样品的浓度值时，测量样品的浓度应在所作校准曲线的浓度范围以内，不得将校准曲线任意外延。

3. 影响吸收定律的主要因素

在理想的情况下，根据吸收定律，吸光度对溶液浓度作图所得的标准曲线的截距为零，斜率为 εb，是一条通过原点的直线。但实际上吸光度与浓度关系有时是非线性的，或者不通过零点，这种现象称为偏离光吸收定律。

如果溶液的实际吸光度比理论值大，则为正偏离吸收定律，直线向上弯曲；吸光度比理论值小，为负偏离吸收定律，直线向下弯曲，如图7.7所示。造成校正曲线弯曲的原因，有很多方面。

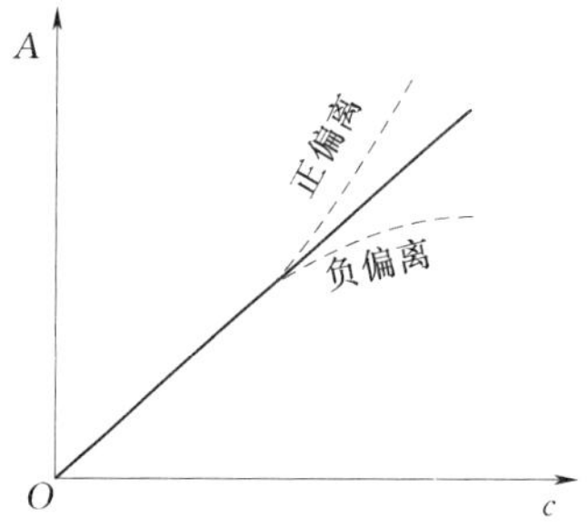

图7.7 偏离吸收定律的标准曲线

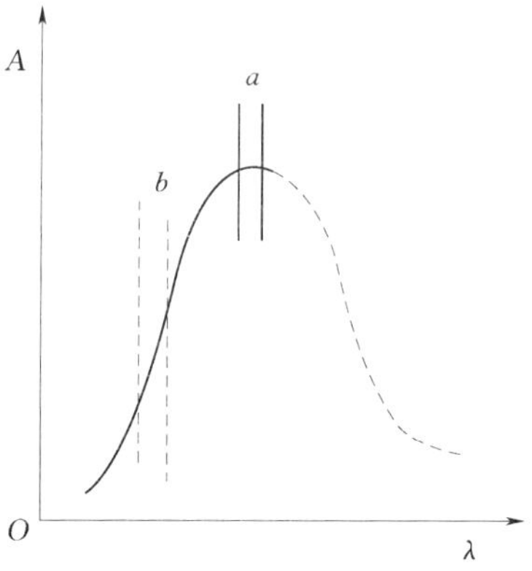

图7.8 非单色引起的光偏离

（1）入射光非单色性引起偏离。吸收定律成立的前提是：入射光是单色光。但实际上，一般单色器所提供的入射光并非是纯单色光，而是由波长范围较窄的光带组成的复合光。入射光中不同波长的摩尔吸光系数差别越大，偏离吸收定律就越严重。实验证明，只要所选的入射光，其所含的波长范围在被测溶液的吸收曲线较平坦的部分，偏离程度就会小（见图7.8，*a*区间）。

（2）溶液的化学因素引起偏离。溶液中的吸光物质因离解、缔合，形成新的化合物而改变了吸光物质的浓度，导致偏离吸收定律。因此，测量前的化学预处理工作是十分重要的，如控制显色反应条件、溶液的化学平衡等，以防止产生偏离。

（3）比尔定律的局限性引起偏离。严格说，比尔定律是一个有限定律，它只适用于浓度小于0.01mol/L的稀溶液。因为浓度高时，吸光粒子间平均距离减小，以致每个粒子都会影响其邻近粒子的电荷分布。这种相互作用使它们的摩尔吸光系数ε发生改变，因而导致偏离比尔定律。为此，在实际工作中，待测溶液的浓度应控制在0.01mol/L以下。

7.2.3 饮用水中六价铬的测定

1. 生活饮用水水质标准

随着经济的发展，人口的增加，不少地区水源短缺，有的城市饮用水水源污染严重，居民生活饮用水安全受到威胁。1985年发布的《生活饮用水卫生标准》（GB 5749—1985）已不能保障人民群众健康的需要。为此，卫生部和国家标准化管理委员会对原有标准进行了修订，联合发布新的强制性国家《生活饮用水卫生标准》（GB 5749—2006）。该标准的修订是保证饮用水安全的重要措施之一。

为了确定水质是否符合生活饮用水卫生标准要求，水质分析的内容一般需要进行水质全分析，包括感观性状和一般化学指标、毒理学指标、细菌学指标等。本标准适用于城乡各类集中式供水的生活饮用水，也适用于分散式供水的生活饮用水。水质常规指标及限值，见表7.3。

表 7.3　　水质常规指标及限值

项　　目		指　标　限　值
1. 微生物指标①	总大肠菌群（MPN/100mL 或 CFU/100mL）	不得检出
	耐热大肠菌群（MPN/100mL 或 CFU/100mL）	不得检出
	大肠埃希氏菌（MPN/100mL 或 CFU/100mL）	不得检出
	菌落总数（CFU/mL）	100
2. 毒理指标	砷（mg/L）	0.01
	镉（mg/L）	0.005
	铬（六价，mg/L）	0.05
	铅（mg/L）	0.01
	汞（mg/L）	0.001
	硒（mg/L）	0.01
	氰化物（mg/L）	0.05
	氟化物（mg/L）	1.0
	硝酸盐（以 N 计，mg/L）	10
	地下水源限制时	20
	三氯甲烷（mg/L）	0.06
	四氯化碳（mg/L）	0.002
	溴酸盐（使用臭氧时，mg/L）	0.01
	甲醛（使用臭氧时，mg/L）	0.9
	亚氯酸盐（使用二氧化氯消毒时，mg/L）	0.7
	氯酸盐（使用复合二氧化氯消毒时，mg/L）	0.7
3. 感官性状和一般化学指标	色度色	（铂钴色度单位）15
	浑浊度（NTU—散射浊度单位）	水源与净水技术条件限制时为 3
	臭和味	无异臭、异味
	肉眼可见物	无
	pH 值（pH 单位）	不小于 6.5 且不大于 8.5
	铝（mg/L）	0.2
	铁（mg/L）	0.3
	锰（mg/L）	0.1
	铜（mg/L）	1.0
	锌（mg/L）	1.0
	氯化物（mg/L）	250
	硫酸盐（mg/L）	250
	溶解性总固体（mg/L）	1000
	总硬度（以 $CaCO_3$ 计，mg/L）	450
	耗氧量（COD_{Mn}法，以 O_2 计，mg/L）	3
	水源限制，原水耗氧量>6mg/L 时	5
	挥发酚类（以苯酚计，mg/L）	0.002
	阴离子合成洗涤剂（mg/L）	0.3
4. 放射性指标②指导值	总 α 放射性（Bq/L）	0.5
	总 β 放射性（Bq/L）	1

① MPN表示最可能数；CFU 表示菌落形成单位。当水样检出总大肠菌群时，应进一步检验大肠埃希氏菌或耐热大肠菌群；水样未检出总大肠菌群，不必检验大肠埃希氏菌或耐热大肠菌群。

② 放射性指标超过指导值，应进行核素分析和评价，判定水能否饮用。

2. 生活饮用水中六价铬测定——二苯碳酰二肼分光光度法（GB/T 7467—1987）

（1）原理。在酸性溶液中，六价铬离子与二苯碳酰二肼反应，生成紫红色化合物，其最大吸收波长为540nm，吸光度与浓度的关系符合比尔定律。

（2）主要仪器。分光光度计、比色皿（3cm）、50mL具塞比色管、移液管、容量瓶等。

（3）主要试剂。

1）丙酮。

2）硫酸（1+1）。

3）磷酸（1+1）。

4）铬标准储备液。称取于120℃下干燥2h的重铬酸钾（优级纯）0.2829g，用水溶解，移入1000mL于容量瓶中，用水稀释至标线，摇匀。每毫升储备液含0.100mg六价铬，即100μg/mL。

5）铬标准使用液。吸取1.00mL铬标准储备液于100mL容量瓶中，用水稀释至标线，摇匀。每毫升标准使用液含1.0μg六价铬（使用当天配制）。

6）二苯碳酰二肼溶液。称取二苯碳酰二肼（简称DPC，$C_{13}H_{14}N_4O$）0.2g，溶于50mL丙酮中，加水稀释至100mL，摇匀，溶液为淡黄色，储于棕色瓶中，置于冰箱中保存，若颜色变深后不能再用。

（4）测定步骤。

1）水样预处理。

a. 对不含悬浮物、低色度的清洁地面水，可直接进行测定。

b. 如果水样有色但不深，可进行色度校正。即另取一份试样，加入除显色剂以外的各种试剂，以2mL丙酮代替显色剂，用此溶液为测定试样溶液吸光度的参比溶液。

c. 对浑浊、色度较深的水样，应加入氢氧化锌共沉淀剂并进行过滤处理。

d. 水样中存在次氯酸盐等氧化性物质时，干扰测定，可加入尿素和亚硝酸钠消除。

e. 水样中存在低价铁、亚硫酸盐、硫化物等还原性物质时，可将Cr^{6+}还原为Cr^{3+}，此时，调节水样pH值至8，加入显色剂溶液，放置5min后再酸化显色，并以同法作标准曲线。

2）标准曲线的绘制。取7支50mL比色管，依次加入0.00mL、0.20mL、0.50mL、1.00mL、2.00mL、4.00mL和6.00mL铬标准使用液，用水稀释至标线，加入1+1硫酸0.5mL和1+1磷酸0.5mL，摇匀。加入2mL显色剂溶液，摇匀。5～10min后，放于540nm波长处，用3cm比色皿，以水为参比（调仪器零点），测定吸光度并作空白校正。以吸光度为纵坐标，相应六价铬含量为横坐标绘出标准曲线。

3）水样的测定。取25mL（或适量，含Cr^{6+}少于6μg）无色透明或经预处理的水样于50mL比色管中，用水稀释至标线，加入1+1硫酸0.5mL和1+1磷酸0.5mL，摇匀。加入2mL显色剂溶液，摇匀。5～10min后，测定水样吸光度与标准溶液相同。

4）原始数据记录，见表7.4。

表 7.4 数 据 记 录

序号 内容	1	2	3	4	5	6	7	$8_{水样}$
$V_{铬标准}$ (L)	0.00	0.20	0.50	1.00	2.00	4.00	6.00	25.00
$\rho\times10^{-2}$ (mg/L)	0.0	0.4	1.0	2.0	4.0	8.0	12.0	x
A								
$A_{校}$								

5）利用绘制工作曲线进行结果计算。根据测试水样的吸光度值 A_x，将进行空白校正后的吸光度，从标准曲线中可直接查出测试水样的含量 ρ_x，则待测水样的含量为

$$\rho_{水样}=\rho_x V_{测试}/V_{移x} \tag{7.14}$$

式中 $\rho_{水样}$——水样浓度，mg/L；

ρ_x——从工作曲线中查取测试水样的浓度，mg/L；

$V_{测试}$——测定水样体积，mL；

$V_{移x}$——移取的水样体积，mL。

7.2.4 注意事项

（1）标准溶液一般为 5～7 个点，不少于 5 个。

（2）待测样品和标准溶液应同时处理，吸光度应取几次测定值的平均值。

（3）标准溶液浓度范围应在溶液吸光度与其浓度呈线性关系区间内，且吸光度值控制在 0.2～0.8 之间。

（4）标准曲线长时间不用，当再次使用时，以及仪器维修调整后应检查标准曲线，必要时应重新绘制。

【复 习 思 考 题】

1. 在完成本单元“水中微量铬测定”的基础上，教师布置学生在课后开放的实训室完成“工业循环冷却水中总铁含量的测定”项目，学习标准查阅、方案的拟订、计划的制订、实施和评价。并思考工业循环冷却水中总铁含量的测定方案中显色剂用量、测量工作波长是如何确定的。

2. 自测题。

（1）选择题。

1）物质吸收光辐射后产生紫外—可见吸收光谱，这是由于（　　）。

A. 分子的振动　　B. 分子的转动

C. 原子核外层电子的跃迁　　D. 分子的振动和转动跃迁

2）通常情况下，在分光光度法中，（　　）不是导致偏离朗伯—比尔定律的因素。

A. 吸光物质浓度大于 0.01mol/L　　B. 显色温度

C. 单色光不纯　　D. 待测溶液中的化学反应

3）朗伯—比尔定律中的比例常数与哪些因素有关？（　　）

A. 入射光的波长　　B. 溶液液层厚度　　C. 溶液的温度　　D. 溶液的浓度

4）有两种不同有色溶液均符合朗伯—比尔定律，测定时若比色皿厚度，入射光强度

及溶液浓度皆相等，以下说法哪种正确？（　　）。

A. 透过光强度相等　B. 吸光度相等　C. 吸光系数相等　D. 以上说法都不对

5）摩尔吸光系数很大，则说明（　　）。

A. 该物质的浓度很大　B. 光通过该物质溶液的光程长

C. 该物质对某波长光的吸收能力强　D. 测定该物质的方法的灵敏度低

6）在目视比色法中，常用的标准系列法是比较（　　）。

A. 入射光的强度　B. 透过溶液后的强度

C. 透过溶液后的吸收光的强度　D. 一定厚度溶液的颜色深浅

（2）判断题。

1）朗伯—比尔定律适用于任何有吸收质点的均匀溶液。（　　）

2）ε 常用来衡量显色反应的灵敏度，ε 越大，表明吸收越强。（　　）

3）在分光光度法中，当欲测物的浓度大于 0.01mol/L 时，可能会偏离光吸收定律。（　　）

4）朗伯—比尔定律只适用于可见光，而且光源必须是单色光。（　　）

5）当吸光度 $A=0$ 时，τ(%) 为 100。（　　）

（3）简答题。

1）在水样六价铬测定中为什么选择试剂空白做参比溶液？

2）什么叫光的吸收曲线？什么叫标准曲线？它们都有什么实际意义？

3）生活饮用水的水质标准是什么？饮用水源水中 Cr(Ⅵ) 如何测定？如何知道其准确含量？

4）溶液为什么会对光线有选择性吸收呢？

5）朗伯—比尔定律内容和适用的条件是什么？

（4）计算题。

1）某一溶液每升含 47.0mg 的 Fe。吸取此溶液 5.0mL 于 100mL 容量瓶中，以邻二氮菲光度法测定铁，用 1.0cm 吸收池于 508nm 处测得吸光度 0.467。计算质量吸光系数 a 和摩尔吸光系数 ε。已知 $M_{Fe}=55.85$g/mol。

2）在一定条件下，用分光光度法测定某元素浓度为 1.0μg/mL 的标准溶液的吸光度为 0.368，在同样条件下测得水样的吸光度为 0.320，试求水样中该元素的含量为多少 mg/L。

3）以分光光度法测定某电镀废水中的铬（Ⅵ）。取 500mL 水样，经浓缩和预处理后转入 100mL 容量瓶中定容。移取 20.00mL 试液，调整酸度，加入二苯碳酰二肼溶液显色，定容为 25mL。以 5.0cm 吸收池于 540nm 波长下测得吸光度为 0.540。求铬（Ⅵ）的质量浓度 ρ(mg/L)。已知 $\varepsilon_{540}=4.2\times10^4$L/(mol·cm)，$M_{Cr}=51.996$g/mol。

7.3 分光光度法分析测试条件的选择

在可见分光光度法实验中，在选择好合适的显色反应后，还应严格控制反应条件及分析测试条件。只有这样才能获得较高的灵敏度和准确度。

针对水中微量铬的测定中，显色剂用量、显色时间、测定波长、参比溶液等最佳显色条件和测量条件是如何确定的呢？一般需要通过试验，摸索确定，下面做具体介绍。

7.3.1 显色反应及显色条件的选择

由上述可知，比色分析或分光光度法是根据溶液中待测组分对某波长光选择性吸收，且吸收程度与待测组分的浓度有定量关系来测定的。这就要求待测组分必须选择性地吸收某波长的光，即具有一定的颜色。在可见光区应用光度法进行物质含量测定时，一般需要将待测物质转变成稳定的有色化合物，而实际溶液大部分是无色的或颜色很淡，不能直接进行测定。我们可以往溶液中加入试剂，使待测组分转变为有色物质，然后再进行比色或光度测定。因此需要我们了解显色反应及其条件选择问题。

7.3.1.1 显色反应和显色剂

1. 显色反应

许多对可见光不产生吸收或吸收不大的物质（即无色物质），也可以用可见吸收光度分析法来测定。但必须先对其进行化学处理，使无色的待测物转变为有色物质。一般都是选适当的试剂，将待测离子转化为有色化合物，再进行测定。这种将试样中被测组分转变成有色化合物的化学反应，叫显色反应。显色反应主要有氧化还原反应和配位反应，而配位反应最普遍。同一组分常常可以与多种显色剂反应，生成多种不同的有色物质。那么就应从中选择最有利于获得较好测定结果的显色反应。所以对选取的显色反应，一般应满足下列要求：

（1）选择性好。在一定条件下，显色剂仅与待测组分发生显色反应，干扰物质较少，或干扰物质容易去除。

（2）灵敏度高。光度法常用来对微量组分的测定，并要求生成的有色物质的摩尔吸光系数 ε 较大。一般认为 ε 大于或等于 $10^4 \sim 10^5$ 数量级时，该显色反应具有较高的灵敏度。实际分析中还应该综合考虑选择性。

（3）有色化合物的组成恒定、性质稳定。显色反应生成的有色化合物应对空气中的氧、二氧化碳、灰尘等不敏感，不容易受溶液中其他化学因素的影响，以保证吸光度测定的重现性。

（4）显色剂与生成的有色化合物之间的颜色要有较大差别，一般要求二者的最大吸收波长相差 60nm 以上。两种有色物质最大吸收波长之差称“对比度”，这样显色时颜色变化明显，试剂空白值小，可提高测定的准确度。当然现在由于超高灵敏度显色剂的问世，使得对比度较小显色反应也能用于测定。

（5）显色反应的条件应易于控制。如果条件太苛刻，不容易控制，就会造成重现性差，误差大。

在实际工作中，显色反应不一定能够完全满足上述五个条件，应根据具体情况综合考虑。如对于高含量组分的测定，可以适当降低对灵敏度的要求等。

2. 显色剂

在显色反应中，所加入的与被测组分形成有色物质的试剂叫做显色剂。它分为无机显色剂和有机显色剂。无机显色剂，其选择性、灵敏度不高，品种有限，应用不多。有机显色剂，则品种很多，选择性灵敏度都高，被广泛使用。表 7.5 列出了一些常用的显色剂。

表 7.5 常用显色剂

分类	显色剂	测定离子
无机显色剂	硫氰酸盐	Fe^{2+}、M(Ⅴ)、W(Ⅴ)
	钼酸盐	Si(Ⅳ)、P(Ⅴ)
有机显色剂	邻二氮菲	Fe^{2+}
	双硫腙	Pb^{2+}、Hg^{2+}、Zn^{2+}、Cu^{2+}、Cd^{2+}
	丁二酮肟	Ni^{2+}、Pd^{2+}
	铬天青 S(CAS)	Be^{2+}、Al^{3+}、Y^{3+}、Ti^{4+}、Zr^{4+}、Hf^{4+}
	茜素红 S	Al^{3+}、Ga^{3+}、Zr(Ⅳ)、Ti(Ⅳ)、Th(Ⅳ)、F^-
	偶氮胂Ⅲ	$UO_2{}^{2+}$、Th^{4+}、RE^{3+}、Y^{3+}、Cr^{3+}、Ca^{3+}等
	4—(2—吡啶氮)—间苯二酚 (PAR)	Co^{2+}、Pb^{2+}、Ga^{3+}、Nb(Ⅴ)、Ni^{2+}
	1—(2—吡啶氮)—萘(PAN)	Co^{2+}、Ni^{2+}、Zn^{2+}、Pb^{2+}
	4—(2—噻唑偶氮)—间苯二酚 (TAR)	Co^{2+}、Ni^{2+}、Cu^{2+}、Pb^{2+}

在吸收光谱分析中，显色剂的选择非常重要，它直接关系到测定的灵敏度和准确度。

7.3.1.2 显色条件的选择

显色剂的性质是决定分析灵敏度和准确度的内因，那么显色条件就是外因。在确定了显色反应后，影响显色的因素主要有显色剂的用量、溶液的酸度、显色时间、显色温度、溶剂及共存离子，这些影响因素也就是显色时所应该控制的条件。

1. 显色剂的用量

显色剂的用量对显色反应是否完全和测定结果的准确度有很大影响。用 M 表示被测物，R 表示显色剂。则显色反应为：$M+nR \rightleftharpoons MR_n$。为保证显色反应尽可能地进行完全，显色剂的用量一般要比理论量多；如果 MR_n 很稳定（$K_{不稳}<10^{-5}$），则过量得少些（一般过量 30%～50%）；若 MR_n 不稳定，则过量得多些（一般过量 10 倍以上），但也不是过量越多越好，显色剂过量固然可使显色反应更完全，但过量也可引起其他副反应，如显色剂本身有颜色、干扰增大、或显色剂与被测物能分级形成多种络合物等。在具体工作中，显色剂的用量要通过试验确定，也就是作 $A—C_R$ 曲线来确定。

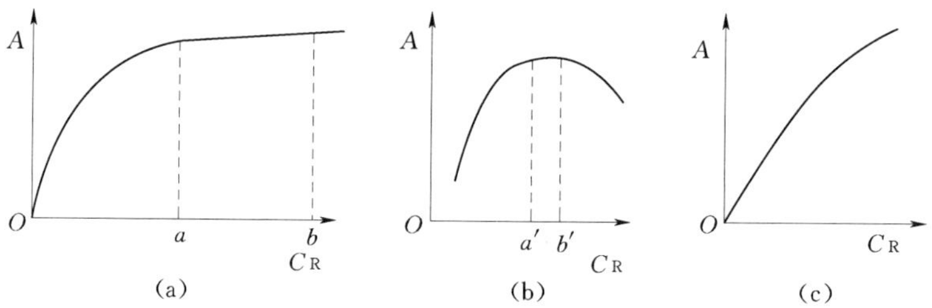

图 7.9 吸光度与显色剂浓度的关系曲线

显色剂用量的确定。取多份等量待测离子，即将［M］固定在相同条件下，加入不同量的显色剂，即改变 R 的用量，分别测得吸光度 A 值，作 $A—C_R$ 曲线。一般可能出现图 7.9 所示的三种情况。

（1）显色剂用量选在 a～b 较为合适。因这类反应生成的有色配合物稳定，对显色剂浓度控制不太严格。

(2) 显色剂用量在 $a'\sim b'$ 这一较窄的范围内，A 值才较稳定。故这类反应中显色剂的用量必须严格控制。

(3) 这类反应必须十分严格控制显色剂用量。如 $Fe^{3+}+SCN^-$ 离子反应，生成逐级络合物 $Fe(SCN)_n^{3-n}$，$n=1$，2，…，6，随 SCN^- 浓度的增大，将生成颜色越深的高配体络合物。

2. 溶液的酸度

在化学反应中，pH 值通常是一个重要的因素，它是决定化学反应发生与否和反应是完全与否的重要条件，pH 值对显色反应的影响主要有这几个方面：

(1) 酸度对显色剂有效浓度、颜色和生成的络合物组成的影响。实际应用的有机显色剂大多是有机弱酸或弱碱，它们的离解度是由溶液 pH 值所决定的，以弱酸为例，如以 HR 表示有机弱酸型显色剂。则显色反应表示为：$M+nHR=nH^++MR_n$。可见，若增加 H^+ 的浓度，即增加酸度，减小 pH 值，则显色剂的离解平衡向 HR 移动，抑制了显色剂的离解，从而使 R 的浓度降低，而使显色反应向左移动，阻碍了 MR 的生成。反之，若减小 H^+ 的浓度，即 pH 增加，则有利于 MR_n 的生成，这说明显色反应的进行程度是随 pH 值的增大而增大的，即溶液的酸度要小。

溶液酸度过小，会使 R 浓度过大，引起显色剂过量过大的效应，发生一些副反应。许多有机显色剂具有酸碱指示剂的性质，即在不同的 pH 下有不同的颜色。如 1—(2—吡啶偶氮)—间苯二酸 (PAR) 是一种二元酸，用 H_2R 表示，其离解平衡式：

$$H_2R \rightleftharpoons H^+ + HR^- \rightleftharpoons 2H^+ + R^-$$

呈现颜色：	黄色	橙色	红色
pH 值范围：	2.1～4.2	4～7	>10

大多数金属离子与 PAR 生成红色和红紫色络合物，因而 PAR 只适宜在酸性或弱酸性（即 pH 在 2.1～7）的溶液中测定。在碱性（pH 大于 10）溶液中，显色剂本身呈红色，与生成物颜色相近，无法测定待测物质吸光度。

(2) 酸度对被测离子的有效浓度的影响。被测离子完全以离子状态存在才有利于显色反应进行完全。但许多离子如 Al^{3+}、Fe^{3+}、Ti^{4+} 及稀土离子等，易发生水解，当 pH 增大时，这些离子将生成氢氧化物沉淀而降低其有效浓度，使显色反应不完全，甚至完全不显色。因此，从这个角度考虑，要求显色的 pH 值要小。

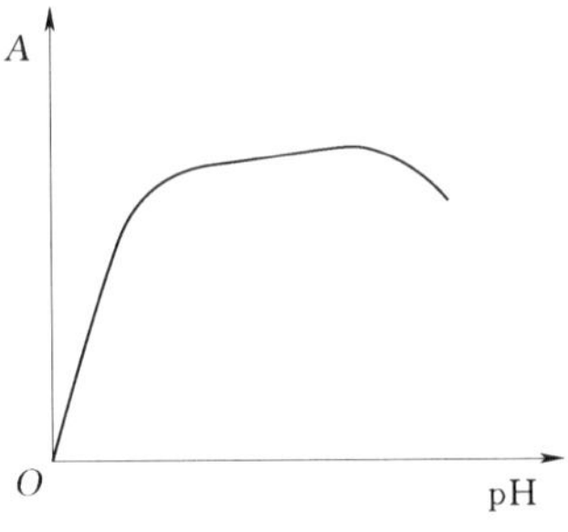

图 7.10 pH 值与吸光度的关系曲线

从这两个方面看，一个要 pH 值大，一个要 pH 值小，二者是矛盾的。在同一个显色反应中，pH 值对各方面的影响的大小是不同的，必须抓住主要矛盾。不同的显色反应的适宜 pH 值是通过实验确定的。具体方法是：固定溶液中被测组分和显色剂的浓度，改变浓度的 pH 值，测定此 pH 值下溶液的吸光度，以 pH 值为横坐标，以吸光度为纵坐标，作出 A—pH 值关系曲线，如图 7.10 所示。选择曲线平坦部分对应的 pH 值作为应该控制的 pH 范围。

3. 显色时间

通过实验来确定合适的测定时间。实验的方法是配制一份待测溶液，从加入显色剂起计算时间，每隔几分钟测定一次吸光度，绘制 $A—t$ 关系曲线。曲线平坦部分对应的时间就是测定吸光度的最适宜时间。

4. 显色温度

显色反应一般在室温下进行，但有些显色反应需要加热到一定温度时才能完成，而有些化合物当温度较高时又容易发生分解。因此对于不同的反应，应通过实验找出各自适宜的显色温度范围。由于温度对光的吸收及颜色的深浅都有影响，因此在绘制工作曲线和进行样品测定时应该使溶液温度保持一致。

5. 溶剂

溶剂的不同可能会影响到显色时间、有色化合物的离解度及颜色等。许多有色化合物在水中解离度比较大，而在有机相中解离度小，加入适量的有机溶剂或用有机溶剂萃取，可使颜色加深，提高显色反应的灵敏度。在测定时为了减小溶剂引入的干扰，标准溶液和被测试样应采用同一种溶剂。

6. 干扰离子的影响及消除方法

（1）试样中存在干扰物质会影响被测组分的测定，影响情况有以下几种。

1）干扰物质本身有颜色、干扰测定。例如在水溶液中 Fe^{3+}（黄色）、Ni^{2+}（翠绿色）、Cu^{2+}（蓝色）等。

2）与显色剂生成有色化合物，造成吸光度值增大，从而引起正误差。例如用磷钼蓝法测定磷时，若有硅存在，它也会与硅钼酸铵生成蓝色配合物。

3）与显色剂生成无色配合物，消耗大量显色剂，使被测离子配位不完全，从而引起负误差。例如磺基水杨酸测 Fe^{3+} 时，若存在 Al^{3+}，它也会与磺基水杨酸生成无色配合物。

4）与被测组分生成配合物或沉淀，使被测离子不能充分显色而引起负误差。例如用磺基水杨酸测定 Fe^{3+} 时，若溶液中存在 F^-，则 F^- 与 Fe^{3+} 生成稳定的无色配合物。

（2）消除共存离子干扰的方法。

1）加掩蔽剂。加入的试剂只与干扰离子形成很稳定的无色配合物，从而消除干扰离子的影响。例如用硫氰酸盐测定 Co^{2+} 时，Fe^{3+} 干扰，加入 NaF 生成无色 FeF_6^{3-}，消除了 Fe^{3+} 的干扰。

2）控制溶液的酸度是消除干扰常用的、简便有效的方法。如用二苯硫腙法测定 Hg^{2+} 时，Cu^{2+}、Zn^{2+}、Pb^{2+}、Co^{2+} 等可能与之显色，但在稀 H_2SO_4 介质中萃取分离，则能消除干扰。

3）利用氧化还原反应改变干扰离子价态。如用铬天青 S 测定 Al^{3+} 时，Fe^{3+} 有干扰，加入抗坏血酸将 Fe^{3+} 还原为 Fe^{2+} 后，可消除干扰。

4）选择适当的测定波长。在光度分析中，当在最大吸收波长处存在干扰时，可适当降低灵敏度，选择干扰较小的波长为测定波长。

5）选用适当的参比溶液。在光度分析中，选择适当的参比溶液调节仪器的吸光度零点，在一定程度上可达到消除干扰的目的。

6）若上述方法均不能满足要求时，应采用分离、沉淀、离子交换或溶剂萃取等分离方法消除干扰，其中以萃取分离应用较多。

7.3.2 吸光度测量条件的选择

在测量吸光物质的吸光度时，想得到较满意的测量结果往往受多方面因素影响。如仪器波长准确度、吸收池性能、参比溶液、入射光波长、测量的吸光度范围、测量组分的浓度范围等都会对分析结果的准确度产生影响，必须对其加以控制。

1. 入射光波长的选择

当用分光光度计测定被测溶液的吸光度时，首先需要选择合适的入射光波长。入射光的波长应根据被测试样光谱吸收曲线选择。以“最大吸收、最小干扰”为原则。即选择溶液具有最大吸收的波长 λ_{max} 作为入射波长。在 λ_{max} 处吸光度最大，使测定具有较高的灵敏度；同时，在 λ_{max} 处的一个较小范围内，吸光度变化较小，不会偏离 Lambert-Beer 定律，也使测定具有较高的准确度。如果干扰物质在 λ_{max} 处也有强烈吸收时，可选用非最大吸收处的波长，但应尽可能选择吸光度随波长改变而变化不大的区域内的波长。

2. 吸光度范围的选择

在吸光光度分析中，分光光度计的读数误差也是测定误差的主要来源之一。对于同一台仪器，透光率读数的绝对误差 ΔT 基本上为一定值。为了提高光度法分析结果的准确度，透光度（或吸光度）在什么范围内具有较小的浓度测量误差呢？可推证如下：

若在测量吸光度 A 时产生了一个微小的绝对误差 $\mathrm{d}A$，则测量 A 的相对误差 E_r 为

$$E_r=\frac{\mathrm{d}A}{A}$$

根据朗伯—比尔定律：

$$A=\varepsilon bc$$

当 b 值一定时，两边微分得

$$\mathrm{d}A=\varepsilon b\mathrm{d}c$$

$\mathrm{d}c$ 为测量浓度 c 的微小的绝对误差。两式相除得

$$\frac{\mathrm{d}A}{A}=\frac{\mathrm{d}c}{c} \qquad ①$$

由此可见，吸光度测量的相对误差 $\left(\frac{\mathrm{d}A}{A}\right)$ 与浓度测量的相对误差 $\frac{\mathrm{d}c}{c}$ 相等。

又因为
$$A=-\lg T=-0.434\mathrm{In}T \qquad ②$$
微分得

$$\mathrm{d}A=-0.434\frac{\mathrm{d}T}{T} \quad \frac{\mathrm{d}A}{A}=\frac{\mathrm{d}T}{T\ln T} \qquad ③$$

由式①～式③得

$$E_r=\frac{\mathrm{d}c}{c}\times 100\%=\frac{\mathrm{d}A}{A}\times 100\%=\frac{\mathrm{d}T}{T\ln T}\times 100\%$$

由于 T 的测量绝对误差或不确定是固定的，即 $\mathrm{d}T=\Delta T$，故：

$$E_r=\frac{\Delta c}{c}=\frac{\Delta T}{T\ln T}\times 100\%=\frac{0.434\Delta T}{T\lg T}\times 100\% \qquad (7.15)$$

由上式可知，浓度的相对误差，不仅与透光度的绝对误差 ΔT 有关，还与透光度读数范围有关。表 7.6 列出了不同 ΔT 和不同的 T 值时计算的浓度相对误差。将表 7.5 中数据（$\Delta T=\pm 1.0\%$）作图 7.11。

表 7.6　　不同 T（或 A）值时浓度测量的相对误差

透光度 T(%)	吸光度 A	浓度相对误差 $\Delta c/c=0.434\Delta T/T\lg T$(%)	
		$\Delta T=\pm 1.0\%$	$\Delta T=\pm 0.5\%$
95	0.022	±20.5	±10.3
90	0.045	±10.6	±5.30
80	0.097	±5.60	±2.80
70	0.155	±4.01	±2.00
60	0.222	±3.26	±1.63
50	0.301	±2.88	±1.44
40	0.398	±2.73	±1.37
36.8	0.434	±2.72	±1.36
30	0.523	±2.77	±1.39
20	0.699	±3.11	±1.56
10	1.000	±4.34	±2.17
5	1.301	±6.70	±3.43

由表7.5可以看出，浓度相对误差大小不仅与仪器精度有关还与透光度读数范围有关。在仪器透射比读数绝对误差为±0.5%时，透射比在70%～10%的范围内，浓度测量误差约为±1.4%～±2.2%。测量吸光度过高或过低，误差都很大，一般适宜的吸光度范围是0.2～0.8。

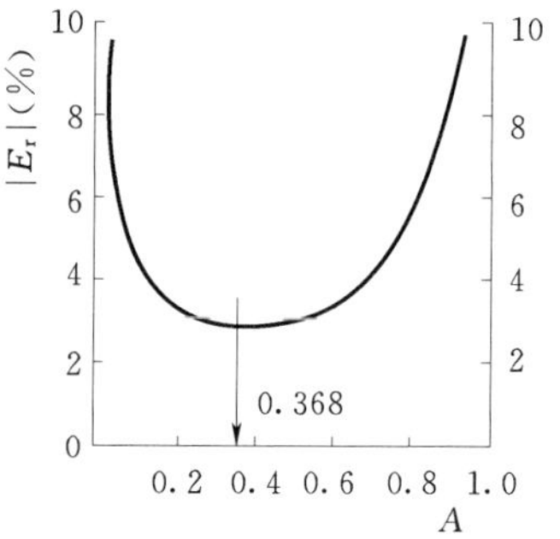

图7.11　$|E_r|$ 与 T 的关系图

在实际测定时，可通过改变试样的用量，稀释溶液或改变比色皿厚度等方法，使标准溶液和待测溶液吸光度读数在0.2～0.8范围内。

3. 参比溶液的选择

在测定溶液吸光度时，为了消除溶剂或其他物质对入射光的吸收，以及光在溶液中的散射和吸收池界面对光的反射等与被测物质吸收无关的因素的影响，使试液的吸光度真正反映待测物的浓度，必须采用空白溶液（又称参比溶液）作对照。选择参比溶液的原则如下：

(1) 溶剂参比：如果仅待测组分与显色剂的反应产物有吸收，可用纯溶剂作参比溶液。

(2) 试剂参比：如果显色剂或其他试剂略有吸收，可用不含待测组分的试剂溶液作参比溶液。这种参比溶液可消除试剂中的组分产生的影响。

(3) 试液参比：如果试样中其他共存组分有吸收，但不与显色剂反应，则当显色剂在测定波长无吸收时，可用试样溶液作参比溶液，即将试液与显色溶液作相同处理，只是不加显色剂。这种参比溶液可以消除有色离子的影响。

(4) 褪色参比：如果显色剂及样品基体有吸收，这时可以在显色液中加入某种褪色剂，选择性地与被测离子配位（或改变其价态），生成稳定无色的配合物，使已显色的产物褪色，用此溶液作参比溶液，称为褪色参比溶液。褪色参比是一种比较理想的参比溶液，但遗憾的是，并非任何显色溶液都能找到适当的褪色方法。

总之，建立一个新的分光光度分析方法，需要通过尝试试验摸索最佳的显色条件和测量条件，从而确定最佳的操作条件。应用某一显色反应进行定量测定时，必须控制这些条件，使试样与标准溶液的显色条件一致，这样才能得到重现性好而准确度高的结果。所以作为一名分析工作者，需要知道光度法实验条件是如何确定的。下面通过实验绘制和显色剂与吸光度曲线，分别确定实验中的测定工作波长和显色剂的用量，来熟悉光度法实验条件的确定方法。

7.3.3 训练项目

（1）绘制二苯碳酰二肼与六价铬反应生成的紫红色化合物的光吸收曲线，确定水中微量铬测定的工作波长。

1）原理。物质对不同波长光的吸收程度不同，通过测定，绘制光吸收曲线，找出最大吸收波长。

2）主要仪器与试剂。

a. 仪器：分光光度计（3cm 比色皿）、比色管（50mL）、移液管。

b. 试剂：100μg/mL 铬标准储备溶液、二苯碳酰二肼溶液、1+1 硫酸、1+1 磷酸。

3）操作步骤。

a. 取两支 50mL 干净比色管，移取 1.00μg/mL 铬标准溶液 10.00mL 于其中一支比色管中，往两支比色管中均加入 1+1 硫酸 0.5mL 和 1+1 磷酸 0.5mL，两支比色管分别加蒸馏水至 25mL 左右，摇匀（平摇）。

b. 各加 2mL 显色剂溶液，用蒸馏水稀至 50mL 刻线，摇匀（上下颠倒摇匀），放置 10min。

c. 用 3cm 比色皿，以试剂空白为参比（调仪器零点），在 420～600nm 间，每改变一次波长，测量其对应的吸光度。在峰值附近（530～550）每间隔 2nm 测量一次，并记录对应波长下的测量吸光度值于下表中。

λ（nm）	420	440	460	480	500	510	520	525
A								
λ（nm）	530	532	534	536	538	540	542	544
A								
λ（nm）	546	548	550	555	560	570	580	600
A								

d. 结果计算。以测得的吸光度为纵坐标，相应波长为横坐标，绘制 A—λ 曲线，从图中找出最大吸收波长 λ_{max} 并计算 ε_{max}。

（2）二苯碳酰二肼光度法测六价铬显色剂用量的确定。

1）原理。用 M 表示被测物，R 表示显色剂，则显色反应为：$M+nR \rightleftharpoons MR_n$。取多份等量待测离子，即在［M］固定在相同条件下，加入不同量的显色剂（R），分别测得吸光度 A 值，作 A—V_R 曲线，找出合适的显色剂加入量。

2）主要仪器与试剂。

a. 仪器：分光光度计（3cm 比色皿）、比色管（50mL）、移液管。

b. 试剂：100μg/mL 铬标准储备溶液、二苯碳酰二肼溶液、1+1 硫酸、1+1 磷酸。

3）操作步骤。

a. 取9支50mL干净比色管，各加入1.00μg/mL铬标准溶液10.00mL、1+1硫酸0.5mL、1+1磷酸0.5mL，然后分别加蒸馏水至25mL左右，摇匀（平摇）。

b. 再向9支比色管分别加入V_R，如下表所示，然后加蒸馏水稀至50mL刻线，摇匀（上下颠倒摇匀），放置10min；

V_R（mL）	0.00	0.20	0.50	1.00	1.50	1.80	2.00	2.20	3.00
A									

c. 用3cm比色皿，以试剂空白为参比（调仪器零点），在选定的波长下测定吸光度。

d. 结果计算。以吸光度为纵坐标，相应显色剂用量为横坐标，绘出A—V_R曲线（V_R显色剂用量，mL）。

【复习思考题】

1. 溶液酸度、显色时间、显色温度、溶剂及共存离子，这些影响因素应该如何控制？

2. 对于在可见区没有吸收，仅在紫外区产生吸收的物质如何设计方案进行测定？

3. 查阅资料，收集并整理用紫外分光光度法测定生活饮用水原水中硝酸盐的检测方法。

4. 自测题。

（1）选择题。

1）定量分析中的空白试验的目的是（　　）。

A. 检查测定条件的控制是否正确　　B. 检查试剂是否失效

C. 消除试剂和蒸馏水含杂质所造成的误差　　D. 检查溶剂选择是否合适

2）符合朗伯—比尔定律的有色溶液被稀释时，其最大吸收光的波长位置（　　）。

A. 向长波方向移动　　B. 向短波方向移动

C. 不移动，但吸收峰高度降低　　D. 不移动，但吸收峰高度增加

3）吸光度读数在（　　）范围内，测量较准确。

A. 0～1.0　　B. 0.2～0.8　　C. 0～0.7　　D. 0.15～1.5

4）属于显色条件选择的是（　　）。

A. 选择合适波长的入射光　　B. 控制适当的读数范围

C. 选择适当的参比液　　D. 选择适当的缓冲液

5）在光度分析中，常出现工作曲线不过原点，下列说法中不会引起这一现象的是（　　）。

A. 测量和参比溶液所用吸收池不对称　　B. 参比溶液选择不当

C. 显色反应灵敏度太低　　D. 显色反应的检测下限太高

（2）问答题。

1）可见分光光法中，选择显色反应时，应考虑的因素有哪些？

2）可见分光光度法测定物质含量时，当显色反应确定以后，应从哪几方面选择试验条件？

（3）计算题。

1）在 456nm 处，用 1cm 吸收池测定显色的锌配合物标准溶液得到下列数据：

ρ_{Zn}（μg/L）	0.00	2.00	4.00	6.00	8.00	10.00
A	0.000	0.105	0.205	0.310	0.415	0.515

要求：绘制工作曲线；求摩尔吸光系数；求吸光度为 0.260 的未知试液的浓度。

2）称取 0.5000g 钢样，溶解后将其中 Mn 氧化为 MnO_4^-，在 100mL 容量瓶中稀释至标线。将此溶液在 525nm 处用 2cm 吸收池测得吸光度为 0.620，已知 MnO_4^- 在 525nm 处的 ε 为 2235L/(mol・cm)，计算钢样中锰的含量。

7.4 紫外光度法测定水中硝酸根离子的含量

7.4.1 紫外光度法的基本原理

利用物质吸收紫外光所产生的光谱对物质进行定性、定量及其结构研究的方法，叫做紫外分光光度法。紫外光谱区在 10～400nm；近紫外区（石英紫外区）在 200～400nm；远紫外区（真空紫外区）在 10～200nm。紫外分光光度法（UV）为四大波谱之一，紫外分光光度法主要是利用 200～400nm 近紫外光区的辐射进行测定。

紫外吸收光谱与可见吸收光谱同属电子光谱，都是由分子中价电子能级跃迁产生的。紫外吸收光谱还可以用来对在紫外光区内有吸收峰的物质进行鉴定和结构分析，虽然这种鉴定和结构分析由于紫外吸收光谱较简单，特征性不强，必须与其他方法配合使用，才能得出可靠的结论，但它还是能提供分子中具有助色团、生色团和共轭程度的一些信息的，这些信息对于有机化合物的结构推断往往是很重要的。紫外分光光度法可以测定在近紫外光区有吸收的无色透明的化合物，因此它的测定方法简便且快速，在定量分析领域有着广泛的应用。

1. 有机化合物紫外吸收光谱的产生

紫外吸收光谱是由化合物分子中 3 种不同类型的价电子，在各种不同能级上跃迁产生的。这三种不同类型的价电子是：形成单键的 σ 电子、形成双键的 π 电子和氧或氮、硫、卤素等含未成键的 n 电子。

从图 7.12 中可以知道：

（1）各种能级的高低顺序是：$\sigma<\pi<n<\pi^*<\sigma^*$。

（2）几种可能的跃迁包括：$\sigma-\sigma^*$、$\sigma-\pi^*$、$\pi-\sigma^*$、$n-\sigma^*$、$\pi-\pi^*$、$n-\pi^*$ 6 种。

（3）主要跃迁有：由基态跃迁至反键轨道：$\sigma-\sigma^*$、$\pi-\pi^*$；非键电子跃迁到反键轨道：$n-\sigma^*$、$n-\pi^*$。这些跃迁所需的能量大小为 $\sigma-\sigma^*>n-\sigma^*>\pi-\pi^*>n-\pi^*$。

1）$\sigma\rightarrow\sigma^*$ 跃迁：吸收带出现在 200nm 以下的远紫外区。如甲烷的 $\lambda_{max}=125$nm，它的吸收光谱曲线必须在真空中测定。

2）$n\rightarrow\sigma^*$ 跃迁：含有氧、氮、硫、卤素等杂原子的饱和烃衍生物都可发生 $n\rightarrow\sigma^*$ 跃迁。吸收带一般仍然低于 200nm，通常仅能见到末端吸收。例如饱和脂肪族醇或醚在 180～185nm，饱和脂肪胺在 190～200nm；饱和脂肪族氯化物在 170～175nm；饱和脂肪

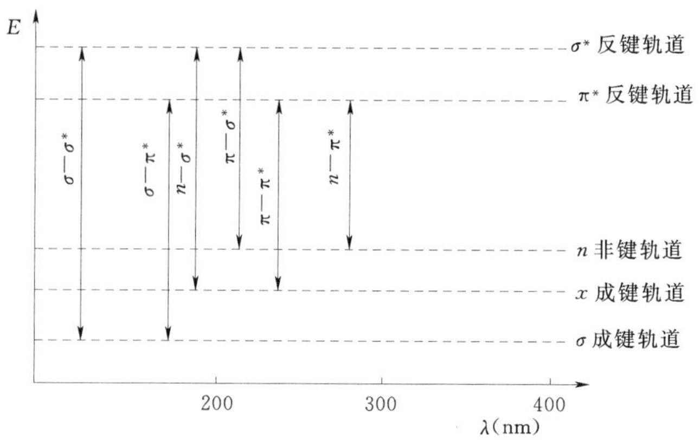

图 7.12 分子轨道能级图及电子跃迁形式

族溴化物在 200～210nm。

3）$\pi\rightarrow\pi^*$ 跃迁：分子中含有双键、叁键的化合物和芳环及共轭烯烃可发生此类跃迁。孤立双键的最大吸收波长小于 200nm（例如乙烯的 λ_{max}＝180nm）。随着共轭双键数增加，吸收峰向长波方向移动。

4）$n\rightarrow\pi^*$ 跃迁：分子中含有孤对电子的原子和 π 键同时存在并共轭时（如含 >C＝O，>C＝S，—N＝O，—N＝N—），会发生 $n\rightarrow\pi^*$。这类跃迁的吸收波长大于 200nm，但吸收强度弱，ε 一般低于 100L/(mol·cm)。

由于一般紫外—可见分光光度计只能提供 190～850nm 范围的单色光，因此，我们只能测量 $n\rightarrow\sigma^*$ 跃迁、$n\rightarrow\pi^*$ 跃迁和部分 $\pi\rightarrow\pi^*$ 跃迁的吸收，而对与 $\sigma\rightarrow\sigma^*$ 只能产生 200nm 以下吸收的跃迁则无法测量。

2. 有关术语

（1）生色团。分子中含有非键或 π 键的电子体系，能吸收外来辐射时并引起 $\pi-\pi^*$ 和 $n-\pi^*$ 跃迁，在 200～1000nm 波长范围内产生特征吸收带的具有一个或多个不饱和键和未共用电子对的基团，称为生色团。如 >C＝C<、>C＝O、—N＝N—、—C≡N、—C≡C—、—COOH、—N＝O 等。

（2）助色团。一些含有未共用电子对的氧原子、氮原子或卤素原子的基团。如 —OH、—NH_2、—SH、—X 等。它不会使物质具有颜色，但引进这些基团能增加生色团的生色能力，使其吸收波长向长波方向移动，并增加了吸收强度。

（3）红移。某些化合物经取代反应引入含有未共享电子对的基团后，吸收的最大波长向长波移动，这种效应称红移效应，这些基团称向红团。

（4）蓝移。某些发色团的碳原子端引入一些取代基后，吸收的最大波长向短波方向移动，这种效应称蓝移效应，这些基团（如—CH_3、—O—CO—CH_3 等）称向蓝团。

（5）溶剂效应。由于溶剂的极性不同引起某些化合物吸收峰的波长、强度及形状产生变化。$\pi\rightarrow\pi^*$ 跃迁，由非极性溶剂到极性溶剂，红移；$n\rightarrow\pi^*$ 跃迁，由非极性溶剂到极性溶剂，蓝移。

（6）吸收带及类型。吸收带是指吸收峰在紫外光谱中谱带的位置，因化合物的结构不同，跃迁的类型不同，吸收带的位置、形状、强度均不同。根据电子及分子轨道的种类，吸收带可分为R吸收带（由$n-\pi^*$跃迁，吸收波长较长，大于270nm）；K吸收带（由$\pi-\pi^*$跃迁，吸收波长比R吸收带短，217～280nm）；B吸收带（由苯环振动和$\pi-\pi^*$跃迁重叠引起的芳香族化合物的特征吸收带。230～270nm谱带上出现苯的精细结构吸收峰，可识别芳香族化合物）；E吸收带（也是芳香族化合物的特征吸收带）四类。

3. 紫外吸收光谱的应用

（1）定性鉴定。不同的有机化合物具有不同的吸收光谱，因此根据化合物的紫外吸收光谱中特征吸收峰的波长和强度可以进行物质的鉴定和纯度的检查。

1）未知试样的定性鉴定：无机化合物吸收弱，很少用于定性分析，但对有机化合物的定性分析是常用手段之一。在紫外光区根据紫外可见光谱提供的信息可判断分子中生色基团和助色基团的性质。比较样品和标准物质的吸收光谱的一致性（包括曲线形状、λ_{max}、λ_{min}、吸收峰数目、拐点及ε_{max}等），则可初步确定为同一化合物，为了进一步确认可更换一种溶剂重新测定后再作比较。

2）推断化合物的分子结构：紫外光谱是由物质分子中生色基团和助色基团引起的，它不能反映整个物质分子的特征，但对分析化合物中共轭结构和芳环结构是有价值的。根据紫外吸收峰的强弱、数目可推断化合物中可能存在的取代基的位置、种类和数目等。如化合物在200～800nm范围内无吸收，则不含直链共轭体系或环状共轭体系；如果样品在200～400nm无吸收，则说明该化合物可能是直链烷烃或环烷烃及脂肪族饱和胺、醇、醚、腈、羧酸和烷基氟或烷基氟，不含共轭体系，没有醛基、酮基、溴或碘；在210～250nm有吸收，可能含有两个共轭单位，250～300nm有弱吸收表示羰基存在等。

3）纯度检测（微量杂质）：如果某一化合物在紫外光区没有明显的吸收，而它的杂质有较强的吸收，则可用紫外吸收光谱检测杂质的存在。如要检查四氯化碳中有无CS_2杂质，只要观察在318nm处有无CS_2的吸收峰就可以确定。又如对乙醇样品中杂质苯检验，因苯在256nm波长处有最大吸收，而乙醇在此波长处无吸收，所以可利用此特征检验乙醇中杂质苯。

（2）定量测定。在近紫外区，光的吸收符合Lambert－Beer定律，其定量测定方法与可见分光光度法相同。

7.4.2 水中硝酸根离子的测定

1. 原理

利用硝酸根离子在220nm波长处的吸收来定量测定硝酸盐氮。如果水样中溶解的有机物在220nm处和275nm处均有吸收，但是硝酸根离子在275nm处没有吸收。因此，在275nm处再测定一次，以校正硝酸盐氮值。若NO_2^-干扰可用氨磺酸消除。用校准曲线法测定水样中硝酸盐氮含量。

2. 主要仪器与试剂

（1）仪器。紫外分光光度计、1cm石英比色皿、离子交换柱（ϕ1.4cm、树脂高5～8cm）、定量分析基本仪器等。

（2）试剂。

1）硝酸钾标准储备液100mg/L。准确称取0.7218g优级纯KNO_3（在105～110℃烘干2h）于烧杯中，加水溶解，转移至1000mL容量瓶稀释到刻度，加2mL二氯甲烷保护剂，混匀，可稳定6个月。

2）硝酸钾标准使用液10mg/L。吸取10.00mL硝酸钾标准储备液于100mL容量瓶中，用无氨水稀释至刻度。则该溶液每毫升含硝酸盐氮10μg。

3）氢氧化钠溶液5mol/L。

4）氢氧化铝悬浮液：溶解125g硫酸铝钾［$KAl(SO_4)_2 \cdot 12H_2O$］或硫酸铝铵［$NH_4Al(SO_4)_2 \cdot 12H_2O$］于1000mL水中，加热至60℃，在搅拌下，徐徐加入55mL浓氨水，放置约1h。移入1000mL量筒中，用水反复洗涤沉淀，直到洗涤液中不含亚硝酸盐为止。澄清后，将上层清液尽量全部倾出，只留稠的悬浮物，最后加入100mL水，使用前振荡均匀。

5）盐酸溶液1mol/L（优级纯）。

6）氨基磺酸溶液0.8%，注意避光冷藏保存。

7）无氨水：取1000mL蒸馏水于全玻璃蒸馏器中，加H_2SO_4至pH值小于2后重蒸馏，先弃去100mL初馏液，收集后面馏出液，密封保存在具塞玻璃容器中。

8）大孔径型中型树脂：CAD—40或XAD—2型及类似型树脂。

9）甲醇。

3. 操作步骤

（1）水样预处理及测定。浑浊水样应过滤。如水样有颜色，应在每100mL水样中加入4mL氢氧化铝悬浮液，在烧杯中搅拌5min后过滤。取25mL经过滤或脱色的水样于50mL容量瓶中，加入1mL的1mol/L盐酸溶液，用无氨水稀释至刻度。

（2）标准系列配制。分别吸取硝酸钾标准使用液（10mg/L）0.00、1.00、2.00、3.00、4.00、5.00、10.00于7个50mL比色管中，各加入1mL的1mol/L盐酸溶液和0.1mL氨基磺酸溶液（如亚硝酸盐氮低于0.1mg/L时可不加），用无氨水稀释至刻度。

（3）校准曲线绘制。在$\lambda=220$nm处，用1cm石英比色皿分别测定标准系列和水样的吸光度。由标准系列可得到标准曲线，根据水样的吸光度可从标准曲线上查得对应的浓度，用此值乘以稀释倍数即可知水样中硝酸盐氮的含量。

若水样中存在有机物对测定有干扰作用，可同时在$\lambda=275$nm处测定吸光度，并得到校正吸光度：$A_{校}=A_{220nm}-2A_{275nm}$。然后按上述相同的方法查取、计算其含量。

（4）数据记录。

编　号	1	2	3	4	5	6	7	水样1	水样2
$V_{硝酸钾}$(mL)	0.00	1.00	2.00	3.00	4.00	5.00	10.00	25.00	25.00
$m_{硝酸盐氮}$(μg)	0.0	10.0	20.0	30.0	40.0	50.0	100.0	m_1	m_2
A									

（5）结果计算。

$$硝酸盐氮含量(N,mg/L)=\frac{m}{V}$$

式中　m——由校准曲线查得的水样中硝酸盐氮含量，μg；

V——所取原水样体积，mL。

7.4.3 红外光谱法（简介）

1. 红外光谱法

红外光谱法（infrared spectroscopy）研究红外光与物质间相互作用的科学，即以连续波长的红外光为光源照射样品引起分子振动和转动能级之间跃迁，所测得的吸收光谱为分子的振转光谱，又称红外光谱。红外区可分为以下几个区域，见表7.7。

表7.7 红外光谱区域划分

区域	$\lambda(\mu m)$	波数 $\tilde{\nu}$ (σ/cm)	能级跃迁类型
近红外（泛频区）	0.78～2.5	12820～4000	OH、NH和CH键的倍频吸收区
中红外（基本振动区）	2.5～50	40000～200	分子的振动、转动
远红外（转动区）	50～1000	200～10	分子的转动
最常用的	2.5～15	40000～670	

红外光谱在化学领域中主要用于分子结构的基础研究（测定分子的键长、键角等）以及化学组成的分析（即化合物的定性定量），但其中应用最广泛的还是化合物的结构鉴定。根据红外光谱的峰位、峰强及峰形，判断化合物中可能存在的官能团，从而推断出未知物的结构。有共价键的化合物（包括无机物和有机物）都有其特征的红外光谱，除光学异构体及长链烷烃同系物外，几乎没有两种化合物具有相同的红外吸收光谱，即所谓红外光谱具有“指纹性”，因此红外光谱法用于有机药物的结构测定和鉴定是最重要的方法之一。红外光谱法主要研究分子结构与其红外光谱之间的关系。

2. 红外光谱定义

红外光谱又称分子振动转动光谱，属分子吸收光谱。样品受到频率连续变化的红外光照射时，分子吸收其中一些频率的辐射，分子振动或转动引起偶极矩的净变化，使振—转能级从基态跃迁到激发态，相应于这些区域的透射光强减弱，记录百分透过率 $T\%$ 对波数或波长的曲线，即红外光谱。

3. 紫外光谱与红外光谱的区别

(1) 光谱产生的机制。紫外主要是电子能级跃迁，红外主要是振动能级跃迁。

(2) 不同研究对象。紫外研究的对象是具有共轭体系的不饱和化合物，红外研究的对象除了单原子分子和同核双原子分子少数分子外，几乎能研究所有的化合物及有偶极距变化的有机物。

(3) 使用范围不同。紫外可以进行定性和定量分析，分析的是液体；红外最重要的用途是有机化合物的结构分析，是一种非破坏性的分析，分析的试样可以是液体、固体、气体。

(4) 红外光谱特点。

1) 红外吸收只有振—转跃迁，能量低。

2) 应用范围广，除单原子分子及单核分子外，几乎所有的有机物均有红外吸收。

3) 分子结构更为精细的表征：通过波谱的波数位置、波峰数目及强度确定分子基团和分子结构。

4) 可以进行定量分析。

5) 固、液、气态试样均可用，且用量少，不破坏样品。

6) 分析速度快。

7）与色谱等联用（GC—FTIR）具有强大的定性功能。

（5）红外分光光度计。

1）仪器的工作原理。色散型红外分光光度的结构和紫外—可见分光光度计大体一样，也由光源、吸收池、单色器、检测器以及记录显示装置组成。两者最基本的一个区别是：前者的吸收池是放在光源和单色器之间，后者则是放在单色器的后面。

2）仪器主要部件。

a. 光源：常用的光源是能斯特灯和硅碳棒。

b. 吸收池：红外吸收池使用可透过红外的材料制成窗片，不同的样品状态（固、液、气态）使用不同的样品池，固态样品可与晶体混合压片制成。由于玻璃、石英等对红外光均有吸收，因此红外光谱吸收池窗口，一般用一些盐类的单晶制作。

c. 单色器：单色器的作用是把通过样品池和参比池的复合光色散成单色光，再射到检测器上加以检测。由色散元件、准直镜和狭缝构成。其中可用几个光栅来增加波数范围。狭缝宽度应可调。

d. 检测器及记录仪：检测器的作用是将照射在它上面的红外光变成电信号。常用的红外检测器有3种：高真空热电偶、热释电检测器和碲镉汞检测器。红外光能量低，因此常用热电偶、测热辐射计、热释电检测器和碲镉汞检测器等。

（6）红外光谱法应用简介。

1）定性分析。

a. 已知物的鉴定：将试样谱图与标准谱图对照或与相关文献上的谱图对照。

b. 未知物结构分析：如果化合物不是新物质，可将其红外谱图与标准谱图对照（查对）；如果化合物为新物质，则须进行光谱解析。

2）定量分析。

a. 测量吸光度。

（a）峰高法。将测量波长固定在被测组分有明显的最大吸收而溶剂只有很小或没有吸收的波数处，使用同一吸收池，分别测定样品及溶剂的透光率，则样品的透光率等于两者之差，并由此求出吸光度。

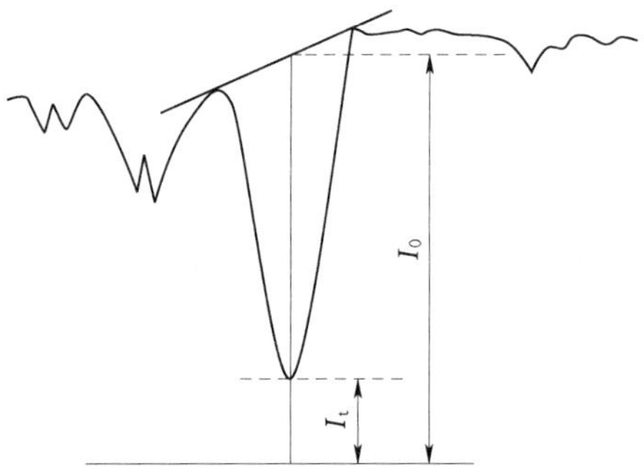

图7.13　基线法测量 A

（b）基线法。如图7.13所示，选择不被干扰和重叠的吸收带的两肩处，画一条与光谱吸收曲线相切的直线，以取得 I_0 值，再在最大吸收点测出 I 值，然后绘 $\lg I_0/I$ 对浓度的关系曲线。

b. 定量分析方法—吸收强度比法：假设有两个组分1和2的混合样品，都有一个互不干扰的特征吸收峰，根据朗伯—比尔定律：

$$A_1=a_1b_1c_1 \qquad A_2=a_2b_2c_2$$

该法的优点是可消除吸收池厚度等所引起的误差。但对谱带形状不对称的吸收带，测定结果的准确度较差。

注：学生可根据选用的教材及查阅资料，学习红外光谱知识的内容。

【复习思考题】

1. 紫外光度法测定饮用水中硝酸根离子含量应注意的问题有哪些?

2. 查阅紫外分光光度法测定蒽醌、维生素C的方法及实验测定步骤的设计。

3. 自测题。

(1) 选择题。

1) 紫外—可见分光光度计分析所用的光谱是(　　)光谱。

A. 原子吸收　　B. 质子吸收　　C. 分子发射　　D. 分子吸收

2) 符合吸收定律的溶液稀释时,其最大吸收峰波长位置(　　)。

A. 向长波移动　　B. 向短波移动　　C. 不移动　　D. 不移动,吸收峰值降低

3) 下列含有杂质原子的饱和有机化合物均有 $n \to \sigma^*$ 电子跃迁,试指出哪种化合物出现此吸收带的波长较长?(　　)

A. 甲醇　　B. 氯仿　　C. 一氯甲烷　　D. 碘仿

4) 在紫外—可见光区有吸收的化合物是(　　)。

A. $CH_3-CH_2-CH_3$　　B. CH_3-CH_2-OH

C. $CH_2=CH-CH_2-CH=CH_2$　　D. $CH_3-CH=CH-CH=CH-CH_3$

5) 某非水溶性化合物,在200~250nm有吸收,当测定其紫外—可见光谱时,应选用的合适溶剂是(　　)。

A. 正己烷　　B. 丙酮　　C. 甲酸甲酯　　D. 四氯乙烯

6) 石英玻璃含二氧化硅质量分数在99.95%以上,它的耐酸性能非常好,但石英玻璃器皿不能盛放下列(　　)。

A. 盐酸　　B. 氢氟酸　　C. 硝酸　　D. 硫酸

7) 在生产单位中,为检验分析人员之间是否存在系统误差,常用以下哪种方法进行校正?(　　)

A. 空白实验　　B. 对照实验　　C. 增加平行测定次数　D. 校准仪器

8) 某有色溶液在某一波长下用2cm吸收池测得其吸光度为0.750,若改用0.5cm和3cm吸收池,则吸光度各为(　　)。

A. 0.188/1.125　　B. 0.108/1.105　　C. 0.088/1.025　　D. 0.180/1.120

9) 紫外—可见分光光度法测定的灵敏度高,准确度好,一般其相对误差在(　　)。

A. 不超过±0.1%　B. 1%~5%　　C. 5%~20%　　D. 5%~10%

10) 重铬酸钾溶液对可见光中的有吸收,所以溶液显示其互补光(　　)。

A. 紫色　　B. 黄色　　C. 绿色　　D. 蓝色

(2) 名词解释。生色团、助色团、红移、蓝移、增色效应、溶剂效应。

(3) 问答题。

1) 紫外—可见分光光度法有什么异同点?

2) 紫外—可见分光光度计使用中的注意事项有哪些?

3) 什么是吸收曲线? 制作吸收曲线的目的是什么?

4) 分光光度法常用的单组分定量分析方法有哪几种?

(4) 计算题。

1）某试液用2.0cm的吸收池测定时，其透光率为60%，若用1.0cm和3.0cm的吸收池测定，则其透光率和吸光度分别为多少？

2）将0.1mg的Fe^{3+}在酸性溶液中用KSCN显色稀释至500mL，盛于1.0cm的吸收池中，在波长480nm处测得吸光度为0.240，计算摩尔吸光系数和百分吸光系数。（Fe的原子量为55.84g/mol）

3）精密称取$KMnO_4$样品和$KMnO_4$纯品各0.1500g，分别溶于纯化水中并稀释至1000mL。再各取10mL用纯化水稀释至50mL，摇匀，用1cm的吸收池，在525nm处，测得样品溶液和标准溶液的吸光度分别为0.310和0.325。求样品中$KMnO_4$的含量。

项目8 原子吸收分光光度法应用

项目说明

通过本项目的学习，了解原子吸收法的特点、仪器结构；能正确讲述原子吸收法的原理和常用的分析方法；会正确操作原子吸收分光光度计完成工业用水中铁、锰含量的检测分析任务。在进行分析的过程中，学会思考，提出问题，完成分析方案的设计、样品预处理、结果计算及报告编写。

总体目标

知识目标

1. 了解原子吸收分光光度计的结构、作用及基本维护。
2. 理解原子吸收分光光度法的基本原理。
3. 掌握原子吸收分光光度计的操作，了解测量条件的选择及干扰的消除方法。
4. 熟悉原子吸收法进行样品预处理、测试、实验结果处理和报告编写等。
5. 了解发射光谱法。

能力目标

1. 在教师指导下，能进行仪器的调试、操作和基本维护。
2. 能根据样品选择适当的预处理方法消除干扰。
3. 能完成实际样品分析方案的设计及测试任务。

工作态度

1. 提高学生的团队合作精神。
2. 培养分析问题，解决问题的能力。
3. 培养学生认真负责的工作态度。
4. 实验室内所有行动符合安全要求。

8.1 原子吸收分光光度计的使用

8.1.1 原子吸收光谱的概述

1. 发现及发展历程

原子吸收光谱的研究起源于对太阳光的观测。1802年渥拉斯通发现太阳光光谱中存在许多黑线，之后弗兰霍夫详细研究了这些现象，但未阐明原因。因此，这些黑线也称弗兰霍夫线。1860年柯尔希霍夫对碱金属和碱土金属元素的发射光谱自吸现象的研究证实了基态的原子蒸气对于同种原子发射的电磁波具有吸收作用，联系到弗兰霍夫线的位置恰好相当于某些化学元素发射的特征谱线的位置，从而阐明这些黑线是由于大气层中的蒸气组分吸收了太阳辐射中某些波长的电磁波所造成的。1955年瓦尔西（Walsh）正式提出原子吸收理论，1959年沃夫（Wolf）发明非火焰法（石墨炉），1965年威尔茨提出 N_2O—C_2H_4 焰，20世纪70年代出现背景扣除技术。近年来，计算机、微电子、自动化、人工智能技术和化学计量等的发展，各种新材料与元器件的出现，大大改善了仪器的性能，使原子吸收分光光度计的精密度、灵敏度及自动化程度有了极大提高，使其成为痕量元素分析灵敏且有效的方法之一，应用广泛。

2. 原子吸收光谱法基本原理

任何元素的原子都是由原子核和绕核运动的电子组成，原子核外电子按其能量的高低分层分布而形成不同的能级，因此，一个原子核可以具有多种能级状态。能量最低的能级状态称为基态能级（$E_0=0$），其余能级称为激发态能级，而能量最低的激发态则称为第一激发态。正常情况下，原子处于基态，核外电子在各自能量最低的轨道上运动。如果将一定外界能量如光能提供给该基态原子，当外界光能量 E 恰好等于该基态原子中基态和某一较高能级之间的能级差 ΔE 时，该原子将吸收这一特征波长的光，外层电子由基态跃迁到相应的激发态，而产生原子吸收光谱（AAS）。电子跃迁到较高能级以后处于激发态，但激发态电子不稳定，大约经过 10^{-8}s 以后，激发态电子将返回基态或其他较低能级，并将电子跃迁时所吸收的能量以光的形式释放出去，这个过程称为原子发射光谱。

在通常的原子吸收测定条件下，原子蒸气中基态原子数近似等于总原子数。在原子蒸气中（包括被测元素原子），可能会有基态与激发态存在。根据热力学的原理，在一定温度下达到热平衡时，基态与激发态的原子数的比例遵循 Boltzman 分布定律。

$$N_i/N_0=g_i/g_0 e^{\Delta E/kT} \tag{8.1}$$

式中　N_i、N_0——单位体积内激发态和基态原子数；

g_i、g_0——激发态和基态能级的统计权重它表示能级的简并度，其值 2J+1；

ΔE——激发态与基态两内能间能量差，J；

T——热力学温度，K；

k——波尔兹曼常数。

在原子吸收光谱中，原子化温度一般小于 3000K，大多数元素的最强共振线都低于 600nm，N_i/N_0 值绝大部分在 10^{-3} 以下，激发态和基态原子数之比小于 1‰，激发态原子数可以忽略。因此，基态原子数 N_0 近似等于总原子数 N。

可见原子吸收光谱过程吸收辐射能量，而原子发射光谱过程则释放辐射能量。核外电子从基态跃迁至第一激发态时所吸收的谱线称为共振吸收线，简称共振线。电子从第一激发态返回基态时所发射的谱线称为第一共振发射线。由于基态与第一激发态之间的能级差最小，电子跃迁几率最大，故共振吸收线最易产生。对多数元素来讲，它是所有吸收线中最灵敏的，在原子吸收光谱分析中通常以共振线为分析线。

原子吸收光谱分析就是基于试样蒸汽相中被测元素的基态原子对由光源发出的该原子的特征性窄频辐射产生共振吸收，其吸光度在一定范围内与蒸汽相中被测元素的基态原子浓度成正比，以此测定试样中该元素含量的一种仪器分析方法。基态原子吸收其共振辐射，外层电子由基态跃迁至激发态而产生原子吸收光谱。原子吸收光谱位于光谱的紫外区和可见区。

3. 原子吸收线的宽度

由实验可知，当光源发出的电磁辐射进入火焰时，被同种元素的基态原子吸收而使某些波长的谱线辐射强度减弱，则把这些强度减弱的谱线称为吸收谱线或吸收线。吸收强度或吸收系数随 ν 变化的曲线，称谱线轮廓。不论吸收线或发射线，都不是理想的几何线，而是有一定宽度，或者说有一定的频率分布。而朗伯—比尔定律只适用于单一频率，所以将这条吸收线，看成是由相应精细的各个频率 ν_1、ν_2、ν_3 等围绕着一个中心频率 ν_0 而组成的。按吸收定律可求得各相应频率的吸收系数 K_{v1}、K_{v2}、K_{v3} 等，以 ν—K_v 作图，可得出吸收曲线（见图 8.1）。

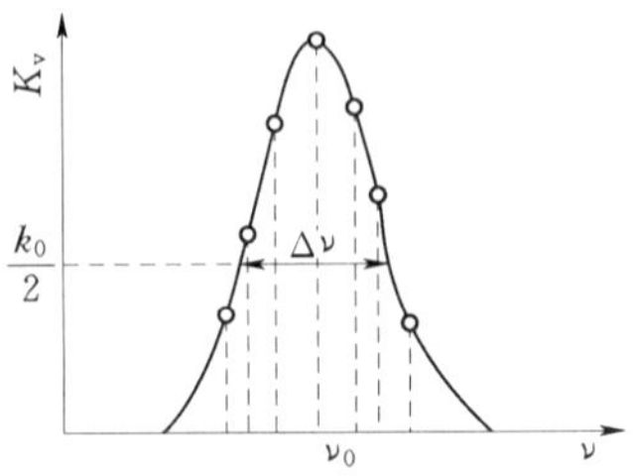

图 8.1 积分吸收曲线

谱线的宽度常用半宽度（即图 8.1 中 $\Delta\nu$）来表示，它是指最大吸收值一半处的频率宽度。谱线变宽对于原子吸收光谱分析有着一定的影响，它对测定灵敏度和准确度的高低有决定性的作用。谱线宽度增大时，测定的灵敏度和准确度都会变差。所以对光谱发射谱线和原子蒸气的吸收谱线都要控制谱线变宽。

4. 原子吸收值与待测元素浓度的定量关系

（1）积分吸收。在吸收线轮廓内，吸收系数的积分称为积分吸收系数，简称为积分吸收，它表示吸收的全部能量。从理论上可以得出，积分吸收与原子蒸气中吸收辐射的原子数成正比。数学表达式为

$$\int K_v d_v = \frac{\pi e^2}{mc} f N_0 \tag{8.2}$$

式中 e——电子电荷量；

m——电子质量；

c——光速；

N_0——单位体积内基态原子数；

f——振子强度，即能被入射辐射激发的每个原子的平均电子数，它正比于原子对特定波长辐射的吸收概率。这是原子吸收光谱分析法的重要理论依据。

在一定条件下，$\frac{\pi e^2}{mc} f$ 为常数，N_0 与试样浓度成正比（$N_0 \propto C$）。因此

$$\int K_v d_v = kC \tag{8.3}$$

若能测定积分吸收，则可求出原子浓度。

（2）峰值吸收。在实际工作中测量积分吸收是非常困难的。因为吸收谱线的宽度非常窄，一般在 0.001～0.005nm 之间，要测量带宽这样窄的谱线轮廓，并求出它的积分吸收，要求用分辨率高达 5×10^5 的光谱仪。同时，因用很窄的狭缝，使透过光能量太弱，以致给出的信号与仪器的噪声接近而难于准确读数，所以，实际上几乎不可能测量积分吸收，因此，原子吸收现象虽然早在 100 多年前就已经被发现，却一直未能用于分析工作中。

1955 年瓦尔西（Walsh）认为可以在温度不太高，变动不太大（稳定火焰）的条件下，用测量峰值吸收系数 K 来代替测量积分吸收，解决了测量积分吸收的困难，建立了原子吸收分析法。

在一般原子吸收测量条件下，原子吸收轮廓取决于 Doppler（热变宽）宽度，通过运

算可得峰值吸收系数 $K_0=\frac{N_0}{\Delta\nu_D}\cdot\frac{2\sqrt{\pi \ln 2}\cdot e^2 f}{mc}$，可以看出，峰值吸收系数与原子浓度成正比，只要能测出 K_0 就可得出 N_0。当温度等实验条件恒定时，对给定元素，$\frac{2\sqrt{\pi \ln 2}}{\Delta\nu_D mc}\cdot e^2 f$ 为常数，因此

$$K_0=\kappa' c \tag{8.4}$$

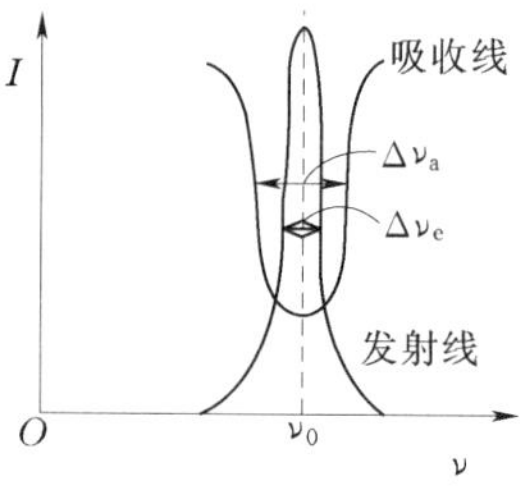

图 8.2　峰值吸收示意图

式（8.4）表明，在实验条件下，基态原子蒸气的峰值吸收与试样中待测元素浓度成正比。

瓦尔西指出，若采用锐线光源，它的发射线半宽度比吸收线半宽度更窄，则可准确求出最高峰时的吸收值，使基态原子对共振辐射线的最大限度地吸收成为可能。

在原子吸收分析中需要使用锐线光源，测量谱线的峰值吸收，如图 8.2 所示。锐线光源应满足条件：

1）光源的发射线与吸收线的 ν_0 一致。

2）发射线的半宽度小于吸收线的半宽度，即 $\Delta\nu_e<\Delta\nu_a$。

3）两者谱线的中心频率 ν_0 相重合。

用空心阴极灯作锐线光源，就使这个问题得到解决。

5. 原子吸收分光光度法与分光光度法异同

原子吸收分光光度法与分光光度法异同，见表 8.1。

表 8.1　**原子吸收分光光度法与分光光度法异同**

方法	不同点					相同点	
	吸收机理	光源	样品状态	仪器排布	应用	定量	工作波长（nm）
分光光度法	分子吸收带状光谱	连续光源	分子或离子	光源—单色器—吸收池—检测器	定性、定量和结构分析	$A=Kc$	190～900
原子吸收分光光度法	原子吸收线状光谱	锐线光源	原子蒸气	光源—原子化器—单色器—检测器	定量分析	$A=Kc$	190～900

6. 原子吸收光谱法的特点和应用范围

（1）灵敏度高，检出限低。火焰法：10^{-6}g；非火焰法：10^{-10}～10^{-14}g。

（2）准确性高。火焰法：相对误差小于1%；非火焰法：相对误差小于3%～5%。

（3）选择性好。干扰少，一般可直接测定。

（4）操作简便，分析速度快。一般几分钟内即可完成一种元素的测定，若用自动光谱仪，35min 内可测定 50 个试样中的 6 种元素。

（5）应用广泛，样品量少。可测 70 多种金属，也可间接测定一些非金属元素和有机化合物；非火焰法样品用量少，通常固体样品为 20～40μg，液体试样为 1～100μL。

8.1.2　原子吸收分光光度计的基本组成部件

原子吸收分光光度计又称原子吸收光谱仪。原子吸收分光光度计主要由光源、原子化

器、单色器（分光系统）、检测系统四部分组成，如图 8.3 所示。

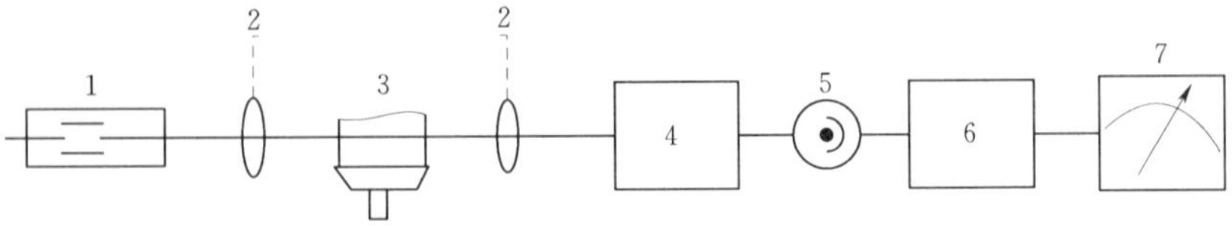

图 8.3 原子吸收分光光度计基本构造示意图

1—空心阴极灯；2—透镜；3—燃烧器；4—单色器（光栅）；5—光电倍增管；6—对数转换、标尺扩展等装置；7—显示装置

以火焰原子化为例说明原子吸收进行样品分析的基本流程。首先试样经吸样毛细管吸入原子化器，在高速气流作用下喷射成细雾与燃气混合后进入燃烧的火焰中，被测元素在火焰中转化为原子蒸气。气态的基态原子吸收从光源发射出的与被测元素吸收波长相同的特征谱线，使该谱线的强度减弱，再经分光系统分光后，由检测器接收，产生的电信号，经放大器放大，由显示系统显示吸光度或光谱图。

8.1.2.1 光源

1. 作用

发射被测元素的特征谱线——共振线。

2. 基本要求

（1）发射的共振辐射的半宽度要明显小于吸收线的半宽度（锐线光源）。

（2）共振辐射强度足够大。

（3）稳定性好，背景吸收小。

3. 种类

蒸气放电灯、无极放电灯、空心阴极灯等。因无极放电灯虽然强度高，但制备困难，造价高。空心阴极灯是符合上述要求的理想光源，应用最广。

4. 空心阴极灯工作原理

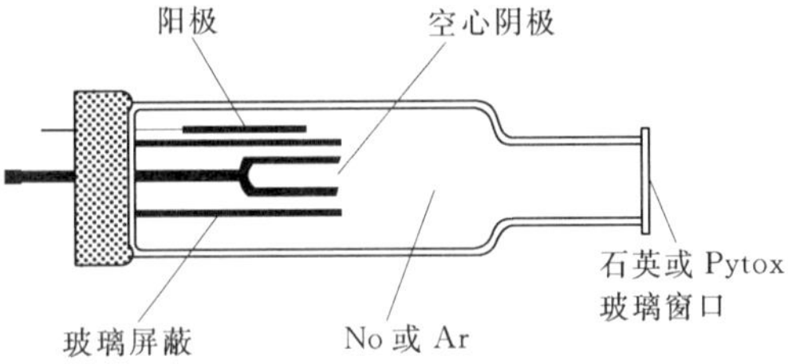

图 8.4 空心阴极灯的结构图

空心阴极灯是由玻璃管制成的封闭着低压气体的放电管，主要是由一个阳极和一个空心阴极组成，如图 8.4 所示。阳极为钨棒，上面装有钛丝或钽片作为吸气剂。阴极为空心圆柱形，由待测元素的高纯金属或合金直接制成，贵重金属以其箔衬在阴极内壁。灯的通光窗材料根据所发射的共振线波长而定，在可见波段用硬质玻璃，在紫外波段用石英玻璃。制作时先抽成真空，然后再充入压强约为 267～1333Pa 的少量氖或氩等惰性气体，其作用是载带电流，使阴极产生溅射及激发原子发射特征的锐线光谱。

由于受宇宙射线等外界电离源的作用，空心阴极灯中总是存在极少量的带电粒子。当两极间施加 300～500V 电压后，管内气体中存在着极少量阳离子向阴极运动，并轰击阴极表面，使阴极表面的电子获得外加能量而逸出。逸出的电子在电场作用下，向阳极作加速运动，在运动过程中与充气原子发生非弹性碰撞，产生能量交换，使惰性气体原子电离产生二次电子和正离子。在电场作用下，这些质量较重、速度较快的正离子向阴极运动并轰击阴极表面，使阴极表面的电子被击出，而且阴极表面的原子获得能量从晶格能的束缚中逸出而进入空间，这种现象称为阴极的“溅射”。溅射出来的阴极元素的原子，在阴极区再与电子、惰性气体原子、离子等相互碰撞而获得能量被激发，发射阴极物质的线光谱。空心阴极灯发射的光谱，主要是阴极元素的光谱。若阴极物质只含一种元素，则制成的是单元素灯。若阴极物质为含多种元素的合金，则可制成多元素灯。多元素灯的发光强度一般比单元素灯弱。

空心阴极灯的发光强度与其工作电流有关。使用时灯电流过小，放电不稳定；灯电流过大，溅射作用增强，原子蒸气密度增大，谱线变宽，甚至引起自吸，导致测定灵敏度降低，灯寿命缩短。因此在实际工作中空心阴极灯选择的工作电流应为其额定电流的40%～60%。

8.1.2.2　原子化器

1. 作用

原子化器的功能是提供能量，使试样干燥、蒸发和原子化。入射光束在这里被基态原子吸收，因此也可把它视为“吸收池”。

2. 对原子化器的基本要求。

(1) 必须具有足够高的原子化效率。

(2) 必须具有良好的稳定性和重现形。

(3) 操作简单、干扰水平低等。

3. 种类

常用的原子化器有火焰原子化器和非火焰原子化器，如图8.5和图8.6所示。

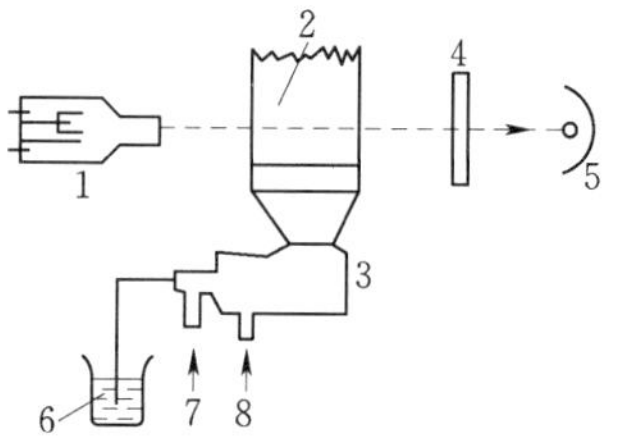

图8.5　原子化器示意图

1—光源；2—火焰；3—雾化室；4—单色器；5—检测器；6—试液；7—助燃气入口；8—燃气入口

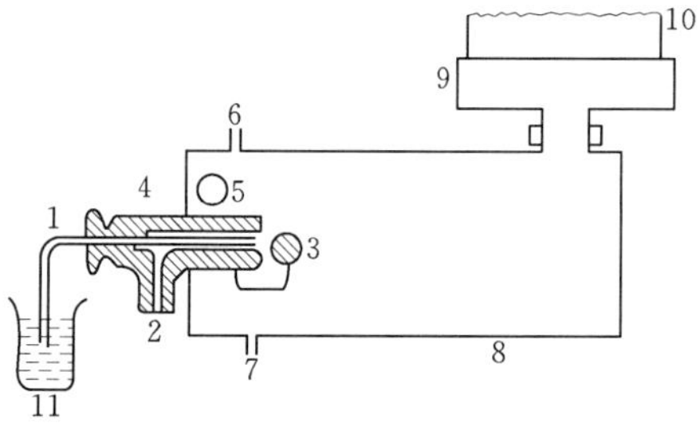

图8.6　喷雾—燃烧器的结构

1—毛细管；2—空气入口；3—撞击球；4—雾化器；5—补充空气入口；6—燃料气入口；7—排液；8—雾化室；9—燃烧器；10—火焰；11—试液

(1) 火焰原子化器。火焰原子化法中，常用的是预混合型原子化器，它是由雾化器、雾化室和燃烧器三部分组成。用火焰使试样原子化是目前广泛应用的一种方式。

1) 雾化器（喷雾器）。雾化器（喷雾器）是火焰原子化器中的重要部件。它的作用是将试液变成细雾。雾粒越细、越多，在火焰中生成的基态自由原子就越多。目前，应用最广的是气动同心型喷雾器。喷雾器喷出的雾滴碰到玻璃球上，可产生进一步的细化作用。其性能对测定精密度、灵敏度和化学干扰等都有影响。因此要求雾化器喷雾稳定、雾滴微细均匀和雾化效率高。目前，喷雾器多采用不锈钢、聚四氟乙烯或玻璃等制成。

2) 雾化室。主要作用是除大雾滴，并使燃气和助燃气充分混合，以便在燃烧时得到稳定的火焰。其中的扰流器可使雾滴变细，同时可以阻挡大的雾滴进入火焰。一般喷雾装置的雾化效率为10%～30%。

3）燃烧器。试液的细雾滴进入燃烧器，在火焰中经过干燥、熔化、蒸发和离解等过程后，产生大量的基态自由原子及少量的激发态原子、离子和分子。燃烧器喷口一般做成狭缝式，这种形状既可获得原子蒸气较长的吸收光程，又可防止回火。燃烧器有单缝和三缝两种。燃烧器的缝长和缝宽应根据所用燃料确定。目前，单缝燃烧器应用最广泛。

单缝燃烧器产生的火焰较窄，部分光束在火焰周围通过而未能被吸收，从而使测量灵敏度降低。采用三缝燃烧器，由于缝宽较大，产生的原子蒸气能将光源发出的光束完全包围，外侧缝隙还可以起到屏蔽火焰作用，并避免来自大气的污染物干扰。因此，三缝燃烧器比单缝燃烧器稳定。燃烧器多为不锈钢制造。燃烧器的高度应能上下调节，以便选取适宜的火焰部位测量。为了改变吸收光程，扩大测量浓度范围，燃烧器可旋转一定角度。

4）火焰及特性。

a. 火焰。原子吸收所使用的火焰，只要其温度能使待测元素离解成自由的基态原子就可以。如超过所需温度，则激发态原子增加，电离度增大，基态原子减少，这对原子吸收是很不利的。火焰的组成关系到测定的灵敏度、稳定性和干扰等。常用的火焰有空气—乙炔、氧化亚氮—乙炔、空气—氢气等多种，见表8.2所示。火焰种类的选择，应根据所测元素性质决定，使之原子化但不电离。火焰种类见表8.2。

表8.2　　火焰种类

火焰	最高燃烧速度（cm/s）	最高温度（℃）	
		计算值	测定值
空气—煤气	55		1918
空气—丙烷	43		1925
空气—氢气	440	2047	2045
空气—乙炔	170	2290	2275
氧气—乙炔	2480	3257	3140
氧化亚氮—乙炔	160	2950	2700

注　乙炔钢瓶内最大压力为1.5MPa，使用至0.5MPa就应重新充气，否则钢瓶中的丙酮会混入火焰，使火焰不稳定，噪声大，影响测定；乙炔管道系统不能使用纯铜制品，以免产生乙炔铜爆炸；乙炔钢瓶附近不可有明火；使用时应先开助燃气，再开燃气并立即点燃，关气刚好相反。

b. 火焰特性。贫燃性空气—乙炔火焰，其燃助比小于1∶6，火焰燃烧高度较低，燃烧充分，温度较高，但范围小，适用于不易氧化的元素。富燃性空气—乙炔火焰，其燃助比大于1∶3，火焰燃烧高度较高，温度较贫燃性火焰低，噪声较大，由于燃烧不完全，火焰晕强还原性气氛，适用于测定较易形成难熔氧化物的元素。日常分析工作中，较多采用化学计量的空气—乙炔火焰（中性火焰），其燃助比为1∶4。这种火焰稳定、温度较高、背景低、噪声小，适用于测定许多元素。空气—煤气火焰温度为1900℃，适于分析那些所生成的化合物易挥发、易电离的元素，如碱金属、汞等（表8.2）。

（2）非火焰原子化器。

1）非火焰原子化器常用的是石墨炉原子化器。石墨炉原子化法的过程是将试样注入石墨管中间位置，用大电流通过石墨管产生高达2000～3000℃的高温使试样干燥、蒸发和原子化。

2）石墨炉原子化法具有以下特点（与火焰原子化法相比）：

优点：原子化效率高（试样全部原子化）；绝对检出限可达10^{-12}～10^{-14}g，灵敏度高；液体和固体都可直接进样，用样量少，通常固体试样为20～40μg，液体试样为1～100μL。

缺点：干扰大，重现性差，相对偏差约为4%～12%（因加样量少）。

石墨炉原子化过程一般需要经四步程序升温完成。①干燥：在低温（溶剂沸点）下蒸发掉样品中的溶剂；②灰化：在较高温度下除去低沸点无机物及有机物；③减少基体干扰：高温原子化使以各种形式存在的分析物挥发并离解为中性原子；④净化：升至更高的温度，除去石墨管中的残留分析物，以减少和避免记忆效应。

3）石墨炉的基本结构包括石墨管（杯）、炉体（保护气系统）、电源等三部分。

a. 石墨管。目前商品石墨炉主要使用普通石墨管（GT）和热解石墨管（PGT）。普通石墨管升华点（3200℃）低，易氧化，使用温度必须低于2700℃。

b. 炉体。石墨炉炉体的设计、改进是分析学者主攻的对象。因为炉体的结构与待测元素原子化状态密切相关。进样时用精密微量注射器注入，每次几微升到20μL或50μL以下，固体试样从石英窗（可卸式）一侧，用专门的加样器加进石墨管中央，每根石墨管可使用50～200次。石墨炉在2～4s内，可使温度上升到3000℃，有些稀土元素，甚至需要更高的温度。但炉体表面温度不能超过60～80℃。因此，整个炉体有水冷却保护装置，如水温为200℃，水的流量为1～2L/min，炉子切断电源停止加热，在20～30s内，即可冷却到室温。

c. 石墨炉电源。是一种低压（8～12V）大电流（300～600A）而稳定的交流电源。设有能自动完成干燥、灰化、原子化、净化阶段的操作程序。

8.1.2.3　分光系统

光学系统可分为两部分：外光路系统（或称照明系统）和分光系统（单色器）。原子吸收分光光度计中单色器的作用是将待测元素的共振线与邻近谱线分开。为了便于测定，又要有一定的出射光强度，因此若光源强度一定，就需要选用适当的光栅色散率与狭缝宽度配合，构成适于测定的光谱通带是由色散元件的色散率与入射及出射狭缝宽度（两狭缝宽度通常是相等的）决定的。

$$\text{光谱通带(nm)}=\text{出射狭缝宽度(nm)}\times\text{线色散率倒数}$$

狭缝宽度影响光谱通带与检测器接收辐射的能量。狭缝宽度的选择要能使吸收线与邻近干扰线分开。当有干扰线进入光谱通带内时，吸光度值将立即减小。不引起吸光度减小的最大狭缝宽度为应选择的合适的狭缝宽度。

8.1.2.4　检测系统

（1）组成。主要由检测器、放大器、对数变换器、显示记录装置。

（2）作用。

1）检测器。将单色器分出的光信号转变成电信号。如光电倍增管、光敏晶体管等。原子吸收光谱法中检测器通常使用光电倍增管。分光后的光照射到光敏阴极K上，轰击出的光电子又射向光敏阴极，轰击出更多的光电子，依次倍增，最后放出的光电子比最初

多 10^6 倍以上，最大电流可达 $10\mu A$，电流经负载电阻转变为电压信号送入放大器。

光电倍增管的工作电源应有较高的稳定性。如工作电压过高、照射的光过强或光照时间过长，都会引起疲劳效应。

2）放大器。将光电倍增管输出的较弱信号经电子线路进一步放大。

3）对数变换器。光强度与吸光度之间的转换。

4）显示、记录。目前生产的新型仪器都配置有原子吸收计算机工作站。

8.1.3 原子吸收分光光度计的类型及性能

8.1.3.1 单光束原子吸光谱仪

这类仪器简单，操作方便，价格低，能满足一般原子吸收分析的要求，如图 8.7 所示。其缺点是不能消除光源波动造成的影响，基线漂移。在测量过程中要时常校正基线。空心阴极灯需要事先预热。

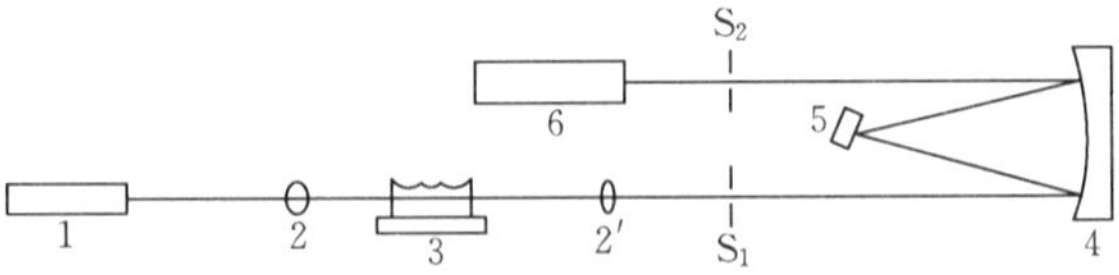

图 8.7 单光束原子吸收分光光度计光学系统示意图

1—空心阴极灯；2、2′—透镜；3—燃烧器；4—准直镜和成像物镜；5—平面光栅；6—检测器；S_1—入射狭缝；S_2—出射狭缝

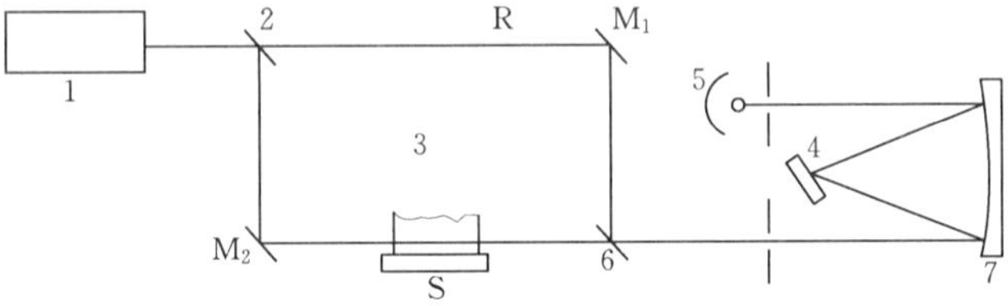

图 8.8 单道双光束仪器示意图

1—光源；2—旋转式切光器；3—燃烧器；4—平面光栅；5—光电倍增管；6—半透半反射镜；7—准直镜和成像物镜；M_1、M_2—平面反射镜

8.1.3.2 双光束原子吸收光谱仪

光源的漂移通过参比光束的作用而得到补偿，能获得一个稳定的输出信号。但是火焰扰动和背景吸收影响无法消除。此类仪器结构较之单光束复杂得多。造价也高，且维修困难，如图 8.8 所示。

8.1.3.3 双道双光束原子吸收光谱仪

“双道”就是采用了两套独立的分光系统和检测系统。每次可以同时测定两个元素。双道双光束仪器在一定程度上起到抑制原子化系统干扰的作用，测定结果精度高，但仪器价格十分昂贵。仪器结构原理示意图如图 8.9 所示。

8.1.4 原子吸收分光光度计的使用与日常维护和保养

8.1.4.1 原子吸收分光光度计的使用

在掌握了原子吸收分光光度计仪器分析原理和组成的基础上，认真阅读仪器说明书，在专业人员的指导下，方可进行仪器的基本操作练习。现以 TAS—990 火焰型原子吸收分

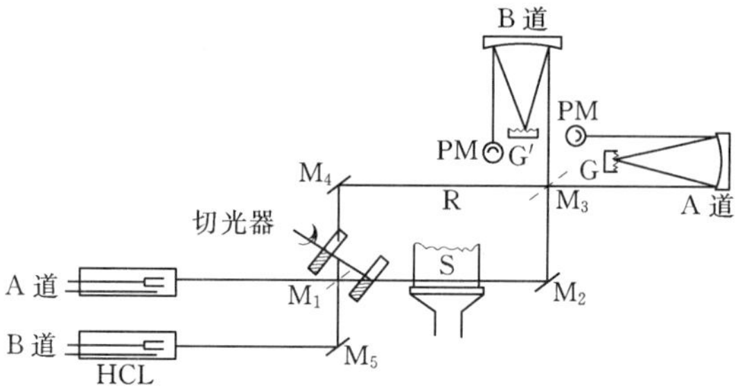

图 8.9　双道双光束型仪器示意图

HCL—空心阴极灯；R—参比光束；S—样品光束；PM—光电倍增管；G、G′—光栅；M_1、M_3—半透半反射镜；M_2、M_4、M_5—平面反射镜

光光度计为例，介绍原子吸收分光光度计的基本操作方法。

1. 开机顺序

开排风扇→开稳压电源→开计算机，安装待测元素灯→开原子吸收主机电源→双击程序图标“AAwin”→选择“联机”→单击“确定”，等待仪器各项初始化“确定”后进行测量操作。

2. 测量操作步骤

（1）选择元素灯及测量参数。选择“工作灯（W）”和“预热灯（R）”后，选择“下一步”→“设置元素测量参数”（根据测量元素确定灯电流等）→单击“下一步”→“寻峰”（设置波长）命令，寻峰完成后，选择“关闭”→“下一步”→“完成”→“检查元素灯光斑位置”命令，预热约 20～30min。

（2）设置测量样品和标准样品。单击“样品”，选择校正方法和待测溶液“浓度单位”→“下一步”命令，输入所配标准溶液的数目及浓度数值，单击“下一步”，输入测定样品的数目和名称，单击“下一步”，单击“完成”，进入测量界面。

（3）点火步骤。先检查排液管，使其充满水。再打开空压机，压力调至 0.25～0.30MPa，打开乙炔总阀，调节分表压力为 0.05～0.07MPa，检查各连接处不漏气后单击“点火”，如果没有点燃，等 5～10s 再次单击“点火”，待火焰点燃后，把进样吸管插入去离子水中，单击“能量”，选择“自动能量平衡”调整能量到 100%左右后关闭。

（4）测量步骤。

1）标准系列溶液测量。从高到低依次测量标准溶液吸光度，每次进样后等信号平稳后单击“开始”，待自动读数 3 次完成，再将进样吸管插入下一个样品继续测量。标样测完后，进样吸管插入去离子水中，单击“终止”。鼠标光标指向标准曲线图框内，查看相关系数 R 是否合格，如果合格，进入样品测量。

2）样品测量。进样吸管插入用去离子水清洗 5～10s，选择“测量”→插入空白溶液→“校零”→插入样品溶液命令，等信号平稳后单击“开始”，依次测量样品。测量样品数超过 5 个时，用去离子水再次清洗后，重新在空白溶液中校零再测定。

3）测量完成。单击“打印”，根据提示选择需要打印的结果。如果需要保存结果，单击“保存”，根据提示输入文件名称，单击“保存”。

（5）结束测量。

1）如果需要测量其他元素，可先临时关闭火焰，单击“元素灯”，操作步骤同 2)。

2）如果完成测量，一定要先关闭乙炔，等到计算机提示“火焰异常熄灭，请检查乙炔流量”，确定后再关闭空压机，按下放水阀，排除空压机内水分。

3. 关机顺序

选择退出 TAS—990 程序→关闭主机电源命令，罩上仪器罩后，选择填写仪器使用记录→关闭计算机电源→稳压器电源→15min 后再关排风扇→关闭实验室总电源命令，完成测量工作。

注：此“操作步骤”只是简单操作顺序，具体操作步骤和详细内容请参考说明书的相关内容。由于原子吸收在分析过程中会有很多干扰因素，请查阅相关手册和资料。

8.1.4.2 TAS系列原子吸收分光光度计使用注意事项

为了安全使用TAS系列原子吸收分光光度计，更好地提高使用效率，应注意以下几点：

1. 点火前的注意事项

(1) 在燃烧器安装进入燃烧室前，不要点燃火焰；在喷雾器安装进入燃烧室前，不要点燃火焰；水充满排水容器前，不要点燃火焰。

(2) 当用TAS—990时，不要移开热保护盘。仪器内部的火焰温度较高不可靠近。在点燃火焰前应检查气体流量设置。燃烧前不要直接用手触摸火焰防护装置。

2. 点火时的注意事项

(1) 当按下点火按钮时，不要从燃烧室顶上观看，不要将手放在燃烧室的上方。笑气—乙炔火焰点燃时，当火焰上升至仪器上方约40cm处时，尤其要小心。在点燃之前，确定关闭火焰防护罩（燃烧室门）。

(2) 燃烧时不要移动雾化器、排水管及燃烧器。

(3) 燃烧器红热时，不要触摸。氘灯红热时，不要触摸。

(4) 火焰熄灭后20min之内不要直接用手触摸火焰防护装置。不要在火焰上放任何物质。除了分析，不要将火焰挪作他用。

(5) 不要将电源电缆插入不提供接地的终端插口。不要随意丢弃空心阴极灯，因部分阴极金属可能有毒或容易燃烧。

8.1.4.3 乙炔钢瓶开关步骤

(1) 开启。逆时针打开乙炔钢瓶总开关，此时可看到乙炔钢瓶总压力表显示钢瓶内的气体总压力值，然后顺时针旋转出口压力调节阀至分压力表读数为0.05～0.07MPa。

(2) 关闭。关闭前火焰应处于燃烧状态。顺时针拧紧乙炔钢瓶总开关，此时可以看到钢瓶总压力表和分压力表的读数正在缓慢减小到0，然后逆时针松开出口压力调节阀3圈以上。

注意：乙炔钢瓶总压力表的显示小于0.5MPa，必须重新充装乙炔气。

8.1.4.4 空压机开关机步骤

(1) 开机。先开风机开关，再开工作开关，然后调整压力调节旋钮至0.25～0.30MPa。

(2) 关机。先关工作开关，然后按下放水按钮至压力为0，最后关闭风机开关。

8.1.4.5 原子吸收分光光度计的日常维护与保养

(1) 电源要使用稳压电源，功率在2000W以上。实验室电源要进行分相，主机、石墨炉、空气压缩机不可在同一相上，另外一定要有地线。

(2) 乙炔气体一定要使用高纯乙炔（99%以上）。

(3) 空气压缩机要注意排水，防止水进入仪器内部堵塞管路。

(4) 雾化器和燃烧头的清洁，玻璃高效雾化器堵塞时，不能用金属丝之类疏通，否则会损坏雾化器。燃烧头缝口积碳堵塞只能用薄的硬纸片、胶片或竹片疏通，不能用刀片或其他金属片，以免损伤燃烧头缝口。每次测量操作完成后，应喷雾化蒸馏水5min左右以冲洗燃烧器内的酸、碱和盐类物质。若测定了高浓度铜溶液，则要用水彻底冲洗燃烧器系统，避免生成乙炔铜化合物引起爆炸。

(5) 实验室要保持清洁卫生，尽可能做到无尘，无大磁场、电场，无阳光直射和强光照射，无腐蚀性气体，仪器抽风设备确保良好，经常去湿以保证室内干燥，室内空气相对湿度应小于70% 。一般应装备空调，以保持室温在15～30℃。

(6) 仪器若较长时间不使用，至少应保证每周1～2次打开仪器电源开关通电30min左右。

(7) 气路、水路要注意经常检漏。

8.1.5　原子吸收分光光度计常见故障及排除方法

原子吸收分光光度计常见故障及排除方法见表8.3。

表8.3　原子吸收分光光度计常见故障及排除方法

故障现象	故障原因	排除方法
1. 总电源指示灯不亮	(1) 仪器电源线断路或接触不良； (2) 仪器保险丝熔断； (3) 保险管接触不良	(1) 将电源线接好，压紧插头； (2) 更换保险丝； (3) 卡紧保险管使接触良好
2. 初始化中波长电机出现"X"	(1) 空心阴极灯未安装； (2) 光路中有物体遮挡； (3) 通信系统联系中断	(1) 重新安装灯； (2) 取出光路中的遮挡物； (3) 重新启动仪器
3. 元素灯不亮	(1) 电源线脱焊； (2) 灯电源插座松动； (3) 灯坏了	(1) 重新安装灯； (2) 更换灯位； (3) 换灯
4. 峰时能量过低，能量超上限	(1) 元素灯不亮； (2) 元素灯位置不对； (3) 灯老化	(1) 重新安装空心阴极灯； (2) 重设灯位； (3) 更换新灯
5. 点击"点火"，无高压放电打火	(1) 空气无压力； (2) 乙炔未开启； (3) 废液液位低； (4) 乙炔泄漏，报警	(1) 检查空压机； (2) 检查乙炔出口压力； (3) 加入蒸馏水； (4) 关闭紧急灭火
6. 测试基线不稳定、噪声大	(1) 仪器能量低，倍增管负压高； (2) 波长不准确； (3) 元素灯发射不稳定	(1) 检查灯电流； (2) 检查寻峰是否正常； (3) 更换已知灯
7. 标准曲线弯曲	(1) 光源灯失气； (2) 工作电流过大； (3) 废液流动不畅； (4) 样品浓度高	(1) 更换灯或反接； (2) 减小电流； (3) 检查废液管； (4) 减小试样浓度
8. 分析结果偏高	(1) 溶液固体未溶解； (2) 背景吸收假象； (3) 空白未校正； (4) 标液变质	(1) 调高火焰温度； (2) 在共振线附近重测； (3) 使用空白； (4) 重配标液
9. 分析结果偏低	(1) 试样挥发不完全； (2) 标液配制不当； (3) 试样浓度过高； (4) 试样被污染	(1) 调整撞击球和喷嘴相对位置； (2) 重配标液； (3) 降低试样浓度； (4) 消除污染

8.1.6　项目训练

原子吸收分光光度计基本操作训练

（1）阅读仪器操作说明书。

（2）检查气路（乙炔气路、空压机及空气气路）。

（3）原子吸收分光光度计的开关机操作及操作软件的使用。

8.1.7　原子发射光谱法（Atomic Emission Spectrometry，AES）简介

1. 原子发射光谱法

根据待测物质的气态原子或离子受激发后所发射的特征光谱的波长及其强度来测定物质中元素组成和含量。

2. 分析过程

（1）在激发光源中，将待测物质蒸发、解离、电离、激发，产生光辐射。

（2）将待测物质发射的复合光经分光装置色散成光谱。

（3）通过检测器检测待测物质中元素光谱线的波长和强度，进行光谱定性和定量分析。

3. 原子发射光谱法的基本原理

原子的外层电子由高能级向低能级跃迁，能量以电磁辐射的形式发射出去，这样就得到发射光谱。原子发射光谱是线状光谱。

在室温状况下，原子内的电子处于最低能态（基态）。在激发光源的作用下，待测物质处于高温气体状态，进一步解离成原子甚至电离成离子。当原子（离子）获得足够高的能量时，原子外层电子会从低能级跃迁到高能态（激发态）。处于高能态的电子不太稳定，其平均寿命为 10^{-8}s。当这些高能态的电子回到较低能态或基态时，就以光辐射的形式释放出多余的能量，形成线光谱，即发射光谱。

原子中某一外层电子由基态被激发到高能级所需要的能量称为激发电位。原子光谱中每一条谱线的产生各有其相应的激发电位。由激发态向基态跃迁所发射的谱线称为共振线。共振线具有最小的激发电位，因此最容易被激发，为该元素最强的谱线。

4. 原子发射光谱仪器

原子发射光谱仪器通常包括激发光源、分光系统及检测系统三部分。

（1）激发光源。主要有直流电弧、低压交流电弧、高压电容火花及新型光源 ICP。各种光源有其不同的性能（激发温度、蒸发温度、热性质、强度、稳定性等）可供各类试样选择。相比之下，ICP 由于热稳定性好，基体效应小，检出限低，线性范围宽而被公认为最具活力、前途广阔的激发光源。

（2）分光系统。主要是分光元件，现代仪器多用光栅作分光元件。

（3）检测系统。有摄谱法、光电直读法。

（4）分析方法。根据分析的目的、要求与准确度的不同，光谱分析方法分为定性、半定量和定量分析三种。

1）定性分析方法。每种元素都有其各自的原子结构，当原子被激发后，由于电子跃迁，便会辐射各自的特征光谱线，这种特征光谱线是区别元素的重要标志。因此，可依此进行光谱定性及半定量分析。

由于各种元素原子的结构复杂程度不同，通常在激发条件下，各元素产生的谱线数目

也不同，少则几十条，多则几千条。鉴定元素时，并不是逐一检查各元素的每条谱线，而只需检查几条具有特征又容易出现的谱线。

光谱定性及半定量分析具有简单、快速的特点，并且适合于各种形式的试样，对大多数元素灵敏度高。尤其是进行光谱定性分析，一次可鉴定几十种元素，因此，光谱定性分析被广泛采用。到目前为止，光谱定性能鉴定70多种元素。

2）半定量分析方法。光谱半定量分析方法，是一种较粗略的定量方法，可以估计试样中元素大概含量，通常，可允许的误差在30%～200%之间，这种方法对于指导生产有着重要意义。

半定量分析的依据是待测元素谱线的数目及谱线的强度。因为试样中元素的含量与谱线出现的多少及谱线的强度有直接关系。利用元素谱线数目和谱线强度估计的常用方法有以下几种：显线法、比较光谱法、均称线对法、数阶法等。

3）定量分析方法。光谱定量分析方法较多，一般应用标准曲线法和标准加入法。光谱定量分析是准确地测定试样中元素含量的分析方法。分析方法的依据是：试样中的元素含量与谱线强度有着递增关系，即含量愈高，谱线强度愈大。谱线强度的测量可以用摄谱法中的测微光度计以及光电直读谱仪。

【复 习 思 考 题】

1. 问题探究。

（1）微量金属元素的测定为何多选用原子吸收光谱法?

（2）原子吸收与紫外可见分光光度法都是基于物质对光的选择性吸收建立起来的，它们之间有何异同?

2. 自测题。

（1）选择题。

1）原子吸收光谱是（　　）。

A. 带状光谱　　B. 线状光谱　　C. 宽带光谱　　D. 分子光谱

2）对原子吸收分光光度分析做出重大贡献，解决了测定原子吸收的困难，建立了原子吸收光谱分析法的科学家是（　　）。

A. Runrcer（本生）　　B. Wollarten（伍朗斯顿）

C. Walsh（瓦尔西）　　D. Kirchhoffg（克希荷夫）

3）现代原子吸收光谱仪分光系统的组成主要是（　　）。

A. 棱镜+凹面镜+狭缝　　B. 棱镜+透镜+狭缝

C. 光栅+凹面镜+狭缝　　D. 光栅+透镜+狭缝

4）原子吸收分光光度计的核心部分是（　　）。

A. 光源　　B. 原子化器　　C. 分光系统　　D. 检测系统

5）原子空心阴极灯的主要操作参数是（　　）。

A. 灯电流　　B. 灯电压　　C. 阴极温度　　D. 内充气体压力

6）在原子吸收分光光度计中，若灯不发光可（　　）。

A. 将正负极反接半小时以上　　B. 用较高电压（600V以上）起辉

C. 串接2～10kΩ电阻　　D. 在50mA下放电

7）原子吸收光谱分析仪中单色器位于（　　）。

A. 空心阴极灯之后　　B. 原子化器之后

C. 原子化器之前　　D. 空心阴极灯之前

8）原子吸收光谱产生的原因是（　　）跃迁。

A. 分子中电子能级　　B. 转动能级

C. 振动能级　　D. 原子最外层电子

9）在原子吸收法中，因吸收线半宽度很窄，因此测量积分吸收有困难，所以用测量（　　）来代替。

A. 峰宽　　B. 峰高　　C. 峰值吸收　　D. 半峰宽

10）空心阴极灯内充气的作用是（　　）。

A. 低压惰性气体　　B. 低压氧气　　C. 低压空气　　D. 低压氮气

（2）问答题。

1）简述原子吸收分光光度法的基本原理，比较紫外—可见光分光光度法与原子吸收光谱法的异同点？

2）在原子吸收分光光度计中为什么不采用连续光源（如钨丝灯或氘灯），而在分光光度计中则需要采用连续光源？

3）火焰原子化原子吸收分光光度计的开、关机顺序是什么及注意事项有哪些？

8.2 原子吸收光谱法工作曲线法测定水中镁

镁是地球上储量最丰富的轻金属元素之一，具有强度高、密度小、机械加工性能好等特点。镁合金是电子信息、通信设备、声像器材、手提工具、电机、核动力装置等产品外壳的理想材料。镁也是人体必需元素之一，广泛存在于体内各组织中，参与许多生物学过程，具有维持肌肉的收缩性和神经的应激性作用，并能激活体内多种酶，促进能量代谢。因此需要对镁进行测定。

8.2.1 工作曲线法测定水中镁

测定水样中的微量镁常采用化学法（配位滴定）、原子吸收法等。

8.2.1.1 配位滴定测定水样中的微量镁

调节试液的pH至10左右，用EDTA滴定Ca^{2+}、Mg^{2+}总量，此时Ca^{2+}、Mg^{2+}均与EDTA形成1∶1配合物。

$$H_2Y^{2-}+Ca^{2+}=\!=\!=CaY^{2-}+2H^+$$

$$H_2Y^{2-}+Mg^{2+}=\!=\!=MgY^{2-}+2H^+$$

滴定时以铬黑T为指示剂，在pH≈10的缓冲溶液中，指示剂与Ca^{2+}、Mg^{2+}生成紫红色配合物，当用EDTA滴定到化学计量点时，游离出的指示剂使溶液显蓝色。

另取一份试液，调节pH值至12左右，此时Mg^{2+}生成$Mg(OH)_2$沉淀，故可以用EDTA单独滴定Ca^{2+}。当试液中Mg^{2+}的含量较高时，形成大量的$Mg(OH)_2$沉淀吸附钙，从而使钙的结果偏低，镁的结果偏高，加入糊精可基本消除吸附现象。

用EDTA滴定Ca^{2+}、Mg^{2+}总量扣除用EDTA单独滴定Ca^{2+}消耗的量即可知道试样中镁的含量。

8.2.1.2　原子吸收法测定水中的微量镁

将试样中的镁在火焰原子化器中转化为基态镁原子蒸气。镁空心阴极灯辐射出特征波长的光，通过火焰原子化器时，被基态镁原子吸收，测量吸光度 A 与试样中镁元素浓度 C 服从光吸收定律，通过测量试液的吸光度求得待测元素的浓度。

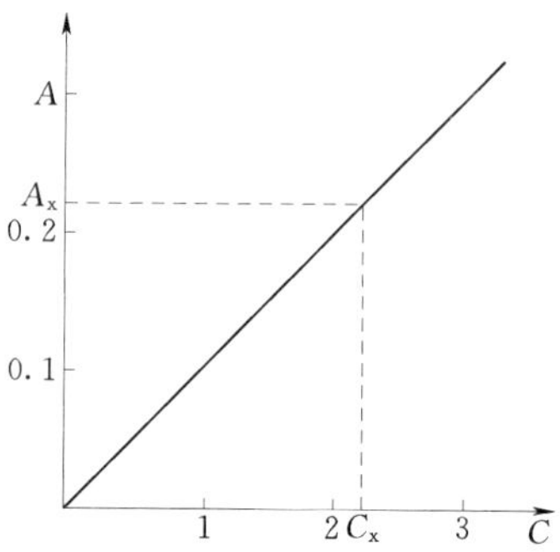

图 8.10　标准曲线

上述测定镁的方法各有优缺点，但配位滴定法测定镁，由于测定钙后，需加热使镁游离，操作较繁杂，且终点不易观察。而用分光光度法测定镁，当镁含量为 1.00μg/mL 时，试样中 1μg/mL 的 Mn^{2+}、Fe^{3+}、Sr^{2+}、Al^{3+} 会产生正干扰；1μg/mL 的 Zn^{2+}、Cu^{2+}、Ni^{2+}、Li^{+} 会产生负干扰。影响测定结果的准确度。而原子吸收法以其灵敏度高、干扰少、操作简单快速而被广泛采用。故水样中的微量镁的测定可用原子吸收标准曲线法（见图 8.10）。

1. 标准曲线法具体操作方法

配制一系列不同浓度的标准溶液（5 个以上），以空白溶液调零，由低到高（$C_1 \rightarrow C_2 \rightarrow C_3 \rightarrow C_4 \rightarrow C_5$）依次测定其吸光度值 A，将测得的吸光度 A（A_1、A_2、A_3、A_4、A_5）与对应的浓度 C 作 A—C 标准曲线。在同样条件下测定未知样的吸光度 A_x，从图 8.10 标准曲线上可以查出未知样的浓度，进一步计算原未知样的浓度。

2. 在原子吸收分析中如何避免标准工作曲线弯曲

标准曲线绘制后，A、C 之间应呈线性关系，而常常出现标准由线弯曲的情况。出现标准曲线弯曲的原因较多。最常见的是工作曲线向浓度坐标弯曲，这是由于待测组分含量过高，吸收曲线产生热变宽（多普勒变宽）和压力变宽（洛仑兹变宽），使锐线光源辐射的共振线中心波长与共振吸收线的中心波长错位，从而使吸光度减少所致。此外化学干扰和物理干扰等的存在也会导致工作曲线弯曲。为了防止上述现象的发生，可考虑采用以下措施：

（1）定期绘制标准曲线。

（2）用于绘制标准曲线的溶液浓度在吸光度与浓度呈线性关系的范围内。

（3）在整个测试过程中，应使操作条件保持不变。

（4）使用参比溶液扣除空白。

原子吸收标准曲线法测定的优点是简便、快速。缺点是基体效应（物理干扰）大，适用于组成简单的试样。

8.2.2　工作曲线法测定水中镁

1. 原子吸收光谱法工作曲线法测定水中镁

（1）操作前准备工作。

1）镁标准贮备液（$\rho_{Mg}=1000\mu g/mL$）：准确称取于 800℃ 下灼烧至恒重的氧化镁（AR）1.6583g，逐滴加入 1mol/L HCl 至完全溶解，移入 1000mL 容量瓶中，稀释至标线，摇匀。

2）盐酸（GR）。

3）原子吸收分光光度计（型号：TAS990）。

4）镁空心阴极灯。

5）玻璃仪器：100mL 容量瓶 2 个；50mL 容量瓶 7 个；5mL、10mL 移液管各 1 支。

6）2%盐酸。

（2）配制标准系列。

1）镁标准使用液（$\rho_{Mg}=10\mu g/mL$）：准确移取镁标准贮备液 1.00mL 于 100mL 容量瓶中，用 2%盐酸稀释至标线，摇匀（临用时配制）。

2）分别移取上述溶液 0.00mL、0.50mL、1.00mL、2.00mL、3.00mL、5.00mL 加入 50mL 容量瓶中，用 2%盐酸稀释至标线，摇匀。标准系列溶液的浓度 ρ_{Mg} 分别是：0.0μg/mL、0.10μg/mL、0.2μg/mL、0.4μg/mL、0.6μg/mL、1.0μg/mL。

（3）制备样品溶液。

1）先移取自来水水样 10.00mL 于 100mL 容量瓶中，用水稀释至标线，摇匀。

2）准确移取上述水样 5.0mL 于 50mL 容量瓶中，用 2%盐酸稀释至标线，摇匀。

（4）开机预热，设置仪器条件。

1）分析线：285.2nm。

2）光谱通带：0.4nm。

3）空心阴极灯电流：2mA。

4）乙炔流量：2000mL/min。

5）燃烧器高度：5mm。

（5）测量标准系列及样品溶液的吸光度。

（6）打印工作曲线和测量数据表。

（7）测量工作结束，按仪器操作要求关机。

（8）编写实验报告。

（9）注意事项。

1）标准溶液与试液的基体要相似，以消除基体效应。

2）浓度要合适：标准溶液浓度范围应将试液中待测元素的浓度包括在内。浓度范围大小应以获得合适的吸光度读数（0.05～0.7）为准。

3）在测量过程中要吸喷去离子水或空白溶液来校正零点漂移。

4）由于燃气和助燃气流量变化会引起工作曲线斜率变化，因此每次分析都应重新绘制工作曲线。

【复 习 思 考 题】

1. 问题探究。

（1）查阅相关文献，寻找对于复杂样品不适于采用工作曲线法定量时应选择的定量方法。

（2）若测定固体样品或污水样品中的镁，实验条件如何设置？样品如何处理？

2. 自测题。

（1）选择题。

1）在原子吸收分析法中，被测定元素的灵敏度、准确度在很大程度上取决于（　　）。

A. 空心阴极灯　B. 火焰　C. 原子化系统　D. 分光系统

2）用原子吸收分光光度法测定高纯 Zn 中的 Fe 含量时，应采用（　）的盐酸。

A. 优级纯　B. 分析纯　C. 工业级　D. 化学纯

3）各种气瓶的存放，必须保证安全距离，气瓶距离明火应在（　）以上，避免阳光暴晒。

A. 2m　B. 10m　C. 15m　D. 20m

4）用原子吸收光谱法进行定量分析时，当样品组成简单时应采用（　）的定量方法。

A. 外标法　B. 内标法　C. 标准曲线法　D. 标准加入法

5）原子吸收仪器中溶液提升喷口与撞击球距离太近，会造成（　）。

A. 仪器吸收值偏大　B. 火焰中原子去密度增大，吸收值偏高

C. 溶液用量减少　D. 雾化效果不好、噪声过大且吸收不稳定

6）AAS 选择性好，是因为（　）。

A. 原子化效率高

B. 光源发出的特征辐射只能被特定的基态原子所吸收

C. 检测器灵敏度高

D. 原子蒸气中基态原子数不受温度的影响

7）火焰原子吸收法与无火焰原子吸收法相比，优点是（　）。

A. 干扰较少　B. 易达到较高的精密度

C. 检出限较低　D. 选择性较强

8）在原子吸收光谱法的理论中，以谱线峰值吸收量替代积分吸收测量的关键条件是（　）。

A. 光谱辐射的特征谱线与原吸收谱线比较，中心频率相同，半峰宽过小

B. 光谱辐射的特征谱线与原吸收谱线比较，中心频率和半峰宽均相同

C. 光谱辐射的特征谱线与原吸收谱线比较，中心频率相同，半峰宽较大

D. 光谱辐射的特征谱线与原吸收谱线比较，只要中心频率相同，半峰宽大小都没影响

（2）问答题。

1）为什么要配制镁标准溶液？所配制的镁系列标准溶液可以放置到第二天测定吗？为什么？

2）为什么空气、乙炔流量会影响吸光度的大小？

8.3 标准加入法测定水中微量铜

8.3.1 标准加入法

对于组成简单的样品可在配制标准溶液时加入与试样相同的基体成分。例如铜锌合金中铜的测定，在配制标准溶液时向其中加入与试样中等量的锌即可。对于复杂基体海水可以配制模拟海水样品，即向标准系列溶液中加入与海水成分相同的其他共存元素，这种方法理论上可行，但是实际操作中无法实现。

当待测样品组成复杂，含量低，配制的标准溶液难以和试样组成一致时，基体效应对测试影响很大，无法用标准曲线法准确测定试样含量，此时可以用原子吸收法常用的另外一种定量分析采方法——标准加入法。

这种方法在光谱分析中又称为增量法或直线外推法。可以消除基体效应的干扰。当很难配制与样品溶液相似的标准溶液，或样品基体成分很高，而且变化不定或样品中含有固体物质对吸收的影响难以保持一定时，采用标准加入法是非常有效的。

（1）这种方法的操作是取相同体积的试样溶液两份分别移入两个容量瓶中，另取一定量的标准溶液加入其中一个容量瓶中，然后将两份溶液稀释到刻度线，并在相同操作条件下再上机分别测出两份溶液的吸光度。根据 $A=KC$ 计算。

设 C_x 和 A_x 为试样溶液的浓度和吸光度，C_0 和 A_0 为加入标准溶液的浓度和吸光度。则有

$$A_x=kC_x,\quad A_0=k(C_0+C_x)$$

以上两式之比为

$$\frac{A_x}{A_0}=\frac{C_x}{C_0+C_x}$$

则得

$$C_x=\frac{A_x}{A_0-A_x}C_0 \tag{8.5}$$

实际工作中很少采用计算法，而是采用 4 点或 4 点以上作图的方法求得样品溶液浓度。吸取四份以上等体积试样，第一份不加待测元素标准溶液，从第二份开始，依次按比例加入不同量的待测元素的标准溶液，用溶剂稀释到一定体积，其浓度分别为 C_x、C_x+C_0、C_x+2C_0、C_x+3C_0，然后分别测定其吸光度为 A_x、A_1、A_2、A_3。以 A 为纵轴，加入的标准溶液浓度为横轴作图，如图 8.11 所示，将所得曲线外延与横坐标相交，此交点与原点的距离即为试样溶液中待测元素的含量 C_x。

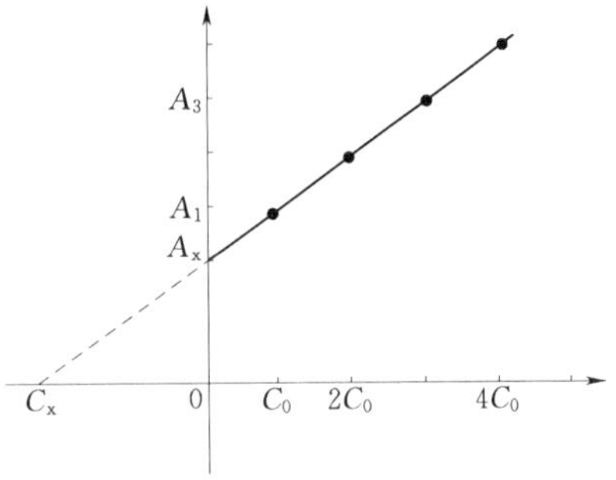

图 8.11 标准加入法工作曲线

如果试样溶液中没有待测元素时，在正确地扣除背景之后（因为标准加入法只能消除基体干扰而不能消除背景干扰）曲线是通过原点的一条直线。

1）优点：适合于组成复杂样品，可消除基体效应和某些化学干扰。

2）缺点：不能消除背景吸收的影响。

（2）使用标准加入法的注意事项。

1）标准加入法的基础是待测元素浓度与其吸光度成正比，因此待测元素的浓度应在此线性范围内。

2）为了得到较为准确的外推结果，最少应采用 4 个点来作校准曲线。加入标准溶液的量应适当，且 C_0 最好与 C_x 相当，以保证曲线的斜率适宜，过大或过小的斜率，会引起较大的误差。

3）本法能消除基体效应带来的影响，但不能消除背景吸收的干扰。如存在背景吸收，

必须予以扣除，否则将得到偏高的结果。

（3）标准加入法的特点及适用范围。

1）标准加入法将样品与标准溶液混合后测定吸光度，达到了标准溶液与样品基体的相似，因此消除了基体干扰，但是它不能消除背景干扰，消除背景干扰需采用背景校正技术（关于背景干扰与背景校正技术将在后面介绍）。

2）标准加入法每测定一个样品需要制作一条工作曲线，不适合大批量样品的测定。适合于基体复杂的少量样品的测定。

（4）工作曲线法与标准加入法的特点。工作曲线法与标准加入法是原子吸收分析中常用的两种定量方法，各有其特点，应根据样品情况选择其一。

1）工作曲线法一般适用于已知样品的基本成分和标准液的基本成分相接近的样品。该法测定简便、快速，适用于测定大批试样。但它不能消除样品基体效应带来的干扰。

2）标准加入法一般适用于组分较复杂的未知样品，能消除一些基本成分的干扰，但对待测的未知成分含量要粗略估计一下，加入的标准液要和样品液浓度接近，适用于少量试样的测定。但每测一份样品都需要重新绘制标准曲线。

8.3.2 标准加入法测定水中微量铜

1. 仪器

原子吸收分光光度计（型号：TAS990）；铜空心阴极灯；50mL 容量瓶 4 个；5mL、10mL 移液管各一支。

2. 试剂

（1）铜标准贮备液（$\rho_{Cu}=1000\mu g/mL$）：称取 1.0000g 光谱纯金属铜，置于 100mL 烧杯中，加入 HNO_3 溶液（1＋1）20mL，加热溶解。蒸至近干，冷却后加 HNO_3 溶液（1＋1）5mL，加蒸馏水煮沸，溶解铜盐，冷却后转入 1000mL 容量瓶中，定容，摇匀。

（2）铜标准工作液（$\rho_{Cu}=100\mu g/mL$）：吸取 10.00mL 铜标准贮备液，用 2＋100HNO_3 溶解，定容至 100mL。

3. 分析测试

（1）开机操作。

1）接通电源，打开计算机。

2）安装铜空心阴极灯，开主机。

3）打开操作软件并初始化。

4）燃烧器对光。

（2）设置实验条件。

分析线宽：324.8nm；光谱带宽：0.4nm；空心阴极灯电流：3mA；乙炔流量：2000mL/min；燃烧器高度：6mm。

（3）预热仪器。仪器条件设置完成后进入测量界面，预热仪器 30min。

（4）配制标准系列溶液。

1）取 4 个已编号的 50mL 容量瓶，分别加入 25.00mL 待测试液。

2）再向 4 个容量瓶中分别加入 100μg/mL 铜标准工作液：0.00mL、0.50mL、1.00mL、2.00mL。

3）用 2＋100 的稀硝酸定容至 50.00mL。

（5）样品参数设置。

1）校正方法输入：标准添加。

2）浓度单位：μg/mL。

3）标样名称：铜标液。

4）输入标准样品个数：1、2、3、4。

5）输入标准加入浓度：0.00、1.00、2.00、4.00，完成参数设置，进入测量界面。

（6）点火。

1）打开排风机，检查排水安全连锁装置。

2）打开空气压缩机，调节出口压力为0.25～0.30MPa。

3）打开乙炔钢瓶，调节出口压力为0.06MPa。

4）点火。

（7）测量操作。

1）单击“测量”，吸入空白溶液校零。

2）浓度由低到高依次吸入标准系列溶液，测定其吸光度。

3）标准系列溶液吸光度测量完成后，操作界面将显示标准曲线，吸样毛细管插入蒸馏水中。

4）检查标准曲线，合格后，吸入空白溶液再次校零。

5）测量样品吸光度，测量表中将显示样品的测量浓度。

6）实验结束，保存测量数据并打印。

（8）记录实验数据。

将测量的吸光度值也填入下表，见表8.4。

表8.4　数据记录表

容量瓶编号	1	2	3	4
V_1（mL）	25.00	25.00	25.00	25.00
$V_{铜标液}$（mL），$\rho_{Cu}=100\mu g/mL$	0.00	0.50	1.00	2.00
V_0（mL）	50.0	50.0	50.0	50.0
$\rho_{样品}$（μg/mL）	0.00	1.00	2.00	4.00
A				

（9）关机。

1）测定完毕，吸喷蒸馏水5min，清洗燃烧器。

2）关闭乙炔钢瓶。

3）等待火焰熄灭后关闭空气压缩机和关排风机。

4）退出工作软件。

5）关闭主机电源，关闭计算机。

6）填写仪器使用记录，整理仪器室。

（10）结果计算。绘制标准加入法工作曲线，将其延长与浓度轴相交，读取交点的浓度。则样品中铜浓度为

$$\rho_x=\rho_{测定}\frac{V_0}{V_1} \tag{8.6}$$

式中　ρ_x——样品中铜的浓度，μg/mL；

$\rho_{测定}$——标准曲线延长线与浓度轴交点处的样品测定浓度值，μg/mL；

V_0——样品溶液定容体积，50.00mL；

V_1——取样量，25.00mL。

【复习思考题】

1. 问题探究。

（1）查阅资料，确定原子吸收光度法测定工业用水铁、锰含量的实验方案。

（2）若水样中铜的含量很高，超出了工作曲线的线性范围，如何利用标准加入法测定样品？

2. 自测题。

（1）选择题。

1）原子吸收光谱定量分析中，适合于高含量组分的分析的方法是（　　）。

A. 工作曲线法　　B. 标准加入法　　C. 稀释法　　D. 内标法

2）使用乙炔钢瓶气体时，管路接头可以用（　　）。

A. 铜接头　　B. 锌铜合金接头　　C. 不锈钢接头　　D. 银铜合金接头

3）空心阴极灯点燃后，下列哪种颜色时不用处理（　　）。

A. 粉色　　B. 白色　　C. 橙色　　D. 蓝色

4）不可做原子吸收分光光度计光源的是（　　）。

A. 空心阴极灯　　B. 钨灯　　C. 蒸气放电灯　　D. 高频无极放电灯

5）不属于分光光度计单色器的组成部分的有（　　）。

A. 入射狭缝　　B. 准光镜　　C. 波长凸轮　　D. 色散器

6）用原子吸收光度法分析时，灯电流太高会导致（　　），使（　　）下降。

A. 谱线变宽　　B. 灵敏度　　C. 谱线变窄　　D. 准确度

7）下列哪种方法不是原子吸收光谱分析法的定量方法（　　）。

A. 归一化法　　B. 浓度直读　　C. 工作曲线法　　D. 标准加入法

8）描述准确度、精密度、系统误差、偶然误差之间的关系正确的是（　　）。

A. 准确度高，精密度不一定高　　B. 精密度高，一定能保证准确度高

C. 系统误差小，准确度一般较高　　D. 偶然误差小，准确度一定高

9）测定铜工作曲线时，要求相关系数 $R\geqslant0.999$，表明（　　）。

A. 数据接近真实值　　B. 测量的准确度高

C. 测量的精密度高　　D. 工作曲线为直线

10）下列可提高元素的原子化效率的方法是（　　）。

A. 加快喷雾速度　　B. 待测溶液中加入消电离剂

C. 降低火焰温度　　D. 用石墨管原子化器替代火焰原子化器

（2）问答题。

1）原子吸收法测铜（标准加入法）的原理是什么？测定操作步骤有哪些？

2）什么是标准加入法？应用时应注意哪几点？

3）简述标准加入法和标准曲线法的适用对象。

（3）计算题。

1）采用原子吸收分光光度法分析尿试样中铜的含量，分析线为324.7nm，测得数据见表8.5，计算尿试样中铜的含量（mg/L）？

表8.5　分析尿试样测定数据

样品编号	1	2	3	4	5
尿试样体积（mL）	20.0	20.0	20.0	20.0	20.0
稀释定容体积（mL）	50.0				
加入Cu标液浓度（μg/mL）	0.0	2.0	4.0	6.0	8.0
吸光度（A）	0.280	0.440	0.600	0.757	0.912

2）用直接火焰原子吸收法测定废水中的Zn。取水样10.00mL，经消解后定容至100.00mL，吸入测定后用校准曲线计算得被测Zn含量为20.0μg，求该废水中Zn的浓度？（2.0mg/L）

3）用火焰原子吸收法测定土壤中的Ni。取风干过筛后试样0.5000g（含水7.2%），经消解定容至25.0mL，测得此溶液中的Ni为35.0μg，求被测土壤中Ni的含量？（75.4mg/kg）

8.4 饮用水中铁、锰含量的检测分析

铁、锰是人体不可缺少的微量元素，人体内所需的铁、锰，主要来源于食物和饮水。然而，若饮用水中铁、锰含量过多，可引起食欲不振、呕吐、腹泻、胃肠道紊乱等症状。据美国、芬兰科学家研究证明，人体中铁含量过多会对心脏有影响，甚至比胆固醇更危险。因此，高铁、高锰水必须经过净化处理才能饮用。

我国的《生活饮用水卫生标准》（GB 5749—2006）明确规定了饮用水中铁、锰的限值标准，铁不得大于0.3mg/L，锰不得大于0.1mg/L。生活饮用水中的铁、锰含量检测常用原子吸收分光光度法。

为了获得准确的测定结果，在使用原子吸收分光光度法分析样品时，应了解其实验技术和干扰因素。

8.4.1 原子吸收分光光度法分析实验技术

分析过程主要由样品采集、样品预处理、样品测定、数据分析和结果报告5个环节组成，其中的每一个环节都是非常重要的。在实际应用中，绝大多数样品需要进行预处理，将样品转化为可以测定的形态以及将被测组分与干扰组分分离。由于实际的分析对象往往比较复杂，在测定某一组分时，除了采样外，分析过程中最大的误差来源是样品预处理过程。因此，为了获得准确的分析结果，样品采集和样品预处理过程的设计与实验是不容忽视的。

1. 样品采集

分析检验的第一步就是样品的采集，从大量的分析对象中抽取有代表性的一部分作为

分析材料（分析样品），这项工作称为样品的采集，简称采样。采样是一个困难，而且需要非常谨慎地对待的操作过程。要从一大批被测对象中，采集到能代表整批被测对象的小质量样品，必须遵守一定的规则，掌握适当的方法，并防止在采样过程中，造成某种成分的损失或受到外来成分的污染。

（1）正确采样必须遵循的原则。

1）采集的样品必须具有代表性。

2）采样方法必须与分析目的保持一致。

3）采样及样品制备过程中设法保持原有的理化指标，避免待测组分发生化学变化或丢失。

4）要防止和避免待测组分的沾污。

5）样品的处理过程要尽可能简单易行，所用样品处理装置尺寸应当与处理的样品量相适应。

（2）采样之前，需要弄清的问题。

1）采样的地点和现场条件如何。

2）样品中的主要组分是什么，含量范围如何。

3）采样完成后要做哪些分析测定项目。

4）样品中可能会存在的物质组成是什么。

样品采集是分析工作中的重要环节，不合适的或非专业的采样会使可靠正确的测定方法得出错误的结果。

2. 样品保存

样品从采集到分析的这段时间里，由于物理的、化学的、生物的作用会发生不同程度的变化，这些变化使得样品在进行分析时已不再是采样时的样品。为了使这种变化降低到最小的程度，必须在采样时对样品加以保护。

存放样品的容器材质要根据测定要求而定。分析样品中无机成分时应置于聚乙烯容器中，并维持必要的酸度，存放于清洁、低温、阴暗处；分析样品中有机成分时应避免与塑料、胶木瓶盖等物质直接接触。

保护措施在降低变化的程度或减缓变化的速度方面有一定作用，但到目前为止所有的保护措施还不能完全抑制这些变化。必须强调的是这些变化往往非常快，常在很短的时间里样品就明显地发生了变化，因此必须在各种情况下采取相应的保护措施，并尽快地进行分析。

3. 样品制备（预处理）

原子吸收光谱分析通常是溶液进样，样品通过加工制成可以上机测定的溶液试样后，其化学组成必须与原始样一致。

（1）样品制备应为样品测定提供的条件。

1）样品溶于合适的溶剂（对于测定液体样品的分析方法）。

2）基底干扰被除掉或者大部分被除掉。

3）最终待测样品溶液的浓度范围应适合于所选定的分析方法。

4）方法符合环保要求。

5）方法宜自动化。

（2）样品制备方法的指导原则。所制得的样品中的被分析物要达到定量回收，即被测组分在分离过程中的损失要小到可以忽略不计。常用被测组分的回收率 R 来衡量，即在整个分析过程中，被回收的标准物质的物质的量相当于加入量的百分比，回收率越高越好。在实际工作中，被测组分的含量不同，对回收率也有不同的要求。对于主要组分，$R>99.9\%$；对于含量在1%以上的组分，$R>99\%$；对于微量组分，$95\%\leqslant R\leqslant 105\%$。如果 $R<80\%$，则需要改进样品处理方法以提高回收率。

（3）样品制备方法。在测定金属等无机物的指标时，如果水样中含有有机物，需先进行消解处理。消解的目的是破坏有机物、溶解悬浮物，将各种形态的金属氧化成单一的高价态或转变成易于分离的无机化合物，以便测定。消解后的水样应澄清、透明、无沉淀。消解水样的方法有湿式消解法和干式分解法（干灰化法）。

1）湿式消解法是在样品升温时用合适的酸加以氧化，有硝酸、硝酸—高氯酸、硝酸—硫酸、硫酸—高锰酸钾、硫酸—磷酸消解法及多元消解法、碱分解法等。

最常用的氧化性酸有 HNO_3、H_2SO_4 和 $HClO_4$，可以单独使用也可以混合使用。最常用的混合酸有 HNO_3+HClO_4、$HNO_3+H_2SO_4$、$HNO_3+H_2SO_4+HClO_4$（体积比为3∶1∶1）。

湿法消解样品损失少，但Hg、Se、As等易挥发元素不能完全避免损失。湿法消解时由于加入试剂，故污染的可能性比干法灰化大，而且需要小心操作。

2）干式分解法又称干灰化法，在较高温度下用氧来氧化样品。其过程为样品先在80～150℃低温下加热，除出大量有机物，再转移至高温炉中，加热至450～550℃进行灰化处理，冷却灰分用HCl、HNO_3 或其他溶剂溶解。

干法灰化技术简单，可处理大量样品，一般不受污染。广泛用于无机分析前破坏样品中的有机物。这种方法不适用于易挥发元素，例如Hg、As、Pb、Sn、Sb等的测定，因为这些元素在灰化过程中损失严重。

4. 测量条件的选择

测量条件对测定灵敏度、准确性及干扰情况有决定性影响。主要测量条件有：

（1）分析线的选择。每种元素都有若干条吸收线，通常选用待测元素的共振线作为分析线，因为这样可使测定具有较高的灵敏度。在光谱干扰、待测元素浓度过高或最高灵敏线位于远紫外或红外区时，也可选用次灵敏线或其他吸收谱线进行测定。

（2）空心阴极灯的工作电流。空心阴极灯一般需要预热20min以上才能有稳定的光强输出。灯电流过小，放电不稳定，则光强输出小；灯电流过大，造成被气体离子激发的金属原子数增多，由于热变宽和碰撞变宽的影响，发射线明显变宽，导致灵敏度下降，灯寿命缩短。选用灯电流时应通过试验选择灵敏度高、强度适当、稳定性好的最小工作电流。通常选用空心阴极灯额定电流（5～10mA）的40%～60%为宜。

（3）火焰原子化条件的选择。

1）火焰选择。在火焰原子化法中，火焰类型和性质是影响原子化效率的主要因素。火焰类型的选择原则：对低、中温元素（易电离、易挥发），例如碱金属和部分碱土金属及易与硫化合的元素（Cu、Ag、Pb、Cd、Zn、Sn、Se等）可使用低温火焰，如空气—乙炔火焰；对高温元素（难挥发、易生成氧化物），例如Al、Si、V、Ti、W、B等，使用氧化亚氮—乙炔高温火焰；对分析线位于短波区（200nm以下）的元素，使用空气—

氢气火焰；对其余多数元素，多采用空气—乙炔火焰（背景干扰低）。

火焰性质的选择。调节燃气和助燃气的比例，可获得所需性质的火焰。对氧化物不十分稳定的元素，适合选用化学计量火焰（燃气与助燃气比例与它们之间的化学反应计量相近）或氧化性火焰（燃气量小于化学计量），例如 Cu、Mg、Fe、Co、Ni 等。对易生成氧化物的元素的测定宜选用还原性火焰（燃气量大于化学计量），例如 Ca、Sr、Ba、Cr、Mo 等。

2）燃烧器高度选择。因燃烧器高度是控制光源光束通过火焰区域的。由于在火焰区内，自由原子的空间分布不均匀，随火焰条件而变化，因此必须调节燃烧器的高度，使测量光束从自由原子浓度大的区域内通过（燃烧器狭缝口上方 2～5mm 附近火焰具有最大的基态原子密度），可以获得较高的灵敏度，但对于不同的测定元素和不同性质的火焰会有所不同，最佳的燃烧器高度应通过试验确定。

3）进样量选择。试样的进样量一般为 3～6mL/min。进样量过小，吸收信号弱，不便于测量；进样量过大，在火焰原子化法中，火焰将产生冷却效应。在实际工作中，应测定吸光度随进样量的变化，达到最满意的吸光度的进样量，即为应选择的进样量。

（4）狭缝宽度。选择适宜的狭缝宽度，一方面要保证将共振吸收线与非吸收线分开，另一方面又要考虑适宜的光强度输出。一般对于谱线较简单的元素，例如碱金属、碱土金属等，宜选用较宽的狭缝；而对于谱线复杂的元素，例如过渡元素、稀土元素等，宜选用较窄的狭缝。

5. 干扰及消除

原子吸收分光光度法是一种选择性较好的分析方法。但是在实际工作中，干扰还是很大，因此需要了解产生干扰的原因和抑制干扰的办法。原子吸收法中的干扰可以分为以下几种：

（1）光谱干扰及抑制。待测元素的共振线与干扰物质的谱线分离不完全，这类干扰主要来自光源和原子化装置，主要有以下几种：

1）空心阴极灯内有单色器不能分离干扰元素的辐射，可换用纯度较高的单元素灯减小干扰。

2）灯的辐射中有连续背景辐射，可用较小通带或更换灯。

3）在分析线附近有单色器不能分离的待测元素的邻近线，可通过调小狭缝来抑制这种干扰。

（2）物理干扰及抑制。试样在转移、蒸发过程中由物理因素变化引起的干扰效应，主要影响试样喷入火焰的速度、雾化效率等，可通过控制试液与标准溶液的组成尽量一致来抑制。

（3）化学干扰及抑制。化学干扰指待测元素与其他组分之间的化学作用所引起的干扰效应，主要影响到待测元素的原子化效率，是火焰原子化法的主要干扰源。

1）化学干扰的类型。

a. 待测元素与其共存物质作用生成难挥发的化合物，致使参与吸收的基态原子减少。例如钴、硅、硼、钛、铍在火焰中易生成难熔化合物，硫酸盐、硅酸盐与铝生成难挥发物等。

b. 待测离子发生电离反应，生成离子，对分析线不产生吸收，总吸收强度减弱，通常电离电位小于或等于 6eV 的元素易发生电离，火焰温度越高，干扰越严重，例如碱金属及碱土元素。

2）化学干扰的抑制。对于化学干扰，可以利用加释放剂、络合保护剂、助熔剂、缓冲剂等消除。同时，也可以适当提高火焰温度或采用化学分离的。

a. 加释放剂。与干扰元素生成更稳定的化合物将待测元素释放出来。例如锶和镧可有效消除磷酸根对钙的干扰。

b. 加保护剂。与待测元素形成稳定的络合物，防止干扰物质与其作用。例如 EDTA 和钙离子生成 EDTA—Ca，避免磷酸根与钙作用。

c. 加饱和剂。加入足够的干扰元素，使干扰趋于稳定。例如用 $N_2O—C_2H_2$ 火焰测定钛时，在试样和标准溶液中加入 300mg/L 以上的铝盐，使铝对钛的干扰趋于稳定。

d. 加电离缓冲剂。加入大量易电离的缓冲剂以抑制待测元素的电离。例如加入足量的铯盐，抑制 K、Na 的电离。

3）背景干扰及抑制。背景干扰是一种特殊形式的光谱干扰，背景吸收能使吸收值增加而产生正误差。一般背景干扰包括分子吸收、光散射和火焰气体吸收。

a. 分子吸收及抑制。分子吸收一般是在原子化过程中发生的。在乙炔焰中，Ca 形成的 $Ca(OH)_2$，在 540～620nm 处有一个吸收带，干扰 Ba553.5nm 和 589.0nm 的测定。在温度不高的空气—煤气火焰中，碱金属的卤化物在紫外区大部分波段都有吸收，例如 KI、KBr 在 200～400nm 处有强烈吸收。

分子吸收与干扰元素的浓度成正比，也与火焰条件和火焰温度有关。例如在空气—乙炔焰中，碱金属卤化物的吸收就消失了，这是由于在比较高的火焰温度条件下干扰物分子几乎都解离了。所以，可以使用高温火焰消除分子吸收干扰。

b. 光散射及抑制。光散射是原子化过程中产生的固体微粒对光的阻挡而发生的散射现象。实验证明，光散射的强度与波长倒数的 4 次方成正比，即光散射随谱线的波长减短而增大，可以利用背景校正测量光散射的大小，求得被测元素的真实的吸收信号。

c. 火焰气体吸收。火焰气体会对光谱线产生吸收，且波长越短，吸收越剧烈。例如在空气—乙炔火焰中，在小于 250.0nm 处，开始就有明显吸收，主要是由于火焰燃烧时所产生的 OH、CH、CO 等分子引起的，其中 OH 常出现在三个不同的谱带，即 309～330nm、281.1～306.3nm 的吸收带和带首在 362nm 的吸收带。凡是吸收线的波长处在上述三个不同谱带的测定，均受到影响。

6. 灵敏度、检出限和回收率

灵敏度和检出限是衡量原子吸收光谱分析法所用仪器性能的两个主要技术指标。

（1）灵敏度。国际纯粹与应用化学联合会（IUPAC）定义灵敏度为工作曲线的斜率，其数学表达式为

$$S=\frac{dA}{dC} \tag{8.7}$$

在火焰原子吸收分析中，通常用能产生 1%吸收对应的待测溶液浓度（μg/mL）来表示分析的灵敏度，称为特征浓度，即

$$C_0=\frac{c\times 0.0044}{A} \tag{8.8}$$

式中　C_0——特征浓度，μg/mL；

c——质量浓度，μg/mL；

0.0044——1%吸收的吸光度；

A——吸光度。

显然，特征浓度越小，测定灵敏度越大。例如 1μg/mL Cu^{2+} 溶液，测得其吸光度为 0.080，则 Cu^{2+} 的特征浓度为

$$C_0=\frac{1\times 0.0044}{0.080}=0.055(\mu g/mL)$$

（2）检出限。检出限指能够给出 3 倍于空白标准偏差的吸光度时所对应待测元素的浓度，即

$$D_m=\frac{CV\times 3\sigma}{A} \tag{8.9}$$

式中　C——待测溶液浓度，μg/mL；

V——进样量，mL；

σ——空白溶液进行 10 次以上测定 A 所得到的标准偏差。

σ 的表达式为

$$\sigma=\sqrt{\frac{\sum(A_i-\overline{A})^2}{n-1}} \tag{8.10}$$

式中　A_i——空白溶液单次测定吸光度；

$\overline{A}$——空白溶液多次平行测定的平均吸光度；

n——测定次数（$n\geqslant 10$）。

检出限取决于仪器的稳定性，样品的基体类型和溶剂的种类不同，检出限也不同。信号的波动来源于光源、火焰及检测器噪声，因而不同类型仪器的检测器可能相差很大。两种不同的元素可能有相同的灵敏度，但检出限可能不一样，因每种元素的光源噪声、火焰噪声及检测器噪声等不同。因此，检出限是反映仪器性能的一个重要指标。待测元素的存在量只有高出检出限，才能可靠地将分析信号与噪声分开，而“未检出”就是待测元素的量低于检出限。

（3）回收率。回收率是用来评价分析方法的准确度和可靠性的依据。回收率愈接近 1，方法的可靠性就愈高。回收率有两种测定方法。

1）利用标准物质测定，即

$$回收率=\frac{含量测定值}{含量真实值}\times 100\% \tag{8.11}$$

2）利用标准加入法测定，即

$$回收率=\frac{加标测定值-未加标测定值}{加标量}\times 100\% \tag{8.12}$$

8.4.2　饮用水中铁、锰含量的测定

饮用水中铁、锰含量用直接火焰原子吸收法测定。在最佳条件试验中，寻找对测定产生干扰的因素，消除干扰，做好样品的预处理，并对测定结果进行验证。

1. 原理

在一定条件下，吸光度与待测样品中金属浓度成正比。将样品或消解处理过的样品直接吸入火焰中，因铁、锰的化合物易于原子化，可分别于 248.3nm 和 279.5nm 处测量铁、锰基态原子对其空心阴极灯特征辐射的吸收。

直接火焰原子吸收法中铁、锰的检测限分别是 0.03mg/L 和 0.01mg/L，校准曲线的浓度范围分别为 0.1～5mg/L 和 0.05～3mg/L。

2. 试剂

本标准所用试剂除另有说明外，均使用符合国家标准或专业标准的分析纯试剂和去离子水或同等纯度的水。

(1) 硝酸 (HNO_3)，1.42g/mL，优级纯。

(2) 硝酸 (HNO_3)，1.42g/mL，分析纯。

(3) 盐酸 (HCl)，1.19g/mL，优级纯。

(4) 硝酸溶液，1+1。

(5) 硝酸溶液，1+99。

(6) 盐酸溶液，1+99。

(7) 盐酸溶液，1+1。

(8) 氯化钙溶液，10g/L。将 2.7750g 无水氯化钙溶于水并稀释至 100mL。

(9) 铁标准贮备液，$\rho_{Fe}=1000\mu g/mL$。称取 0.5000g 光谱纯金属铁，用 30mL (1+1) 盐酸溶液溶解，用去离子水准确稀释至 500mL。

(10) 锰标准贮备液，$\rho_{Mn}=1000\mu g/mL$。称取 0.5000g 光谱纯金属锰（称前用稀硫酸洗去其表面氧化物，再用去离子水洗去酸，烘干，在干燥器中冷却后，尽快称取），用 5mL (1+1) 硝酸溶液溶解。当锰完全溶解后，用 (1+99) 盐酸溶液准确稀释至 500mL。

(11) 铁、锰混合标准使用液配制（临用时配制）。分别移取铁标准贮备液 5.00mL、锰标准贮备液 2.50mL 于 100mL 容量瓶中，用 (1+99) 盐酸溶液稀释至标线，摇匀。此溶液中铁浓度为 50.0mg/L、锰的浓度为 25.0mg/L。

3. 仪器

(1) TAS 990 型原子吸收分光光度计。

(2) 铁、锰空心阴极灯。

(3) 乙炔钢瓶。

(4) 空气压缩机，应备有除水、除油、除尘装置。

(5) 所用玻璃及塑料器皿用前在 (1+1) 硝酸溶液中浸泡 24h 以上，然后用水清洗干净。

4. 样品

(1) 采样前，聚乙烯瓶先用洗涤剂洗净，然后用 (1+1) 硝酸浸泡 24h 以上，再用水冲洗干净。

(2) 采集自来水样时，先将水龙头打开放水 5～10min，将管道内存有的水放出，再用试样瓶接取所需水样。

5. 测定步骤

（1）测定铁、锰总量。样品通常需要消解。混匀后分取适量实验室样品于烧杯中。每100mL水样加5mL优级纯硝酸，置于电热板上在近沸状态下蒸至近干，冷却后再加入5mL优级纯硝酸重复上述步骤一次，必要时再加入5mL优级纯硝酸或2mL高氯酸，直至消解完全，蒸至近干，加（1＋99）盐酸溶解残渣，若有沉淀，用定量滤纸滤入50mL容量瓶中，加10g/L氯化钙溶液1mL，以（1＋99）盐酸溶液稀释至标线。

用去离子水代替自来水水样做空白实验。采用相同的步骤，且与采样和测定中所用的试剂用量相同。在测定样品的同时，测定空白。

（2）测定可过滤态铁、锰含量。样品采集后尽快通过0.45μm滤膜过滤，并立即加优级纯硝酸酸化滤液，使pH值为1～2值。同时做空白实验。

（3）干扰。

1）影响铁、锰原子吸收法准确度的主要干扰是化学干扰，当硅的浓度大于20mg/L时，对铁的测定产生负干扰；当硅的浓度大于50mg/L时，对锰的测定也出现负干扰，这些干扰的程度随着硅的浓度增加而增加，但试样中若存在200mg/L氯化钙，上述干扰可以消除。一般铁、锰的火焰原子吸收法的基体干扰不严重，由分子吸收或光散射造成的背景吸收也可忽略，但遇到高矿化度水样，存在背景吸收时，应采用背景校正措施，或将水样适当稀释后再测定。

2）铁、锰的光谱线较复杂，为克服光谱干扰，应选择小的光谱通带。

（4）校准曲线的绘制。分别取铁、锰混合标准使用液配制（临用时配制）0.00mL、1.00mL、2.00mL、3.00mL、4.00mL、5.00mL于50mL容量瓶中，用盐酸（1＋99）稀释至标线，摇匀。选择最佳参数，用盐酸溶液（1＋99）调零后，在选定的条件下测量其相应的吸光度，检查校准曲线是否合格，然后根据测定情况改变测量条件并设置参数，重新进行校准曲线测量，直至$r \geqslant 0.999$为止。

（5）样品测量。在找到最佳测量标准系列溶液条件的同时，测量样品溶液及空白溶液的吸光度。由样品吸光度减去空白吸光度，从校准曲线上求得样品溶液中铁、锰的含量。

注：1）测定铁、锰总量时，用测定步骤中的（1）制备试样。

2）测定可过滤态铁、锰含量时，用测定步骤中的（2）制备试样。

6. 结果的表示

样品中的铁、锰浓度ρ_x按下式计算：

$$\rho_x = \frac{m}{V} \tag{8.13}$$

式中　ρ_x——样品铁、锰浓度，mg/L；

m——样品铁、锰含量，μg；

V——取水样体积，mL。

7. 精密度和准确度

13个实验室测定含铁2.00mg/L、含锰1.00mg/L的统一样品，其重复性相对标准偏差分别为1.00%和0.62%，再现性相对标准偏差分别为1.36%和1.63%；铁的加标回收率为93.3%～102.5%，锰的加标回收率为94.9%～105.9%。

【复习思考题】

1. 问题探究。

(1) 总结原子吸收法进行样品测定的基本流程。

(2) 原子吸收光度计的基本操作及注意事项。

2. 自测题。

(1) 选择题。

1) 原子吸收方法测定中，通过改变狭缝宽度，可消除下列哪种干扰？(　　)

A. 分子吸收　　B. 背景吸收　　C. 光谱干扰　　D. 基体干扰

2) 原子吸收分光光度法中，对于组分复杂、干扰较多而又不清楚组成的样品，可采用以下哪种定量方法？(　　)

A. 标准加入法　　B. 工作曲线法　　C. 直接比较法　　D. 标准曲线法

3) 原子吸收分析时对光源进行调制，主要是为了消除(　　)。

A. 光源透射光的干扰　　B. 原子化器火焰的干扰

C. 背景干扰　　D. 物理干扰

4) 在火焰原子吸收分光光度计测定试样时，发现火焰扰动很大，可能的原因是(　　)。

A. 助燃气与燃气流量比不对　　B. 空心阴极灯有漏气现象

C. 高压电子元件受潮　　D. 波长位置选择不准

5) 以下哪个部件的质量是原子吸收分光光度法分析误差的最大来源(　　)。

A. 原子化系统　　B. 光源　　C. 检测系统　　D. 单色器

6) 下列几种物质对原子吸收分光光度法的光谱干扰最大的是(　　)。

A. 盐酸　　B. 硝酸　　C. 高氯酸　　D. 硫酸

7) 火焰原子吸收分光光度法的测定工作原理是(　　)。

A. 比尔定律　　B. 朗伯定律　　C. 罗马金公式　　D. 光的色散原理

8) 原子吸收分光光度法选择不同的火焰类型主要是根据(　　)。

A. 分析线波长　　B. 灯电流大小　　C. 被测元素性质　　D. 狭缝宽度

9) 原子吸收光谱分析法中的物理干扰可用下述(　　)的方法消除。

A. 扣除背景　　B. 加释放剂

C. 配制与待测试样组成相似的溶液　　D. 加保护剂

10) 平行称取两份 0.500g 金矿试样，经适当方法溶解后，向其中一份试样加入 1.00mL 浓度为 5.00μg/mL 的金标准溶液，然后向每份试样加入 5.00mL 氢溴酸溶液及 5mL 甲基异丁酮，金与溴离子形成配合物而被萃取到有机相中。用原子吸收法分别测得吸光度为 0.375 和 0.225，试样中金的含量为(　　)μg/g。

A. 1.50×10^{-2}　　B. 0.150　　C. 1.50　　D. 15.0

(2) 计算题。

1) 用 AAS 法测定某溶液中 Cd 的浓度，在适合的条件下，测得吸光度为 0.141。取 50.00mL 该试液加入 1.00mL 浓度为 1.00×10^{-3}mol/L 的 Cd 标准溶液，在同样条件下，测得吸光度为 0.259，蒸馏水的吸光度为 0.010。求试液中 Cd 的浓度及 1%吸收灵敏度？

$(2.13\times10^{-5}mol/L，7.15\times10^{-7}mol/L)$

2）用原子吸收光谱测定水样中Co的浓度。分别吸取水样10.00mL于50mL容量瓶中，然后向各容量瓶中加入不同体积的6.00μg/mL Co标准溶液，并稀释至定容刻度，在同样条件下测定吸光度，根据表数据用作图法求水样中Co的浓度，原吸收光谱法测定水样中Co数据表，见表8.6。(10.9μg/mL)

表8.6　原吸收光谱法测定水样中Co数据表

序号	水样体积（mL）	Co标液体积（mL）	定容体积（mL）	吸光度
1	0.00	0.00	50.00	0.042
2	10.00	0.00		0.201
3	10.00	10.00		0.292
4	10.00	20.00		0.378
5	10.00	30.00		0.467
6	10.00	40.00		0.554

3）用原子吸收法测定元素M时，一份未知试样的吸光度读数为0.435。向9mL未知试样中加入1mL 100PPm的标准溶液，吸光度读数为0.835，求未知试样中M的浓度。

4）测定血浆试样中钾的含量时，将三份0.50mL血浆样分别加至5.00mL水中，然后在这三份溶液中分别加入0.0μL、10.0μL、20.0μL浓度为0.0550mol/L的KCl标准溶液，在原子吸收分光光度计上测得读数依次为0.230、0.453、0.680。计算此血浆中钾的质量浓度。

(3）问答题。

1）用原子吸收法测定某一种元素时，样品中往往同时存在其他多种元素，为什么不用分离法直接测定试样？

2）石墨炉原子化法的工作原理是什么？与火焰原子化法相比有哪些优缺点？

3）原子吸收分析中，若产生下述情况而引致误差，应采用什么措施？

a. 光源强度变化引起基线漂移。

b. 火焰发射的辐射进入检测器（发射背景）。

c. 待测元素吸收线和试样中共存元素的吸收线重叠。

4）要保证或提高原子吸收分析的灵敏度和准确度应注意哪些问题？怎样选择原子吸收分光光度分析的最佳条件？

项目9　电位分析法应用

项目说明

通过本项目的学习，了解电位分析法的特点、电极结构和应用；能正确讲述电位分析法原理和分析方法；能正确使用酸度计完成试样的测定任务。在进行分析的过程中，学会思考，提出问题，并寻找解决问题的方法。

总体目标

知识目标

1. 了解酸度计及电极的结构、作用和基本维护方法。
2. 能正确讲述电位分析法原理和分析方法。
3. 能正确讲述酸度计的操作步骤。
4. 能正确讲述标准缓冲溶液的配制方法。

技能目标

1. 能独立进行酸度计的调试、操作和电极的基本维护。
2. 能熟练配制标准溶液及运用定量分析方法。
3. 能完成样品测试任务。
4. 掌握实验数据的记录、结果处理和报告编写，对实验结果进行简单评价。

工作态度

1. 树立实事求是、用心做事的职业意识。
2. 遵守分析检验职业道德，遵纪守法。
3. 培养学生团结协作、积极进取的精神。
4. 实验室内所有行动符合安全要求。

电化学分析法主要是应用电化学的基本原理和实验技术，研究化学电池内发生的特定现象，利用物质的组成及含量与其电化学性质的关系建立起来的一类的分析方法。通常是使待分析的试样溶液构成一个化学电池（原电池或电解池），通过测量电池的某些物理量（与待测物质有定量关系）来确定试样的量。

电化学分析法的特点是灵敏度、选择性和准确度都较高，被分析试样的最低含量约 10^{-12} mol/L 数量级。仪器装置较为简单，操作方便，分析速度快，易于实现自动化，尤其适合于化工生产中的自动控制和在线分析。

根据测量参数不同，电化学分析法除电位分析法外，还有库仑分析法、极谱分析法、电导分析法及电解分析法等。

9.1　试样 pH 值的测定

9.1.1　试样 pH 值测定步骤

先做一个实验，给出一个水样，使用 HANNA pH211 型酸度计测定其 pH 值。

1. 操作步骤

(1) 连接。将pH电极和温度探头与主机连接，接好电源。

(2) 开机。打开仪器电源开关"ON/OFF"，仪器自检后自动进入测量状态，预热20min。

(3) 校准（两点校准）。使用pH值7.01或pH值6.86作为第一校准点，测酸性样品使用pH值4.01，测碱性样品使用pH值9.18或pH值10.01作为第二校准点。

1) 按CAL键进入校正，仪器显示当前的测量值，同时显示校准值pH值7.01。

2) 将活化好的电极和温度探头清洗后，用滤纸吸干，插入装有校准液的100mL烧杯中，电极插入液面下约4cm处，轻轻搅拌，温度探头尽量与电极靠近。

3) 当测试读数稳定并接近校准值时，CFM符号闪烁显示，按CFM键予以确认。

4) 将电极和温度探头清洗后，用滤纸吸干，插入第二校准液（pH值4.01）轻轻搅拌，温度探头尽量与电极靠近。

5) 当读数稳定并接近校准值时，CFM符号闪烁显示，按CFM键，校准结束，进入测量模式。

(4) pH值测量。

1) 仪器自动进入pH值测量模式。

2) 将电极和温度探头清洗后，用滤纸吸干，插入待测样品，电极插入液面下约4cm处，待电极稳定，仪器显示pH值和温度值。

注意事项：

1) 实验完毕后，电极应套上保护套。

2) 如果取下电极套，电极薄膜玻璃或透析膜发干，应在电极保护液中浸泡1h。

3) 为避免电极受损，在关机前应将pH电极从溶液中取出。

4) 当处于关机状态时，在电极浸入电极保存液之前，电极要与机器分开。

2. 问题的提出

(1) 学生根据试样pH值测定过程，提出与测定方法、测定操作依据等相关的问题。

(2) 收集酸度计、电极等的相关资料，并相互交流。

9.1.2 酸度计的基本组成

1. 酸度计的型号及性能

人们根据生产与生活的需要，科学地研究生产了许多种型号的酸度计。按测量精度，可分为0.2级、0.1级、0.01级或更高精度酸度计；按仪器体积，可分为笔式（见图9.1）、便携式、台式酸度计，还有在线连续监控测量的在线式。

酸度计精度级别的选择是由用户测量所需的精度决定的，精度级别确定后根据使用方便再选择酸度计的形状。

目前，实验室常用的酸度计有pHS—3C型酸度计（见图9.2）和pH211型酸度计（见图9.3）。

pHS—3C型酸度计（见图9.2）是基于微处理器的耐久易用测试仪。将其与复合pH电极联合使用，是一种可靠的基本pH测量系统，对有多个使用者的繁忙实验室或工厂环境最为理想。自动标定、自动或手动温度补偿和诊断性辅助操作代码等先进功能使pH值测量简单易行，精度高，重复性好。

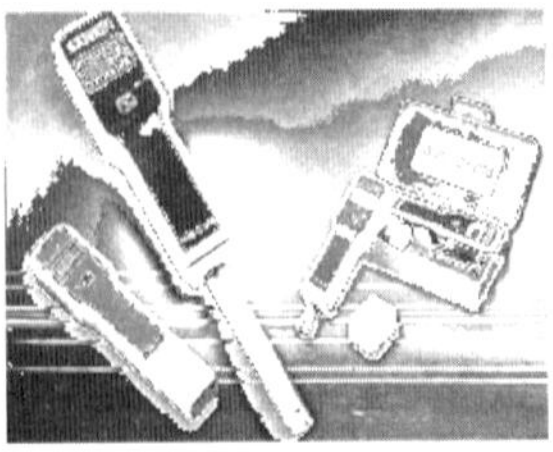

图9.1 笔式酸度计

图9.2 pHS—3C型酸度计

图9.3 pH211型酸度计

pH211型酸度计（见图9.3）采用微处理器，测量精度高，经济实用，测量应用范围较广，可测量pH、mV和温度。大液晶显示屏可同时显示pH（mV）和温度值。仪器有5个已存储缓冲值和pH值校准点（4.01、6.86、7.01、9.18和10.01），其自动识别系统可避免校准错误。校准过程中屏幕显示简洁的操作标识。仪器可进行自动或手动温度补偿。

2. 酸度计的基本组成部件

用酸度计进行电位测量是测量pH值最精密的方法。

（1）pH211酸度计组成（见图9.4）。

酸度计由三个部件构成：参比电极、玻璃电极（指示电极）和电计。

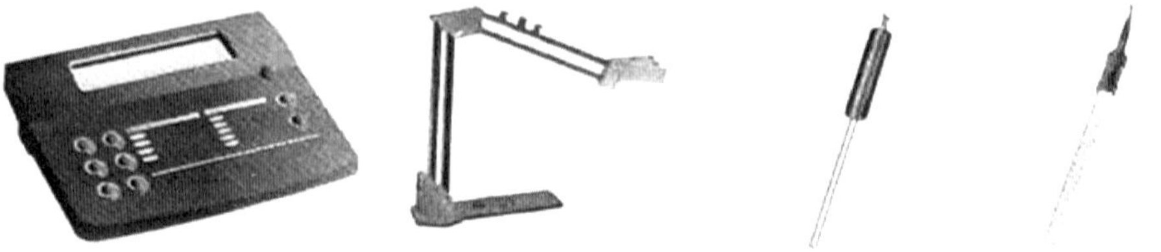

● 主机一台　● HI 76404电极支架　● 温度探棒一支　● 电极一支

图9.4 pH211酸度计组成

（2）pH211酸度计安装。

1）对于pH值复合电极或ORP电极，将电极BNC插入机器背面接口。

2）对于带不同参比电极的电极，将测量电极的BNC与BNC接口连接，参比电极插入参比电极插口。对于温度测量和自动温度补偿，将温度探头与温度探头接口连接。

3. 酸度计的工作原理

把一只对H^+产生响应的电极和一只参比电极放入到溶液中，就组成了一个原电池，即工作电池，电池的电动势用电计测量。由于原电池中参比电极的电位在一定条件下是不变的，原电池的电动势会随着被测溶液中氢离子的活度而变化，而电动势变化关系符合能斯特关系式，因此，可以通过测量原电池的电动势，进而计算出溶液的pH值。

9.1.3 电位分析法中某些基本概念和术语

电位分析法是电化学分析法的重要分支。无论是哪种电化学方法，都将待测溶液作为化学电池的一个部分进行分析。因此，化学电池的理论也就是电化学分析的理论基础，是学习电化学分析必须具备的基础知识。

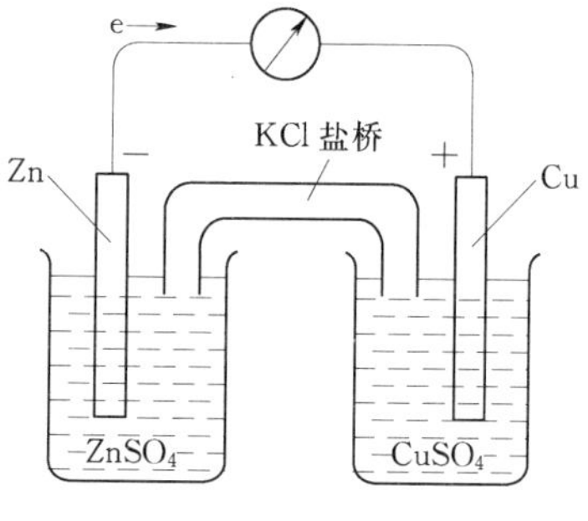

图 9.5 原电池

1. 电化学分析法的理论基础——化学电池

(1) 原电池。

1) 组成。原电池是将化学能转变为电能的装置。以铜银原电池为例，其组成如图 9.5 所示。它是将一块 Ag 浸入 $AgNO_3$ 溶液中，将一块 Cu 浸入 $CuSO_4$ 溶液中，$AgNO_3$ 与 $CuSO_4$ 之间用盐桥隔开。这种电池存在着液体与液体的接界面，故称为有液接电池。

若用导线将 Cu 极与 Ag 极接通，则有电流由 Ag 极流向 Cu 极（电子流动方向相反），发生化学能转变成电能的过程，形成自发电池。

Cu 极： $Cu \rightleftharpoons Cu^{2+} + 2e^-$ （电子由外电路流向 Ag 极）

Ag 极： $Ag^+ + e^- \rightleftharpoons Ag$

电池反应： $Cu + 2Ag^+ \rightleftharpoons 2Ag + Cu^{2+}$ （反应自发进行）

为了使溶液中各部分保持电中性，盐桥中 Cl^- 向左移，K^+ 向右移。

讨论：盐桥的作用是什么？消除液接电位如图 9.5 所示。

2) 阳极（正极）、阴极（负极）。任何电池都有两个电极。发生氧化反应的电极称为阳极，发生还原反应的电极称为阴极；外电路电子流出的电极为负极，电子流入的电极为正极。铜银原电池中，Cu 极为负极（阳极），Ag 极为正极（阴极）。也可以通过比较两个电极的实际电位区分正负极（电位较高的为正极）。

电池的表示方法：（−） Cu | $CuSO_4$(0.02mol/L) ‖ $AgNO_3$(0.02mol/L) | Ag （+）

(2) 电解池。电解池是将电能转变为化学能的装置。组成与原电池相似，但电解池必须有一个外电源，反极接在外电源的两极上。如果外电源的电压略大于原电池的电动势，则

Cu 极： $Cu^{2+} + 2e^- \rightleftharpoons Cu$

Ag 极： $Ag - e^- \rightleftharpoons Ag^+$

电池反应： $2Ag + Cu^{2+} \rightleftharpoons Cu + 2Ag^+$ （反应不能自发进行）

必须外加能量，电解才能进行。

电解池的表示方法：（阳极） $AgNO_3$(0.02mol/L) | Ag ‖ Cu | $CuSO_4$(0.02mol/L)（阴极）

电动势定义为负值。

化学电池在电化学分析中是很有用的，就原电池而言，如果知道一个电极的电位，又能测得原电池的电动势，则可计算出另一电极的电位，这就是电化学分析中用以测量电极电位的方法，如电位分析法。对电解池而言，有许多是利用电解池的性质而建立起来的分析方法，如电解分析法、库仑分析法、伏安法等。

2. 电池电动势

电池电动势是由不同物体在相互接触时，是相界面上的电位差而产生的，一个电化学体系包含各种相的接触，例如溶液—溶液、金属—溶液、金属—金属、溶液—气体等接触。无论哪种接触，在它们的界面上都存在着电位差。我们把两个不同物相接触的界面上的电位差称为相界电位。

两个组成或浓度不同的电解质溶液相接触的界面间所存在的微小电位差称为液接电位，是由两种溶液中存在的各种离子具有不同的迁移速率而引起的，用 φ_L 表示。

金属电极插入含该金属的电解质溶液中产生的金属与溶液的相界电位称为金属的电极电位。

在电位分析中需要用一支电极电位随待测离子活度不同而变化的电极（指示电极）与一支电极电位值恒定的电极（参比电极）和待测溶液组成工作电池。设电池为

$$M \mid M^{n+} \mid 待测试液 \parallel 参比电极$$

电池的电动势为

$$E_{电池}=\varphi_{(+)}-\varphi_{(-)}+\varphi_L$$

式中 $\varphi_{(+)}$——电位较高的正极的电极电位；

$\varphi_{(-)}$——电位较低的负极的电极电位；

φ_L——液体接界电位，其值很小，可忽略。

则

$$E_{电池}=\varphi_{(+)}-\varphi_{(-)}$$

3. 电极电位及其测量

(1) 电极电位：金属电极与溶液接触的界面之间的电势差。

(2) 测量：测量时，规定以参比电极为正极与待测离子的指示电极为负极组成电池，即

$$(-)\ 待测离子的指示电极 \parallel 参比电极\ (+)$$

测电池的电动势时若测得的电池电动势为正值，即待测离子的指示电极的电位较参比电极低；若测得的电池电动势为负值，即待测离子的指示电极的电位较参比电极高。

$$E_{电池}=\varphi_{参比}-\varphi_{待测}$$

$$\varphi_{待测}=\varphi_{参比}-E_{电池}$$

4. 指示电极、参比电极与工作电极

(1) 指示电极。在原电池中，借以反映离子活度的电极，即电极电位随溶液中待测离子活度的变化而变化，并能指示待测离子活度。有金属基电极和离子选择性电极。

$$\varphi_{M^{n+}/M}=\varphi^{\theta}_{M^{n+}/M}+\frac{2.303RT}{nF}\lg a_{M^{n+}} \tag{9.1}$$

(2) 参比电极。电极电位稳定且已知，用作比较标准的电极。

(3) 工作电极。在电解池中，发生所需电极反应的电极。

5. 电位分析法

(1) 定义。电位分析法是将一支电位与被测物质的活（浓）度有关的电极（指示电极）和另一支电位已知且保持恒定的电极（参比电极）插入待测溶液中组成一个化学电池，在零电流的条件下，通过测定电池电动势进而得到溶液中待测组分含量的方法。

(2) 类型。

1) 直接电位法。通过测量电池电动势，利用电极电位值与其相应的离子活度遵守能斯特关系测定离子活度。

2) 电位滴定法。电位滴定法是一种通过测量滴定过程中电池电动势的变化来确定滴

定终点的分析方法，可用于酸碱、氧化还原等各类滴定反应终点的确定。

9.1.4　测定 pH 值使用的电极及工作原理

1. 参比电极

参比电极是测量电池电动势、计算电极电位的基准，其主要作用是在测量过程中提供一个恒定的电极电位标准，容易制作，使用寿命长。参比电极有三种：标准氢电极，甘汞电极和 Ag/AgCl 电极。

(1) 标准氢电极 (NHE)。根据 IUPAC 规定，标准氢电极的电极电位为零，是最精确的参比电极，是参比电极的一级标准。其结构如图 9.6 所示。

电极反应：
$$2H^+ + 2e \rightleftharpoons H_2$$

电极电位：
$$\varphi_{Pt,H^+/H_2} = \varphi^{\theta}_{Pt,H^+/H_2} + \frac{2.303RT}{nF}\lg\frac{a_{H^+}}{p_{H_2}} \qquad (9.2)$$

当 $t=25℃$，$a_{H^+}=1mol/L$，$p_{H_2}=1.01325\times10^5Pa$ 时，标准氢电极的电极电位为零，称为绝对零电极电位。标准氢电极是最精准的参比电极，但因实验条件控制较为严格，故应用起来很不方便。

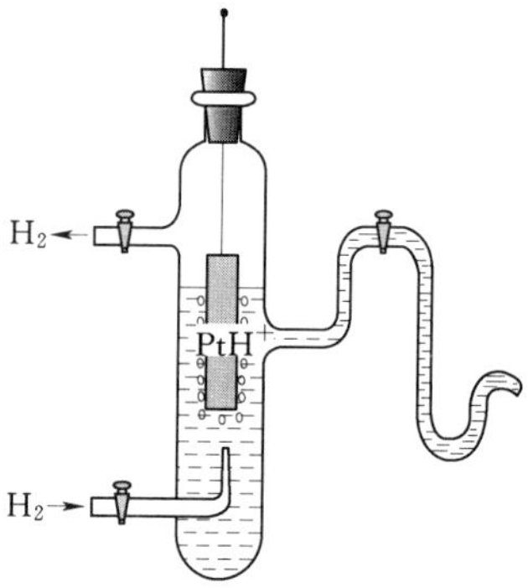

图 9.6　标准氢电极

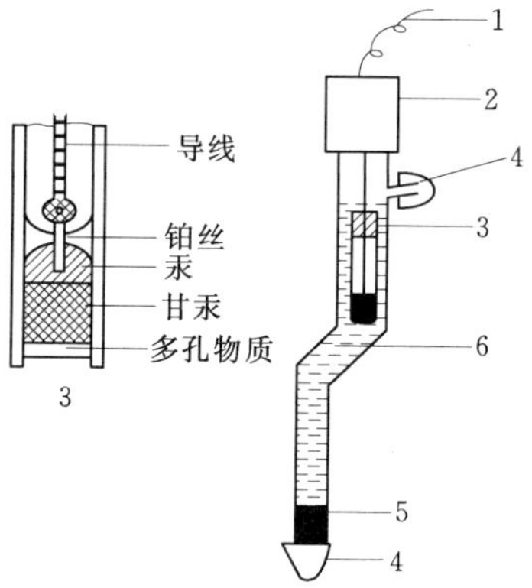

图 9.7　甘汞电极

1—导线；2—绝缘体；3—内部电极；4—胶帽；5—多孔物质；6—饱和 KCl 溶液

(2) 甘汞电极。甘汞电极是由金属汞和 Hg_2Cl_2 及 KCl 溶液组成的电极，其结构如图 9.7 所示。内玻璃管中封接一根铂丝，铂丝插入纯汞中（厚度为 0.5～1cm），下置一层甘汞和汞的糊状物，外玻璃管中装入 KCl 溶液，即构成甘汞电极。电极下端与待测溶液接触部分熔结陶瓷芯或玻璃砂芯等多孔物质或是毛细管通道。

其半电池组成：Hg，$Hg_2Cl_{2(固)}$ | KCl

电极反应：
$$Hg_2Cl_2 + 2e \rightleftharpoons 2Hg + 2Cl^-$$

电极电位：
$$\varphi_{Hg_2Cl_2/Hg} = \varphi^{\theta}_{Hg_2^{2+}/Hg} + \frac{2.303RT}{2F}\lg\frac{K_{sp(Hg_2Cl_2/Hg)}}{a^2_{Cl^-}}$$
$$= \varphi^{\theta}_{Hg_2^{2+}/Hg} + \frac{2.303RT}{2F}\lg K_{sp(Hg_2Cl_2/Hg)} - \frac{2.303RT}{F}\lg a_{Cl^-} \qquad (9.3)$$

因此
$$\varphi^{\theta}_{Hg_2Cl_2/Hg} = \varphi^{\theta}_{Hg_2^{2+}/Hg} + \frac{2.303RT}{2F}\lg K_{sp(Hg_2Cl_2)} \qquad (9.4)$$

$$\varphi_{Hg_2Cl_2/Hg}=\varphi^{\theta}_{Hg_2Cl_2/Hg}-\frac{2.303RT}{F}\lg a_{Cl^-} \quad (9.5)$$

甘汞电极电位的大小，由电极表面 Hg_2^{2+} 的活度决定，有微溶盐 Hg_2Cl_2 存在时，Hg_2^{2+} 的活度值决定于 a_{Cl^-}。温度恒定时，$\frac{2.303RT}{2F}$为常数，$K_{sp(Hg_2Cl_2)}$恒定，甘汞电极的电极电位主要决定于 a_{Cl^-}，a_{Cl^-} 恒定时，其电极电位是个定值。不同浓度 KCl 溶液的甘汞电极电位具有不同的恒定值（见表 9.1）。

表 9.1　25℃时甘汞电极的电极电位（对 SHE）

名　称	0.1mol/L 甘汞电极	标准甘汞电极（NCE）	饱和甘汞电极（SCE）
KCl 溶液浓度	0.1mol/L	1.0mol/L	饱和溶液
电极电位（V）	+0.3365	0.2828	0.2438

如果温度不是 25℃，其电极电位校正，对于 SCE，t℃时的电极电位为

$$\varphi_t=0.2438-7.6\times10^{-4}(t-25)\quad (V)$$

但当温度较高时，甘汞有歧化作用，即

$$Hg_2Cl_2 \rightleftharpoons Hg+HgCl_2$$

所以使用温度不得超过 80℃。

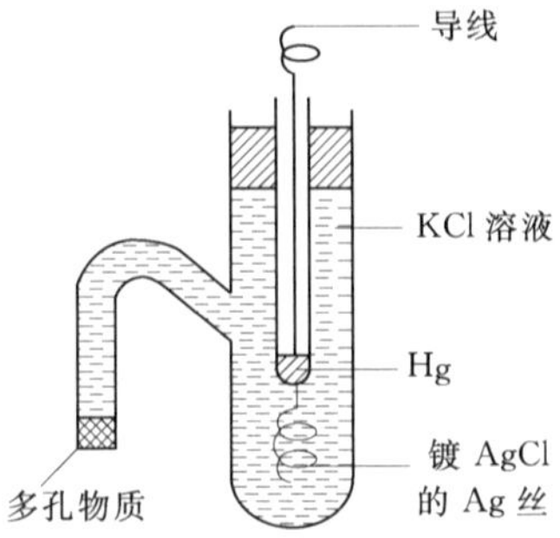

图 9.8　银氯化银电极

（3）Ag—AgCl 电极。Ag—AgCl 电极是在银丝表面镀上一层 AgCl，浸在一定浓度的 KCl 溶液中。其结构如图 9.8 所示。

电极反应：　$AgCl+e^- \rightleftharpoons Ag+Cl^-$

电极电位：$\varphi_{AgCl/Ag}=\varphi^{\theta}_{AgCl/Ag}-\frac{2.303RT}{F}\lg a_{Cl^-}$　　(9.6)

其中　$$\varphi^{\theta}_{AgCl/Ag}=\varphi^{\theta}_{Ag^+/Ag}+\frac{2.303RT}{F}\lg K_{sp(AgCl)}$$

Ag/AgCl 电极电位的大小由电极表面 Ag^+ 的活度决定，有微溶盐 AgCl 存在时，Ag^+ 的活度值决定于溶液中 a_{Cl^-}。温度恒定时，$\frac{2.303RT}{F}$为常数，$K_{sp(AgCl)}$恒定，KCl 的饱和溶解度一定，$\varphi_{AgCl/Ag}$为一定值。

不同浓度 KCl 溶液的 Ag—AgCl 电极的电极电位见表 9.2。

表 9.2　25℃时 Ag—AgCl 电极的电极电位（对 SHE）

名　称	0.1mol/L Ag—AgCl 电极	标准 Ag—AgCl 电极	饱和 Ag—AgCl 电极
KCl 溶液浓度	0.1mol/L	1.0mol/L	饱和溶液
电极电位（V）	+0.2880	0.2223	0.2000

标准 Ag—AgCl 电极在温度为 t 时的电极电位为

$$\varphi=0.2223-6\times10^{-4}(t-25)\quad (V)$$

2. 玻璃膜电极

玻璃膜电极是离子选择性电极的一种，其电位取决于周围溶液的 pH 值。

pH 玻璃膜电极，是电位法测定溶液 pH 的指示电极。除了用于测定溶液 pH 值的玻

璃膜电极外，还有能对锂、钠、钾和银等一价阳离子具有选择性响应的玻璃膜电极，这类电极的构型及制造方法均相似，其选择性来源于玻璃敏感膜组成的不同。

（1）pH玻璃膜电极的构造。pH玻璃膜电极（图9.9），是一种用特定配方的玻璃吹制成的非晶体膜电极，其下端的薄膜是敏感膜，该玻璃膜是向SiO_2中加入Na_2O和少量CaO烧结而成。敏感膜厚度约为0.1mm，可根据不同需要制成球状平板或锥状。如图9.9所示是一种球状pH玻璃膜电极，玻璃球内盛有0.1mol/L HCl溶液，作为内参比溶液，以Ag—AgCl丝为内参比电极，这样就构成了pH玻璃膜电极。如图9.10所示是一种复合式pH玻璃膜电极，除具pH玻璃膜电极的结构外，另有参比电极体系通过陶瓷塞与试液接触，这种电极系统是集指示电极与参比电极于一体，使用时不再需要外参比电极。

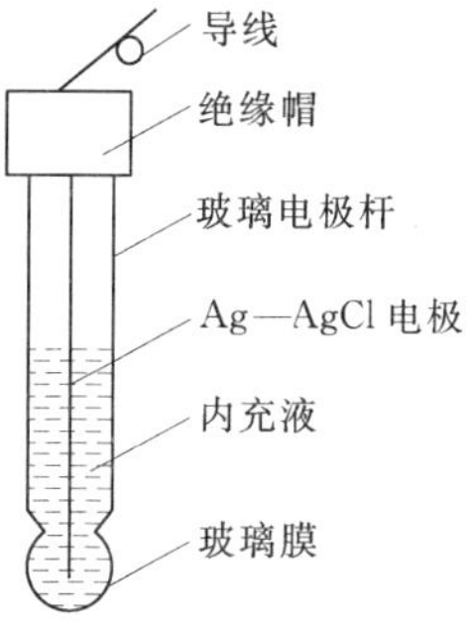

图9.9 pH玻璃膜电极

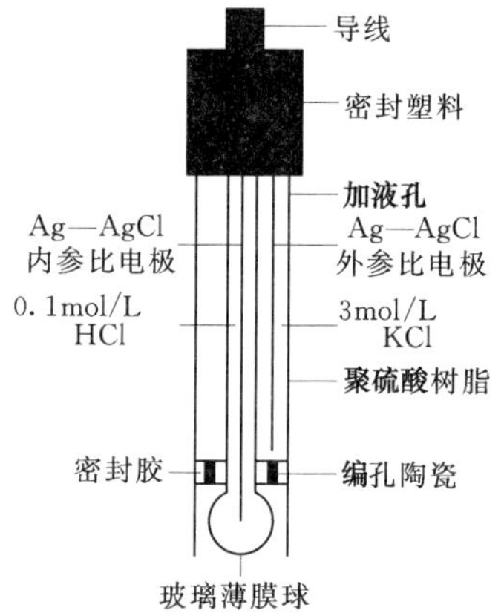

图9.10 复合pH玻璃膜电极

（2）pH玻璃膜电极的响应机理。pH玻璃膜电极中内参比电极的电极电位是恒定的，与待测溶液的pH无关，之所以能测定溶液的pH值，是由于玻璃膜产生的膜电位与待测溶液pH值有关。

pH玻璃膜电极的响应机理可用离子交换理论来解释。使用前玻璃膜电极必须在蒸馏水中浸泡24h（活化），复合式pH玻璃膜电极应使用专用活化液进行活化。由于硅氧结构与氢离子的键合强度远大于其与钠离子的键合强度，约为10^{14}倍，因此发生如下的离子交换反应：

$$\underset{（溶液）}{H^+}+\underset{（玻璃）}{Na^+Cl^-}\rightleftharpoons\underset{（溶液）}{Na^+}+\underset{（玻璃）}{H^+Cl^-}$$

反应的平衡常数很大，有利于反应朝正向进行，其他二价、高价离子不能进入晶格与钠离子发生交换。在酸性或中性溶液中玻璃膜表面的Na^+位，基本上全为氢离子所占有，而形成一个类似硅酸（H^+Cl^-）的水化胶层，只有在氢氧化钠溶液中，由于逆反应的进行，才使得玻璃膜表面仍存在一些Na^+。当玻璃膜长时间浸泡在水中时，水将继续渗透，达到平衡后在膜内层和外层形成厚度为$10^{-4}\sim10^{-5}$mm的水化胶层。在水化胶层的表面，钠离子基本上全被氢离子所交换，而在水化胶层的内部，氢离子的数目渐渐地减少，钠离子的数目则相应地增加。在玻璃膜的中部，则仍是干玻璃的区域，全为钠离子所占有。图9.11显示了玻璃膜表面与内部离子的分布情况。

H^+在水化胶层表面与溶液的界面上进行扩散，破坏了界面附近原来正负电荷分布的

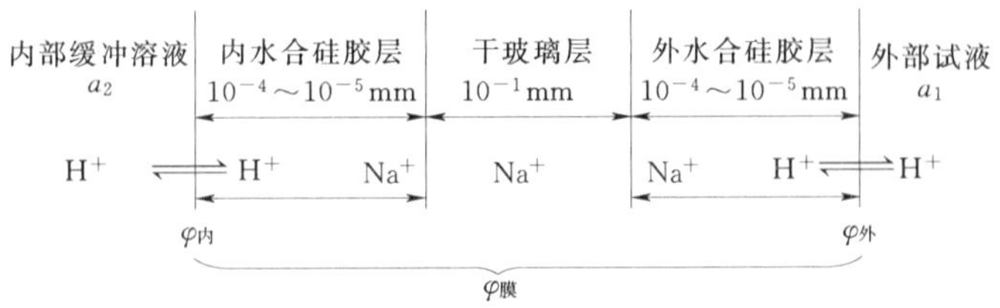

图9.11 玻璃膜中离子分布示意图

均匀性。于是在两相界面形成双电层结构，从而产生电位差，由于阴离子和其他阳离子难以进出玻璃膜表面，所以玻璃膜对氢离子具有选择性响应。

另外，在内、外水化胶层与干玻璃层之间，还存在着扩散电位。如果内、外水化胶层的结构完全相同，内、外界面上的两个扩散电位的数值相等，但符号相反，相互抵消。因此，玻璃电极的膜电位可认为只与内、外两个溶液和水化胶层界面上的相间电位有关。外水化层与外部试液的相间电位为 $\varphi_{外}$，内水化层与内参比溶液的相间电位为 $\varphi_{内}$，则

$$\varphi_{外}=k_{外}+\frac{2.303RT}{nF}\lg\frac{a_1}{a_1'} \tag{9.7}$$

$$\varphi_{内}=k_{内}+\frac{2.303RT}{nF}\lg\frac{a_2}{a_2'} \tag{9.8}$$

式中 a_1、a_2——外部溶液和内参比溶液的 H^+ 活度；

a_1'、a_2'——玻璃膜外、内侧水合硅胶层表面的 H^+ 活度；

$k_{外}$、$k_{内}$——由玻璃外、内膜表面性质决定的常数。

因为玻璃内外膜表面性质基本相同，所以 $k_{外}=k_{内}$，水合硅胶层表面具有相同数目的交换电位，故 $a_1'=a_2'$。则玻璃内外膜之间的电位差为

$$\varphi_{膜}=\varphi_{内}-\varphi_{外}=\frac{2.303RT}{nF}\lg\frac{a_1}{a_2} \tag{9.9}$$

由于内参比溶液 H^+ 活度 a_2 是一定值，则

$$\varphi_{膜}=K+\frac{2.303RT}{nF}\lg a_1 \tag{9.10}$$

298K 时

$$\varphi_{膜}=K-0.0592\text{pH} \tag{9.11}$$

式（9.10）说明在一定温度下玻璃膜电极的膜电位 $\varphi_{膜}$ 与试液的 pH 呈线性关系。式中的 K 值由每支玻璃膜电极本身的性质所决定。由式（9.9）可见，当 $a_1=a_2$ 时，$\varphi_{膜}$ 应为零，但是实际上并不为零，玻璃膜两侧仍存在一定的电位差，这种电位差称为不对称电位（$\varphi_{不对称}$），它是由于薄膜内外两个表面的状况不同，如含钠量、张力以及外表面的机械和化学损伤等不同而产生的。玻璃膜电极经长时间浸泡，表面形成水合胶层，不对称电位可以达到最小而有一稳定值，因此可以合并到式（9.10）的 K 值中。

玻璃膜电极的内参比电极为 Ag—AgCl 电极，则电极电位 $\varphi_{玻璃}$（25℃）为

$$\varphi_{玻璃}=\varphi_{AgCl/Ag}+\varphi_{膜}=\varphi_{AgCl/Ag}+K-0.0592\text{pH}=k'-0.0592\text{pH} \tag{9.12}$$

由式（9.12）可见，在一定温度下 pH 玻璃电极的电极电位与待测液的 pH 值呈线性关系，这是利用 pH 玻璃电极测定 pH 值的定量依据。

（3）pH 玻璃膜电极的特点。pH 玻璃膜电极的优点是不受溶液中氧化剂或还原剂的影响，能在有色溶液和胶体溶液中应用；缺点是本身具有很高的电阻，必须辅以电子放大

装置才能测定，其电阻随温度变化，一般只能在5～60℃使用。

1）钠差。pH玻璃膜、电极只能适用于pH值1～9的溶液，当试液的pH值大于9时，测得的pH值比实际数值要低，其电位响应偏离理想线性，产生pH值测定误差，这种现象称为"碱差"，它来源于钠离子的扩散作用，故又称为"钠差"。由于在强碱性溶液中，氢离子浓度很低，而有大量钠离子存在，这将使钠离子重新进入玻璃膜的硅氧网络，并与氢离子交换。因此，玻璃电极的膜电位除了决定于水化胶层和溶液中的氢离子活度外，还增加了因钠离子在两相中扩散而产生的相间电位。如用Li_2O代替Na_2O制作玻璃膜，由于锂玻璃的硅氧网络中的空间较小，钠离子的半径较大，不易进入与氢离子进行交换，因而避免了钠离子的干扰。实验证明，这种电极可用于测量pH值11～13.5的溶液。

2）酸差。在pH<1，如强酸性溶液，或盐浓度较大时，以及在某些非水溶液中，pH测量数值往往偏高。这是由于传送H^+是靠H_2O，水分子活度变小，H_3O^+活度也就变小了，这种现象称为酸差。

（4）阳离子玻璃电极。改变玻璃的成分和结构，例如在玻璃膜中引入三价元素铝、镓、硼等的氧化物，可制成对其他一价阳离子具有选择性的电极。表9.3列出了几种阳离子玻璃膜的组成及其选择性系数。

表9.3　　阳离子玻璃电极

主要响应离子	玻璃膜组成（摩尔百分数）			电位选择性系数
	Na_2O	Al_2O_3	SiO_2	
Na^+	11	18	71	K^+ 3.3×10^{-3}（pH 7），3.6×10^{-4}（pH 11）Ag^+ 500
K^+	27	5	68	Na^+ 5×10^{-2}
Ag^+	11	18	71	Na^+ 1×10^{-3}
	28.8	19.1	52.1	H^+ 1×10^{-5}
Li^+	Li_2O　15	25	60	Na^+ 0.3 K^+ $<1\times10^{-3}$

除了pH玻璃电极外，另一种常用的玻璃电极是钠电极，这种电极也可用于银离子的测定。它以Ag—AgCl丝作内参比电极，1mol/L NaCl溶液为内参比溶液。钠电极的选择性顺序为$Ag^+>H^+>Na^+>K^+>Li^+>\cdots>Ca^{2+}$。使用时，可借助于控制溶液的pH值条件来提高选择性。例如，可在pH7～10的条件下测定钠，而在pH值4～7的条件下测定银。钠电极对钠离子的线性响应范围为1×10^{-7}～1mol/L；测定银离子的检测限可达1×10^{-9}mol/L。

玻璃电极在使用前，必须在该待测离子的稀溶液中浸泡活化2h以上，使膜表面的水化胶层能充分形成，以利于离子的稳定扩散。

9.1.5　pH值的电位测定

9.1.5.1　pH值的实用定义

测定溶液的pH值常用玻璃电极作指示电极，甘汞电极作参比电极，与待测溶液组成工作电池，电池的电动势为

$$E=\varphi_{(+)}-\varphi_{(-)}+\varphi_L=\varphi_{Hg_2Cl_2/Hg}-\varphi_{玻璃}+\varphi_L$$
$$=\varphi_{Hg_2Cl_2/Hg}-\varphi_{AgCl/Ag}-\varphi_{膜}+\varphi_L \qquad (9.13)$$

298K 时，$\varphi_{膜}=K-0.0592\mathrm{pH}_{试液}$

$$E=\varphi_{Hg_2Cl_2/Hg}-\varphi_{AgCl/Ag}-K+0.0592\mathrm{pH}_{试液}+\varphi_L \tag{9.14}$$

式（9.14）中 $\varphi_{Hg_2Cl_2/Hg}$、$\varphi_{AgCl/Ag}$、φ_L 和 K 在一定条件下都是常数，将其合并为 K'，则上式表示为

$$E=K'+0.0592\mathrm{pH}_{试液} \tag{9.15}$$

由式（9.15）可知，待测电池的电动势与试液的 pH 呈线性关系。E 值可以通过实验测得，K'值包括内参比电极电位、膜内相间电位、不对称电位和液接电位。这些变量无法准确测量，并经常发生变化。此外，溶液中存在的所有电解质都会影响被测离子活度。在实际工作中，不可能用式（9.15）直接计算出被测试液的 pH 值，而是要用 pH 已经确定的标准缓冲溶液作为基准，并比较饱和待测溶液和饱和标准缓冲溶液的两个工作电池的电动势来确定待测溶液的 pH 值。

1. pH 值的实用定义

pH 值通常被定义为与试液（$\mathrm{pH_x}$）和标准溶液（$\mathrm{pH_s}$）之间的电动势差有关的函数，这称为 pH 值的实用定义。

将一支对阳离子 H^+ 响应的离子电极与饱和甘汞电极组成电池，即

$$\mathrm{H}_{电极} \mid \mathrm{H}^+ \mid 待测试液 \parallel \mathrm{KCl(饱和)} \mid \mathrm{Hg_2Cl_2, Hg}$$

分别测定标准溶液（$\mathrm{pH_s}$）的电动势 E_s 及试液（$\mathrm{pH_x}$）的电动势 E_x。E_x 及 E_s 分别为

$$E_x=K'+\frac{2.303RT}{F}\mathrm{pH_x}$$

$$E_s=K'+\frac{2.303RT}{F}\mathrm{pH_s}$$

两式相减整理得

$$\mathrm{pH_x}=\mathrm{pH_s}+\frac{E_x-E_s}{2.303RT/F} \tag{9.16}$$

式（9.16）就是 pH 值的实用定义的数学表达式。E_x 与 E_s 的差值和 $\mathrm{pH_x}$ 与 $\mathrm{pH_s}$ 的差值呈线性关系，直线的斜率 $2.303RT/F$ 是温度的函数。

式（9.16）是在假定测定试液与标准缓冲溶液的条件相同下得出的。在实验过程中，温度、试液 pH 值、成分和不对称电位等因素的改变，会使 K'值发生变化而带来误差。为了尽量减小误差，应该选用 pH 值与待测溶液 pH 值相近的标准缓冲溶液，实验中尽可能使溶液的温度保持恒定。

这一定义同样适用于其他离子选择电极的测量，作为被测离子 M 的 pM（$-\lg\alpha_M$）值的实用定义。

将一支对离子 $M^{z\pm}$ 响应的离子电极与饱和甘汞电极组成电池，即

$$\mathrm{M}_{电极} \mid \mathrm{M}^{n\pm} \mid 待测试液 \parallel \mathrm{KCl(饱和)} \mid \mathrm{Hg_2Cl_2, Hg}$$

得到

$$\mathrm{pH_x}=\mathrm{pH_s}\pm\frac{E_x-E_s}{2.303RT/F} \tag{9.17}$$

式（9.17）中“±”视参比电极电位高低而定，参比电极为正极取“+”号，参比电极为负极取“−”号。

2. pH 标准缓冲溶液

pH 标准缓冲溶液是 pH 值测定的基准，故缓冲溶液的配制及 pH 值的确定是至关重要的。由于本法测得的是 pH 值，因此需要有相应的以活度表示的标准溶液。JJG 119—2005 公布中国 6 种基准缓冲溶液（0～95℃）的 pH_s 值，见表 9.4。

表 9.4　pH 基准缓冲溶液的 pH_s 值

温度（℃）	0.05mol/kg 四草酸氢钾	25℃饱和酒石酸氢钾	0.05mol/kg 邻苯二甲酸氢钾	0.025mol/kg 磷酸二氢钾 0.025mol/kg 磷酸氢二钠	0.01mol/kg 硼砂	25℃饱和氢氧化钙
0	1.668	—	4.006	6.981	9.458	13.416
5	1.669	—	3.999	6.949	9.391	13.210
10	1.671	—	3.996	6.921	9.330	13.011
15	1.673	—	3.996	6.898	9.276	12.820
20	1.676	—	3.998	6.879	9.226	12.637
25	1.680	3.559	4.003	6.864	9.182	12.460
30	1.684	3.551	4.010	6.852	9.142	12.292
35	1.688	3.547	4.019	6.844	9.105	12.130
40	1.694	3.547	4.029	6.838	9.072	11.975
45	1.700	3.550	4.042	6.834	9.042	11.828
50	1.706	3.555	4.055	6.833	9.015	11.697
55	1.713	3.563	4.070	6.834	8.990	11.553
60	1.721	3.573	4.087	6.837	8.968	11.426
70	1.739	3.596	4.122	6.847	8.926	—
80	1.759	3.622	4.161	6.862	8.890	—
90	1.782	3.648	4.203	6.881	8.856	—
95	1.795	3.660	4.224	6.891	8.839	—

9.1.5.2　酸度计的使用与维护

酸度计因电计设计的不同而类型很多，其操作步骤各有不同，因而酸度计的操作应严格按照其使用说明书正确进行。在具体操作中，校准是酸度计使用操作中的重要步骤。

1. 酸度计的正确校准

酸度计校准方法均采用两点校准法，即选择两种标准缓冲液：一种是 pH7.01 或 pH6.86 标准缓冲液，另一种是 pH9.18 标准缓冲液或 pH4.01 标准缓冲液。先用 pH7.01 或 pH6.86 标准缓冲液对电计进行定位，再根据待测溶液的酸碱性选择另一种标准缓冲液。如果待测溶液呈酸性，则选用 pH4.01 标准缓冲液；如果待测溶液呈碱性，则选用 pH9.18 标准缓冲液。但要注意标准缓冲液选择及其配制的准确性。

在校准前应特别注意待测溶液的温度，以便正确选择标准缓冲液。调节电计面板上的温度补偿旋钮，使其与待测溶液的温度一致，若温度为自动补偿，不需调节。不同的温度下，标准缓冲溶液的 pH 值也不同。

校准工作结束后，对使用频繁的酸度计一般在 48h 内仪器不需再次校准。如遇到下列情况之一，仪器则需要重新校准。

（1）溶液温度与定标温度有较大的差异时。

（2）电极在空气中暴露过久，例如半小时以上时。

（3）定位或斜率调节器被误动。

（4）测量过酸（pH<2）或过碱（pH>12）的溶液后。

（5）换过电极后。

（6）当所测溶液的pH值不在两点定标时所选溶液的pH之间，且距pH7.01较远时。

2. 正确使用与保养电极

目前实验室使用的电极都是复合电极，其优点是使用方便，不受氧化性或还原性物质的影响，并且平衡速度较快。使用时，下端的保护套全取下，对可填充式复合电极要将电极加液口上所套的橡胶套取下，以保持电极内氯化钾溶液的液压差。电极的使用与维护需要注意以下几点：

（1）复合电极不用时，可充分浸泡于3mol/L氯化钾溶液中，切忌用洗涤液或其他吸水性试剂浸洗。

（2）使用前，检查玻璃电极前端的球泡。正常情况下，电极应该透明而无裂纹，球泡内要充满溶液，不能有气泡存在。

（3）测量浓度较大的溶液时，尽量缩短测量时间，用后仔细清洗，防止被测液粘附在电极上而污染电极。

（4）清洗电极后，不要用滤纸擦拭玻璃膜，而应用滤纸吸干，避免损坏玻璃薄膜，影响测量精度。

（5）测量中注意电极的Ag—AgCl内参比电极应浸入到球泡内氯化物缓冲溶液中，避免电计显示部分出现数字乱跳现象。使用时，注意将电极轻轻甩几下。

（6）电极不能用于强酸、强碱或其他腐蚀性溶液。

（7）严禁在脱水性介质如无水乙醇、重铬酸钾等中使用。

（8）为避免电极受损，在关机前要将pH电极从溶液中拿出。

（9）当处于关机状态时，在电极浸入电极保存液之前，电极要与机器分开。

（10）pH玻璃电极的清洗：

1）常规清洗。将电极浸泡于0.1mol/L KCl或0.1mol/L HNO_3溶液中30min，然后浸泡于3mol/L KCl溶液中2h。

2）油脂类清洗。用中性洗涤剂或甲醇溶液进行冲洗。

3）蛋白脂类清洗。浸泡于0.1mol/L KCl（含1%胃蛋白酶）溶液中15min或次氯酸钠溶液中5min。污染严重时，可用5%HF溶液浸10～20min，取出后立即用水冲洗干净，然后浸入0.1mol/L HCl溶液一昼夜后继续使用。

4）玻璃电极老化的处理。玻璃电极的老化可用氢氟酸浸蚀掉外层胶层，改善电极性能。

（11）参比电极的储存。Ag—AgCl电极最好的贮存液是饱和氯化钾溶液，高浓度KCl溶液可以防止AgCl在液接界处沉淀，并维持液接界处于工作状态。此方法也适用于复合电极的贮存。参比电极发生的问题绝大多数是由液接界堵塞引起的，可用下列方法解决：

1）浸泡液接界。用10%饱和氯化钾溶液和90%蒸馏水的混合液，加热至60～70℃，将电极浸入约5cm，浸泡20min至1h。此法可溶去电极端部的结晶。

2）氨浸泡。当液接界被氯化银堵塞时可用浓氨水浸除，具体方法是将电极内充液放空后浸入氨水中 10～20min，但不要让氨水进入电极内部，取出电极用蒸馏水洗净，重新加入内充液后继续使用。

【复 习 思 考 题】

1. 如何维护与保养玻璃电极？

2. 使用酸度计测定试液 pH 时，两点法校准的作用是什么？

3. pH 玻璃电极在使用前应进行活化，其目的是什么？

4. 已知待测水样的 pH 值约为 8，校准用缓冲溶液如何选择？

5. 饱和甘汞电极使用时要做哪些检查？

6. 查阅饮用水源水氟离子含量的测定分析方法，预测一下测定中可能出现的问题，并提出解决方案。

9.2 水源水氟离子含量的测定

9.2.1 标准曲线法测定水源水氟离子含量

1. 测定原理与操作步骤

（1）原理。当氟电极与含氟的试液接触时，电池的电动势 E 随溶液中氟离子活度变化而改变（遵守 Nernst 方程）。当溶液的总离子强度为定值且足够时服从关系式

$$E=K'-\frac{2.303RT}{F}\lg a_{F^-} \tag{9.18}$$

E 与 $\lg a_{F^-}$ 呈线性关系，$2.303RT/F$ 为该直线的斜率，亦为电极的斜率。

工作电池可表示为

$Ag|AgCl/Cl^-(0.3mol/L), F^-(0.001mol/L)|LaF_3||$ 试液 $||$ 外参比电极

注：待测氟离子浓度 $c_{F^-}<10mol/L$ 时，活度系数为 1，可以用 c_{F^-} 代替其活度 a_{F^-}。

（2）试剂。本方法所有试剂除另有说明外均为分析纯试剂，所用水为去离子水或无氟蒸馏水。

1）盐酸（HCl）：2mol/L。

2）硫酸（H_2SO_4）：$n=1.84g/mL$。

3）总离子强度调节缓冲溶液（TISAB）。

a. 0.2mol/L 柠檬酸钠。1mol/L 硝酸钠（TISAB Ⅰ）：称取 58.8g 二水柠檬酸钠和 85g 硝酸钠加水溶解，用盐酸调节 pH 值至 5～6 转入 1000mL 容量瓶中，稀释至标线，摇匀。

b. 总离子强度调节缓冲溶液（TISAB Ⅱ）。量取约 500mL 水于 1L 烧杯内，加入 57mL 冰乙酸、58g 氯化钠和 4.0g 环己二胺四乙酸（CDTA），或者 1，2 环已撑二胺四乙酸，搅拌溶解，置烧杯于冷水浴中，慢慢地在不断搅拌下加入 6mol/L NaOH 约 125mL，使 pH 达到 5.0～5.5，转入 1000mL 容量瓶中，稀释至标线，摇匀。

c. 1mol/L 六次甲基四胺—1mol/L 硝酸钾—0.03mol/L 钛铁试剂（TISAB Ⅲ）。称取 142g 六次甲基四胺 [$(CH_2)_6N_4$] 和 85g 硝酸钾（KNO_3），9.97g 钛铁试剂（$C_6H_4Na_2O_8S_2\cdot H_2O$），加水溶解调节 pH 值至 5～6，转移到 1000mL 容量瓶中，用水稀释至标线，摇匀。

d. 氟化物标准贮备液。称取 0.2210g 基准氟化钠（NaF）（预先于 105～110℃干燥 2h 或者于 500～650℃干燥约 4min）干燥器内冷却，转入 1000mL 容量瓶中，稀释至标线，摇匀，储存在聚乙烯瓶中。此溶液每毫升含氟 100.0μg。

e. 氟化物标准溶液。用无分度吸管吸取氟化钠标准贮备液 10.00mL，注入 100mL 容量瓶中，稀释至标线，摇匀。此溶液每毫升含氟（F^-）10.0μg。

f. 乙酸钠（CH_3COONa）。称取 15g 乙酸钠溶于水，并稀释至 100mL。

g. 高氯酸（$HClO_4$）。70%～72%。

（3）仪器和装置。

1）氟离子选择电极。

2）饱和甘汞电极或氯化银电极。

3）离子活度计、毫伏计或 pH 计，精确到 0.1mV。

4）磁力搅拌器。具备覆盖聚乙烯或者聚四氟乙烯等的搅拌棒。

5）聚乙烯杯。100mL、150mL。

（4）操作步骤。

1）仪器的准备，按测定仪器及电极的使用说明书进行。

①仪器正确连接，打开仪器开关进行预热。

②清洗电极。取蒸馏水约 60～100mL 加入烧杯中，插入氟电极和饱和甘汞电极，放入搅拌磁子。开启电磁搅拌器，转速适中且恒定，对电极进行清洗（可更换蒸馏水），直至读数高于 220mV。

2）在测定前应使试样达到室温，并使试样和标准溶液的温度相同（温差不得超过 1℃）。

3）测定。用无分度吸管吸取适量试样，置于 50mL 容量瓶中，用乙酸钠或盐酸调节至近中性，加入 10mL 总离子强度调节缓冲溶液，用水稀释至标线，摇匀。将其注入 100mL 聚乙烯杯中放入塑料搅拌棒，插入电极连续搅拌溶液，待电位稳定后，在继续搅拌时读取电位值 E。在每一次测量之前都要用水充分冲洗电极，并用滤纸吸干，根据测得的毫伏数由校准曲线上查找氟化物的含量。

4）空白试验。用水代替试样按测定条件和步骤进行空白试验。

5）校准曲线法。用无分度吸管分别吸取 1.00mL、3.00mL、5.00mL、10.00mL、20.00mL 氟化物标准溶液置于 50mL 容量瓶中，加入 10mL 总离子强度调节缓冲溶液，用水稀释至标线，摇匀。分别注入 100mL 聚乙烯杯中，各放入一只塑料搅拌棒以浓度由低到高为顺序，分别依次插入电极，连续搅拌溶液，待电位稳定后，在继续搅拌时读取电位值 E，在每一次测量之前都要用水冲洗电极，并用滤纸吸干，再绘制 E（mV）—$\lg a_{F^-}$（mg/L）校准曲线。

（5）结果计算。氟含量以 mg/L 表示。根据测定所得的电位值，从校准曲线上查得相应的以 mg/L 为单位的氟离子含量。测定结果可以用氟离子的 mg/L 表示，也可以用其他认为方便的方式表示。如果试样中氟化物含量低，则应从测定值中扣除空白试验值。

2. 问题的提出

（1）由学生根据水源水氟离子含量测定过程，提出与测定方法、测定操作依据等相关的问题。

（2）收集离子选择电极有关资料并相互交流。

9.2.2 测定氟离子使用的电极及工作原理

晶体电极的构造如图 9.12 所示，其敏感膜系由难溶盐的单晶切片或多晶沉淀压片制成，这类电极对构成难溶盐晶体的金属离子有能斯特响应。晶体膜电极又分为均相膜和非均相膜电极两类。均相膜电极和非均相膜电极在原理上是相同的，只是在电极的检测下限和响应时间等性能上有所差异。

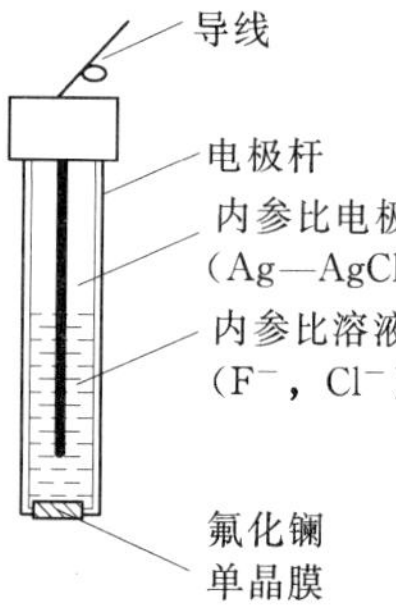

图 9.12 氟离子选择性电极

非均相晶体膜电极的敏感膜是将微溶金属盐粉末均匀地铺在两片惰性基质物质薄片之间再加热压制而成，微溶金属盐起着离子交换作用，同时提供导电路径，其机械性能较好，具有抗破碎和抗膨胀性能。

非均相晶体膜电极在第一次使用时，必须预先浸泡，以防止电位漂移。其响应机理和计算公式均与晶体膜电极相同。

均相晶体膜电极可分为单晶膜电极、多晶膜电极和混晶膜电极，厚 1～2mm，例如氟化镧、硫化银、卤化银等。氟化镧单晶膜对氟离子有选择性响应，硫化银晶体膜对银离子、硫离子有选择性响应，而卤化银晶体膜则对该卤离子及银离子均有选择性响应，其中最为典型的是氟离子选择性电极。下面主要介绍氟离子选择性电极。

1. 氟电极结构和原理

敏感膜是将纯 LaF_3 单晶或掺杂以各种 2 价离子（如 Eu^{2+}）的 LaF_3 单晶切片，厚约 2mm 的薄片，抛光，封在塑料管的一端。封固操作有严格要求，任何晶体本身或封固处的部分裂缝，都会导致响应速度的降低。管内装 0.1～0.01mol/L NaF～0.1mol/L NaCl 溶液（内部溶液），并以 Ag—AgCl 电极为内参比电极，即构成氟离子选择性电极（见图 9.12）。LaF_3 是一个阴离子导电体，单晶的导电系由 F^- 的迁移所致。其导电离子移动过程可表示为

$$LaF_3 + \text{空穴} \rightarrow LaF_2^+ (\text{新空穴}) + F^-$$

由于缺陷空穴的大小、形状和电荷分布因素，只能容纳 F^- 离子，其他离子不能进入空穴，故亦不能参与导电过程。因此，在晶体敏感膜中，只有待测 F^- 离子能进入膜相，并参与导电过程，从而使晶体敏感膜具有选择性。其膜电位的产生，仅是由于溶液中的待测 F^- 离子能扩散进入膜相的缺陷空穴，而膜相中的晶格缺陷上的 F^- 离子也能进入溶液相，因而在两相界面上建立双电层结构所致。

一般在 1.0×10^{-1}～1.0×10^{-6}mol/L 范围内，氟电极电极电位符合能斯特方程，即

$$\varphi_{F^-} = K - \frac{2.303RT}{F}\lg a_{F^-} \tag{9.19}$$

2. 氟电极的特点

（1）氟电极选择性较好。氟电极不受 NO_3^-、SO_4^{2-}、PO_4^{3-}、Ac^-、X^-、HCO_3^- 等阴离子干扰，但一些能生成稳定配合物的阳离子，如 Fe^{3+}、Al^{3+}、Th^{4+}、Zr^{4+}、Ca^{2+}、Mg^{2+} 等可降低溶液中的活度，使测定产生误差，可使用柠檬酸钠等掩蔽剂消

除干扰。

（2）电极使用时适宜的溶液 pH 范围为 5.0～7.0。如 pH 值过低，则会形成 HF 或 HF_2^- 而影响氟离子的活度；如 pH 值过高，则会产生 OH^- 的干扰。产生干扰的原因是由于 OH^- 的半径与 F^- 相近，在膜表面发生反应

$$LaF_3 + 3OH^- \longrightarrow La(OH)_3 + 3F^-$$

反应产生的 F^- 对测定造成正干扰，而在电极表面形成的 $La(OH)_3$ 层也会干扰正常测定。

表 9.5 列出了一些常用的晶体膜商品电极的性能参数。

表 9.5　常用的晶体膜商品电极的性能参数

电极	膜材料	线性响应范围(mol/L)	pH 适用范围	主要干扰离子
F^-	$LaF_3 + Eu^{2+}$	$5\times10^{-7}\sim1\times10^{-1}$	5～6.5	OH^-
Cl^-	$AgCl + Ag_2S$	$5\times10^{-5}\sim1\times10^{-1}$	2～12	Br^-、$S_2O_3^{2-}$、I^-、CN^-、S^{2-}
Br^-	$AgBr + Ag_2S$	$5\times10^{-6}\sim1\times10^{-1}$	2～12	$S_2O_3^{2-}$、I^-、CN^-、S^{2-}
I^-	$AgI + Ag_2S$	$1\times10^{-7}\sim1\times10^{-1}$	2～11	S^{2-}
CN^-	AgI	$1\times10^{-6}\sim1\times10^{-2}$	＞10	I^-
Ag^+，S^{2-}	Ag_2S	$1\times10^{-7}\sim1\times10^{-1}$	2～12	Hg^{2+}
Cu^{2+}	$CuS + Ag_2S$	$5\times10^{-7}\sim1\times10^{-1}$	2～10	Ag^+、Hg^{2+}、Fe^{3+}、Cl^-
Pb^{2+}	$PbS + Ag_2S$	$5\times10^{-7}\sim1\times10^{-1}$	3～6	Cd^{2+}、Ag^+、Hg^{2+}、Cu^{2+}、Fe^{3+}、Cl^-
Cd^{2+}	$CdS + Ag_2S$	$5\times10^{-7}\sim1\times10^{-1}$	3～10	Pb^{2+}、Ag^+、Hg^{2+}、Cu^{2+}、Fe^{3+}

3. 影响测定准确度的因素

对离子选择性电极测量会产生影响的因素较多，下面讨论一些较为重要的因素。

（1）温度。已知工作电极和参比电极的电池电动势在一定的条件下与离子活度的对数值呈线性关系：

$$E = K' - \frac{2.303RT}{F}\lg a_{F^-}$$

温度首先会影响直线的斜率 S，为了校正这种效应的影响，一般测量仪器上都有温度补偿器来进行调节，而且会影响直线的截距 K'，K'项包括参比电极电位、液接电位等，这些电位数值都与温度有关。因此在整个测量过程中应保持温度恒定，以提高测定的准确度。

（2）电动势测量。在电位分析法中，方法误差是由电池电动势的测量值反映出来的，电动势测量的准确度直接影响测定的准确度，其影响可作以下计算：

因为
$$E = K + \frac{RT}{nF}\ln a$$

对该式进行微分，在 25℃时得

$$\Delta E = \frac{RT}{nF}\mathrm{d}\,\frac{\Delta a}{a} = \frac{0.0257}{n}\mathrm{d}\,\frac{\Delta a}{a}$$

$$\frac{\Delta a}{a} = 39n\mathrm{d}\Delta E$$

活度测定的相对百分误差为

$$百分误差(\%)=\frac{\Delta a}{a}\times 100=3900n\Delta E(\mathrm{V})=3.9n\Delta E(\mathrm{mV}) \quad (9.20)$$

当电动势的测量误差为±0.001V（±1mV）时，根据上式对一价离子测定的相对误差为±3.9%，二价离子为±7.8%，三价离子为±12%。可见，E 的测量误差 ΔE 与分析结果的相对误差 $\Delta a/a$ 影响极大，高价离子尤为严重。因此，电位分析中要求测量仪器要有较高的测量精度（≤±1mV）。

（3）干扰离子。共存离子 i^+ 会对 i^{n+} 离子选择电极的电极电位的测定产生干扰作用，其原因则可能是多样的，如干扰离子直接与电极膜发生作用，大量的柠檬酸根会与氟离子选择电极中的 LaF_3 晶体膜发生以下作用：

$$LaF_3(s)+Ct^{3-}(aq)=LaCt(aq)+3F^-$$

使溶液中 F^- 增加，导致分析结果偏高。

另外，试液中其他共存离子还可能在不同程度上影响溶液的离子强度，因而影响待测离子的活度；或与欲测离子发生配合或氧化还原反应，而影响测定。例如 Al^{3+} 虽然对于氟离子选择性电极无直接响应，但 Al^{3+} 在试液中与 F^- 共存时，能形成稳定的 AlF_6^-，因此会产生误差。干扰离子的存在不仅给测定带来误差，并且使电极响应时间增加。为了消除共存离子的干扰，较方便的办法是加入掩蔽剂。必要时亦可以预先分离干扰离子。

（4）溶液的 pH 值。因为 H^+ 或 OH^- 能影响某些测定，必要时应使用缓冲液以维持一个恒定 pH 值范围。

（5）被测离子的浓度。由 Nerst 公式知，在一定条件下，E 与 $\ln a$ 成正比关系。那么，是不是在任何情况下两者都成正比关系呢？不是。不同的离子选择性电极有不同的检测的线性范围，一般为 $10^{-6}\sim10^{-1}$mol/L。

（6）响应时间。这是指电极插入试液后达到稳定的电位所需的时间。它与下列因素有关：

1）与待测离子到达电极表面的速率有关。搅拌可以加快被测离子到达电极表面的速率，因而可以缩短响应时间。

2）与待测离子的活度有关。一般电极在浓溶液中的响应时间比在稀溶液中要快。

3）与介质的离子强度有关。通常情况下，当试液中的共存离子为非干扰离子时，它们的存在会缩短响应时间。共存离子为干扰离子时，往往会使响应时间延长。

4）与电极膜的弧度、光洁度有关。在保证电极有良好机械性能的前提下，电极的敏感膜越薄，响应时间越短；电极的敏感膜越光洁，响应时间越短。

响应时间指出在测量过程中，需经过多长时间才能读取和记录测量结果，因此，它是 ISE 的一个重要性能指标。在应用离子选择性电极进行连续自动测定时，尤其需要考虑电位影响的时间因素。

9.2.3 离子选择性电极的类型

离子选择性电极是通过电极上的敏感膜对各种离子有选择性的电位响应而作为指示电极的。电极的薄膜选择性地让一些离子渗透，同时也包含着离子交换过程。

离子选择性电极种类繁多，根据 1975 年国际纯粹与应用化学联合会（IUPAC）建议，可作如下分类：

- 离子选择性电极
  - 原电极
    - 晶体膜电极
      - 均相膜电极，如氟电极、Ag_2S电极
      - 非均相膜电极，如Ag_2S—CuS电极
    - 非晶体膜电极
      - 刚性基质电极，如各种玻璃电极
      - 流动载体电极，如Ca^{2+}电极
  - 敏化电极
    - 气敏电极，如氨电极、硫化氢电极
    - 酶电极，如尿酶电极

1. 液膜电极

此类电极是用浸有某种液体离子交换剂的惰性多孔膜作电极膜制成。

以钙离子选择性电极为例。

（1）构造（见图9.13）。

1）内装溶液。①内参比溶液：0.1mol/L $CaCl_2$水溶液；②载体：0.1mol/L二癸基磷酸钙（液体离子交换剂）的苯基磷酸二辛酯溶液液膜（内外管之间），其极易扩散进入微孔膜，是一种非水溶剂，故不能进入试液溶液。

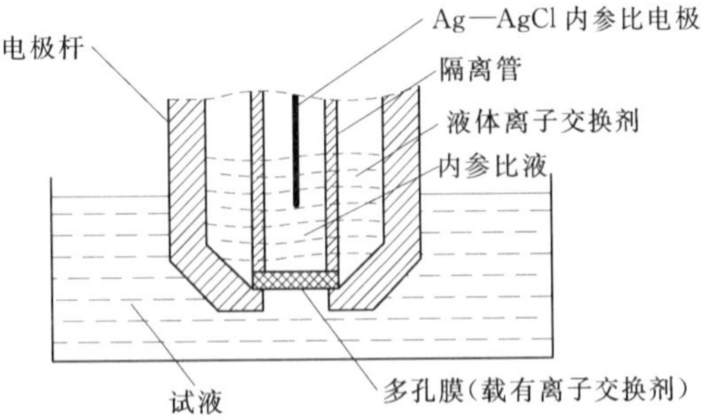

图9.13 液态膜离子敏感电极

2）电极膜。如用纤维素渗析膜（憎水性多孔膜，仅起支持离子交换剂液体形成一个薄膜）。膜材料还可以是多孔玻璃、聚氯乙烯、聚四氟乙烯等。

（2）原理。当电极浸入待测试液中时，在膜的两面发生如下离子交换反应为

$$[(RO)_2PO_2]_2^- Ca^{2+} \longrightarrow 2(RO)_2PO_2^- + Ca^{2+}$$

（有机相）　　　　（有机相）　（水相）

Ca^{2+}可以在液膜—试液两相界面间进行扩散，会破坏两相界面附近电荷分布的均匀性，在两相之间产生相界电位。

（3）性能。钙电极适宜的pH值范围是5～11，可测出10^{-5}mol/L的Ca^{2+}。

电极不同，其流动载体有带正电荷的载体、带负电荷的载体、中性的载体。例如Ca^{2+}电极，流动载体为磷酸二酯衍生物，属于带负电荷的流动载体电极；NO_3^-电极，流动载体是溶于邻硝基苯十二烷醚的季铵盐，属于带正电荷的流动载体电极；K^+电极，流动载体是大环聚醚化合物，是一种中性载体膜电极。

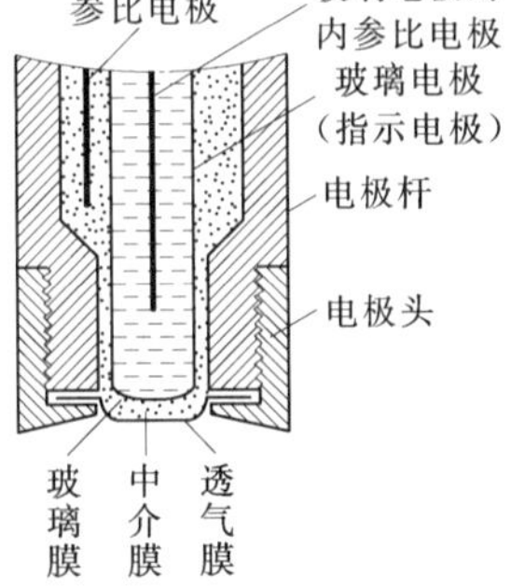

图9.14 隔膜式气敏氨电极

2. 敏化电极

敏化电极包括气敏电极、酶电极等。

（1）气敏电极。气敏电极是基于界面化学反应的敏化电极。

1）构造（见图9.14）。它是将离子选择性电极ISE（指示电极）与气体透气膜结合起来而组成的复合电极。它是将离子选择性电极与参比电极组装在一起，管的底部紧靠选择性电极敏感膜，装有透气膜（使电解质与外部试液隔开），憎水性多孔膜允许溶液中的离子通过，而不允许溶液中的离子通过，可以是多孔玻璃、聚氯乙烯、聚四氟乙烯等。管中盛电解质溶液

（中介溶液），将响应气体与ISE联系起来。

2）原理。以气敏氨电极为例：①指示电极：pH玻璃电极；②参比电极：AgCl/Ag；③中介溶液：0.1mol/L NH_4Cl。当电极浸入待测试液时，试液中 NH_3 通过透气膜，并发生如下反应：

$$NH_3 + H_2O = NH_4^+ + OH^-$$

被pH玻璃电极响应。

（2）酶电极。酶电极也是一种基于界面反应敏化的离子电极。此处的界面反应是酶催化的反应。酶寿命短，精制困难。

9.2.4 离子选择性电极的主要性能参数

1. Nernst响应、线性范围、检测下限

电极电位随离子活度变化的特征称为响应，这种变化如果符合Nernst方程则称为Nernst响应。

以离子活度（浓度）的对数作横坐标，以离子选择电极的电极电位作纵坐标作曲线，如图9.15所示。曲线中直线部分 AB 段对应的范围称为离子选择性电极响应的线性范围，是定量分析的基础。在实际项目测定中，待测离子的活度应处于电极的线性范围内。AB 段的斜率为实际响应斜率（S），即在一定温度时，待测离子活度相差一数量级时，电位改变值在理论上，$S=2.303\ RT/nF$，25℃时，一价离子 $S=0.0592V$，二价离子 $S=0.0296V$。离子电荷数越大，级差越小，测定灵敏度也越低，电位法多用于低价离子测定。

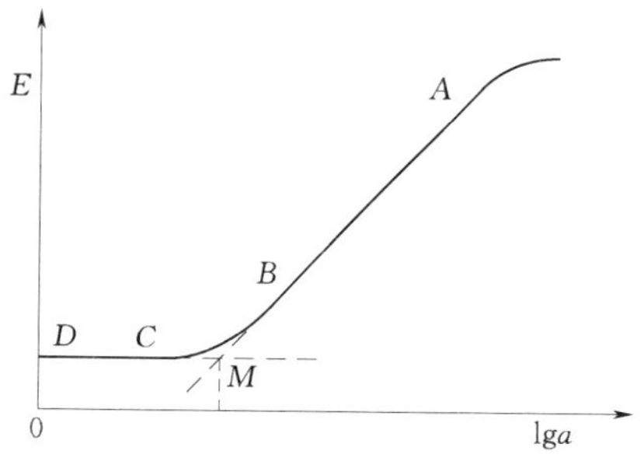

图9.15 E—lg$a$ 关系图

图9.15中交点 M 对应的测定离子的活度（浓度）为该电极的检测下限，表明电极能检测的待测离子的最低活度（浓度）。离子选择性电极一般不用于测定高浓度试液（<1.0mol/L），高浓度溶液对敏感膜腐蚀溶解严重，也不易获得稳定的液接电位。其检测下限主要取决于组成电极敏感膜的活性物质的性质。

2. 离子选择性电极的选择性

离子选择性电极的选择性是指电极对待测离子和共存的干扰离子的响应程度的差异，常用选择性系数作为衡量指标。

设 i 为某离子选择性电极的待测离子，j 为共存的干扰离子，n_i 和 n_j 分别为 i 离子和 j 离子的电荷，则考虑了干扰离子的膜电位的通式为

$$\varphi_{膜} = K \pm \frac{2.303RT}{n_iF}\lg(a_i + K_{ij}a_j^{n_i/n_j}) \qquad (9.21)$$

式中第2项对阳离子为“+”号，对阴离子为“−”号，K_{ij} 为待测离子 i 对干扰离子 j 的选择性系数，可以理解为在其他相同条件下，同时提供相同的电位时的待测离子活度 a_i 与干扰离子活度 a_j 的比值，即

$$K_{ij} = a_i/(a_j)^{n_i/n_j} \qquad (9.22)$$

K_{ij} 愈小愈好。K_{ij} 愈小，说明 j 离子干扰愈小，电极对待测离子的选择性愈好。一般

认为，K_{ij}小于 1.0×10^{-6}mol/L 时，离子 j 对待测离子 i 的测定不产生干扰。

3. 响应时间

响应时间是指参比电极与离子选择电极从同时接触到试液起直到电极电位值稳定在 1mV 以内所需的时间。电极响应时间长短主要取决于组成电极敏感膜的活性物质的性质，另外还与待测离子浓度、共存干扰离子浓度、待测离子到达电极表面的速率有关。电极响应时间通常为 2～15min。

9.2.5 离子活度的测定方法

1. 标准曲线法

当试样中除待测离子外，还含有较高含量但组成基本固定的其他离子时，可配制一系列组成与试液相似的标准溶液，使两者具有相近的总离子强度及活度系数。

用无分度吸管分别吸取一定量（如：1.00mL、3.00mL、5.00mL、10.0mL、20.0mL）待测离子的标准溶液置于容量瓶（如 50mL）中，加入一定体积的总离子强度调节缓冲溶液，用水稀释至标线，摇匀，配制成不同浓度的待测离子的标准溶液。分别注入 100mL 聚乙烯杯中，以浓度由低到高为顺序，分别依次插入电极，连续搅拌溶液，待电位稳定后，读取电位值 E。绘制 E(mV) —lgc_i (mg/L) 标准曲线（见图 9.16）。

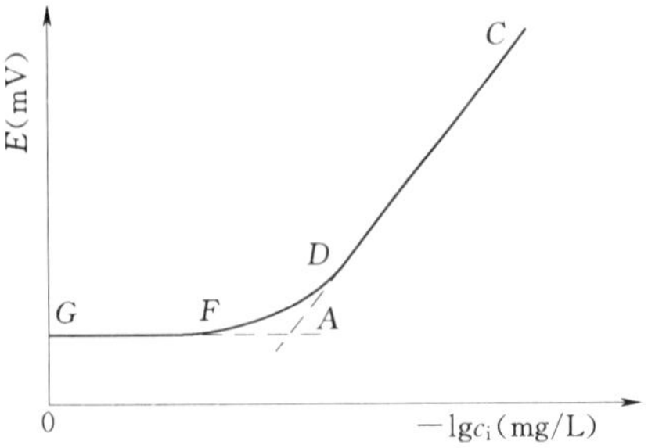

图 9.16 标准曲线

测定试样电动势。在标准曲线上查得试样的 lgc_i，求得试样中待测的离子含量。

标准曲线法适用于大批量试样的分析。

在多数情况下，试样组成的差异较大。此外在测定中，还需控制溶液的 pH 值及掩蔽一些干扰离子等，这就需要在标准系列和试液中加入总离子强度调节缓冲液（TISAB）或离子强度调节液（ISA）。总离子强度调节缓冲液有三个方面的作用：①保持试液与标准溶液有相同的总离子强度及活度系数；②含有缓冲剂可控制溶液的 pH 值；③含有配合剂，可以掩蔽干扰离子。

2. 标准加入法

标准加入法又称为添加法或增量法。这种方法通常是将已知体积的标准溶液加到已知体积的试液中，根据电位的变化来求得试液中被测离子的浓度。由于标准溶液加入前后试液组成基本不变，离子强度一致，所以准确度较高。标准加入法适用于组成较为复杂以及份数不多的试样分析，可减小基体的影响。

设试液体积 V_x，浓度为 c_x，测得溶液电池电动势为 E_x，根据式（9.18）得

$$E_x = K_1' + S\lg c_x \tag{9.23}$$

式中 S——电极的响应斜率。

于试液中加入体积为 V_s 浓度为 c_s 的标准溶液，c_s 一般是 c_x 的 50～200 倍，V_s 则较 V_x 小 20～50 倍，这样，标准溶液的加入不会引起试液组成发生显著的变化。此时电池电动势为

$$E_{x+s} = K_2' + S\lg\frac{c_sV_x + c_sV_s}{V_x + V_s} \tag{9.24}$$

由于试液中原有大量惰性电解质，标准溶液加入前后离子强度基本不变，所以$K_1'=K_2'$。由式（9.23）与式（9.24）相减，可得到加入标准溶液后电池电动势的变化值ΔE，即

$$\Delta E=E_{x+s}-E_x=S\lg\frac{c_sV_x+c_sV_s}{(V_x+V_s)c_x} \tag{9.25}$$

经整理得

$$c_x=\frac{c_sV_s}{V_x+V_s}\left(10^{\Delta E/S}-\frac{V_x}{V_x+V_s}\right)^{-1} \tag{9.26}$$

式（9.26）为标准加入法的精确计算公式。

加入标准溶液的体积一般较小，$V_x \gg V_s$，则$V_x+V_s \cong V_x$，从式（9.26）可得近似计算公式

$$c_x=\frac{c_sV_s}{V_x}(10^{\Delta E/S}-1)^{-1} \tag{9.27}$$

$$\Delta E=E_{x+s}-E_x$$

式中 c_x——待测试样的浓度，mg/L；

c_s——加入标准溶液的浓度，mg/L；

V_s——加入标准溶液的体积，mL；

V_x——测定时所取试样的体积，mL；

E_x——测得试样的电位值，mV；

E_{x+s}——试样加入标准溶液后测得的电位值，mV；

S——电极的斜率。

根据加入标准溶液后电池电动势的变化值ΔE和电极的响应斜率S，即可由式（9.26）或式（9.27）求得试液中被测离子的浓度c_x。

在测定过程中，ΔE的数值一般要稍大一些，以减少测量与计算中的误差。ΔE的数值以30～40mV为宜，在100mL试液中加入标准溶液的量以2～5mL为宜。

【复习思考题】

（1）测定水中氟离子含量时，加入离子强度调节缓冲剂的作用是什么？

（2）简述测定离子活度的方法，在实际工作中如何选择测定方法？

（3）影响离子活度测定准确度的因素有哪些，如何消除不利因素的影响？

（4）查阅饮用水中Fe^{2+}含量的测定（电位滴定），预测一下测定中可能出现的问题，并提出解决方案。

9.3 电位滴定法测定Cl^-的含量

9.3.1 电位滴定装置与操作步骤

1. 操作步骤

（1）仪器设备和试剂。

1）仪器设备。①指示电极：银电极；②参比电极：双液接甘汞电极和饱和甘汞电极；③滴定管、酸度计、电磁搅拌器、搅拌子。

2）试剂。①NaCl 标准溶液（0.0500mol/L）；②0.0500mol/L 的 $AgNO_3$ 溶液。

（2）电位滴定装置（图 9.17）。

1）将银电极和饱和甘汞电极置电极架上，与酸度计主机连接。

2）在滴定管中加入硝酸银标准滴定溶液，调节液面至 0.00mL。

（3）打开酸度计电源开关。

（4）试液中 Cl^- 含量的测定。

1）准确移取自来水样 100.00mL 试液于 250mL 的烧杯中，加入 4mL 1∶1 的 HNO_3 溶液，稀释至 50mL 左右，放入洗净的搅拌子，将烧杯放在搅拌器上，插入电极。

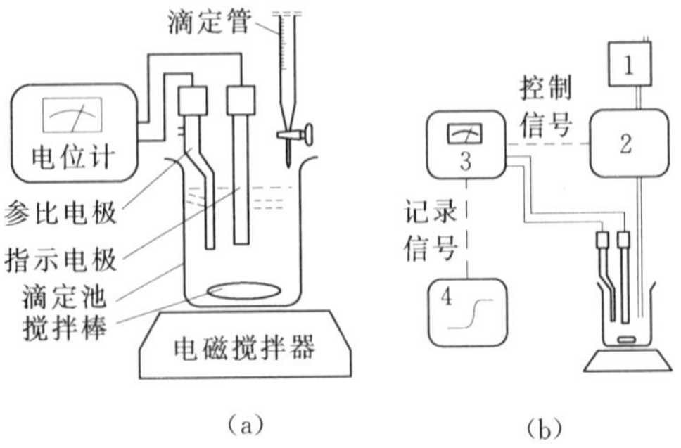

图 9.17 电位滴定基本装置

（a）手动电位滴定装置；（b）自动电位滴定装置

1—储液器；2—加液控制器；

3—电位测量；4—记录仪

2）开启搅拌器，将酸度计的选择开关置于“mV”位置，记录溶液的起始电位。

3）滴加 $AgNO_3$ 溶液，待电位稳定后读取电位值及滴定剂加入体积。

4）滴定开始时每加入 5mL 标准滴定溶液记录一次电位值，然后减少加入量为 1.0mL、0.5mL、0.2mL 并记录。在化学计量点附近每加 0.1mL 记录一次，过化学计量点后每加 0.5mL 或 1.0mL 记录一次，直至电位变化不大为止。

（5）数据处理与分析结果。

实验结束后，应及时进行数据处理，提交分析结果。

注意：

1）每滴加一次滴定剂，平衡后测量电动势。

2）滴定过程的关键是确定在滴定反应的化学计量点时所消耗的滴定剂的体积，同时观察在滴定终点附近指示剂颜色的变化。

3）首先需要快速滴定寻找化学计量点所在的大致范围，正式滴定时，滴定突跃范围前后每次加入的滴定剂体积可以较大，突跃范围内每次滴加体积控制在 0.1mL。

2. 问题的提出

（1）由学生根据饮用水 Fe^{2+} 含量的测定过程，提出与测定方法、测定操作依据等相关的问题。

（2）收集电位滴定法的有关资料，并相互交流。

9.3.2 电位滴定法

电位滴定与电位法一样，以指示电极、参比电极与试液组成电池，所不同的是加入滴定剂进行滴定，观察滴定过程中指示电极电位的变化。在化学计量点附近，由于被滴定物质的浓度发生突变，所以指示电极的电位产生突跃，由此即可确定滴定终点。电位滴定的测量仪表与直接电位法相同，滴定时用磁力搅拌器搅拌试液以加速反应和促进电极电位尽快达到平衡。

电位滴定的实质是用电极电位的变化来指示容量分析终点的容量分析方法，其基本原理与普通容量分析相同，其区别在于确定终点的方法不同，因而具有以下特点：

（1）准确度较直接电位法高，与普通容量分析一样，测定的相对误差可低至 0.2%。

（2）可用于难以用指示剂判断终点的浑浊或有色溶液的滴定。

（3）可用于非水溶液的滴定，某些有机物的滴定需在非水溶液中进行，一般缺乏合适的指示剂，可采用电位滴定。

（4）可用于连续滴定和自动滴定，并适用于批量和微量分析。

9.3.3 电位滴定法终点的确定

以电池电动势 E（或指示电极的电位）对滴定剂体积 V 作图，得到如图 9.18（a）所示的滴定曲线。对反应物系数相等的反应来说，曲线突跃的中点（转折点）即为化学计量点；对反应物系数不相等的反应来说，曲线突跃的中点与化学计量点稍有偏离，但偏差很小，可以忽略，仍可用突跃中点作为滴定终点。

如果滴定曲线的突跃不明显，则可绘制如图 9.18（b）所示的 $\Delta E/\Delta V$ 对 V 的一级微商滴定曲线，曲线上将出现极大值，极大值指示的就是滴定终点。还可以绘制 $\Delta^2 E/\Delta V^2$ 对 V 的二级微商滴定曲线［见图 9.18（c）］，其中 $\Delta^2 E/\Delta V^2$ 等于零的点即为滴定终点。

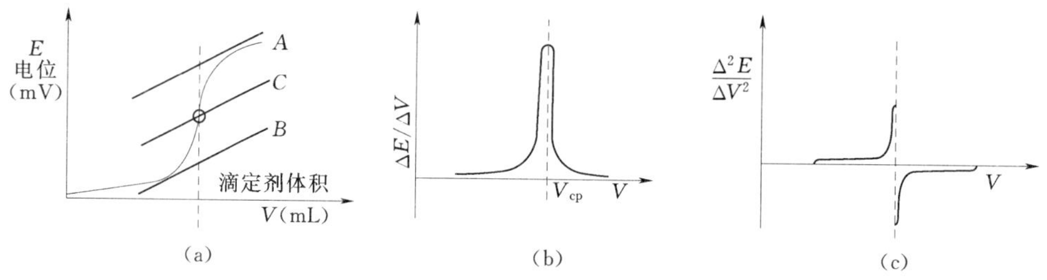

图 9.18 电位滴定曲线

（a）E—V 曲线；（b）$\Delta E/\Delta V$—V 曲线；（c）$\Delta^2 E/\Delta V^2$—V 曲线

例如，用 0.1000mol/L 硝酸银溶液滴定含 2.433mol 氯离子的溶液，以银电极为指示电极，所得数据列于表 9.6。

表 9.6 用 0.100mol/L $AgNO_3$ 溶液滴定 Cl^- 溶液的数据

加入 $AgNO_3$ 溶液的体积 V（mL）	电动势 E（mV）	$\Delta E/\Delta V$（mV/mL）	$\Delta^2 E/\Delta V^2$（mV/mL）
5.0	62	2	
15.0	85	4	
21.0	107	8	
22.0	123	15	
23.0	138	16	
23.50	146	50	
23.80	161	65	
24.00	174	90	
24.10	183	110	
24.20	194	390	2800
24.30	233	830	4400
24.40	316	240	−5900
24.50	340	110	−1300
24.60	351	70	−400
24.70	358	50	
25.00	373	24	
25.50	385		

应该指出，当作 $\Delta E/\Delta V$—V 图时，与 $\Delta E/\Delta V$ 相应的 V 系相邻两次加入体积的平均值。例如表 9.6 中第三行的 $\Delta E/\Delta V$ 为 8，它所对应的体积 V 为 (20+22)/2，即 21，可看出 $\Delta E/\Delta V$ 取极大值时对应的体积约为 24.35mL。同理，作 $\Delta^2 E/\Delta V^2$—V 图时，也应注意 $\Delta^2 E/\Delta V^2$ 与其相应 V 的位置，如表 9.6 中第一行的 $\Delta^2 E/\Delta V^2$ 为 2800，它对应的 V 为 (24.15+24.25)/2，即 24.20。此外，滴定终点尚可根据滴定至终点时的电动势值来确定，此时，可以先从滴定标准试样获得的经验化学计量点来作为终点电动势值的依据，这也就是自动电位滴定的方法依据之一。

自动电位滴定有两种类型：一种是自动控制滴定终点，当到达终点电位时，即自动关闭滴定装置，并显示滴定剂用量；另一种类型是自动记录滴定曲线，自动运算并显示终点时滴定剂的体积。

9.3.4 应用

电位滴定的反应类型与普通容量分析完全相同，滴定反应类型有酸碱反应、氧化还原反应、沉淀反应、配位反应 4 种。滴定时，应根据不同的反应选择合适的指示电极和参比电极，见表 9.7。

表 9.7　用于各种滴定法的电极

滴定方法	参比电极	指示电极
酸碱滴定	甘汞电极	玻璃电极，锑电极
氧化还原滴定	甘汞电极，钨电极，玻璃电极	铂电极
沉淀滴定	甘汞电极，玻璃电极	银电极，硫化银薄膜电极，等离子选择电极
配位滴定	甘汞电极	铂电极，汞电极，银电极，氟电极等离子选择电极

9.4 电导分析法简介

9.4.1 基本原理

金属导体通过其内部的自由电子定向移动来导电，而电解质溶液则是通过溶液中阴、阳离子的移动来导电的。在电解质溶液中，插入两个电极并施加一定的电压，在电场力的作用下，阴离子向阳极迁移，阳离子向阴极迁移，并在电极上发生电化学反应而传递电子，因而溶液具有导电作用。

1. 电导和电导率

溶液导电能力的大小用电导 G 表示，其值等于电阻的倒数，单位是西门子，简称“西”，用 S 表示。

根据欧姆定律，当温度一定时，电阻与两极间距离 l 成正比，与电极面积 A 成反比，即

$$R=\rho\frac{l}{A}$$

因此有

$$G=\frac{1}{R}=\frac{1}{\rho}\frac{A}{l}=k\frac{A}{l} \tag{9.28}$$

式中 ρ——电阻率，$\Omega \cdot cm$；

k——电导率，S/cm，其物理意义是当导体的横截面积为 $1cm^2$、长度为 1cm 时的电导。

由于电极装置一定时 l 和 A 固定，$\frac{l}{A}$是一个常数，称为电导池（电极）常数，用 θ 表示。所以，式（9.28）可写为

$$G=k\frac{l}{\theta} \tag{9.29}$$

由于电极间的距离和电极的截面积很难测准，在实际应用时，是将电导电极插入已知电导率的氯化钾标准溶液中，测定已知电导率的标准溶液的电导，求出电导池常数 θ，在相同的条件下，再通过测定待测溶液的电导，乘以电导池常数，即得到该溶液的电导率。

当电解质溶液浓度较小时，溶液的电导率与浓度成正比，而浓度过高时，电导率反而会下降。这是因为电解质靠阴、阳离子定向移动来导电，离子浓度增大，导电能力自然增大，但离子浓度过大，离子间的静电引力就会过强，影响离子的迁移，从而降低导电能力。温度升高会导致离子的迁移速度增大，从而使导电能力增强。试验证明，温度每升高1℃大约可使电导率增加 2%。因此，溶液的导电能力受溶液的组成、浓度、温度等因素的影响。可见，电解质溶液与金属导体不同，用电导率作为直接衡量溶液的导电能力的标准就不理想。因此，需要引入“摩尔电导率”的概念。

2. 摩尔电导率和无限稀释时的摩尔电导率

摩尔电导率：在相距 1cm 的两平行电极间含有 1mol 电解质溶液时的电导，以 Λ_m 表示，单位为 $S \cdot m^2/mol$。

电解质溶液的摩尔电导率与其浓度的关系式为

$$\Lambda_m=\frac{k}{c}\times 1000 \tag{9.30}$$

电解质溶液的导电是由溶液中正、负离子共同承担的。根据离子独立移动定律，电解质的摩尔电导率为

$$\Lambda_m=n^+\Lambda_{m^+}+n^-\Lambda_{m^-} \tag{9.31}$$

式中 n^+、n^-——1mol 电解质中正、负离子的摩尔数；

Λ_{m^+}、Λ_{m^-}——正、负离子的摩尔电导率。

对于混合电解质溶液，离子摩尔电导率具有加和性，即

$$\Lambda_m=\sum n^+\Lambda_{m^+}+\sum n^-\Lambda_{m^-} \tag{9.32}$$

无论是对弱、强电解质，摩尔电导率都是随着浓度的增大而减小。

当溶液无限稀释时，摩尔电导率达到极大值，此值称为无限稀释摩尔电导率，用 Λ_m^0 表示，即

$$\Lambda_m^0=n^+\Lambda_{m^+}^0+n^-\Lambda_{m^-}^0 \tag{9.33}$$

各种离子在一定温度和溶剂中无限稀释时，摩尔电导率是个常数。

3. 电导与电解质溶液浓度的关系

$$G=\frac{\Lambda_m c}{1000\theta} \tag{9.34}$$

当电极和温度一定时，Λ_m 和 θ 都是常数，溶液的电导与浓度成正比，即

$$G=Kc \tag{9.35}$$

此式仅适用于稀溶液。

9.4.2 测量仪器

电导测量系统由电导电极、待测溶液和电导仪3部分构成。

其基本原理是由振荡器产生一个交流电压 E，此电压被送到电导池 R_x 与分压电阻 R_m 的串联回路里，由欧姆定律可知

$$E_m=\frac{R_m}{R_m+R_x}E=\frac{R_m}{R_m+\frac{1}{G}}E \tag{9.36}$$

电导池里溶液的电导 G 愈大，则 R_x 愈小，R_m 获得的分压 E_m 就愈大。将 E_m 送到交流放大器中放大，再经过信号整流转换成直流信号输出推动表头，在表头上就可以直接读出电导值。

9.4.3 电导测定在水质分析中的应用

溶液的电导是溶液中所有离子的共同贡献，它不是某一离子的特征参数。因此，电导分析法的选择性较差，这使它的应用受到很大的限制。不过，电导分析法也有它的独到之处，如操作简便、迅速，可以连续自动测定等。所以，在水质监测中应用也比较广泛。

1. 蒸馏水和去离子水纯度的测定

水的电导率是一个重要的水质指标，它反映了水中含有电解质的程度，特别是高纯水，测量其电导率是检验水质的简便方法。普通蒸馏水的电导率为0.5～2μs/cm，去离子水的电导率一般不超过0.5μs/cm，绝对纯水的理论电导率为0.055μs/cm（25℃）。

2. 水中可溶盐含量的测定

在一定浓度范围内，溶液的电导率与可溶盐的含量大致成比例关系，因此通过测定溶液的电导率，就可间接推测出可溶盐的含量。

3. 大气中 SO_2 的监测

吸收 SO_2 后，电导率增大。其他干扰气体可通过净化装置除去。

4. 在食品分析中的应用

检验牛奶掺假：不同地区取样测定电导数据大致相同，如人为地掺入电解质则电导率升高，掺入非电解质则电导率下降。

5. 电导滴定法

在容量分析法中，利用滴定过程中被测溶液电导的突变来指示滴定终点的方法称为电导滴定法，适用于稀溶液，如中和滴定、沉淀滴定等。

项目10　气相色谱法应用

项目说明

通过本项目的学习，了解气相色谱法的特点和应用；能正确讲述气相色谱法的原理和分析方法；会正确使用气相色谱仪完成试样的测定任务。在进行分析的过程中，学会思考，提出问题，并寻找解决问题的方法。

总体目标

知识目标

1. 能讲述气相色谱仪器的基本组成和分析样品的基本流程。
2. 熟悉气相色谱法分析方法的原理、特点及相关术语。
3. 能使用气相色谱仪器进行样品的定性或定量测定。
4. 能讲述测量条件选择及干扰的消除方法等。
5. 能正确讲述色谱分析中的热导、氢焰等常用检测器的原理、结构及特点。

能力目标

1. 在老师指导下，能进行气相色谱仪的基本调试、操作和维护。
2. 会编写色谱实验报告，并对实验结果进行简单评价。
3. 能熟练配制色谱测定溶液。
4. 能根据分析对象选择合适的色谱柱，并会更换安装。

工作态度

1. 树立实事求是、用心做事的职业意识。
2. 遵守分析检验职业道德，遵纪守法。
3. 培养学生团结协作、积极进取的精神。
4. 实验室内所有行动符合安全要求。

色谱法是一种用以分离、分析多组分混合物质的极有效的物理及物理化学分析方法。色谱法应用于分析化学中，当与适当的检测手段相结合时，就构成了色谱分析法。起分离作用的柱称为色谱柱，固定在柱内的填充物称为固定相，沿着柱流动的流体称为流动相，用气体（载气）作为流动相的色谱法称为气相色谱法。根据固定相的状态不同，又可将其分为气固色谱和气液色谱。气固色谱是用多孔性固体为固定相，分离的主要对象是一些惰性气体和低沸点的化合物。但由于气固色谱可供选择的固定相种类甚少，分离的对象不多，且色谱峰容易产生拖尾，因此实际应用较少。气液色谱是将高沸点的有机化合物（固定液）涂渍在惰性载体（用来支持固定液，也称为担体）上作为固定相，一般只要在450℃以下有1.5～10kPa的蒸气压且热稳定性好的有机及无机化合物都可用气液色谱分离。由于在气液色谱中可供选择的固定液种类很多，容易得到好的选择性，所以气液色谱有广泛的实用价值。

10.1 气相色谱仪的使用

10.1.1 气相色谱仪的操作步骤

1. 操作步骤

(1) 开机前准备。

1) 检查仪器连接是否正常。

2) 根据试样分析要求选择检测器。

3) 选择合适的色谱柱安装于进样器一端，另一端安装于检测器口。

(2) 开机。

1) 打开气源（按相应的检测器所需气体），达到规定压力，确定有载气流量。

2) 打开气相主机电源开关，仪器进入自检。

3) 打开计算机，待仪器自检完毕，运行气相色谱仪工作站进入工作状态（没有安装工作站的气相色谱仪不进行这步操作）。

4) 通过气相色谱仪工作站（没有工作站的，在面板上按“状态/设定”键进入设定参数界面），分别设定柱温（恒温、程序升温）、进样器温度，以及所选用的检测器温度、载气流量等参数。程序升温包括起始温度、起始时间、升温速率、结束温度、结束时间等。仪器升温到设置温度后，指示灯指示仪器进入工作状态。

5) 如使用的检测器是氢焰离子化检测器，此时应打开氢气发生器和空气发生器开关，平衡 10min 后，按住气相主机上点火钮数秒钟即可。

6) 查看仪器基线，待基线平直后，即可进样测试。

7) 测定结果处理。

(3) 关机。实验完毕后，设置柱温为 50℃，进样器温度为 50℃，检测器温度为 50℃，如使用的检测器是氢焰离子化检测器，此时应关闭氢气发生器和空气发生器开关。等温度降到设定值后，关闭主机电源，最后关载气。

2. 问题的提出

(1) 根据气相色谱仪操作，思考每步操作依据是什么，需要什么知识，提出与气相色谱法相关的问题。

(2) 收集气相色谱法的有关资料，并相互交流。

10.1.2 气相色谱仪的基本组成

气相色谱法用于分离分析样品的基本流程，如图 10.1 所示。载气由高压钢瓶 1 供给，经减压阀 2 减压后，通过净化干燥管 3 干燥、净化，用针形阀 4 调节并控制载气流速至所需值（由皂膜流量计测定），经流量计 5 和压力表 6（显示柱前的流量和压力），而到达气化室 7。经进样口注入的液体试样进入气化室内瞬间气化为蒸气，随载气带入色谱柱 8 中进行分离，分离后的样品随载气依次带入检测器 9，检测器将组分的浓度（质量）变化转化为电信号，电信号经放大器 10 放大后，由记录仪 12 记录下来，即得到色谱图，根据对色谱图的分析计算可得到分析结果。

由图 10.1 可知，气相色谱仪由五大系统组成：气路系统、进样系统、分离系统、检测系统、温控和记录系统，其中色谱柱和检测器是气相色谱仪的关键部件。

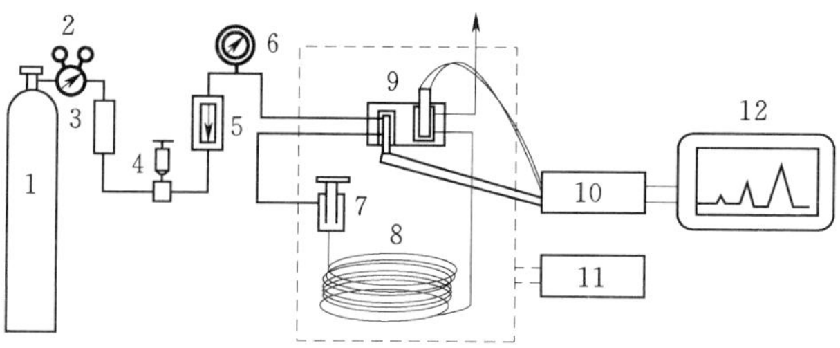

图10.1　气相色谱分析流程示意图

1—载气钢瓶；2—减压阀；3—净化干燥管；4—针形阀；5—转子流量计；6—压力表；7—进样口与气化室；8—色谱柱；9—检测器；10—放大器；11—温度控制器；12—记录仪

1. 气路系统

该系统包括气源、气体压力控制与显示、气体净化装置、载气流量的调节与显示装置等，其作用是获得纯净的、流速稳定的载气。载气的纯度、气密性、流速的稳定性以及测量流量的准确性，对色谱结果均有很大的影响，因此必须注意控制。

常用的载气有氮气和氢气，也有用氦气和氩气的。载气的净化，需经过装有活性炭或分子筛的净化器，以除去载气中的水、氧等杂质。流速的调节和稳定是通过减压阀、稳压阀和针形阀串联使用后达到的。

2. 进样系统

进样系统包括进样器和气化室两部分。进样系统的作用是将液体或固体试样，在进入色谱柱之前瞬间气化，然后快速定量地转入到色谱柱中。进样量的大小、进样时间的长短、试样的气化速度等都会影响色谱的分离效果和分析结果的准确性和重现性。

(1) 进样器。液体样品的进样一般采用微量注射器。

气体样品的进样常用色谱仪本身配置的推拉式六通阀或旋转式六通阀定量进样。

(2) 气化室。为了让样品在气化室中瞬间气化而不分解，因此要求气化室热容量大，无催化效应。为了尽量减少柱前谱峰变宽，气化室的死体积应尽可能小。

(3) 进样方法。

按照进样技术分类，可将气相色谱的进样情形分为5种类型：

1) 分流进样。先将液体样品注入进样器的气化室中，样品在气化室迅速升温使瞬间蒸发，在大流速的载气的吹扫下，样品与载气迅速混合，混合气通过分流口时大部分的混合气体被排出而少量的混合气体进入色谱，进行分析。分流有两个目的：一是减少载气中样品的含量使其符合毛细管色谱进样量的要求；二是使样品以较窄的带宽进入色谱柱。但这种进样方式只有1%～5%的样品可以进入色谱柱，分流模式进样不适合样品中痕量组分的分析。由于进样口工作时，温度较高，有些样品会产生吸附，降解或分子重排反应中常常会发生待测物质的分解反应，不适合热不稳定性物质的分析。虽然分流进样方式有许多弊端，但是由于它操作简便、适应性强，仍然是分析工作中最常使用的进样方式之一。

2) 不分流进样。不分流式进样和分流式进样需要的设备相似。样品在导入气化室后迅速蒸发，这时关闭分流阀将样品导入色谱柱中。在20～60s后开启分流阀将气化室中的剩余样品进行吹扫。待测组分在较低的柱温下由于溶剂效应在色谱柱顶端再次富集，使样品以较窄的带宽进行分离。理想的再富集是溶质组分在色谱柱入口形成一层液膜，这种效果可以通过使用弱极性溶液作为溶剂来实现。对于极性较强的溶剂如甲醇，只能小体积进样（$<2\mu L$）。如果进样体积较大，样品的峰形就会失真。因为样品需要在气体室中放置更长的时间，其热分解效应比分流进样模式更明显，且易引起峰形扩张。与分流进样模式相比不分流进样更适于对痕量组分的分析。

3）柱头进样。柱头进样是将液体样品在不加热的状态下直接注入毛细管色谱柱内，中间不经过蒸发过程。在程序升温的过程中溶质的蒸汽压不断升高，这时开始分析。由于初始温度低于溶剂的沸点，避免了热歧视效应。对于挥发性组分，柱头进样方式和不分流进样方式都采用溶剂效应对溶质实现再富集，通过在柱头连接一段短的拦截预柱避免了色谱柱溢流造成的液体样品谱带展宽而柱头进样能将分析样品全部导入色谱柱中，这种技术适用于检测样品中的痕量组分和热不稳定性物质。柱头进样的种种特性明显优于分流进样和不分流进样方式。尽管柱头进样有如此多的优点，但是由于技术和操作的特殊性，还不能广泛应用于日常的分析工作中。

4）直接进样。直接进样与分流进样有些类似，它是用于气相色谱仪和 0.53mm 的大口径毛细管柱直接相连，载气一般采用 10～25mL/min 的高速，以减小色谱峰的变宽。这种进样方式具有很高的测定精密度，而且适用于痕量分析。

5）顶空进样。顶空进样主要用于固体、半固体、液体样品基质中挥发性有机化合物的分析。在恒温密闭容器中，样品加热后达到热平衡状态，取上部的气相样品进行色谱分析。目前顶空分析方法有手工方式、气密针进样方式、平衡式加压系统、定量环加压系统、静态—动态补偿式 5 种进样方式。

3. 分离系统

分离系统由色谱柱组成，它对混合物能否顺利实现分离起着关键作用。色谱柱的分离效果除与柱长、柱径和柱形有关外，还与所选用的固定相和柱填料的制备技术以及操作条件等许多因素有关。

色谱柱主要有两类：填充柱和毛细管柱。填充柱由不锈钢、玻璃和树脂材料制成，内装固定相，一般内径为 2～4mm，长 1～3m。填充柱的形状有 U 形和螺旋形两种。毛细管柱又叫空心柱，分离效率高，可解决复杂的、填充柱难于解决的分析问题。常用的毛细管柱为涂壁空心柱（WCOT），多孔性空心柱（PLOT）为内壁上有多孔层（吸附剂）的空心柱。空心毛细管柱材质为玻璃或石英。内径一般为 0.2～0.5mm，长度为 20～100m，呈螺旋形。毛细管色谱柱与填充柱的比较见表 10.1。

4. 检测系统

检测系统主要由检测器组成。

(1) 检测器的分类。检测器是测量和指示色谱柱流出物质的成分及浓度变化的装置。它以不同的方式把这种变化转变为易于测量、记录的电信号。用于气相色谱的检测器，总的说来分为微分型和积分型，微分型又分为浓度型和质量型。

浓度型检测器是测量流过检测器中组分浓度的瞬间变化，有热导池检测器（TCD）、电子捕获检测器（ECD）、氮磷检测器等。

表 10.1 毛细管色谱柱与填充柱作比较

参数		柱长（m）	内径（mm）	柱效（N/m）	进样量（ng）	液膜厚度（μm）	相对压力	主要用途
填充柱	经典	1～5	2～4	500～1000	$10\sim10^6$	10	高	分析样品
	微型		≤1					分析样品
	制备		>4					制备纯化合物
WCOT	微径柱	1～10	≤0.11	4000～8000	10～1000	0.1～1	低	快速 GC
	常规柱	10～60	0.2～0.32	3000～5000				常规分析
	大口径柱	10～50	0.53～0.75	1000～2000				定量分析

质量型检测器测量单位时间内进入检测器的组分质量变化，有氢焰离子化检测器（FID）、火焰光度检测器（FPD）等。

（2）检测器的性能指标。一个优良的检测器应具有以下几个性能指标：灵敏度高，检出限低，死体积小，响应迅速，线性范围宽和稳定性好。通用性检测器要求适用范围广，选择性检测器要求选择性好。

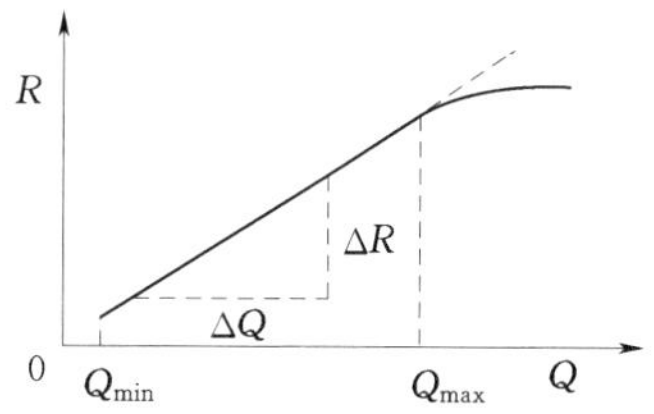

图 10.2 进样量 Q 与响应信号 R 关系

1）灵敏度。当一定浓度或一定质量的组分进入检测器时，产生一定的响应信号 R，响应信号的大小称为检测器对该物质的灵敏度。以进样量 Q（mg/cm^3 或 g/s）对响应信号 R 作图得到一条通过原点的直线（见图 10.2）。直线的斜率就是检测器的灵敏度 S。因此，灵敏度可定义为信号 R 对进入检测器的组分量 Q 的变化率

$$S=\frac{\Delta R}{\Delta Q} \tag{10.1}$$

对于浓度型的检测器，ΔR 取 mV，ΔQ 取 mg/cm^3，灵敏度 S 的单位是 $mV\cdot cm^3/mg$，对于质量型检测器，ΔQ 取 g/s，灵敏度 S 的单位是 $mV\cdot s/g$ 。

在实际工作中，通常从色谱图上测量峰的面积计算检测器的灵敏度。根据灵敏度的定义，浓度型检测器灵敏度的计算公式为

$$S_c=\frac{A_i C_2 F_0}{m_i C_1} \tag{10.2}$$

式中 S_c——灵敏度，$mV\cdot cm^3/mg$；

A_i——色谱峰面积，cm^2；

C_2——记录仪灵敏度，mV/cm；

F_0——检测器入口处载气的流速，cm^3/min；

m_i——进入检测器的样品量，mg。

C_1——记录纸移动速度，cm/min。

对于气体样品，进样量以 cm^3 表示时，则灵敏度 S_c 的单位为 $mV\cdot cm^3/cg^3$ 。

质量型检测器灵敏度计算公式为

$$S_m=\frac{60A_i C_2}{m_i C_1} \tag{10.3}$$

式中 S_m——灵敏度，mV·s/g；

m_i——进入检测器的样品量，g。

2）检出限。检出限是指检测器恰能产生和噪声相鉴别的信号时，单位体积或单位时间内需进入检测器的样品量，用 D 表示。通常认为是检测器恰能产生 2 倍于噪声（$2N$）时的单位时间（s）引入检测器的样品量（g）或单位体积（cm^3）载气中需含的样品量。

浓度型检测器的检出限的表达式为

$$D_c=\frac{2N}{S_c} \tag{10.4}$$

其中，D_c 是指每毫升载气中含有恰好能产生 2 倍于噪声信号的溶质毫克数。

质量型检测器的检出限的表达式为

$$D_m=\frac{2N}{S_m} \tag{10.5}$$

D_m 是指每秒通过的恰好能产生 2 倍于噪声的信号（$2N$）的溶质克数。无论是哪种检测器，检出限都与灵敏度成反比，与噪声成正比。检出限不仅取决于灵敏度，而且受限于噪声，所以它是衡量检测器性能的综合指标。

3）最小检测量。最小检测量是指检测器恰能产生和噪声相鉴别的信号时，单位体积或单位时间内需进入检测器的最小样品量，以 Q_0 表示。最小检出量对应的信号 C_1h 为 $2N$。

浓度型检测器组成的色谱仪，最小检测量（mg）为

$$Q_{0(c)}=\frac{1.065Y_{1/2}F_0D_c}{C_1} \tag{10.6}$$

质量型检测器组成的色谱仪，最小检测量（g）为

$$Q_{0(m)}=\frac{1.065Y_{1/2}\times 60D_m}{C_1} \tag{10.7}$$

最小检测量和检出限是两个不同的概念。检出限只用来衡量检测器的性能，而最小检测量不仅与检测器性能有关，还与色谱柱效能及操作条件有关。

4）线性范围。检测器的线性范围定义为在检测器呈线性时最大和最小进样量之比，或最大允许进样量（浓度）与最小检测量（浓度）之比。

5）响应时间。响应时间指进入检测器的某一组分的输出信号达到其值的 63%所需的时间。一般小于 1s。

不同类型检测器的一些性能指标的比较见表 10.2。

表 10.2　　气相色谱检测器的一些性能比较

检测器	检测种类	检测限	线性范围
FID	含有 C、H 的化合物	10^{-8}g/mL	10^4
TCD	通用型	10^{-13} g/s	10^7
ECD	电负性基团	5×10^{-14}g/s	5×10^4

续表

检测器	检测种类	检测限	线性范围
NPD	P N	10^{-15} g/s 10^{-14} g/s	10^5
FPD	P S	3×10^{-13} g/s 2×10^{-11} g/s	10^5

5. 温度控制和记录系统

(1) 温度控制系统。温度直接影响色谱柱的选择分离、检测器的灵敏度和稳定性。控制温度主要对色谱柱箱、气化室、检测室的温度控制。色谱柱的温度控制方式有恒温和程序升温两种。

对于沸点范围很宽的混合物，一般采用程序升温法进行。程序升温是指在一个分析周期内柱温随时间由低温向高温作线性或非线性变化，以达到用最短时间获得最佳分离的目的。

(2) 记录系统。记录系统是一种能自动记录由检测器输出的电信号的装置。

10.1.3 色谱分析法的分类及特点

色谱分析法的分离方式和检查手段有多种，从不同的角度考虑，可以有多种分类方法。

1. 色谱分析法分类

(1) 按流动相的状态可分为气相色谱（GC，以气体为流动相）和液相色谱（LC，以液体为流动相）。

(2) 按样品组分在两相间的分离机理可分为吸附色谱法、分配色谱法、离子交换色谱法、凝胶色谱法及超临界色谱法。

(3) 按固定相的形式可分为柱色谱法、纸色谱法、薄层色谱法。

2. 色谱分析法的特点

色谱分析法具有高效、快速、灵敏、准确、试样用量少、应用范围广、可同时分析分离混合物等特点，其对有机混合物的快速分析分离是其他分析方法所无法比拟的。

色谱分析法可同时分离分析含有几十种到上百种组分的混合物，可在数分钟内完成一个试样的分析，可检测出 $10^{-6}\sim10^{-12}$ g/L 的物质量。在石油、化工、环境科学、轻工、卫生防疫、食品、农药、质量监督、法医化学、煤矿等领域均有广泛应用。

10.1.4 气相色谱流出曲线和基本术语

试样中各组分经色谱柱分离后，随载气依次进入检测器转换成电信号，然后由记录仪记录各组分的浓度变化，即得到色谱图。组分的浓度随时间变化的曲线称为气相色谱流出曲线（见图 10.3）。

1. 基线

只有载气通过检测器时响应信号的记录，反映检测器系统噪声随时间变化的曲线。稳定的基线是一条直线，如图 10.3 中 Ot 线。

(1) 基线漂移。基线随时间定向的变化。

(2) 基线噪声。由各种因素引起的基线起伏。

2. 保留值

试样中各组分在色谱柱中的滞留时间由色谱分离过程中的热力学因素控制，作定性参数。

(1) 死时间 t_M。不被固定相吸附或溶解的物质进入色谱柱时，从进样到出现极大值所需的时间，如图 10.3 中 $O'A'$。

(2) 保留时间 t_R。试样从进样到柱后出现峰极大值所经历的时间，图 10.3 中 $O'B$。

(3) 调整保留时间 t'_R。扣除了死时间的保留时间（图 10.3 中 $A'B$），即 $t'_R=t_R-t_M$。

(4) 死体积 V_M。本意是指色谱柱中未被固定相占据的空隙体积，也即色谱柱内流动相的体积。但在实际测量时，它包括了柱外死体积（色谱仪中的管路和连接头间的空间以及进样系统和检测器的空间）。当柱外体积很小时，可以忽略不计，则 $V_M=t_MF_0$（流动相体积流速）。

(5) 保留体积 V_R。组分从进样到出现最大峰值所需的流动相体积，即 $V_R=t_RF_0$，F_0 为流动相体积流速。

(6) 调整保留体积 V'_R。扣除死体积后的保留体积，即 $V'_R=V_R-V_M$。

(7) 相对保留值 r_{21}。是指某组分 2 与组分 1 的调整保留值之比，即 $r_{21}=\frac{1}{r_{12}}=\frac{V'_{R(2)}}{V'_{R(1)}}=\frac{t'_{R(2)}}{t'_{R(1)}}$。

相对保留值只与柱温、固定相性质有关，是色谱定性分析的重要参数，可用来表示固定相的选择性。

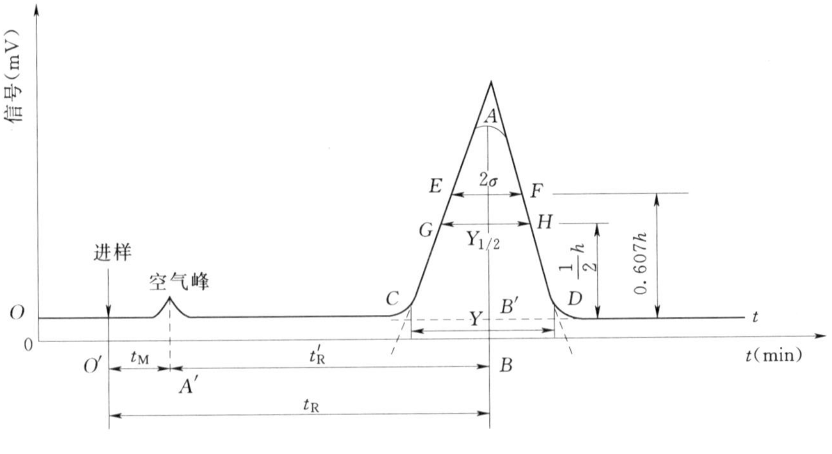

图 10.3 色谱流出曲线图

3. 区域宽度

区域宽度是色谱峰宽度。

(1) 标准偏差 (σ)。即 0.607 倍峰高处色谱峰宽度的一半。峰高 h 是峰顶到基线的距离，h、σ 是描述色谱流出曲线形状的两个重要参数。如图 10.3 中的 $1/2EF$。

(2) 半峰宽 ($Y_{1/2}$)。峰高一半处色谱峰的宽度 $Y_{1/2}=2.354\sigma$。如图 10.3 中的 GH。

(3) 基线宽度 (Y)。即通过流出曲线的拐点所作的切线在基线上的截距，如图 10.3 中的 CD。基线宽度与标准偏差的关系是：$Y=4\sigma$。

4. 从色谱图得到的信息

(1) 样品中所含组分数：峰个数。

(2) 定性分析：色谱峰的保留值。

(3) 定量分析：色谱峰面积或峰高。

(4) 评价色谱柱分离性能：色谱峰的保留值和区域宽度。

(5) 固定相和流动相选择是否合适：色谱峰的间距。

【复习思考题】

(1) 查阅测定二甲苯异构体混合物的测定方法。

(2) 预测一下测定中可能出现的问题，并提出解决方案。

10.2 外标法测定二甲苯异构体混合物

10.2.1 外标法测定二甲苯异构体混合物

1. 操作步骤

(1) 打开载气（N_2）钢瓶总阀，调节输出压力为0.4MPa。

(2) 打开载气净化气开关，调节载气合适柱前压，例如0.1MPa，控制载气流量约为40mL/min。

(3) 打开气相色谱仪电源开关。

(4) 设置柱温为65℃、气化温度为200℃以及FID检测温度为150℃。待柱温、气化温度和检测温度达到设定值并稳定后，打开空气泵，调节输出压力为0.4MPa；打开氢气钢瓶，调节输出压力为0.2MPa。

(5) 打开空气净化气开关，调节空气合适柱前压，例如0.02MPa，控制其流量约为400mL/min。

(6) 打开氢气净化气开关，调节氢气合适柱前压，例如0.2MPa，控制其流量约为60mL/min（在为样品分析而设定空气与氢气的混合比例时不能点火，点火时必须增大氢气流量，点火后将氢气的流量调回正常值）。

(7) 用点火枪点燃氢火焰。点着氢火焰后（确认是否点火可以用镜片等靠近检测器顶部，通过观察是否有水蒸气产生进行检查），缓缓将氢气压力降至0.1MPa，控制其流量约为40mL/min。让气相色谱仪走基线，待基线稳定。

(8) 顶空样品的制备。称取20g的氯化钠，放入100mL的注射器中，加入40mL的水样，再吸入40mL氮气，然后将注射器用胶帽封好。将其置于振荡器水槽中固定，在30℃的恒温下震荡5min，备用。

(9) 打开色谱工作站，观察基线是否稳定。基线稳定后，抽取（8）液上空间的气样5mL按规范进样，启动色谱工作站，绘制色谱图，完毕后停止数据采集。若水样中的二甲苯异构体浓度较高，可适当减少进样量。按相同方法再测2次试样。

(10) 标准曲线的绘制。用储备液配制对二甲苯、间二甲苯、邻二甲苯的标准系列混合水溶液，其质量浓度分别为5μL、20μL、40μL、60μL、80μL、100μL。然后取不同浓度的标准系列溶液，按“顶空样品的制备”方法处理，抽取液上空间的气样 5mL 按规范进样分析，绘制浓度—峰高的标准曲线。

操作完毕后先关闭氢气钢瓶总阀，待压力表回零后，关闭仪器上氢气稳压阀。关闭空气钢瓶总阀，待压力表回零后，关闭仪器上空气稳压阀。设置气化室温度、柱温和检测室温度在室温以上约 10℃进行仪器的降温。等柱温低于 50℃，检测器及进样口低于 100℃时，关闭气相色谱仪电源开关。关闭载气钢瓶和减压阀，关闭载气净化器开关。

（11）数据处理。

1）标准曲线绘制。由标准系列样品色谱图上量得各组分的峰高，然后用浓度做横坐标，对应的峰高做纵坐标，画出各物质的标准曲线。

2）量出待测样品中二甲苯异构体各自的峰高，再从标准曲线上，查得样品中各组分的质量浓度。

2. 问题的提出

（1）根据二甲苯异构体混合物测定操作，思考每步操作的依据是什么，需要什么知识，提出与气相色谱法相关的问题。

（2）收集氢火焰离子化检测器、色谱分析结果处理方法等有关资料，并相互交流。

10.2.2 氢火焰离子化检测器结构与检测原理

检测器是一种将载气里被分离组分的量转变为测量的信号（一般电信号）的装置。由于微分型检测器给出的响应是峰形色谱图，反映了流过检测器的载体中所含试样量随时间变化的情况，并且峰的面积或峰高与组分的浓度或质量流速成正比，因此，在气相色谱仪中，常采用微分型检测器。氢焰离子化检测器（FID）属质量型检测器，检测器的响应信号正比于单位时间内组分进入检测器的质量。

（1）结构。氢焰离子化检测的核心部分是离子室，一般用不锈钢制作，主要由气体入口、火焰喷嘴、极化极和收集极等构成，如图 10.4 所示。在离子室底部，氢气与载气在进入喷嘴前混合。助燃气—空气由侧方引入，在喷嘴口点火燃烧形成氢焰。火焰上方有一筒状收集电极，下方有一圆环状极化电极（发射极）。两极间施以恒定的电压（100～300V），使热分解形成的离子在两极间作定向流动而产生电流。当没有有机物通过检测器时，氢气在空气中燃烧形成的离子极少，即基流很小，记录仪记录基线。当有有机物进入检测器时，由于有机物的离子化产生大量离子，使产生的电流大大地增强，记录仪记录相应的色谱峰。产生电流的大小与有机物的进入量成正比。由于离子室输出的电流较弱，需经高电阻转为电压输出后，再经放大记录其检测结果。

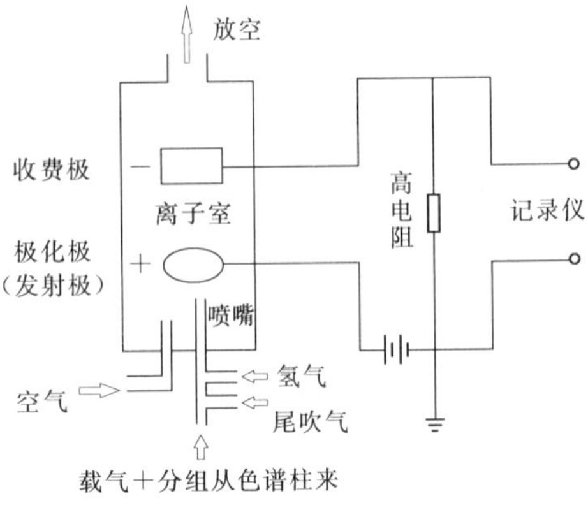

图 10.4 氢焰离子化检测器

氢焰检测器需要用到 3 种气体：N_2—载气、H_2—燃气、空气—助燃气。使用时需要调整三者的比例关系，以使检测器灵敏度达到最佳。

（2）特点。氢火焰离子化检测器简称氢焰检测器，具有以下特点：

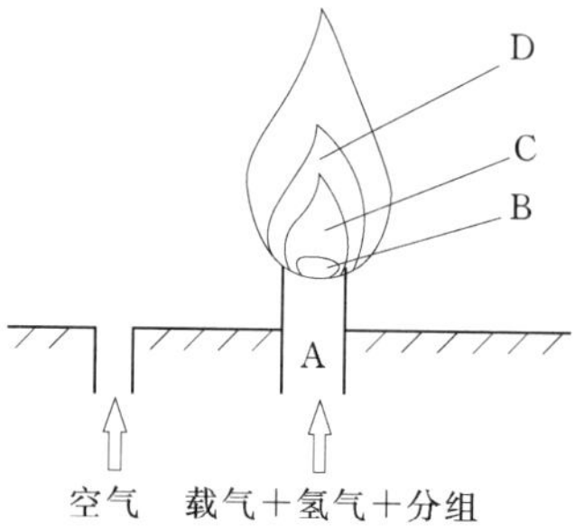

图 10.5　氢火焰各层图
A—预热区；B—点燃火焰；C—热裂解区；D—反应区

1）典型的质量型检测器，具有结构简单、线性范围宽、基线稳定性好、响应迅速等特点。

2）对含碳有机化合物具有很高的灵敏度，检测下限达 10^{-12}g/g，比热导检测器的灵敏度高出近 3 个数量级。

3）检测器死体积小，响应快，柱外效应几乎为零（毛细管直接插至喷嘴，消除了柱后峰变宽效应）。

4）氢焰检测器程序升温时载气流量变化不敏感。

5）无机气体、水、一氧化碳、二氧化碳、氮的氧化物、硫化氢、四氯化碳等含氢少或不含氢的物质灵敏度低或不响应。

6）对样品是破坏性的。

7）信检测器号受化合物结构的影响较大，带有杂原子（如 O、S 和卤素）的化合物信号偏低。

（3）原理。

1）当含有机物 C_nH_m 的载气由喷嘴喷出进入火焰时，在 C 层发生裂解反应（图 10.5C 层）产生自由基：

$$C_nH_m \longrightarrow \cdot CH$$

2）产生的自由基在 D 层火焰中与外面扩散进来的激发态原子氧或分子氧发生如下反应：

$$\cdot CH + O \longrightarrow CHO^+ + e^-$$

3）生成的正离子 CHO^+ 与火焰中大量水分子碰撞而发生分子离子反应：

$$CHO^+ + H_2O \longrightarrow H_3O^+ + CO$$

4）化学电离产生的正离子和电子在外加恒定直流电场的作用下分别向两极定向运动而产生微电流（10^{-6}～10^{-14}A）。

5）在一定范围内，微电流的大小与进入离子室的被测组分质量成正比，所以氢焰检测器是质量型检测器。

6）组分在氢焰中的电离效率很低，大约 $1/5\times10^5$ 的碳原子被电离。

7）电流信号输出到记录仪，得到峰面积与组分质量成正比的色谱流出曲线。

10.2.3　检测条件的选择

氢火焰离子化检测器（FID）性能的优劣与操作条件及维护有很大的关系，操作参数选择正确及维护得当就能得到最佳灵敏度、稳定性和较宽的线性。

1. 色谱柱

色谱柱选用的固定相型号及颗粒度大小、柱子材质、柱子孔径大小、柱子长短、装柱技术、老化技术以及色谱柱与进样口和喷嘴之间死体积大小都影响灵敏度。对填充柱，柱子孔径小，固定相颗粒度小，单位体积内装药量愈多，相对柱效就高，灵敏度就高，一般常用柱子内径 2mm，固定相颗粒度为 80～100 目。

2. 载气的种类和纯度

用于 FID 的载气有 N_2、He、Ar、H_2 等。一般用 N_2、Ar 作载气能得到比较高的灵敏度。由于被分析的组分在氮气中扩散系数小，有利于提高柱效，再加上 N_2 价格较 Ar 低，因此，在大多数情况下用 N_2 作载气。对 FID 而言，适当增大载气流速会降低检测限，所以从最佳线性和线性范围考虑，载气流速稍低为宜。N_2 流速的选择主要考虑分离效能。

在作常量分析时，载气、氢气和空气纯度在 99.9%以上即可。在作痕量分析时，要求三种气体的纯度相应提高，要求达 99.999%以上，空气中总烃含量应小于 0.1μL/L。

3. 各种气体流速和配比的选择

(1) 氢气流速的影响。氢气作为燃烧气与氮气（载气）预混合后进入喷嘴，当氮气流速固定时，随着氢气流速的增加，输出信号也随之增加，并达到一个最大值后迅速下降，如图 10.6 所示。由图可见，通常氢气的最佳流速为 40～60mL/min。有时是氢气作为载气，氮气作为补充气，其效果是一样的。

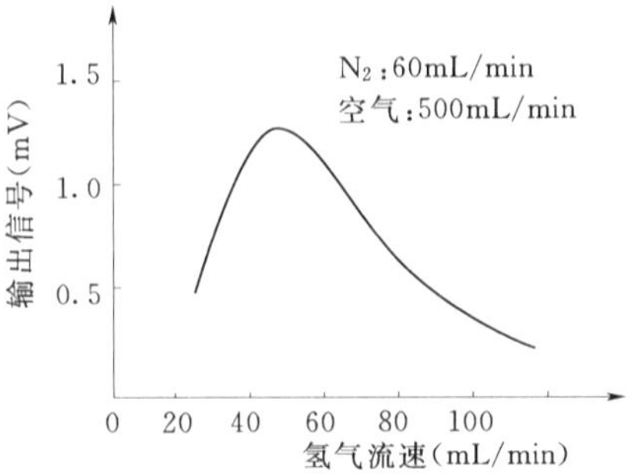

图 10.6 H_2 流速对 FID 响应的影响

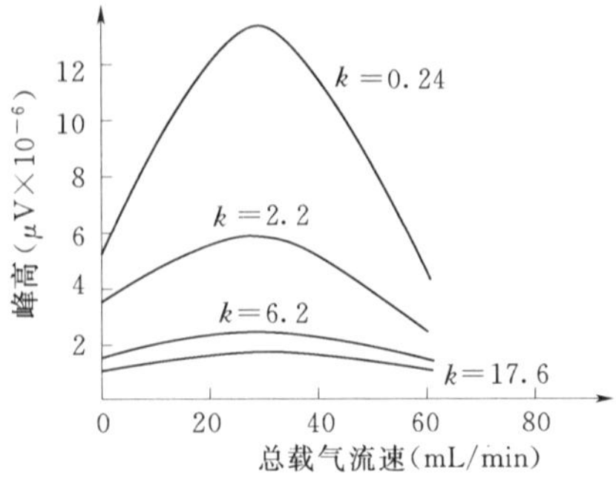

图 10.7 载气流量对 FID 响应的影响

(2) 氮气流速的影响。在我国多用 N_2 作载气，H_2 作为柱后吹扫气进入检测器，对不同 k 值的化合物，氮气流速在一定范围增加时，其响应值也增加，在 30mL/min 左右达到一个最大值而后迅速下降，如图 10.7 所示。这是由于氮气流量小时，减少了火焰中的传导作用，导致火焰温度降低，从而减少电离效率，使响应降低；而氮气流量太大时，火焰因受高线速气流的干扰而燃烧不稳定，不仅使电离效率和收集效率降低，导致响应降低，同时噪声也会因火焰不稳定而响应增加。所以氮气一般采用流速在 30mL/min 左右，检测器可以得到较好的灵敏度。在用 H_2 作载气时，N_2 作为柱后吹扫气与 H_2 预混合后进入喷嘴，其效果也是一样的。

(3) 氮气流速与氢气流速比。氮气流速与氢气流速比的不同将明显影响 FID 的灵敏度（见图 10.8），不同生产厂家产品结构设计不同，最佳 N_2/H_2 也不同。对于每一台仪器、每一个检测器，只能通过实测确定，即每调节一次 H_2 流速，进一次样品来比较信噪比，反复多次，找出最佳气流比。显然这种方法非常麻烦。比较简单的方法是通过氢气流速和基流的关系来选择，N_2 流速比 H_2 流速略大些灵敏度高。氢气：氮气=1：1～1：1.5。

(4) 空气流量。不同的仪器对空气要求也不完全一样，一般低于 250mL/min 对灵敏度有影响，一般值要大于 300mL/min。空气在 FID 中除提供生成离子的氧气外，还起着带走燃烧产物的清扫作用。空气流速较小时，灵敏度随空气量增加而增大，当达到某一

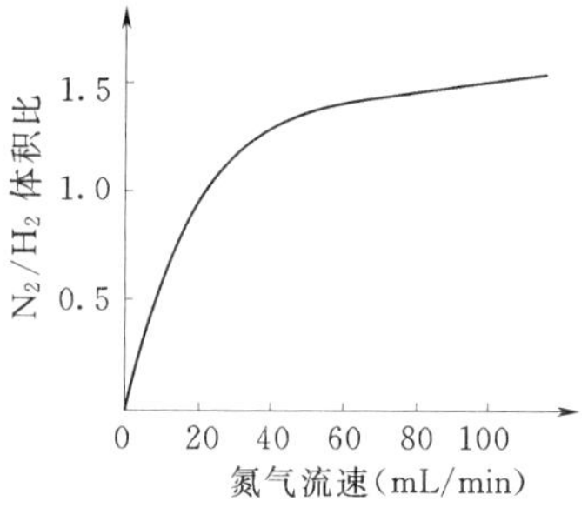

图 10.8 N_2/H_2 对 FID 响应值的影响

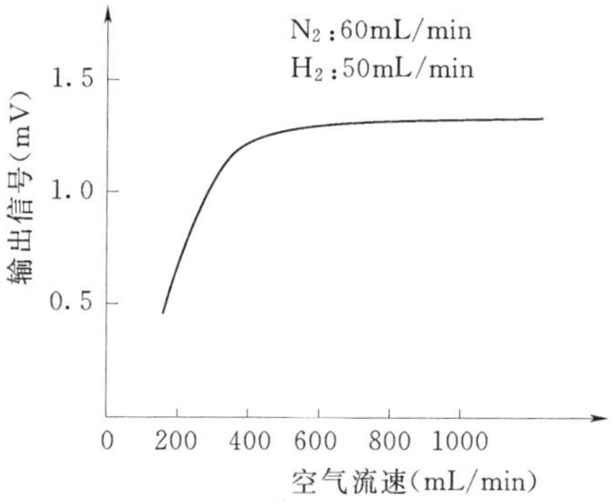

图 10.9 空气流速对 FID 响应值的影响

点后（这点取决于 FID 的具体结构或 N_2、H_2 流速等），再增加空气，灵敏度将基本不再变化（见图 10.9）。为了能起到清扫作用，选择最佳空气的原则是：灵敏度不再变化时的空气流速再加上 50mL/min 左右。若空气流速过大，火焰扰动将引起较大的噪声，也容易出现不规则的响应。对于具体某台仪器的最佳空气流速值可参考氢气的选择原理和方法。氢气与空气比大约在 1∶10 左右（点火前约 2∶10，点火后再调整）。氢气、空气的流速控制采用调压方式。

4. 极化电压的选择

正常极化电压选择在 100～300V 范围内。

5. 检测器使用温度

FID 为质量敏感型检测器，温度对 FID 的灵敏度没有明显的影响，但在作程序升温时要注意补偿基线漂移。实验证明，80～180℃时灵敏度几乎没有变化。但在低于 100℃时，由于氢气燃烧，产生大量水蒸气，影响电极绝缘，灵敏度受冷凝水蒸气的影响显著降低，噪声也增加，使基线不稳。为防止水的冷凝和燃烧产物的污染，因此要求 FID 检测器温度在 120～200℃。

6. 喷嘴直径

喷嘴细，灵敏度高，但太细易灭火和堵塞；喷嘴变粗，灵敏度降低，但线性范围也变宽。检测器用久后，流出物炭化，聚集在喷嘴处会影响检测器性能。

7. 使用毛细管时尾吹气的影响

(1) 加尾吹可减小峰加宽，提高柱效，同时调节 FID 灵敏度。

(2) 尾吹大，样品从柱子到检测器速度更加快，灵敏度提高，峰形窄，但点火困难，灵敏度下降。

(3) 尾吹小，拖尾，峰形变宽，灵敏度降低，但点火较容易。

10.2.4 FID 检测器使用注意事项

1. FID 检测器使用注意事项

(1) 本检测器是高灵敏度检测器，必须用高纯度的载气（99.99% N_2），而且载气、氢气及空气应经净化器净化。

(2) 柱子老化时不要把柱子与检测器连接，以免检测器被污染，本机出厂时所附色谱柱最高使用温度为 230℃，同时在老化柱子时不要打开氢气气源。

(3) 在各操作温度未平衡之前将氢气及空气源关闭，以防止检测器内积水。

(4) 在使用仪器最高灵敏度档或程序升温分析时所用的色谱柱应经过彻底老化。

(5) 仪器开机后应先通载气再升温，待 FID 检测器温度超过 100℃时方能点火，以免积水。

(6) 为方便点火建议先把氢气流量调大，然后点火。待点着火后，再慢慢地把氢气流量调回至分析所需的流量值。

(7) 仪器关闭时应先关闭氢气（灭火），然后降温，再关闭载气。

氢火焰离子化检测器用 H_2 做燃料。如果开着 H_2 而没有把色谱柱连到检测器入口，氢气会流进柱箱，引起爆炸。因此，一旦氢气接入仪器，进样器和 FID 的检测器进口之间就必须始终接上色谱柱，或用 M10×1 螺帽（内放硅垫）旋入 FID 检测器进口，用扳手拧紧及密封。

2. FID 故障现象及处理

FID 故障现象及处理见表 10.3。

表 10.3　　FID 故障现象及处理

故　障	可能的原因	检查与维修
1. FID 没点火火焰熄灭	(1) 载气氢气和空气流量不适； (2) 检测器温度低； (3) 喷嘴堵塞； (4) 空气泄漏阀不良； (5) 氢气流路堵塞	(1) 用流量计检查； (2) 提高温度； (3) 清洗或更换； (4) 检查操作是否正确； (5) 更换
2. 不出峰	(1) 火焰熄灭； (2) 嘴头无高压； (3) 漏气； (4) 仪器满量程偏转； (5) 灵敏度太低； (6) 样品吸收； (7) 数据处理器的毛病	(1) 重新点火； (2) 用万用表检查； (3) 做漏气检查； (4) 旋转零点调节检查； (5) 检查范围与样品量； (6) 重复实验，检查分析条件； (7) 短路输入信号，检查操作是否正确
3. 基线不稳	(1) 电源电压波动； (2) 信号电缆没接上； (3) 漏气； (4) 检测器污染； (5) 管路污染； (6) 柱污染； (7) 气化室污染； (8) 载气不纯； (9) 质量流量控制器（调压器）故障； (10) FID 控制器毛病	(1) 用万用表或示波器检查； (2) 振动信号电缆； (3) 做漏气实验； (4) 拆开清洗； (5) 更换； (6) 更换或老化柱子； (7) 用溶剂清洗； (8) 更换载气或接过滤器； (9) 更换； (10) 更换或维修
4. 有噪音	(1) 电压噪音； (2) 零点调节器故障； (3) 喷嘴污染； (4) FID 控制器故障； (5) 数据处理器毛病； (6) FID 信号电缆没接通； (7) 空气源硅胶劣化	(1) 更换电源或接滤波器； (2) 更换； (3) 拆下清洗； (4) 更换或维修； (5) 短路输入信号，检查操作是否正确； (6) 拆开清洗； (7) 更换

续表

故　障	可能的原因	检查与维修
5. 峰变宽	(1) 载气流量低； (2) 柱温低； (3) 存在死体积； (4) 柱劣化； (5) 柱选择错误（类型或长度）； (6) 样品气化室或检测器温度低	(1) 增大流量； (2) 提高柱温； (3) 检查柱接头； (4) 更换或老化柱子； (5) 更换柱子； (6) 升温
6. 峰变尖	(1) 载气流量高； (2) 柱温高； (3) 柱劣化； (4) 柱选择错误（类型或长度）	(1) 降低流量； (2) 降温； (3) 更换或老化柱子； (4) 更换柱子
7. 峰拖尾	(1) 玻璃衬管损坏； (2) 进样量过大； (3) 柱选择错误； (4) 样品气化室污染	(1) 更换； (2) 检查范围与进样量； (3) 更换柱子； (4) 溶剂清洗
8. 出现反常峰	(1) 进样隔膜出现鬼峰； (2) 样品分解（或变化）； (3) 以前出现的峰重新出现； (4) 玻璃衬管污染； (5) 进样隔膜有刺孔	(1) 老化隔膜； (2) 检查分析条件及样品准备方法； (3) 老化柱子； (4) 清洗衬管和样品气化室； (5) 更换

10.2.5　气相色谱仪的定性、定量分析方法

1. 定性分析

色谱定性分析就是要确定各色谱峰所代表的化合物。由于各种物质在一定的色谱条件下均有确定的保留值，因此保留值可作为一种定性指标。目前各种色谱定性方法都是基于保留值的。但是不同物质在同一色谱条件下，可能具有相似或相同的保留值，即保留值并非专属的。因此仅根据保留值对一个完全未知的样品定性是困难的。如果在了解样品的来源、性质、分析目的的基础上，对样品组成做初步的判断，再结合下列的方法则可确定色谱峰所代表的化合物。

(1) 利用纯物质对照的定性鉴定。

1) 保留值法（见图10.10）。在一定的色谱条件下，一个未知物只有一个确定的保留时间。因此将已知纯物质在相同的色谱条件下的保留时间与未知物的保留时间进行比较，就可以定性鉴定未知物。若二者相同，则未知物可能是已知的纯物质；若两者不同，则未知物就

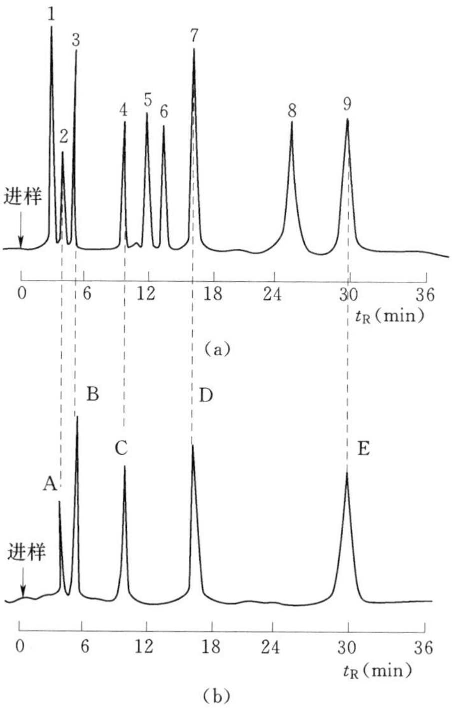

图10.10　利用纯物质对照定性

(a) 未知物；(b) 标准物

不是该纯物质。

2）加入已知物增加峰高法。当未知样品中组分较多，所得色谱峰过密，用上述方法不易辨认时，或仅作未知样品指定项目分析时均可用此法。首先作出未知样品的色谱图，然后在未知样品加入某已知物，又得到一个色谱图。峰高增加的组分即可能为这种已知物。

纯物质对照法定性只适用于组分性质已有所了解，组成比较简单，且有纯物质的未知物。

（2）利用文献保留数据的定性鉴定。

1）相对保留值法。相对保留值 r_{21} 是指组分 2 与基准物质 1 调整保留值的比值为

$$r_{21}=\frac{V'_{R(2)}}{V'_{R(1)}}=\frac{t'_{R(2)}}{t'_{R(1)}}$$

它仅随固定液性质及柱温变化而变化，与其他操作条件无关。相对保留值测定方法：在某一固定相及柱温下，分别测出组分 2 和基准物质 1 的调整保留值，再按上式计算即可。在色谱手册中都列有各种物质在不同固定液上的保留数据，用已求出的相对保留值与文献相应值比较即可定性。通常选容易得到纯品的，而且与被分析组分相近的物质作基准物质，例如正丁烷、环已烷、正戊烷、苯、对二甲苯、环已醇、环已酮等。

2）保留指数定性法。保留指数又称为柯瓦（Kováts）指数，它表示物质在固定液上的保留行为，是目前使用最广泛并被国际上公认的定性指标。它具有重现性好、标准统一及温度系数小等优点。

保留指数也是一种相对保留值，它是把正构烷烃中某两个组分的调整保留值的对数作为相对的尺度，并假定正构烷烃的保留指数为 $n\times100$。被测物的保留指数值可用内插法计算。

例如，若确定物质 i 在某固定液 x 上的保留指数 I_x^i 的数值。先选取两个正构烷烃作为基准物质，其中一个的碳数为 Z，另一个为 $Z+1$，它们的调整保留时间分别为 $t'_{R(Z)}$ 和 $t'_{R(Z+1)}$，使被测物质 i 的调整保留时间 $t'_{R(i)}$ 恰好处于两者之间，即 $t'_{R(Z)}<t'_{R(i)}<t'_{R(Z+1)}$ 。将含物质 i 和所选的两个正构烷烃的混合物注入其固定液 x 的色谱柱，在一定温度条件下绘制色谱图（见图 10.11）。

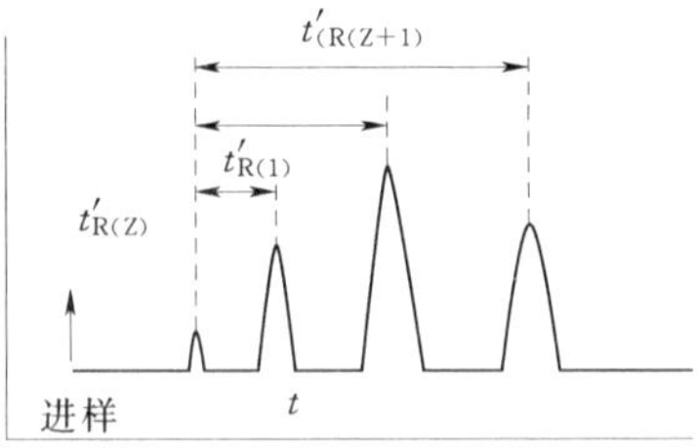

图 10.11　内插法求 I_x^i 示意

大量实验数据表明，化合物调整保留时间的对数值与其保留指数间的关系基本上是一条直线。据此，可用内插法求算 I_x^i。

$$I_x^i=100\times\left[Z+\frac{\lg t'_{R(i)}-\lg t'_{R(Z)}}{\lg t'_{R(Z+1)}-\lg t'_{R(Z)}}\right] \tag{10.8}$$

保留指数的物理意义在于，它是与被测物质具有相同调整保留时间的假想的正构烷烃的碳数乘以 100。保留指数仅与固定相的性质、柱温有关，与其他实验条件无关。只要柱温与固定相相同，就可应用文献值进行鉴定，而不必用纯物质相对照。

（3）与质谱、红外光谱等仪器联用的定性鉴定。利用色谱的高分离能力和质谱、红外光谱等仪器定性鉴定能力进行定性分析。

2. 定量分析

定量分析的任务是求出混合样品中各组分的百分含量。色谱定量的依据是，当操作条件一致时，被测组分的质量（或浓度）与检测器给出的响应信号成正比，即

$$m_i = f_i \times A_i \tag{10.9}$$

式中 m_i——被测组分 i 的质量；

A_i——被测组分 i 的峰面积；

f_i——被测组分 i 的校正因子。

可见，进行色谱定量分析时需要：①准确测量检测器的响应信号——峰面积或峰高；②准确求得比例常数——校正因子；③正确选择合适的定量计算方法，将测得的峰面积或峰高换算为组分的百分含量。

（1）峰面积测量方法。峰面积是色谱图提供的基本定量数据，峰面积测量的准确与否直接影响定量结果。对于不同峰形的色谱峰采用不同的测量方法。

1）对称形峰面积的测量——峰高乘以半峰宽法，对称峰的面积

$$A = 1.065hY_{1/2} \tag{10.10}$$

2）不对称形峰面积的测量——峰高乘平均峰宽法，对于不对称峰的测量如仍用峰高乘以半峰宽，误差就较大，因此采用峰高乘平均峰宽法。

$$A = \frac{1}{2}h(Y_{0.15} + Y_{0.85}) \tag{10.11}$$

式中 $Y_{0.15}$、$Y_{0.85}$——峰高0.15倍和峰高0.85倍处的峰宽。

（2）定量校正因子。色谱定量分析的依据是被测组分的量与其峰面积成正比。但是峰面积的大小不仅取决于组分的质量，而且还与它的性质有关。即当两个质量相同的不同组分在相同条件下使用同一检测器进行测定时，所得的峰面积却不相同。因此，混合物中某一组分的百分含量并不等于该组分的峰面积在各组分峰面积总和中所占的百分率。这样，就不能直接利用峰面积计算物质的含量。为了使峰面积能真实反映出物质的质量，就要对峰面积进行校正，即在定量计算时引入校正因子。校正因子分为绝对校正因子和相对校正因子。

1）绝对校正因子。

$$f_i = \frac{m_i}{A_i} \tag{10.12}$$

式中，f_i 值与组分 i 质量绝对值成正比，所以称为绝对校正因子。在定量分析时要精确求出 f_i 值是比较困难的。一方面由于精确测量绝对进样量较困难；另一方面峰面积与色谱条件有关，要保持测定 f_i 值时的色谱条件相同，既不可能又不方便。另外即便能够得到准确的 f_i 值，也由于没有统一的标准而无法直接应用。为此提出相对校正因子的概念来解决色谱定量分析中的计算问题。

2）相对校正因子。相对校正因子定义为

$$f_i' = \frac{f_i}{f_s} \tag{10.13}$$

即某组分 i 的相对校正因子 f_i' 为组分 i 与标准物质 s 的绝对校正因子之比。

$$f_i' = \frac{f_i}{f_s} = \frac{m_i A_s}{m_s A_i} \tag{10.14}$$

可见，相对校正因子 f_i'就是当组分 i 的质量与标准物质 s 相等时，标准物质的峰面积是组分 i 峰面积的倍数。若某组分质量为 m_i，峰面积 A_i，则 $f_i'A_i$ 的数值与质量为 m_i 的标准物质的峰面积相等。也就是说，通过相对校正因子，可以把各个组分的峰面积分别换算成与其质量相等的标准物质的峰面积，于是比较标准就统一了。这是归一法求各组分百分含量的基础。

上面介绍的相对校正因子中组分和标准物质都是以质量表示的，故又称为相对质量校正因子；若以摩尔为单位，称为相对摩尔校正因子。另外相对校正因子的倒数还可定义为相对响应值 S'。

$$S' = \frac{1}{f_i'} \tag{10.15}$$

f_i'和 s'只与试样、标准物质及检测器类型有关，而与操作条件和柱温、载气流速、固定液性质等无关，是一个能通用的参数。

3）相对校正因子的测定方法。相对校正因子值只与被测物和标准物以及检测器的类型有关，而与操作条件无关。因此，f_i'值可自文献中查出引用。若文献中查不到所需的f_i'值，也可以自己测定。常用的标准物质，对热导检测器（TCD）是苯，对氢焰检测器（FID）是正庚烷。测定相对校正因子最好是用色谱纯试剂。若无纯品，也要确知该物质的百分含量。测定时首先准确称量标准物质和待测物，然后将它们混合均匀进样，分别测出其峰面积，再进行计算。

（3）定量计算方法。

1）外标法。外标法即标准曲线法。首先用纯物质配制一系列不同浓度的标准试样，在一定的色谱条件下准确定量进样，测量峰面积（峰高），绘制 $A(h)—w$ 标准曲线（见图 10.12）。进样品测定时，要在与绘制标准曲线完全相同的色谱条件下准确进样，根据所得的峰面积（峰高），由曲线查出被测组分的含量。

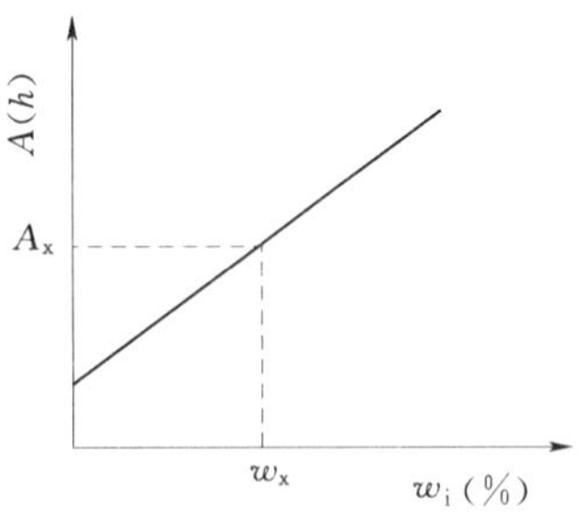

图 10.12 外标法标准曲线

当待测样品中被测物质的浓度变化不大时，可不作标准曲线，直接采用比较法（单点校正法）进行分析。即配制一个和待测物质含量 w_i 十分接近的标准样 w_s，在相同条件下，取相同量的标准样和待测样品分别进样分析，由待测物质和标准样的峰面积或峰高比，即可求出待测物质的含量。

$$\frac{w_i}{w_s} = \frac{A_i}{A_s} \tag{10.16}$$

$$w_i = \frac{A_i}{A_s} w_s \tag{10.17}$$

外标法特别适用于分析大量的同一类型的样品，简便、快速，不用测定相对校正因子。但要求操作条件一致，进样量准确。

2）归一化法。把所有出峰组分的含量之和按 100%计的定量方法称为归一化法，其计算公式为

$$w_i = \frac{m_i}{m} \times 100\% = \frac{A_i f_i'}{A_1 f_1' + A_2 f_2' + \cdots + A_n f_n'} \times 100\%$$

$$= \frac{A_i f_i'}{\sum_{i=1}^{n} A_i f_i'} \times 100\% \tag{10.18}$$

式中，$\%w_i$ 为被测组分 i 的百分含量；A_1、A_2、…、A_n 为组分 $1 \sim n$ 的峰面积；f_1'、f_2'、…、f_n'为组分 $1 \sim n$ 的相对校正因子。当 f_i'为质量相对校正因子时，得到质量百分数；当 f_i'为摩尔相对校正因子时，得到摩尔百分数。若试样中各组分的 f_i'值很接近（如同系物中沸点接近的组分），则上式可简化为

$$\%w_i = \frac{A_i}{\sum_{i=1}^{n} A_i} \times 100\% \tag{10.19}$$

对于狭窄的色谱峰，可用峰高代替峰面积进行计算，即

$$\%w_i = \frac{m_i}{m} \times 100 = \frac{h_i f_i''}{\sum_{i=1}^{n} h_i f_i''} \times 100 \tag{10.20}$$

式中，f_i''为峰高校正因子，需自行测定，测定方法与峰面积校正因子的测定相同。

归一化法的优点是简单、准确，即使进样量不准确，对结果亦无影响，操作条件变化时对定量结果影响不大，特别适合于一些工厂和有固定分析任务的化验室使用。

此法在实际工作中所受限制是样品的所有组分必须全部流出，出峰且分离良好。某些不需要定量的组分也必须测出其峰面积及 f_i'值。此外，测量低含量尤其是微量杂质时，误差较大。

【例】 采用气相色谱法测定苯、甲苯、乙苯、对二甲苯的混合物，得到它们的色谱峰面积如下表，试计算此苯系物中各组分的质量分数。

组分	苯	甲苯	乙苯	对二甲苯
f_i'(m)	1.00	1.04	1.09	1.12
A(cm^2)	5.42	3.51	4.66	4.23

解：

$$\%w_i = \frac{m_i}{m} \times 100 = \frac{A_i f_i'}{A_1 f_1' + A_2 f_2' + \cdots + A_n f_n'} \times 100$$

$$m = m_{苯} + m_{甲苯} + m_{乙苯} + m_{对二甲苯}$$
$$= 1.00 \times 5.42 + 1.04 \times 3.51 + 1.09 \times 4.66 + 1.12 \times 4.23$$
$$= 5.42 + 3.65 + 5.08 + 4.74 = 18.89$$

$$\%w_{苯} = \frac{m_i}{m} \times 100 = \frac{5.42}{18.89} \times 100 = 28.7$$

$$\%w_{甲苯} = \frac{m_i}{m} \times 100 = \frac{3.65}{18.89} \times 100 = 19.3$$

$$\%w_{乙苯} = \frac{m_i}{m} \times 100 = \frac{5.08}{18.89} \times 100 = 26.9$$

$$\%w_{对二甲苯} = \frac{m_i}{m} \times 100 = \frac{4.74}{18.89} \times 100 = 25.1$$

3）内标法。当样品各组分不能全部从色谱柱流出，或有些组分在检测器上无信号，

或只需对样品中某几个出现色谱峰的组分进行定量分析时，可采用内标法。它是一种间接或相对的校准方法。在分析待测样品中某组分含量时，通过内标物质以校准和消除由于操作条件的波动而对分析结果产生的影响，以提高分析结果的准确度。

所谓内标法，是将一定量的纯物质作为内标物加入到准确称量的试样中，根据试样和内标物的质量以及被测组分和内标物的峰面积可求出被测组分的含量。由于被测组分与内标物质量之比等于峰面积之比，即 $m_i/m_s = A_i f'_i / A_s f'_s$所以 $m_i = m_s A_i f'_i / A_s f'_s$式中下标 s 代表内标物，i 代表组分。若试样质量为 m，则

$$w_i = \frac{m_i}{m} \times 100\% = \frac{m_s A_i f_i}{m A_s f_s} \times 100\% \qquad (10.21)$$

a. 内标法的关键是选择合适的内标物，它必须符合下列条件：

(a) 内标物应是试样中原来不存在的纯物质，物理化学性质与被测物相近，能完全溶解于样品中，但不能与样品发生化学反应。最好是被分析物质的一个同系物。

(b) 内标物的峰位置应尽量靠近被测组分的峰，或位于几个被测物峰的中间并与这些色谱峰完全分离。

(c) 内标物的质量应与被测物质的质量接近，能保持色谱峰大小相近。

b. 内标法的优点。

(a) 因为 m_s/m 恒定，所以进样量不必准确；

(b) 因为该法是通过测量 A_i/A_s 进行计算的，操作条件稍有变化对结果没有什么影响，因此定量结果比较准确。

(c) 该法适宜于低含量组分的分析，且不受归一法使用上的局限。

c. 内标法的主要缺点。每次分析都要用分析天平准确称出内标物和样品的质量，这对常规分析来说是比较麻烦的，不适宜作快速控制分析。此外，在样品中加入一个内标物，显然对分离度的要求比原样品更高。

由式（10.21）可见，如果称取同样质量的试样和加入恒定质量的内标物，则式（10.21）即可简化为

$$w_i = \frac{A_i}{A_s} k \times 100\% \qquad (10.22)$$

式中，k 为常数。根据式（10.22），用待测组分的纯物质配制成不同浓度的标准溶液，然后在等体积的这些标准溶液中分别加入浓度相同的内标物，混合后进行色谱分析。以待测组分的浓度 $\%w_i$ 为横坐标，待测组分与内标物峰面积（峰高）的比 A_i/A_s 为纵坐标建立标准曲线，即内标标准曲线。在分析未知样品时，分别加入与绘制标准曲线时同样体积的样品溶液和同样浓度的内标物，用样品与内标物峰面积（峰高）的比值，在标准曲线上查出被测组分的浓度。这样就减少了称量和测定校正因子的麻烦，适用于常规分析。

【例】 为分析某不含环己酮的试样中乙酸的质量分数称取此试样 1.250g，以环己酮作内标，称取 0.1852g 的环己酮加入到试样中去，混合均匀后，吸取此试样 5μL 进样，得到如下数据，试计算试样中乙酸的质量分数。

组 分	环己酮	乙酸
峰面积 A（cm^2）	3.58V	1.74
质量校正因子 f_i	1.00	1.78
内标物质量（m_s/g）	0.1852	
试样质量（m/g）	1.250	

解： $w_i=\frac{m_i}{m}\times100\%=\frac{m_sA_if_i}{mA_sf_s}\times100\%=\frac{0.1852\times1.74\times1.78}{1.250\times3.58\times1.00}\times100\%$

$=12.8\%$

4）标准加入法（叠加法）。标准加入法是在选择不到合适的内标物时，以待测组分的纯物质为内标物，加入到待测样品中，然后在相同的色谱条件下，测定加入待测组分纯物质前后待测组分的峰面积（峰高），从而计算待测组分在样品中的含量的方法。

标准加入法的具体做法如下：首先在一定的色谱条件下作出欲分析样品的色谱图，测定其中待测组分 i 的峰面积 A_i（峰高 h_i）；然后在该样品中准确加入定量待测组分（i）的标样或纯物质$\left(\text{与样品相比，待测组分的浓度增量为 } \Delta w_i=\frac{m_s}{m}\right)$，在完全相同的色谱条件下，作出已加入待测组分（$i$）标样或纯物质后的样品的色谱图。测定这时待测组分（$i+s$）的峰面积 A_{i+s}（峰高 h_{i+s}），此时待测组分的含量为

$$w_i=\frac{\Delta w_i}{\frac{A_{i+s}}{A_i}-1}\times100\% \quad 或 \quad w_i=\frac{\Delta w_i}{\frac{h_{i+s}}{h_i}-1}\times100\% \tag{10.23}$$

a. 标准加入法的优点。

不需要另外的标准物质作内标物，只需待测组分的纯物质，进样量不必十分准确，操作简单。若在样品的预处理之前就加入已知准确量的待测组分，则可以完全补偿待测组分在预处理过程中的损失，是色谱分析中较常用的定量分析方法。

b. 标准加入法的缺点。

要求加入欲测组分前后两次色谱测定的色谱条件完全相同，以保证两次测定时的校正因子完全相等，否则将引起分析测定的误差。

【例】 用标准加入法测定无水乙醇中微量水时，先称取 2.6723g 无水乙醇试样于样品瓶中，接着再称取 0.0252g 纯水标样于该样品瓶中，混合均匀。在完全相同的条件下，分别吸取 2.0μL 无水乙醇试样和 2.0μL 加入纯水标样后的无水乙醇试样于气相色谱仪中进行分析测试，分别得到相应水峰的峰高为 145mm 与 587mm。求无水乙醇试样中水分的质量分数。

解： $w_水=\frac{m_s}{m_样\left(\frac{h_{i+s}}{h_i}-1\right)}\times100\%=\frac{0.0252}{2.6723\times\left(\frac{587}{145}-1\right)}\times100\%=0.31\%$

归一化法、内标法、标准加入法与外标法都是定量的一种方法而已，至于哪种方法好与不好不能一概而论，做不同的分析，面对着不同的要求，再加上分析成本、分析效率等问题，只有简单而有效地进行定量分析来满足要求才是最重要的。

【复 习 思 考 题】

(1) 气相色谱分析中使用归一化法定量的前提是什么？

(2) 当载气漏气时，会出现什么情况？

(3) 气相色谱定性分析和定量分析方法有哪些？各有什么特点？

(4) 查阅丙酮中微量水分测定方法。预测一下测定中可能出现的问题，并提出解决方案。

10.3　标准加入法测定丙酮中微量水分

10.3.1　应用标准加入法测定样品中微量水分

1. 操作步骤

(1) 打开载气（H_2）钢瓶总阀，调节输出压力为0.2MPa；打开载气净化气开关，调节载气合适柱前压，如0.1MPa。

(2) 打开气相色谱仪电源开关，设置柱温为170℃、气化温度为220℃以及检测温度为190℃。

(3) 待柱温、气化温度和检测温度达到设定值并稳定后，设置合适的桥电流，如120mA。

(4) 让气相色谱仪走基线，待基线稳定。

(5) 配制丙酮标样。取一个干燥洁净的称量瓶，吸取3mL丙酮试剂，称其准确重量，记为$m_{样}$，然后在其中加入20μL纯蒸馏水，称其准确重量，记为m_s。摇匀备用，此为配制丙酮标样。准备丙酮试剂，备用。

(6) 取两支10μL微量注射器，清洗，备用。

(7) 打开色谱数据处理机，待基线稳定后，用丙酮试剂润洗微量注射器，准确吸取2μL进样，启动色谱数据处理机，绘制色谱图。

(8) 按相同方法再测2次丙酮试样与3次所配制丙酮标样。

(9) 取1μL纯蒸馏水，进样分析，记录保留时间，根据保留时间确定前6次色谱图中水分的位置，并记录其峰高h_i（丙酮试样）与h_{i+s}（所配制丙酮标样）。计算公式为

$$w_{水}=\frac{m_s}{m_{样}\times\left(\dfrac{h_{i+s}}{h_i}-1\right)}\times100\% \qquad (10.24)$$

(10) 计算丙酮试样中水分的百分含量（%）。

(11) 实训完毕后先设置桥电流数值为0.0，设置气化室温度、柱温、检测室温度在室温以上约10℃，待柱温达到设定值时关闭气相色谱仪电源开关。

(12) 关闭载气钢瓶和减压阀，关闭载气净化器开关。

2. 问题的提出

(1) 根据丙酮试样中水分测定操作，思考每一步操作的依据是什么，需要什么知识，提出与气相色谱法相关的问题。

（2）收集各种检测器、色谱分析结果处理方法等有关资料，并相互交流。

10.3.2　热导检测器的结构与检测原理

热导池检测器是一种结构简单、性能稳定、线性范围宽，对无机、有机物质都有响应，灵敏度适中的检测器，因此在气相色谱中广泛应用。

1. 热导检测器的结构

热导检测器由池体（见图10.13）和放大器组成。

（1）池体。一般用不锈钢制成。

（2）热敏元件。由电阻率高、电阻温度系数大且价廉易加工的钨丝制成。

（3）参考池。仅允许纯载气通过，通常连接在进样装置之前。

（4）测量池。需要携带被分离组分的载气流过时，则连接在紧靠近分离柱出口处。

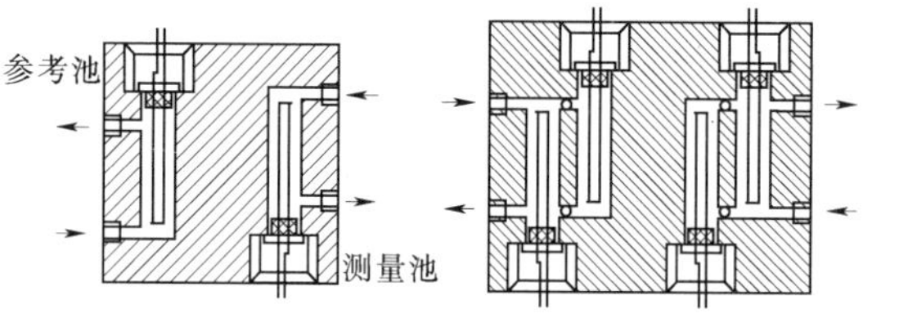

图10.13　热导检测器的结构示意图

（a）双臂热导池；（b）四臂热导池

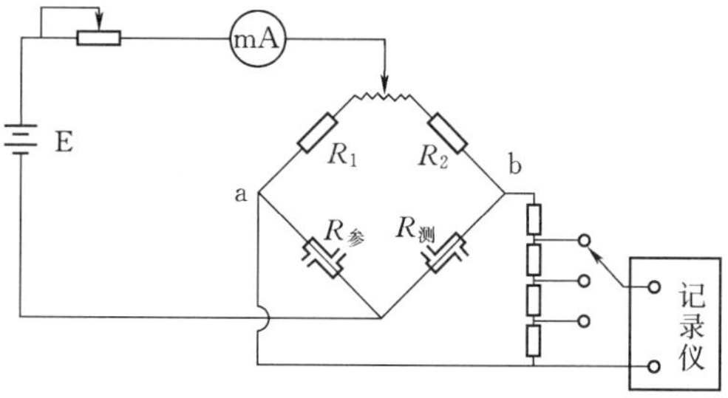

图10.14　热导池平衡电桥示意图

2. 检测原理

热导池检测器是根据各种物质和载气的导热系数不同，采用热敏元件进行检测的。

池体中的两组钨丝构成平衡电桥中的两个电阻$R_{参}$、$R_{测}$（见图10.13）。钨丝通电，此时，参考池与测量池只有载气流过加热与散热达到平衡后，两臂电阻值为

$$R_{参}=R_{测}$$

$$R_1=R_2$$

则

$$R_{参}\ R_2=R_{测}\ R_1$$

无电压信号输出时，记录仪走直线（基线）。进样后，载气携带试样组分流过测量池，而这时参考池流过的仍是纯载气，由于电流加热后的金属丝置于氢气等热导系数大的载气中，而样品成分的热导系数比载气的小，所以当这些成分流过检测器时金属丝的温度将上升，使测量池的温度改变，引起电阻的变化，测量池和参考池的电阻值不等，产生电阻差。$R_{池}\neq R_{测}$，则

$$R_{参}\ R_2\neq R_{测}\ R_1$$

这时电桥失去平衡，图7.14中电桥a、b两端存在着电位差，有电压信号输出。信号与组分浓度相关。记录仪记录下组分浓度随时间变化的峰状图形。

3. TCD检测条件的选择

桥路电流、载气、热敏元件的电阻值、电阻温度系数、池体温度等因素影响热导池的灵敏度。

（1）桥电流的选择。一般认为TCD灵敏度S值与桥电流的三次方成正比，所以，增大桥电流是提高TCD灵敏度的一个有效方法。但若桥电流偏大，则噪声也急剧增大，热丝越易被氧化，因此在满足分析灵敏度要求的前提下，应尽量选取低的桥电流。

（2）检测器温度。池体温度与钨丝温度相差越大，越有利于热传导，检测器的灵敏度也就越高，也就是说，可以通过提高热丝温度（不能过高以免热丝烧断）或降低检测器池体温度来提高检测器灵敏度。当桥电流和钨丝温度一定时，如果降低池体的温度，将使得池体与钨丝的温差变大，从而可提高热导池检测器的灵敏度。但是，检测器的温度应略高于柱温，以防止试样组分在检测器中冷凝。

（3）载气种类、纯度、流速。载气与试样的热导系数相差越大，在检测器两臂中产生的温差和电阻差也就越大，检测灵敏度越高。由于被测组分的导热系数一般都比较小，故应选用导热系数高的载气。常用载气的导热系数大小顺序为 $H_2 > He > N_2$，因此在使用热导池检测器时，为了提高灵敏度，一般选用 H_2 为载气。

载气纯度越高，则TCD的灵敏度越高。实验证明，在电桥电流120～200mA范围内，用99.999%的超纯氢气比用99%的普氢灵敏度高6%～13%。载气纯度对峰形也有影响，用TCD作高纯气中杂质检测时，载气纯度应比被测气体高10倍以上，否则将因热传导值呈非线性而可能出现倒峰。

TCD为浓度敏感型检测器，对流速波动很敏感，色谱峰峰面积响应值反比于载气流速，因此，在检测过程中，要求载气流速必须保持恒定。在柱分离许可的情况下，载气应尽量选用低流速（一般在30mL/min左右）。参考池的气体流速通常与测量池相等。流速波动还可能导致基线噪声和漂移增大。

（4）热敏元件阻值的影响。阻值高、电阻温度系数大（温度改变时阻值改变大，热敏性好）的热敏元件，其灵敏度高。

4. TCD检测器使用注意事项

（1）TCD检测器使用注意事项。

1）TCD未通载气前，严禁开机，否则会烧坏热导钨丝。

2）关机时，先关电源，再关载气。

3）TCD是浓度型检测器，载气流入TCD时流速必须保持恒定。

4）使用时将电流设定在TCD规定的范围内，避免热丝温度过高而烧断。当更换柱子或进样垫而需临时停气时，务必将电流设定为0mA。

5）如果使用大口径毛细管柱，确保毛细管柱插入池深度合适。若使用毛细管柱，毛细管柱端必须在样品池的入口处；若插入池内，则灵敏度下降，峰形差；若毛细管柱离池入口处太远，峰变宽并有拖尾，灵敏度也低。

6）避免样品或固定液带来的异常。样品损坏热丝。酸类、卤代化合物、氧化性和还原性化合物能使测量热丝的阻值改变，特别是注入量很大时尤为严重。样品和固定液冷凝，高沸点样品或固定液在检测器中冷凝，将使噪声和漂移变大，以致无法正常工作。

7）确保载气净化系统正常。载气中若含氧，将使热丝长期受到氧化，缩短使用寿命，故通常载气应加净化装置，以除去氧气。

（2）TCD故障现象及处理，见表10.4。

表 10.4 **TCD 故障现象及处理**

故障	可能的原因	检查及校正
1. 无电流通过	(1) TCD 处于 OFF 状态； (2) 显示屏出现 CURRENT OVER； (3) TCD 热丝烧坏； (4) TCD 控制器的毛病	(1) 将开关置于 ON； (2) 找出原因，重新设定电流； (3) 从接口拆下 TCD 接线，用万用表检测； (4) 修理或更换；
2. 不出峰	(1) 载气气路不通； (2) 漏气； (3) 仪表偏转超满量程； (4) 灵敏度太低； (5) 样品被吸收； (6) 数据处理器有毛病	(1) 检查 TCD VENT； (2) 做载气检漏实验； (3) 零点调节； (4) 检查电流值与样品量； (5) 做重复实验，检查分析条件； (6) 短路输入信号，检查操作错误
3. 基线不稳	(1) 供给的电压波动； (2) 数据处理器的毛病； (3) 信号接头接触不良； (4) 漏气； (5) 检测器污染； (6) 管道污染； (7) 柱劣化； (8) 气化室污染； (9) 载气不纯； (10) 质量流量控制器（压力调节器）毛病； (11) 空调的影响； (12) 流量控制器净化不够； (13) TCD 元件故障； (14) TCD 控制器故障	(1) 用万用表或示波器检查； (2) 短路输入信号，检查操作错误； (3) 振动信号接头； (4) 做检漏实验； (5) 溶剂清洗检测器； (6) 更换管道； (7) 更换或老化柱子； (8) 溶剂清洗； (9) 更换或过滤； (10) 更换； (11) 停止使用空调； (12) 重新净化； (13) 更换； (14) 维修或更换
4. 出现噪声	(1) 电源噪声； (2) 数据处理器毛病； (3) 灵敏度太高； (4) 零点调节的故障； (5) TCD 热丝污染； (6) 元件振动； (7) 数据处理器被电磁波干扰； (8) TCD 元件故障	(1) 更换电源或加滤波装置； (2) 短路输入信号，并检查操作错误； (3) 检查电流值及样品值； (4) 更换； (5) 净化或更换 TCD 元件； (6) 检查风扇电机垫； (7) 远离无线电收发机或振荡器； (8) 更换
5. 峰变宽	(1) 载气流速低； (2) 柱温低； (3) 存在死体积； (4) 柱劣化； (5) 柱选择错误（类型或长度）； (6) 气化室或检测器温度太低	(1) 增大流速； (2) 提高柱温； (3) 检查柱接头； (4) 更换或老化柱子； (5) 更换柱子； (6) 提高温度
6. 峰变尖	(1) 载气流速高； (2) 柱温高； (3) 柱劣化； (4) 柱选择错误（类型或长度）	(1) 降低流速； (2) 降低温度； (3) 更换或老化柱子； (4) 更换柱子
7. 峰拖尾	(1) 玻璃衬垫损坏； (2) 进样量太多； (3) 柱选择错误； (4) 气化室污染	(1) 更换； (2) 检查电流值及样品值； (3) 更换柱子； (4) 溶剂清洗

10.3.3 电子俘获检测器的结构与检测原理

电子捕获检测器（ECD）是一种有高选择性的检测器，它只对具有电负性的组分产生响应信号，组分的电负性越强，检测器的灵敏度越高，能测出 10^{-14} g/mL 的强电负性物质，因此特别适用于多卤、多硫化合物，多环芳烃及金属有机物等的测定。其缺点是线性范围窄，分析重现性较差。

1. 电子捕获检测器的结构

其结构如图 10.15 所示，在电子捕获检测器的池体内，有一不锈钢棒作阳极，金属外罩作阴极，而β射线（H^3 或 Ni^{63}）放射源也起着阴极作用，在两极间加以直流或脉冲电压形成电场。

2. 检测原理

当载气（通常为高纯氮气）进入检测器时，在放射源放射的β射线作用下发生电离：

$$N_2 \longrightarrow N_2^+ + e^-$$

生成的正离子和电子分别向负极和正极移动，从而形成恒定的电流（约 10^{-8} A），即为检测器的基流。

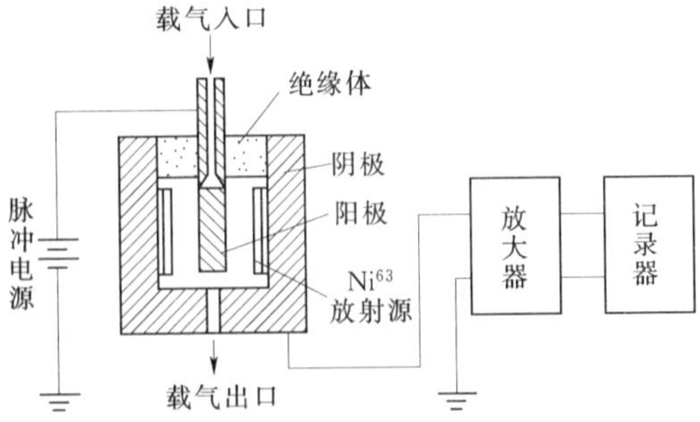

图 10.15 电子捕获检测器的结构示意图

当样品 AB 进入检测器时，由于 AB 的电负性较强，因而其捕获电子的能力也强，便捕获了检测器中的电子而形成带负电荷的分子离子 AB^-，并释放出能量 E，这一过程称为电子捕获，即

$$AB + e^- \longrightarrow AB^- + E$$

带负电荷的分子离子 AB^- 与载气电离产生的正离子 N_2^+，复合成中性化合物，被载气带出检测器，即

$$AB^- + N_2^+ \longrightarrow AB + N_2$$

由于被测组分捕获电子，使检测器基流降低，产生负信号，从而形成倒峰，其倒峰的大小与被测组分的浓度成正比。

3. 检测条件的选择

影响 ECD 响应值的因素：载气种类、纯度和流速、色谱柱和柱温、检测器温度、电源操作参数。

（1）载气。N_2、He、H_2 均可作 ECD 的载气。通常选用 N_2 作为载气，基流也较大，但线性略差。若改用 Ar、He 作载气，比 N_2 能得到更好的特性，但通常需加入 5%～10%的甲烷，使电离室中的 Ar、He 的亚稳态分子和甲烷分子结合而除去，否则，在 ECD 工作中将出现非捕获效应。另外，甲烷和电子之间的弹性碰撞，可使电子的能量降低，有利于电子捕获。因混合器制备较麻烦，实际操作很少采用。如 ECD 为 ^3H 放射源，切忌用 H_2 作载气，因 H_2 可与 ^3H 交换，使 ^3H 大量流失，缩短检测器寿命。

检测过程对载气的纯度要求较高，如果载气纯度低，其中含有电负性物质（如氧，氧具有捕获电子的能力）时，则可使检测时的基流大大降低，从而影响检测时的准确性和灵敏度。为了保证检测时有高的基流效率，供 ECD 使用的载气纯度要在 99.99%以上，还要外加净化器，以除去残留的氧和水。

通常控制载气流速填充柱为20～50mL/min，毛细管柱为0.1～10mL/min。不同型号仪器说明书中均有ECD的最佳流速，可参照该推荐值，增、减约2%～4%的流速，以达到峰形变宽最小，灵敏度最高为最佳。

（2）极化电压。加极化电压的目的是为了使检测器内产生的正离子和电子定向移动而产生基流。但极化电压过高，则可能使电子能量加大而不易捕获，因此极化电压不宜过高，应在保证测试条件的情况下越低越好。实验表明，适宜的极化电压通常在饱和极化电压的2/3～3/5处。

（3）色谱柱和柱温。色谱柱和柱温的选择原则是：既要保证各组分完全分离，又要保持ECD池洁净，不受柱固定相污染。为此，应尽量选用低配比的耐高温或交联固定相，柱温尽量偏低。这样，在相同的柱温下，柱流失的绝对量比高配比、未交联固定相要少得多。同时，低配比柱达到相同分离度所需的柱温可降低，固定相流失又可进一步减少。通常要求接ECD的色谱柱，其最高使用温度比接其他气相色谱检测器要低50～100℃。

尽量不要选用含多卤原子的固定相，如甲基三氟丙基聚硅氧烷（QF—1，OV—210）、聚三氟氯乙烯蜡（Kel Fwax）等。切忌用聚四氟乙烯管作连接管或色谱柱，它们均能使基流严重下降。

在程序升温过程中，柱温的变化对ECD的灵敏度和基线应无明显影响，但可能由于柱温的变化引起载气流速的改变，产生较小的基线漂移。

（4）检测器温度。由于ECD的响应明显受检测器温度的影响，因此，检测器的温度波动必须精密控制在小于±(0.1～0.3)℃，以保证响应值的测量精度在1%以内。另外，在比较同一化合物的响应值或最小检出量时，注意温度应相同。

【复习思考题】

（1）气相色谱分析中检测条件选择的依据是什么？

（2）热导检测器与氢焰检测器比较有何异同？

（3）标准加入法分析样品结果如何计算？

（4）查阅色谱分离知识。

10.4　气相色谱分离系统与操作条件的选择

10.4.1　气相色谱分离系统

气相色谱分离过程是在色谱柱内完成的。色谱柱主要有两种：一种是内装固定相的填充柱，另一种是内壁涂固定液的毛细管柱。后者因阻力小，可做得很长（20～100m），分离能力强，分析速度快。

气固色谱和气液色谱的分离机理不同。

气固色谱的固定相是多孔性的固体吸附剂颗粒，固体吸附剂对试样中各组分的吸附能力不同，分离机理是吸附与脱附的不断重复过程。

气液色谱的固定相是由担体和固定液所组成，固定液对试样中各组分的溶解能力不同，分离机理是气液两相间的反复多次分配过程。

1. 气相色谱分离过程

当试样由载气携带进入色谱柱与固定相接触时，被固定相溶解或吸附，随着载气的不断通入，被溶解或吸附的组分又从固定相中挥发或脱附，挥发或脱附下的组分随着载气向前移动时又再次被固定相溶解或吸附，随着载气的流动，溶解、挥发或吸附、脱附的过程反复地进行，由于被测物质组分在固定相中的溶解或吸附能力不同，从而将被测物质组分分离。

2. 分配系数和分配比

(1) 分配系数。组分在固定相和流动相间发生的吸附、脱附或溶解、挥发的过程叫做分配过程。在一定温度下，组分在两相间分配达到平衡时的浓度（g/mL）比，称为分配系数，是色谱分离的依据，用 K 表示，即

$$K=\frac{c_s}{c_M} \tag{10.25}$$

式中　c_s——组分在固定相中的浓度；

c_M——组分在流动相中的浓度。

分配系数 K 的讨论：

1) 一定温度下，组分的分配系数 K 越大，出峰越慢。

2) 试样一定时，K 主要取决于固定相性质。

3) 每个组分在各种固定相上的分配系数 K 不同。

4) 选择适宜的固定相可改善分离效果。

5) 试样中的各组分具有不同的 K 值是分离的基础。

6) 某组分的 K 为 0 时，即不被固定相保留，最先流出。

(2) 分配比。在实际工作中，也常用分配比来表征色谱分配平衡过程。分配比（容量因子）是指在一定温度下，组分在两相间分配达到平衡时的质量比，即

$$k=\frac{m_s}{m_M} \tag{10.26}$$

式中　m_s——组分在固定相中的质量；

m_M——组分在流动相中的质量。

它反映了组分在柱中的迁移速率。

分配系数与分配比都是衡量色谱柱对组分保留能力的参数，在一定温度下，数值越大，该组分的保留时间越长。

10.4.2　塔板理论与柱效

塔板理论是将色谱柱分离比拟成蒸馏塔（见图 10.16），色谱柱内存在若干想象的塔板，各种被分离组分在每个塔板高度间隔内进行气相和液相之间的分配，经过多次分配平衡后，分配系数小的组分随载气走得快，首先由柱内逸出，分配系数大的的组分随载气走得慢，滞后离开。由于色谱柱的塔板数很多，致使分配系数有微小差异的组分都能得到很好的分离。

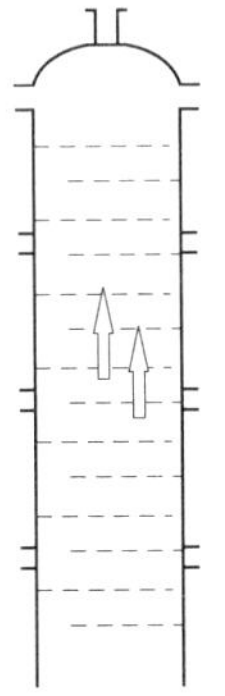

图 10.16　蒸馏塔

1. 塔板理论的假设

(1) 在每个平衡过程间隔内，平衡可以迅速达到。

(2) 将载气看成脉动(间歇)过程。

(3) 试样沿色谱柱方向的扩散可忽略。

(4) 每次分配的分配系数相同,与组分的量无关。

若色谱柱长为L,理论塔板高度(每达到一次分配平衡所需的柱长)为H,色谱柱的理论塔板数为n,则三者的关系为

$$n=\frac{L}{H}$$

理论塔板数与色谱参数之间的关系为

$$n=5.54\left(\frac{t_R}{Y_{1/2}}\right)^2=16\left(\frac{t_R}{Y}\right)^2, \quad H=\frac{L}{n} \tag{10.27}$$

$$n_{有效}=5.54\left(\frac{t'_R}{Y_{1/2}}\right)^2=16\left(\frac{t'_R}{Y}\right)^2, \quad H_{有效}=\frac{L}{n_{有效}} \tag{10.28}$$

2. 塔板理论的特点与不足

(1) 当色谱柱长度一定时,塔板数n越大(塔板高度H越小),被测组分在柱内被分配的次数越多,柱效能则越高,所得色谱峰越窄。

(2) 不同物质在同一色谱柱上的分配系数不同,用(有效)塔板数和(有效)塔板高度作为衡量柱效能的指标时,应指明测定物质。

(3) 柱效不能表示被分离组分的实际分离效果,当两组分的分配系数K相同时,无论该色谱柱的塔板数多大,都无法分离。

(4) 塔板理论无法解释同一色谱柱在不同的载气流速下柱效不同的实验结果,也无法指出影响柱效的因素及提高柱效的途径。

10.4.3 速率理论与影响柱效因素

速率理论是荷兰学者范第姆特于1956年提出的,其吸收了塔板理论中板高的概念,并充分考虑了组分在两相间的扩散和传质过程,从而在动力学基础上较好地解释了影响板高的各种因素。该理论模型对气相、液相色谱都适用,其核心是速率方程,也称范第姆特方程。

1. 速率方程

$$H=A+\frac{B}{u}+C_u \tag{10.29}$$

式中 H——理论塔板高度;

u——载气的线速度,cm/s;

A——涡流扩散项;

$\frac{B}{u}$——分子扩散项;

B——分子扩散项系数;

C_u——传质阻力项。

2. 涡流扩散项

在填充色谱柱中,当组分随流动相向柱出口迁移时,流动相由于受到固定相颗粒障碍,不断改变流动方向,使组分分子在前进中形成紊乱的类似“涡流”的流动,故称涡流扩散。

由图10.17可见，因填充物颗粒大小及填充的不均匀性，同一组分运行路线长短不同，流出时间不同，从而使峰形展宽。

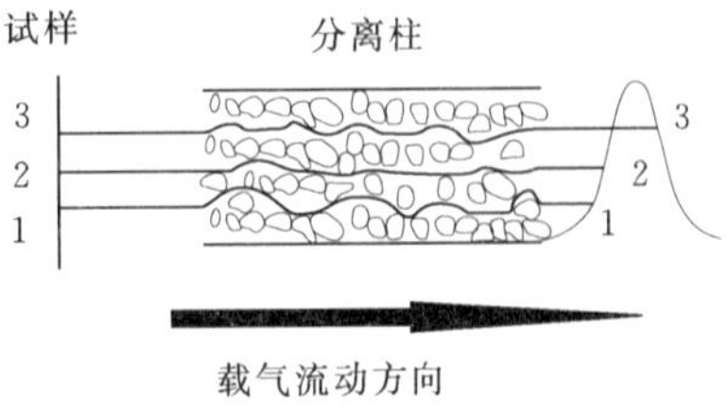

图10.17 涡流扩散

涡流扩散项的表达式为

$$A=2\lambda d_p$$

式中 d_p——固定相的平均颗粒直径；

λ——固定相的填充不均匀因子。

固定相颗粒越小，填充得越均匀。表现在涡流扩散所引起的色谱峰变宽现象减轻，色谱峰较窄。

对于毛细管柱，无填料，$A=0$。

3. 分子扩散项

分子扩散是由浓度梯度造成的。组分从柱口加入，存在于色谱柱中很短小的一段空间，因此可以认为组分以"塞子"形式进入色谱柱。在"塞子"前后存在浓度梯度，当组分随着流动相向前推进，各组分的分子自发地向前和向后扩散，如图10.18所示。这种由浓度梯度引起的其方向沿着轴向进行的扩散，称为分子纵向扩散，其结果是谱带展宽，色谱峰扩展，分离变差，塔板高度增加。

图10.18 分子扩散

$$B=2\nu D_g$$

ν为弯曲因子，填充柱色谱，$\nu<1$；D_g为试样组分分子在气相中的扩散系数（cm^2/s），随柱温升高而增加。且

$$D_g \propto (M_{载气})^{-1/2} \tag{10.30}$$

式中 $M_{载气}$——载气的摩尔质量，所以用摩尔质量大的气体作载气可使B值减小，有利于分离。

载气流速越小，滞留时间越长，分子扩散项的影响越大，从而成为色谱峰扩展、塔板高度增加的主要因素。

4. 传质阻力项

传质阻力包括气相传质阻力C_g和液相传质阻力C_L，即$C_u=C_g+C_L$。

气相传质阻力是指试样组分从气相移动到固定相表面进行浓度的分配时所受到的阻力。即

$$C_g=\frac{0.01k^2}{(1+k)^2}\times\frac{d_p^2}{D_g} \tag{10.31}$$

由上式可知，气相传质阻力与填充物的粒径的平方成正比，与组分在载气中的扩散系数成反比。因此，采用粒度小的填充物和摩尔质量小的气体作载气可提高柱效能。

液相传质阻力是指试样组分从固定相的气液界面移动到液相内部进行质量交换达到分配平衡，又返回到气液界面时所受到的阻力。即

$$C_L=\frac{2}{3}\times\frac{k}{(1+k)^2}\times\frac{d_f^2}{D_L} \tag{10.32}$$

选择液膜厚度薄的，并且和组分性质相似的固定液可提高柱效能。

速率理论阐明了流速和柱温对柱效及分离的影响，为色谱分离操作条件的选择提供了理论指导。但许多影响柱效能的因素相互制约，如载气流速增大，分子扩散项的影响减小，使柱效提高，但同时传质阻力项的影响增大，又使柱效下降；柱温升高，有利于传质，但又加剧了分子扩散的影响。因此，必须综合考虑这些影响因素，选择适当的色谱分离操作条件，才能提供柱效能。

5. 分离度

塔板理论和速率理论都难以描述难分离物质对的实际分离程度，即柱效为多大时，相邻两组分能够被完全分离。难分离物质对的分离效果受色谱过程中两种因素的综合影响，即色谱过程的热力学因素——保留值之差和色谱过程的动力学因素——区域宽度（峰宽）。我们用分离度表示难分离物质对的实际分离程度，它概括了这两方面的因素，并作为柱的总分离效能指标。分离度的表达式为

$$R=\frac{t_{R(2)}-t_{R(1)}}{\frac{Y_{b(2)}}{2}+\frac{Y_{b(1)}}{2}}=\frac{2(t_{R(2)}-t_{R(1)})}{Y_{b(2)}+Y_{b(1)}} \tag{10.33}$$

当两峰等高，峰形对称且符合正态分布时，可以证明，$R=0.8$，两峰的分离程度可达89%；$R=1$，分离程度达98%；$R=1.5$，达99.7%。

于是一般将$R=1.5$，作为相邻两峰完全分离的标准。

由于相邻两峰的峰底宽近似，令$Y_{b(2)}=Y_{b(1)}=Y_b$，并引入相对保留值和塔板数可导出

$$n_{有效}=16R^2\left(\frac{r_{21}}{r_{21}-1}\right)^2 \tag{10.34}$$

$$L=16R^2\left(\frac{r_{21}}{r_{21}-1}\right)^2 H_{有效} \tag{10.35}$$

由上式可知，分离度R将$n_{有效}$及柱的选择性r_{21}有机地联系起来，根据其中的两个量，就可以计算出第三个量的值。

10.4.4 分离操作条件的选择

1. 载气种类和流速的选择

（1）载气种类的选择。载气种类的选择应考虑三个方面：载气对柱效的影响、检测器要求及载气性质。载气摩尔质量大，可抑制试样的纵向扩散，提高柱效。载气流速较大时，传质阻力项起主要作用，采用较小摩尔质量的载气，如H_2、He，可减小传质阻力，提高柱效。例如，热导检测器需要使用热导系数较大的氢气有利于提高检测灵敏度。在氢焰检测器中，氮气仍是首选目标。在载气选择时，还应综合考虑载气的安全性、经济性及来源是否广泛等因素。

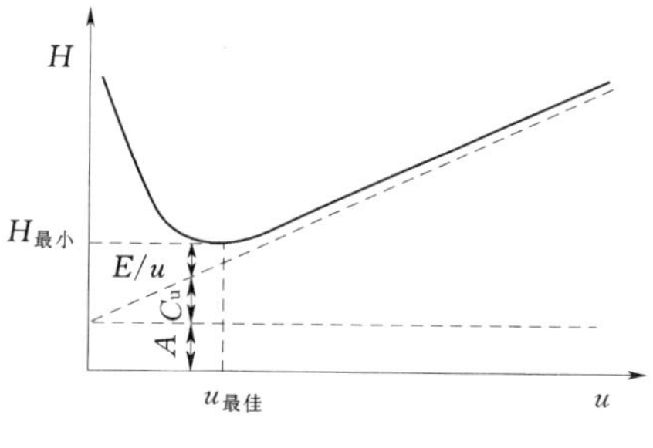

图10.19 $H—u$曲线

（2）载气流速的选择。载气流速低时，分子扩散项成为影响柱效的主要因素，随着流速的增加，柱效提高。

载气流速高时，传质阻力项是影响柱效的主要因素，随着流速的提高，柱效下降。

$H—u$曲线（见图10-19）与最佳流速。由于流速对范·第姆特方程式中后两项完全相反的

作用，流速对柱效的总影响使得载气存在着一个最佳流速值，即速率方程式中塔板高度对流速的一阶导数有一极小值。图 10.19 中，曲线最低点的流速即为最佳流速下。在最佳流速下，理论塔板高度最小，即塔板数最多。

$$u_{最佳}=\sqrt{\frac{B}{u}} \tag{10.36}$$

实际流速通常稍大于最佳流速，以缩短分析时间。

2. 操作温度的选择

（1）气化温度的选择。色谱仪进样口下端有一气化器，液体试样进样后，在此气化。

1）要求瞬间气化。

2）气化温度一般较柱温高 30～70℃。

3）防止气化温度太高造成试样分解。

（2）柱温的确定。

1）首先应使柱温控制在固定液的最高使用温度（超过该温度固定液易流失）和最低使用温度（低于此温度固定液以固体形式存在）范围之内。

2）柱温升高，被测组分的挥发度升高，即被测组分在气相中的浓度升高，各组分间的 K 值差变小，保留时间是差值减小，低沸点组分峰易产生重叠，分离度下降。

3）柱温过低，分离度升高，分析时间延长。对于难分离物质，降低柱温虽然可在一定程度内使分离得到改善，但是不可能使之完全分离，这是由于两组分的相对保留值增大的同时，两组分的峰宽也在增加，当后者的增加速度大于前者时，两峰的交叠更为严重。

4）柱温一般选择在接近或略低于组分平均沸点时的温度，具体选择可通过实验确定。

5）组分复杂、沸程宽的试样，采用程序升温（见图 10.20）。

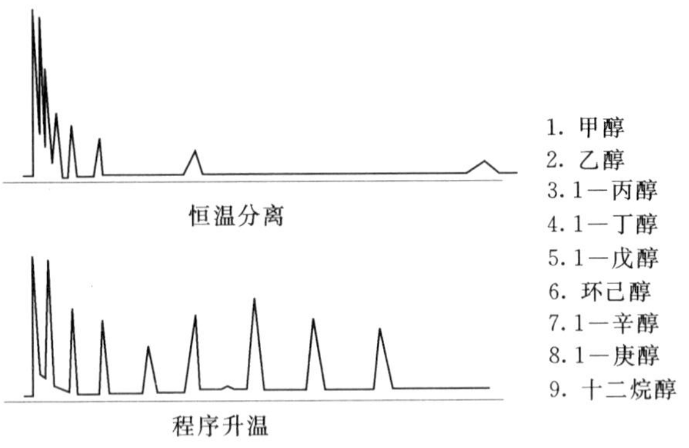

图 10.20 恒温与程序升温分离效果对比

3. 进样方式和进样量的选择

进样方式见 10.1.2 小节中进样系统。

进样量应控制在柱容量允许范围及检测器线性检测范围之内。进样要求动作快、时间短。液体试样采用色谱微量进样器进样，进样量约在 0.1～5μL，气体进样一般在 0.1～10mL。

4. 柱长和柱内径的选择

增加柱长对提高分离度有利，但组分的保留时间 t_R 增加，且柱阻力增加，不便操作。

柱长的选用原则是在能满足分离目的的前提下，尽可能选用较短的柱，这样有利于缩短分析时间。填充色谱柱的柱长通常为 1～3m，内径 3～4mm。

5. 固定相的选择

气固色谱的固定相（吸附剂）种类较少，容易选择，而气液色谱的固定液种类繁多，不易确定，需要掌握一些基本原则。气相色谱常用固定液见表10.5。

表10.5 气相色谱常用的固定液性能参数

固定液名称	固定液型号	相对极性	适用对象	最高使用温度（℃）
角鲨烷	SQ	非极性	一般烃类	150
阿皮松L	APL	非极性	高沸点烃类、酯类、醚	300
甲基硅氧烷	OV101，OV1	非极性	烃类、芳香化合物、农药、酚类、除草剂、胺、脂肪酸甲酯等	350
二甲基硅橡胶	SE-30	弱极性	烃类、芳香化合物、农药、酚类、除草剂、胺、脂肪酸甲酯等	300
5%苯基—95%二甲基聚硅氧烷	SE-52，SE-54	弱极性	烃类、多核芳烃、酚、酯、药物胺、生物碱、脂肪酸甲酯、卤代化合物、芳香化合物、药品等	300
邻苯二甲酸二壬酯	DNP	弱极性	烃、醇、醛、酮、酯、酸等	125
50%苯基—50%甲基聚硅氧烷	OV-17	中极性	农药、香料、卤素化合物、酯、醇、杀虫剂、甾类、药物等	300
7%氰丙基—7%苯基—86%甲基聚硅氧烷	OV-1701	中极性	杀虫剂、多氯联苯类、除草剂等	260
聚乙二醇—20000，聚乙二醇TPA	PMG-20M，FFAP	强极性（氢键型）	酸、醇、醛、酯、甘醇等	60～240

（1）固定液的选择。在选择固定液时，一般按“相似相溶”的规律选择，因为这时分子间的作用力强，选择性高，分离效果好。

在应用中，应根据实际情况并按以下几个方面考虑：

a. 非极性试样一般选用非极性固定液。非极性固定液对样品的保留作用主要靠色散力。分离时，试样中各组分基本上按沸点从低到高的顺序流出色谱柱；若样品中含有同沸点的烃类和非烃类化合物，则极性化合物先流出。

b. 中等极性的试样应首先选用中等极性固定液。在这种情况下，组分与固定液分子之间的作用力主要为诱导力和色散力。分离时组分基本上按沸点从低到高的顺序流出色谱柱，但对于同沸点的极性和非极性物，由于此时诱导力起主要作用，使极性化合物与固定液的作用力加强，所以非极性组分先流出。

c. 强极性的试样应选用强极性固定液。此时，组分与固定液分子之间的作用主要靠静电力，组分一般按极性从小到大的顺序流出；对含有极性和非极性的样品，非极性组分先流出。

d. 具有酸性或碱性的极性试样，可选用带有酸性或碱性基团的高分子多孔微球，组分一般按相对分子质量大小顺序分离。此外，还可选用极性强的固定液，并加入少量的酸性或碱性添加剂，以减小谱峰的拖尾。

e. 能形成氢键的试样，应选用氢键型固定液，如腈醚和多元醇固定液等，各组分将按形成氢键的能力大小顺序分离。

f. 对于复杂组分，可选用两种或两种以上的混合液，配合使用，增加分离效果。

（2）固定液配比（涂渍量）的选择。固定液在担体上的涂渍量，一般指的是固定液与担体的百分比，配比通常在5%～25%。配比越低，担体上形成的液膜越薄，传质阻力越小，柱效越高，分析速度也越快。配比较低时，固定相的负载量低，允许的进样量较小。分析工作中通常倾向于使用较低的配比。

【复习思考题】

查阅市售白酒中甲醇含量的测定方法，预测一下测定中可能出现的问题，并提出解决方案。

10.5　高效液相色谱法的基本原理

10.5.1　概述

高效液相色谱法是继气相色谱之后，在 20 世纪 70 年代初期发展起来的一种以液体作流动相的新色谱技术。

高效液相色谱是在气相色谱和经典色谱的基础上发展起来的。现代液相色谱和经典液相色谱没有本质区别。不同点仅仅是现代液相色谱较经典液相色谱有较高的效率和实现了自动化操作。经典的液相色谱法，液体流动相在常压下输送，所用的固定相柱效低，分析周期长。而现代液相色谱法引用了气相色谱的理论，液体流动相改为高压输送（最高输送压力可达 4.9×10^{7} Pa）。色谱柱效能高，每米塔板数可达几万或几十万。同时柱后连有高灵敏度的检测器，可对流出物进行连续检测。因此，高效液相色谱具有分析速度快、分离效能高、灵敏度高、自动化等特点。

1. 液相色谱分离原理及分类

和气相色谱一样，液相色谱分离系统也由两相——固定相和流动相组成。液相色谱的固定相可以是吸附剂、化学键合固定相（或在惰性载体表面涂上一层液膜）、离子交换树脂或多孔性凝胶；流动相是各种溶剂。被分离混合物由流动相液体推动进入色谱柱（见图 10.21）。根据各组分在固定相及流动相中的吸附能力、分配系数、离子交换作用或分子尺寸大小的差异进行分离。色谱分离的实质是样品分子（以下称溶质）与溶剂（即流动相或洗脱液）以及固定相分子间的作用，作用力的大小决定色谱过程的保留行为。

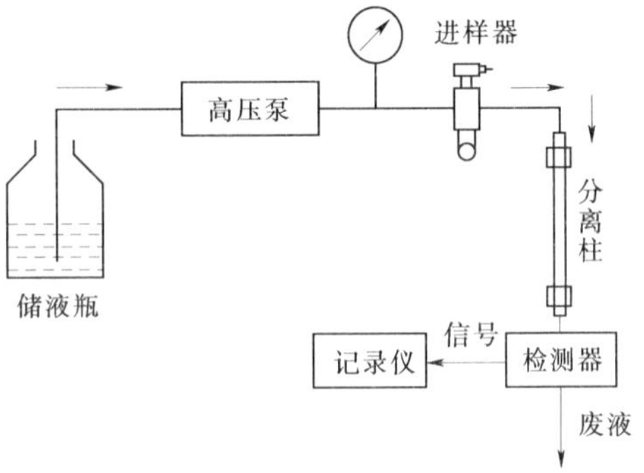

图 10.21　高效液相色谱流程

根据分离机制不同，液相色谱可分为液固吸附色谱、液液分配色谱、化合键合色谱、离子交换色谱以及凝胶色谱等类型。

2. 液相色谱与气相色谱的比较

液相色谱所用的基本概念有保留值、塔板数、塔板高度、分离度、选择性等，与气相色谱一致。液相色谱所用的基本理论有塔板理论与速率方程，也与气相色谱基本一致，但流动相的性质不相同。此外，液相色谱所用的仪器设备和操作条件也与气相色谱不同，其差别主要有以下几方面：

（1）应用范围更广。气相色谱仅能分析在操作温度下能气化而不分解的物质，据统计只有大约20%的有机物能用气相色谱分析。高效液相色谱则不受样品挥发度和热稳定性的限制，它非常适合分子量较大、难气化、不易挥发或对热敏感的物质、离子型化合物及高聚物的分离分析，大约占有机物的70%～80%。

（2）操作温度低。液相色谱通常在室温下操作，温度较低，一般有利于色谱分离条件的选择。

（3）流动相种类多，选择范围广。气相色谱的流动相载气不参与分配平衡过程，样品分子只与固定相相互作用，而在液相色谱中液体流动相也与固定相争夺样品分子，为提高选择性增加了一个因素。也可选用不同比例的两种或两种以上的液体作流动相，增大分离的选择性。

（4）液相色谱固定相类型多。液相色谱固定相类型有离子交换色谱、排阻色谱等，作为分析时选择余地大，而气相色谱则没有这种能力。

但液相色谱尚缺乏通用的检测器，仪器比较复杂，价格昂贵。在实际应用中，这两种色谱技术是互相补充的，能用GC分析的样品一般不用HPLC。综上所述，高效液相色谱法具有高柱效、高选择性、分析速度快、灵敏度高、重复性好、应用范围广等优点。目前在化学、化工、医药、生化、环保、农业等领域获得广泛的应用。

10.5.2　高效液相色谱仪

高效液相色谱仪由高压输液系统、进样系统、分离系统、检测系统、记录系统5个部分组成。

其工作过程为：分析前，选择适当的色谱柱和流动相。开泵，冲洗柱子，待柱子达到平衡且基线平直后，用微量注射器把样品注入进样口，流动相把试样带入色谱柱进行分离，分离后的组分依次流入检测器，检测器把组分浓度转变成电信号，经过放大，用记录器记录下来，得到色谱图。

（1）高压输液系统。高压输液系统由贮液器、高压泵、梯度洗脱装置和压力表等部分组成。

1）储液器。一般由玻璃、不锈钢或氟塑料制成，容量为0.5～2L，用来储存足够数量、符合要求的流动相。

2）高压输液泵。其功能是将储液器中的液体流动相以高压形式连续不断地送入液路系统，使样品在色谱柱中完成分离过程。对泵的要求为输出压力高、流量范围大、流量恒定、无脉动，流量精度和重复性为0.5%左右。此外，还应耐腐蚀，密封性好。

3）梯度洗脱装置。梯度洗脱就是在分离过程中使两种或两种以上不同极性的溶剂按一定程序连续改变它们之间的比例，从而使流动相的强度、极性、pH值或离子强度相应地变化，达到提高分离效果、缩短分析时间的目的。

梯度洗脱装置分为两类：一类是低压梯度，流动相在常温常压下混合，用高压泵压至色谱柱，仅需一台泵即可。另一类是高压梯度，将两种溶剂分别用泵增压后，按电器部件设置的程序，注入梯度混合室混合，再输至色谱柱。

梯度洗脱的实质是通过不断地变化流动相的强度，来调整混合样品中各组分的K值，使所有谱带都以最佳平均K值通过色谱柱。它在液相色谱中所起的作用类似于气相色谱中的程序升温。所不同的是，在梯度洗脱中溶质K值的变化是通过溶质的极性、pH值和离子强度来实现的，而不是借改变温度（温度程序）来达到。

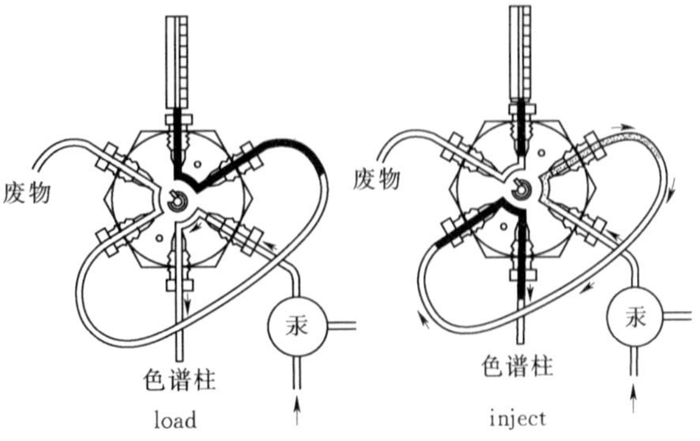

图 10.22 六通阀

（2）进样系统。进样系统包括进样口、注射器和进样阀等，它的要求是：具有良好的密封性和重复性，死体积小，便于实现自动化。常用的进样阀有六通阀进样器和自动进样器。

六通阀进样器是最理想的进样器。如图 10.22 所示，它由圆形密封垫（转子）和固定底座（定子）组成。将手柄转动至进样位置（load）时，样品经微量进样针从进样孔注射进定量环，定量环充满后，多余样品从放空孔排出；将手柄转动至进样位置（inject）时，阀与液相流路接通，由泵输送的流动相冲洗定量环，推动样品进入液相分析柱进行分析。

（3）分离系统。分离系统包括色谱柱、恒温器和连接管等部件。色谱柱一般用内部抛光的不锈钢制成，其内径为 2～5mm，柱长为 10～50cm，柱形多为直型，内部充满微粒固定相。每根柱端都有一块多孔性金属烧结隔膜片，用于阻止填充物逸出或注射口带入颗粒杂质。

恒温器可将温度从室温调到 60℃，通过改善传质速度，缩短分析时间，就可增加层析柱的效率。

（4）检测器。检测器是液相色谱仪的关键部件之一。对检测器的要求是：灵敏度高，重复性好、线性范围宽、死体积小以及对温度和流量的变化不敏感等。高效液相色谱检测器有紫外检测器、荧光检测器、示差折光检测器、电化学检测器、蒸发光散射检测器等多种类型。

1）紫外检测器。该检测器适用于对紫外光（或可见光）有吸收性能样品的检测。其特点是：使用面广（如蛋白质、核酸、氨基酸、核苷酸、多肽、激素等均可使用），灵敏度高（检测下限为 10^{-10} g/mL），线性范围宽，对温度和流速变化不敏感，可检测梯度溶液洗脱的样品。

2）荧光检测器。凡具有荧光的物质，在一定条件下，其发射光的荧光强度与物质的浓度成正比。因此，这一检测器只适用于具有荧光的有机化合物（如多环芳烃、氨基酸、胺类、维生素和某些蛋白质等）的测定，其灵敏度很高（检测下限为 10^{-12}～10^{14} g/mL），痕量分析和梯度洗脱的样品检测均可采用。

（5）数据处理系统。该系统可对测试数据进行采集、贮存、显示、打印和处理等操作，使样品的分离、制备或鉴定工作能正确开展。

10.5.3 高效液相色谱的固定相和流动相

1. 液—固色谱固定相

高效液相色谱固定相以承受高压能力来分类，可分为刚性固体和硬胶两大类。刚性固体以二氧化硅为基质，可承受 7.0×10^{8}～1.0×10^{9} Pa 的高压，可制成直径、形状、孔隙度不同的颗粒。固定相按孔隙深度分类，可分为表面多孔型和全多孔型两类。

（1）表面多孔型固定相。它的基体是实心玻璃球，在玻璃球外面覆盖一层多孔活性材料，如硅胶、氧化硅、离子交换剂、分子筛、聚酰胺等。这类固定相的多孔层厚度小、孔浅，相对死体积小，出峰迅速，柱效亦高；颗粒较大，渗透性好，装柱容易，梯度淋洗时能迅速达到平衡，较适合做常规分析。由于多孔层厚度薄，最大允许量受到限制。

（2）全多孔型固定相。由直径为10nm的硅胶微粒凝聚而成。这类固定相由于颗粒很细（5～10μm），孔较浅，传质速率快，易实现高效、高速的柱效，特别适合复杂混合物分离及痕量分析。

2. 液—液色谱的固定相

液—液色谱的固定相由载体和固定液组成。常用的载体有以下几类：

（1）表面多孔型载体（薄壳型微珠载体），由直径为30～40μm的实心玻璃球和厚度约为1～2μm的多孔性外层所组成。

（2）全多孔型载体，由硅胶、硅藻土等材料制成，直径30～50μm的多孔型颗粒。

（3）全多孔型微粒载体，由nm级的硅胶微粒堆积而成，又称堆积硅珠。这种载体粒度为5～10μm。由于颗粒小，所以柱效高，是目前使用最广泛的一种载体。

由于液相色谱中流动相参与选择作用，流动相极性的微小变化，都会使组分的保留值出现较大的差异。因此，液相色谱中，只需几种不同极性的固定液即可，如β，β′—氧二丙腈（ODPN）、聚乙二醇（PEG）、十八烷（ODS）和角鲨烷固定液等。

3. 流动相

由于高效液相色谱中流动相是液体，它对组分有亲和力，并参与固定相对组分的竞争，因此，正确选择流动相直接影响组分的分离度。对流动相溶剂的要求是：

（1）溶剂对于待测样品，必须具有合适的极性和良好的选择性。

（2）溶剂与检测器匹配。例如利用紫外检测器时，溶剂应不吸收紫外光。

（3）高纯度。不纯的溶剂会引起基线不稳或产生“伪峰”。

（4）化学稳定性好，流动相对固定相的溶解度应尽可能小。

（5）低黏度（黏度适中），若使用高黏度溶剂，势必增高压力，不利于分离。

（6）尽量避免使用具有显著毒性的溶剂。

10.5.4 液相色谱的分析方法

1. 定性分析方法

液相色谱的定性分析方法与气相色谱有许多相似之处，可分为色谱鉴别法、化学鉴别法和两谱联用鉴别法。

2. 定量分析方法

液相色谱法的定量分析方法与气相色谱法相同，常用内标法和外标法进行定量分析。因很难找到相同条件下各组分的定量校正因子，所以在高效液相色谱法中很少使用归一化法。

项目11　按工作过程进行样品分析实训——水质分析

项目说明

本项目是一个综合能力训练项目，在项目训练过程中，要求学生能通过查阅资料制订样品分析方案，对样品进行预处理，对分析结果的可靠性进行分析。在进行分析的过程中，学会思考，提出问题，并寻找解决问题的方法。

总体目标

知识目标

1. 能正确讲述样品分析的工作过程。
2. 掌握产品预处理的一般方法。
3. 掌握标准的查阅及各指标检测方法的选择。
4. 能分析结果允许差。
5. 能进行误差校正（空白实验、仪器校正、溶液温度补正等）。

技能目标

1. 能读懂分析检测的方法、标准、操作规范和检（试）验装置示意图。
2. 能用所学知识和技能解决实际问题。
3. 能综合运用所学各类仪器分析方法相关操作技能完成相应指标的测试。
4. 根据所选择的测试方法对地下水样品进行正确的预处理。
5. 能够正确处理复杂样品在测定过程中出现的相互干扰等问题，并能适当调整相应仪器的操作条件。
6. 能进行数据处理，校核原始记录。
7. 能正确填写实验报告，做到内容完整、表述准确、字迹（打印）清晰。

工作态度

1. 树立实事求是、用心做事的职业意识。
2. 树立学生安全第一的意识。
3. 遵守分析检验职业道德，遵纪守法。
4. 培养学生团结协作、积极进取精神。

11.1　地下水水质分析

使用原子吸收分光光度计等分析仪器，设计分析方案并完成地下水部分指标（包括pH、F^-、K^+、Mn^{2+}、Fe^{3+}、Ca^{2+}、Mg^{2+}等）的分析检测，记录并处理分析数据，利用国家标准评价水质。

11.2 工业废水水质分析

使用气相色谱仪、紫外可见分光光度计等分析仪器，设计分析方案并完成工业废水部分指标（包括 pH、F^-、K^+、Na^+、Ni^{2+}、醇类、苯系物等）的分析检测，记录并处理分析数据，利用国家标准评价水质。

11.3 分析资料查找

11.3.1 从专业网站中查找

专业分析网站上有分析知识、分析标准等信息，如化验室网站、国家环保部网站等。

11.3.2 从专业书籍中查找

专著、论文集、教科书、资料性工具书等有各种各样的信息，能够提供分析方面的知识和分析方法。

本项目内容主要是对前几个项目所学知识和技能的应用，在实际执行时，根据实验内容重点强调知识综合应用。

【复习思考题】

（1）完成测定项目报告。

（2）写一篇综合实训总结。

项目12　化学检验职业技能训练

项目说明

本项目是按照化学分析工能力要求设置训练项目，在项目训练过程中，要求学生按照高级工能力进行达标训练。

总体目标

知识目标

掌握高级化学分析工应具备的知识。

技能目标

掌握高级化学分析工应具备的技能。

工作态度

1. 树立实事求是、用心做事的职业意识。

2. 树立学生安全第一的意识。

3. 遵守分析检验职业道德，遵纪守法。

4. 培养学生团结协作、积极进取精神。

12.1　训　练　内　容

使用化学分析仪器和理化仪器等设备，对化工产品的成品、半成品、原材料及中间过程进行检验、检测。

本项目结束时，要进行考核，分为理论知识考试和技能操作考核。理论知识考试采用闭卷笔试方式，技能操作考核采用现场实际操作方式，理论知识考试和技能操作考核均实行百分制，成绩皆达60分以上者为合格。

理论知识、技能操作水平应达到化学分析工高级工水平。

12.2　职业能力要求

12.2.1　职业道德

1. 职业道德基本知识

（1）职业道德是一种职业规范，受社会普遍认可。

（2）职业道德是长期以来自然形成的。

（3）职业道德没有确定形式，通常体现为观念、习惯、信念等。

（4）职业道德依靠文化、内心信念和习惯，通过员工的自律实现。

（5）职业道德大多没有实质的约束力和强制力。

（6）职业道德的主要内容是对员工义务的要求。

（7）职业道德标准多元化，代表了不同企业可能具有不同的价值观。

（8）职业道德承载着企业文化和凝聚力，影响深远。

2. 职业守则

（1）爱岗敬业，工作热情主动。

（2）认真负责，实事求是，坚持原则，一丝不苟地依据标准进行检验和判定。

（3）努力学习，不断提高基础理论水平和操作技能。

（4）遵纪守法，不谋私利，不徇私情。

（5）遵守劳动纪律。

（6）遵守操作规程，注意安全。

12.2.2　基础知识

（1）标准化计量质量基础知识。

（2）化学基础知识（包括安全与卫生知识）。

（3）分析化学知识。

（4）电工基本知识。

（5）计算机操作知识。

（6）相关法律、法规知识。

12.2.3　知识和技能要求

1. 工作内容及知识、能力要求

（1）样品交接。

1）接待咨询。

a. 技能要求。

（a）能主动、热情、认真地进行样品交接。

（b）能全面了解送检产品质量方面的有关问题。

（c）能正确回答样品交接中出现的疑难问题。

b. 相关知识。

（a）常用礼貌语言。

（b）实验室样品交接的有关规定。

（c）检验产品和项目的计量认证和审查认可（或验收）的一般知识。

（d）各检验专业一般知识。

（e）相应化工产品的性能和检测。

2）填写检验登记表。填写检验登记表的技能要求包括：能详尽填写样品登记表的有关信息（产品的基本状况、送检单位、检验的要求等），并由双方签字。

3）查验样品。查验样品的技能要求包括：能认真检查样品状况，检验密封方式，做好记录，加贴样品标识。

4）保存样品。保存样品的技能要求包括：能在规定的样品贮存条件下贮存样品。

（2）检验准备。

1）明确检验方案。

a. 技能要求。

（a）能读懂较复杂的化学分析和物理性能检测的方法、标准和操作规范。

（b）能读懂较复杂的检（试）验装置示意图。

b. 相关知识。

(a) 化工产品的定义和特点。

(b) 化学分析和物理性能检测的原理。

(c) 分析操作的一般程序。

(d) 检验结果的计算方法和依据。

(e) 试剂的分类、包装及贮存要求，溶剂的用途。

(f) 化工产品的定义和分类。

2) 准备玻璃仪器等用品。

a. 技能要求。

(a) 能正确识别、选用玻璃仪器和其他用品。

(b) 能正确选择洗涤液，按规定的操作程序进行常用玻璃仪器的洗涤和干燥。

(c) 能进行简单的玻璃棒、管的截断和弯曲等基本操作。

(d) 能进行橡皮塞的配备钻孔，按示意图安装简单的检验装置，并检查装置的气密性。

(e) 能正确选用玻璃量器（包括基本玻璃量器，如滴定管、移液管、容量瓶和特种玻璃量器），并能检查其密合性（试漏），能正确给酸式滴定管涂油，赶出碱式滴定管中的气泡。

b. 相关知识。

(a) 常用玻璃仪器和其他用品的名称和用途。

(b) 玻璃仪器的洗涤常识。

(c) 玻璃工操作知识。

(d) 橡皮塞、橡胶管和乳胶管的规格和选用知识；打孔器的使用方法；装置气密性的检查方法。

(e) 常用玻璃量器的名称、规格和用途；玻璃量器密合性的检查方法。

3) 准备实验用水、溶液。

a. 技能要求。

(a) 能正确选择化学分析、仪器分析及标准溶液配制所需实验用水的规格；能正确贮存实验用水；能制备仪器分析用的标准溶液和其他制剂试液。

(b) 能根据不同分析检验需要选用各种试剂和标准物质。

(c) 能按标准和规范配制各种化学分析用溶液；能正确配制和标定标准滴定溶液；能正确配制标准杂质溶液、标准比对溶液（包括标准比色溶液、标准比浊溶液）；能准确配置 pH 标准缓冲液。

b. 相关知识。

(a) 实验室用水使用知识、规格及贮存方法。

(b) 化学试剂的分类和包装方法；各类化学试剂的特点及用途；常用标准物质的特点及用途。

(c) 常用溶液浓度表示方法；标准溶液的制备方法；标准滴定溶液的制备方法；标准杂质溶液、标准比对溶液的制备方法。

4) 检验实验用水。

a. 技能要求。能按标准或规范要求检验实验用水的质量，包括电导率、pH 范围、可氧化物、吸光度、蒸发残渣等。

b. 相关知识。实验室用水规格及检验方法。

5）准备仪器设备。

a. 技能要求。

（a）能正确使用天平（包括分析天平和托盘天平）、pH 计（附磁力搅拌器）、标准筛、秒表、温度计等计量器具。

（b）能正确使用电炉、干燥箱、马弗炉（高温炉）、水浴、离心机、真空泵、电动振荡器等检验辅助设备。

（c）能正确使用韦氏天平等一般专用检验仪器设备。

（d）能按有关规程对玻璃量器进行容量校正。

（e）能根据检验需要正确选用紫外—可见分光光度计；能按有关规程检验分光光度计的性能，包括波长准确度、光电流稳定度、透射比正确度、杂散光、吸收池配套性等。

（f）能正确选用阿贝折光仪、旋光仪、卡尔·费休水分测定仪、闭口杯闪点测定仪、沸程测定仪等常见专用仪器设备。

（g）能按照标准要求制备气相色谱分析用的填充柱（包括柱管和载体的预处理、载体的涂渍、色谱柱的装填和老化等），并能选用适当的毛细管柱；或能选用符合原子吸收分光光度法分析要求的空心阴极灯，并能正确评价阴极灯的优劣，包括发光强度、发光稳定性、测定灵敏度与线性、灯的使用寿命等指标。

b. 相关知识。

（a）天平、pH 计等计量器具的结构、计量性能和使用规则。

（b）化验室辅助设备的名称、规格、性能、操作方法、使用注意事项。

（c）专用检验仪器设备的名称、规格、性能、操作方法、使用注意事项。

（d）玻璃量器的校正方法。

（e）分光光度计的检验方法。

（f）各检验类别常见专用仪器的工作原理、结构和用途。

（g）色谱柱选择与填充柱的制备方法。

（h）原子吸收分光光度仪的原理、结构、使用说明和注意事项。

6）操作计算机。

a. 技能要求。能熟练操作与分析仪器配套使用的计算机。

b. 相关知识。计算机操作应用的一般知识。

7）设计检验记录表格。

a. 技能要求。能根据不同类型检验项目的需要设计相应的原始记录表格。

b. 相关知识。不同类型检验项目原始记录的设计要求。

（3）采样。

1）制订采样方案。

a. 技能要求。

（a）采样前，能明确采样方案中的各项规定，包括批量的大小、采样单元、样品数、样品量、采样部位、采样工具、采样操作方法和采样的安全措施等。

（b）能按照产品标准和采样要求制订合理的采样方案，对采样的方法进行可行性实验。

b. 相关知识。

（a）采样的重要意义和基本原则和化工产品采样知识。

（b）固体产品、液体产品、气体产品的采样方法。

（c）对化工产品样品保存的一般要求。

（d）固体样品的制样方法。

2）准备采样。准备采样的技能要求包括：能检查抽样工具和容器是否符合要求，准备好样品标签和采样记录表格。

3）实施采样。实施采样的技能要求包括：

（a）能在规定的部位按采样操作方法进行采样，填好样品标签和采样记录。

（b）能对一些采样难度较大的产品（不均匀物料、易挥发物质、危险品等）进行采样。

4）保存样品。保存样品的技能要求包括：能使用规定的容器在一定环境条件下保存样品至规定日期。

5）制备固体样品。制备固体样品的技能要求包括：能正确制备组成不均匀的固体样品，包括粉碎、混合、缩分。

（4）检测与测定。

1）分离富集、分解试样。

a. 技能要求。能按标准或规格要求，用液—液萃取、薄层（柱）层析、减压浓缩等方法分离富集样品中的待测组分，或用规定的方法（溶解、熔融、灰化、消化等）分解试样。

b. 相关知识。化学检验中的分离和富集、分解试样知识。

2）化学分析。

a. 技能要求。

（a）能正确进行试样的气化分析操作，包括称量、加热干燥至恒量。

（b）能正确进行试样的沉淀分析操作，包括称量和溶解、沉淀、过滤、洗涤、烘干和灼烧等。

（c）能正确进行滴定分析的基本操作。能使用酸式滴定管和碱式滴定管进行连滴、一滴、半滴操作；能对不同类型的滴定管和装有不同颜色溶液的滴定管正确读数。

（d）能识别标准滴定溶液及其有效期；能正确进行标准溶液体积的温度校正。

（e）能测定试剂的酸度、碱度、灼烧残渣；能用酸碱滴定法、配位滴定法、沉淀滴定法、氧化还原滴定法、称量分析法测定试剂的主含量；能测定稀释剂、防潮剂的酸价。

（f）能用沉淀滴定法、氧化还原滴定法、目视比色（或比浊）法、薄层色谱法测定化工产品的组分。

b. 相关知识。

(a) 称量分析挥发法的操作规程。

(b) 称量分析沉淀的操作规程。

(c) 滴定分析的操作规程。

(d) 使用标准溶液的一般要求。

(e) 酸碱滴定、络合（配位）滴定、沉淀滴定、氧化还原滴定的知识，目视比色、薄层色谱分析的方法。

(f) 相关国家标准中各检验项目的相应要求。

3) 仪器分析。

a. 技能要求。

(a) 能用正确的方法溶解固体样品，稀释液体样品或吸收气体样品，制备 pH 测定液。

(b) 能用 pH 计测定各种化工产品水溶液的 pH 值。

(c) 能用电位滴定法、分光光度法等仪器分析法测定化工产品的组分。

(d) 能按操作规程操作气相色谱仪，能根据不同的检验项目选择适当的色谱分析条件，合理地调整色谱参数；能按操作规程操作原子吸收光谱仪，能根据不同的检验项目选择适当的仪器分析条件，合理地调整仪器参数。

(e) 能用色谱法或原子吸收分光光度法分析相应类别化工产品的有关项目。

b. 相关知识。

(a) pH 计的操作方法。

(b) 电位滴定法、分光光度法相关知识。

(c) 色谱分析的分离原理及分类，气相色谱基本术语，气相色谱仪的结构、操作方法，气相色谱定性和定量方法；原子吸收分光光度仪的结构、原子吸收定量分析技术、最佳仪器条件的选择、干扰因素的消除方法等知识。

(d) 相关国家标准中各检验项目的相应要求。

4) 检测物理参数和性能。

a. 技能要求。能检测化学试剂的密度、沸点、熔点、水不溶物、蒸发残渣、结晶点（凝固点）、折射率、比旋光度；能测定溶剂的闪点和沸程。

b. 相关知识。相关国家标准中各检验项目的相应要求。

5) 记录原始数据。

a. 技能要求。能正确记录检验原始数据，填写试验记录表格。

b. 相关知识。原始记录的填写要求。

6) 进行对照实验。

a. 技能要求。

(a) 能将标准试样（或管理试样、人工合成试样）与被测试样进行对照试验。

(b) 能按其他标准分析方法（如仲裁法）与所用检验方法做对照试验。

b. 相关知识。消除系统误差的方法。

7) 监测“三废”排放。

a. 技能要求。能按标准要求测定本单位产生的“三废”中的主要环境监测项目。

b. 相关知识。

(a) 与检验产品相关的环境污染物的种类及主要来源。

(b) 废水废气的主要监测项目。

(c) 环境控制标准和环境监测的主要分析方法。

8) 解决检验技术问题。

a. 技能要求。能解决检验过程中遇到的一般技术问题，并能验证其方法的合理性。

b. 相关知识。化学检验相关技术。

(5) 测后工作。

1) 清洗分析用器皿。

a. 技能要求。能针对盛装不同种类残渣残液的器皿采用适宜的清洗方法，并正确存放玻璃仪器和其他器皿。

b. 相关知识。玻璃仪器的洗涤知识。

2) 进行数据处理。

a. 技能要求。

(a) 能根据检验结果有效数字位数的要求，正确进行数据的修约和运算。

(b) 能根据标准要求，采用全数值比较法或修约值比较法判定极限数值附近的检验结果是否符合标准要求。

(c) 能由对照试验结果计算出校正系数，并据此校正测定误差，消除系统误差。

(d) 能正确处理检验结果中出现的可疑值。当查不出可疑值出现的原因时，能采用Q值检验法和格鲁布斯法判断可疑数值的取舍。

b. 相关知识。

(a) 有效数字及数字修约规则。

(b) 极限数值表示方法及判定方法。

(c) 实验结果的数据处理知识。

3) 校核原始记录。

a. 技能要求。能校核其他检验人员的检验原始记录，验证检验方法是否正确，数据运算是否正确。

b. 相关知识。对原始记录的要求。

4) 填写检验报告。

a. 技能要求。能正确填写检验报告，做到内容完整、表述准确、字迹（打印）清晰、判定无误。

b. 相关知识。对检验报告的要求。

5) 分析检验误差的产生原因。

a. 技能要求。能分析一般检验误差产生的原因。

b. 相关知识。检验误差产生的一般原因。

6) 审定检验报告。

a. 技能要求。能对其他检验人员制作的检验报告按管理规定进行审核。

b. 相关知识。

(a) 填写内容是否与原始记录相符。

(b) 检验依据是否适用。

(c) 环境条件是否满足要求。

(d) 结论的判定是否正确。

(e) 对检验报告的要求。

(6) 养护设备。

1) 安装调试验收仪器设备。

a. 技能要求。能读懂新购置的一般仪器设备的说明书，能按规程进行安装、调试，并能验证其技术参数是否达到规定要求。

b. 相关知识。一般仪器设备的工作原理及结构组成。

2) 保养维护仪器设备。

a. 技能要求。能正确保养、维护所用仪器设备。

b. 相关知识。一般仪器设备的维护、保养知识。

3) 发现仪器设备故障。

a. 技能要求。能及时发现所用仪器设备出现的一般保障。

b. 相关知识。简单仪器设备的结构及常见故障现象。

4) 排除仪器设备故障。

a. 技能要求。

(a) 能独立设计简单的检修仪器设备的程序框图。

(b) 能按程序框图检查出常用仪器设备的故障，并能排除常见故障。

(c) 能正确更换仪器设备的易耗件。

b. 相关知识。仪器设备的工作原理、结构和常见故障及其检修方法。

(7) 安全实验。

1) 实验室安全。

a. 技能要求。能执行实验室各项安全守则，正确使用消防器材，安全使用各种电器。

b. 相关知识。化学实验室的安全知识。

2) 实验人员安全防护。

a. 技能要求。能正确使用通风柜，不乱排放废液、废渣；能正确使用防护用品。

b. 相关知识。化学实验人员的安全防护知识。

3) 安全事故的处理。

a. 技能要求。能对突发的安全事故果断采取适当措施，进行人员急救和事故处理。

b. 相关知识。意外事故的处理方法和急救知识。

(8) 技术管理与创新。

1) 编写仪器操作规程。

a. 技能要求。能制定一般检验仪器设备的操作规程。

b. 相关知识。一般检验仪器设备的使用方法及注意事项。

2) 编写检验操作规范。

a. 技能要求。能编写相关产品和原材料的检验操作规范。

b. 相关知识。相关产品和原材料的检验方法和标准。

3) 改进检验装置。

a. 技能要求。能根据检验方法的需要改进试验装置，提高检验效率和检验结果的准确度。

b. 相关知识。各种试验装置的结构及各部件的作用。

(9) 培训与指导。

a. 技能要求。

(a) 能向初、中级化学检验工传授与其工作内容相关的专业知识。

(b) 能较系统地示范化工产品的化学分析、仪器分析、物理参数和物理性能检测等实际操作的技术、技巧。

b. 相关知识。传授技艺、技能的基本方法。

2. 考核权重分配

考核权重分配见表12.1。

表12.1　考核权重分配表

理论项目	权重	技能项目	权重
职业道德	3	样品交接	5
基础知识	22	检验准备	10
样品交接	2	采样	—
检验准备	13	检测与测定	45
采样	—	测后工作	8
检测与测定	25	安全实验	—
测后工作	5	养护设备	—
安全实验	—	修验仪器设备	12
养护设备	—	技术管理与创新	15
修验仪器设备	10	培训与指导	5
技术管理与创新	15		
培训与指导	5		
总计	100	总计	100

12.3 模 拟 试 题

12.3.1 知识模拟试卷

一、选择题（第1～60题。选择正确的答案，将相应的字母填入填内的括号中。每题1分，满分60分。）

1. 体积计量单位 m^3 与 cm^3 的关系是（　　）。

A. $1m^3=10cm^3$　　B. $1cm^3=1m^3$

C. $1m^3=10^3cm^3$　　D. $1m^3=(10^2)\ cm^3$

2. 含有 0.02mol/L 氯离子的 $MgCl_2$ 溶液中，其 $MgCl_2$ 浓度为（　　）。

A. 0.002mol/L　　B. 0.04mol/L　　C. 0.01mol/L　　D. 0.005mol/L

3. NH_4HS（固）$\rightleftharpoons$ NH_3（气）+ H_2S（气）反应在某一温度时达到平衡，在其他条件不变的情况下，改变下列条件，不能使平衡发生移动的是（　　）。

A. 加入 NH_4HS 固体　　B. 加入 HCl 气体

C. 扩大容器　　D. 升高温度

4. 在饱和的 AgCl 溶液中加入 NaCl，AgCl 的溶解度降低，这是因为（　　）。

A. 盐效应　　B. 同离子效　　C. 酸效应　　D. 配位效应

5. 已知 $E_{cl_2/2cl^-}=1.36V$，Cl_2 为 1.013×10^5 Pa（1 个大气压），$[Cl^-]=0.01mol/L$ 时电极电位是（　　）。

A. 1.27V　　B. 0.89V　　C. 1.48V　　D. 0.76V

6. NH_4Cl 分子中含有（　　）。

A. 离子键、共价键、配位键　　B. 离子键、共价键

C. 离子键　　D. 共价键、配位键

7. 下列物质中，既溶于 H_2SO_4，又溶于 NaOH 的是（　　）。

A. $Ca(OH)_2$　　B. H_2SO_3　　C. $Zn(OH)_2$　　D. KCl

8. 物质的量浓度相同的下列溶液：HCl、H_2SO_4、CH_3COOH，导电能力由强到弱的次序是（　　）。

A. $HCl=H_2SO_4>CH_3COOH$　　B. $HCl>H_2SO_4>CH_3COOH$

C. $H_2SO_4>HCl>CH_3COOH$　　D. $HCl=H_2SO_4=CH_3COOH$

9. 向 1mL pH=1.8 的盐酸中加入水（　　）才能使溶液的 pH=2.8。

A. 9mL　　B. 10mL　　C. 8mL　　D. 12mL

10. 将 0.30mol/L $NH_3\cdot H_2O$ 100mL 与 0.45mol/LNH_4Cl 100mL 混合所得缓冲溶液的 pH 值是（　　）。（设混合后总体积为混合前体积之和）

A. 11.85　　B. 6.78　　C. 9.08　　D. 13.74

11. 将同体积的 KCl 和 $FeCl_3$ 溶液中的 Cl^- 离子完全沉淀，用去相同浓度的 $AgNO_3$ 溶液的体积相同，则两溶液物质的量浓度之比为（　　）。

A. 1∶3　　B. 1∶2　　C. 3∶1　　D. 3∶2

12. 用直接法配制 0.1mol/L NaCl 标准溶液，正确的方法是（　　）。（NaCl 的摩尔质量是 58.44g/mol）

A. 称取基准 NaCl 5.844g 溶于水，移入 1L 容量瓶中稀释至刻度摇匀

B. 称取 5.9g 基准 NaCl 溶于水，移入 1L 烧杯中，稀释搅拌

C. 称取 5.8440g 基准 NaCl 溶于水，移入 1L 烧杯中，稀释搅拌

D. 称取 5.9g 基准 NaCl 溶于水，移入 1L 烧杯中，稀释搅拌

13. 四种不同的气体混合后，相数是（　　）。

A. 一相　　B. 二相　　C. 三相　　D. 四相

14. 下列式子表示正确的是（　　）。

A. 相对偏差%=绝对偏差

B. 绝对偏差=平均值/真实值

C. 相对误差%=绝对误差

D. 相对偏差=平行测定结果平均值×100

15. 称量法测定黄铁矿中硫的含量，称取样品0.3853g，下列结果合理的是（　　）。

A. 36%　　B. 36.41%　　C. 36.4%　　D. 36.4131%

16. 有腐蚀性的液态物料，应使用（　　）等采样工具采样。

A. 塑料瓶或虹吸管　　B. 塑料袋或采样管

C. 玻璃瓶或陶瓷器皿　　D. 玻璃管或长橡胶管

17. 自输送状态的固体物料流中采样，应首先确定分析化验单位要采取的（　　）。

A. 总样重量和子样质量　　B. 总样质量和子样数目

C. 总样数目和子样质量　　D. 总样质量和子样重量

18. 分析试样保留存查的时间为（　　）。

A. 3～6h　　B. 3～6d　　C. 3～6个月　　D. 3～6年

19. 萃取分离方法基于各种不同物质在不同溶剂中（　　）不同这一基本原理。

A. 分配系数　　B. 分离系数　　C. 萃取百分率　　D. 溶解度

20. 在分析实验中，可以用（　　）来进行物质的定性鉴定。

A. 分离系数　　B. 分配系数　　C. 溶解度　　D. 比移值

21. 洗涤盛$KMnO_4$溶液后产生的褐色污渍合适的洗涤剂是（　　）。

A. 有机溶剂　　B. 碱性溶液　　C. 工业盐酸　　D. 草酸洗液

22. 配制甲基橙指示剂选用的溶剂是（　　）。

A. 水—甲醇　　B. 水—乙醇　　C. 水　　D. 水—丙酮

23. 滴定分析用标准溶液是（　　）。

A. 确定了浓度的溶液　　B. 用基准试剂配制的溶液

C. 用于滴定分析的溶液　　D. 确定了准确浓度、用于滴定分析的溶液

24. 下列物质中不能在烘箱内烘干的是（　　）。

A. 硼砂　　B. Na_2CO_3

C. $K_2Cr_2O_7$　　D. 邻苯二甲酸氢钾

25. 根据电磁力补偿工作原理制造的天平是（　　）。

A. 阻尼天平　　B. 全自动机械加码电光天平

C. 电子天平　　D. 工业天平

26. 称量易吸湿的固体样应用（　　）盛装。

A. 研钵　　B. 表面皿　　C. 小烧杯　　D. 高型称量瓶

27. 下面有关移液管的洗涤使用正确的是（　　）。

A. 用自来水洗净后即可移液

B. 用蒸馏水洗净后即可移液

C. 用洗涤剂洗净后即可移液

D. 洗涤干净，用移取液润洗干净后即可移液

28. 下列选项中，蒸馏无法达到目的的是（　　）。

A. 测定液体化合物的沸点　　B. 分离两种沸点相近互不相溶的液体

C. 提纯，除去不挥发的杂质　　D. 回收溶剂

29. 用 0.1mol/L HCl 滴定 0.1mol/L NaOH 时的 pH 突跃范围是 9.7～4.3，用 0.01mol/L HCl 滴定 0.01mol/L NaOH 的突跃范围是（　　）。

A. 9.7～4.3　　B. 8.7～4.3　　C. 8.7～5.3　　D. 10.7～3.3

30. 某酸碱指示剂的 $K_{HIn}=1.0\times10^{-5}$，则从理论上推算其变色范围是（　　）。

A. 4～5　　B. 5～6　　C. 4～6　　D. 5～7

31. 用邻苯二甲酸氢钾标定 NaOH 时，宜选的指示剂是（　　）。

A. 甲基橙　　B. 甲基红　　C. 溴酚蓝　　D. 酚酞

32. 水的硬度测定中，正确的测定条件包括（　　）。

A. Ca 硬度，pH≥12，二甲酚橙为指示剂

B. 总硬度，pH=10，铬黑 T 为指示剂

C. 总硬度，NaOH 可任意过量加入

D. 水中微量 Mg^{2+} 可借加入三乙醇胺掩蔽

33. 在酸性介质中，用 $KMnO_4$ 溶液滴定草酸盐，滴定应（　　）。

A. 像酸碱滴定那样快速进行　　B. 在开始时缓慢进行以后逐渐加快

C. 开始时快，然后缓慢　　D. 在近化学计量点时加快进行

34. 用 0.02mol/L $AgNO_3$ 溶液滴定 0.1g 试样中的 Cl^-（$M_{Cl}=35.45$g/mol），耗去 40mL，则试样中 Cl^- 的含量约为（　　）。

A. 7　　B. 14　　C. 35　　D. 28

35. 以直接滴定法测定固体试样中某组分含量时，用同一标准溶液，一次在 10℃时进行，另一次在 30℃时进行，其他条件相同，测得的结果是（　　）。

A. 与温度无关　　B. 与温度成反比　　C. 30℃时较高　　D. 10℃时较高

36.（　　）气体的吸收剂常用氢氧化钾溶液。

A. CO_2　　B. CO　　C. CH_4　　D. C_nH_m

37. 使用 33%的氢氧化钾溶液、硫酸银浓硫酸溶液、焦性没食子酸钾碱性溶液、氯化亚铜氨性溶液吸收半水煤气的顺序依次是（　　）。

A. CO_2、C_nH_m、O_2、CO　　B. C_nH_m、O_2、CO、CO_2

C. O_2、CO、CO_2、C_nH_m　　D. CO、CO_2、C_nH_m、O_2

38. 下列选项属于称量分析法特点的是（　　）。

A. 需要基准物作参比

B. 要配制标准溶液

C. 经过适当的方法处理，可直接通过称量得到分析结果

D. 适用于微量组分的测定

39. 要得到颗粒大又纯净的晶形沉淀，又可避免沉淀时局部过浓现象发生，应采取的措施是（　　）。

A. 采用均相沉淀法　　B. 采用边搅拌边加沉淀剂的方法

C. 沉淀时加入适量电解质　　D. 沉淀应在较浓的溶液中进行

40. 测定黄铁矿中硫的含量，称取试样 0.3853g，最后得到的 $BaSO_4$ 沉淀重为 1.0210g，则试样中硫的百分含量为（　　）。（已知：$M_{BaSO_4}=233.4$g/mol，$M_s=32.07$g/mol）

A. 36.41%　　B. 96.02%　　C. 37.74%　　D. 35.66%

41. 光吸收定律应用条件是（　　）。

（1）稀溶液（C<0.01mol/L）；（2）入射光为单色光；（3）均匀介质；（4）入射光只能是可见光。

A.（1）（2）（3）　　B.（2）（3）（4）　　C.（3）（4）（1）　　D.（4）（1）（2）

42. 通常情况下，在分光光度法中，（　　）不是导致偏离朗伯一比尔定律的因素。

A. 吸光物质浓度>0.01mol/L　　B. 显色温度

C. 单色光不纯　　D. 待测溶液中的化学反应

43.（　　）属于显色条件的选择。

A. 选择合适波长的入射光　　B. 控制适当的读数范围

C. 选择适当的参比液　　D. 选择适当的缓冲液

44. 721型分光光度计的检测器是（　　）。

A. 光电管　　B. 光电倍增管　　C. 硒光电池　　D. 测辐射热器

45. 邻二氮菲法测铁，正确的操作顺序为（　　）。

A. 水样+邻二氮菲

B. 水样+$NH_2OH \cdot HCl$+邻二氮菲

C. 水样+HAc+NaAc+邻二氮菲

D. 水样+$NH_2OH \cdot HCl$+HAc+NaAc+邻二氮菲

46. 在电位滴定中，以 E—V（E 为电位，V 为滴定剂体积）作图绘制滴定曲线，滴定终点为（　　）。

A. 曲线的最大斜率点　　B. 曲线最小斜率点

C. E 为最大值的点　　D. E 为最小值的点

47. 若只需做一个复杂样品中某个特殊组分的定量分析，用色谱法时，宜选用（　　）。

A. 归一化法　　B. 叠加法　　C. 外标法　　D. 内标法

48. 在气相色谱分析中，（　　）可使样品各组分保留时间缩短并趋于一致。

A. 流动相的相对分子量增大　　B. 塔板数增加

C. 柱温升高　　D. 固定相的量增加

49. 每台韦氏天平的（　　）砝码只能用于本天平，不可调换使用。

A. 5个　　B. 4个　　C. 3个　　D. 2个

50. 为防止蒸馏过程中的（　　），须加沸石或无釉小瓷片到蒸馏烧瓶中。

A. 沸腾现象　　B. 爆沸现象　　C. 爆炸现象　　D. 过热现象

51. 折光率是指光线在空气（真空）中传播的速度与在其他介质中传播速度的（　　）。

A. 比值　　B. 差值　　C. 正弦值　　D. 平均值

52. 液态物质的黏度与温度的关系为（　　）。

A. 温度越高，黏度越大　　B. 温度越高，黏度越小

C. 温度升高，黏度增大　　D. 温度下降，黏度减小

53. 高压气瓶的使用不正确的是（　　）。

A. 化验室内的高压气瓶要制定管理制度和操作规程

B. 使用高压气瓶的人员，必须正确操作

C. 开阀时速度要快

D. 开关瓶的气阀时，应在气阀接管的侧面

54. 存有精密仪器的场所发生火灾宜选用（　　）灭火。

A. 四氯化碳灭火器　　B. 泡沫灭火器

C. 二氧化碳灭火器　　D. 干粉灭火器

55. 氯气中毒的防护与急救不正确的是（　　）。

A. 给患者喝催吐剂，使其呕吐

B. 操作时戴好防毒口罩

C. 咽喉受刺激，可吸入少量的苏打水热蒸气

D. 重患者应保温、注射强心剂

56. 下列化合物（　　）应纳入剧毒物品的管理。

A. $NaCl$　　B. Na_2SO_4　　C. $HgCl_2$　　D. H_2O_2

57. 下面有关废气的处理错误的是（　　）。

A. 少量有毒气体可通过排风设备排出实验室

B. 量大的有毒气体必须经过处理后再排出室外

C. 二氧化硫气体可以不排出室外

D. 一氧化碳可点燃转化成二氧化碳再排出

58. 下列有关毒物特性的描述错误的是（　　）。

A. 越易溶于水的毒物其危害性也就越大

B. 毒物颗粒越小，危害性越大

C. 挥发性越小，危害性越大

D. 沸点越低，危害性越大

59. 分光光度计使用较长时间后，要检查（　　）的准确性，以保证仪器的正常使用和结果的可靠性。

A. 灵敏度　　B. 波长　　C. 光源　　D. 读数范围

60. 酸式滴定管尖部出口被润滑油酯堵塞，快速有效的处理方法是（　　）。

A. 在热水中浸泡并用力下抖　　B. 用细铁丝捅并用水洗

C. 装满水利用水柱的压力压出　　D. 让洗耳球嘴对吸

二、判断题（第 61～80 题。将判断结果填入括号中，正确的填“√”，错误的填“×”。每题 2 分，满分 100 分。）

61. 溶度积是难溶电解质的固体和它的饱和溶液在达到溶解和沉淀平衡时的平衡常数。（　　）

62. 沉淀转化是由一种难溶化合物转化为另一种更难溶化合物。（　　）

63. 对 $2Cu^{2+}+Sn^{2+}=\!=\!=2Cu^{+}+Sn^{4+}$ 反应，降低 Cu^{2+} 的浓度，反应方向为从左向右。（　　）

64. Na_2HPO_4 的水溶液可使 pH 试纸变红。（　　）

65. 误差是指测定结果与真实值的差，差值越小，误差越小。（　　）

66. 数据的运算应先修约再运算。(　　)

67. 在分析化学实验中常用分析纯的试剂。(　　)

68. 组成缓冲体系的酸的 pK_a 应等于或接近所需的 pH 值。(　　)

69. 物料经过一次分样器，质量可平分一次。(　　)

70. 酸效应系数越大，配合物稳定性越大。(　　)

71. $K_2Cr_2O_7$ 非常稳定，容易提纯，所以标准溶液可用直接法配制。(　　)

72. 标定好的硫代硫酸钠溶液，若发现有浑浊（S 析出）应重新配制。(　　)

73. 莫尔法中与 Ag^+ 形成沉淀或配合物的阴离子均不干扰测定。(　　)

74. 气体分析是指对工业气体产品的分析。(　　)

75. 化学分析法测定气体所使用的仪器不包括苏式气体分析仪。(　　)

76. 选择适当的洗涤液洗涤沉淀可使沉淀更纯净。(　　)

77. 对于碱性溶液 pH 的测量，应采用玻璃电极。(　　)

78. 玻璃电极在使用前要在蒸馏水中浸泡 24h 以上。(　　)

79. 银氨溶液不宜长时间保存。(　　)

80. 实验室中家庭有用的物品可以暂时借用。(　　)

标准答案与评分标准

一、选择题

1. D	2. C	3. A	4. B	5. C	6. A	7. C	8. C	9. A	10. C
11. C	12. A	13. A	14. D	15. B	16. C	17. B	18. C	19. A	20. D
21. D	22. C	23. D	24. A	25. C	26. D	27. D	28. B	29. C	30. C
31. D	32. B	33. B	34. D	35. C	36. A	37. A	38. C	39. A	40. A
41. A	42. B	43. D	44. A	45. D	46. A	47. D	48. C	49. B	50. B
51. A	52. B	53. C	54. C	55. A	56. C	57. C	58. C	59. B	60. A

二、判断题

61. √	62. √	63. ×	64. ×	65. √	66. √	67. √	68. √	69. √	70. ×
71. √	72. √	73. ×	74. ×	75. ×	76. √	77. √	78. √	79. √	80. ×

12.3.2 技能模拟试卷

12.3.2.1 分析工模拟考试准备通知单

一、工业碳酸钙含量的测定

1. 说明

(1) 本方法是用配合滴定分析法测定碳酸钙的含量。

(2) 所用试剂应为分析纯试剂；所用水应为蒸馏水或同等纯度的水；所用容量仪器等应校正；若温度不在 20℃，结果需进行温度补正。

(3) 本方法适用于方解石经磨粉而制得的天然碳酸钙含量的测定。

2. 试剂、仪器准备（一人理论用量）

(1) 台秤：最大负载 1000g，分度值 0.5g；或最大负载 100g，分度值 0.1g（1 台）。

(2) 分析天平：最大负载 200g，分度值 0.1mg（1 台）。

(3) 玻璃棒：(1 支)。

（4）称量瓶：40×25mm（1个）。

（5）表面皿：（1个）。

（6）小滴瓶：60mL（1个）。

（7）量筒：5mL、50mL（各1个）。

（8）漏斗：（1个）。

（9）容量瓶：250mL（1个）。

（10）移液管：25mL（1支）。

（11）洗耳球：（1个）。

（12）锥形瓶：250mL（3个）。

（13）胶头滴管：（1个）。

（14）药匙：（1个）。

（15）烧杯：250mL、500mL（各一个）。

（16）洗瓶：（1个）。

（17）酸式滴定管：50mL（1支）。

（18）盐酸：1+1溶液（15mL）。

（19）氯化钠：固体试剂（分析纯250g备用）。

（20）氢氧化钠：100g/L溶液（60mL）。

（21）三乙醇胺：1+3溶液（15mL）。

（22）钙—羧酸指示剂：[1—(2—烃基—4—磺基—1—奈偶氮)—2—烃基—3—奈甲酸（或钠盐）]。

（23）钙—羧酸混合指示剂：将钙—羧酸指示剂和氯化钠按1+99的比例置于研钵内充分研细，混匀，置于带磨口塞的广口瓶中备用（少量）。

（24）乙二胺四乙酸二钠：浓度（EDTA）=0.02mol/L标准溶液（120mL）。

（25）碳酸钙：工业品，105～110℃下烘至恒重（1.8g）。

3. 考场准备

（1）考场整洁、卫生、明亮、符合考核要求。

（2）考位安排合理，考核方便。

（3）仪器、试剂存放合理并能满足考核用量。

（4）有符合安全要求的电源插座。

（5）上下水畅通。

4. 评分方法

（1）考评员必须严守考评员职责和守则。

（2）一名考评员可以同时考评3～5名考生，一名考生同时受到3名考评员的考评，取其算术平均值为最终考核成绩。

（3）考评员按评分记录表上的评分标准评分。

（4）本考卷总分为100分，得分60分及以上为合格，且试题一得分不得少于36分，试题二得分不得少于24分。

5. 考核程序

（1）发卷，考生从考务工作人员处抽得考核工号并与准考证号、姓名、单位一起填在试卷和评分记录表上指定处。

（2）由考务工作人员校验考生证件，并将试卷和评分记录表上的密封区密封（无论考核从哪道试题开始，上述1、2步骤只需进行一次）。

（3）考核开始，考生和考评员各持密封了的有相同工号的试卷和评分记录表进行考试和考评，考评员同时记录考核开始时间。

（4）考核结束，考生交卷，考评员记录考核结束时间。

（5）统分，登分。

二、《生活饮用水pH值的测定》的准备

1. 说明

（1）本方法（引用GB 5750—85）是用电位法测定生活饮用水及其水源水的pH值。以玻璃电极为指示电极，饱和甘汞电极为参比电极，插入溶液中组成原电池。在25℃时，每单位pH标度相当于59.1mV电动势变化，在仪器上直接以pH的读数表示。温度差异在仪器上有补偿装置。

（2）本方法适用于生活饮用水及其水源水pH值的测定。

2. 仪器、试剂准备（一人理论用量）

均用分析纯以上纯度的试剂和蒸馏水或相同纯度的水。

（1）酸度计：分度值为0.02pH单位（1台）。

（2）玻璃指示电极：（1支）。

（3）饱和甘汞参比电极：（1支）。

（4）分度值为1的温度计：（1支）。

（5）苯二甲酸盐标准缓冲溶液：称取10.21g在110～130℃烘干2h的苯二甲酸氢钾（$C_6H_4CO_2HCO_2K$），溶于水中，并稀释至1000mL。此溶液的pH值是4.008，25℃。

（6）磷酸盐标准缓冲溶液：称取3.40g在110～130℃下烘干2h的磷酸二氢钾（KH_2PO_4）和3.55g磷酸氢二钠（Na_2HPO_4），溶于水中，并稀释至1000mL。此溶液的pH是6.865，25℃。

（7）硼酸钠标准缓冲溶液：称取3.81g硼酸钠（$Na_2B_4O_7 \cdot 10H_2O$）溶于水中，并稀释至1000mL。此溶液的pH是9.180，25℃。标准缓冲溶液也可用市售袋装标准缓冲试剂配制。

（8）水样：（50mL）。

3. 考场准备

（1）考场整洁、卫生、明亮、符合考核要求。

（2）考位安排合理，考核方便。

（3）仪器、试剂存放合理并能满足考核用量。

（4）有符合安全要求的电源插座。

（5）上下水畅通。

4. 评分方法

（1）考评员必须严守考评员职责和守则。

(2) 一名考评员可以同时考评 3～5 名考生，一名考生同时受到 3 名考评员的考评，取其算术平均值为最终考核成绩。

(3) 考评员按评分记录表上的评分标准评分。

5. 考核程序

(1) 发卷，考生从考务工作人员处抽得考核工号并与准考证号、姓名、单位一起填在试卷和评分记录表上指定处。

(2) 由考务工作人员校验考生证件，并将试卷和评分记录表上的密封区密封（无论考核从哪道试题开始，上述 1、2 步骤只需进行一次）。

(3) 考核开始，考生和考评员各持密封了的有相同工号的试卷和评分记录表进行考试和考评，考评员同时记录考核开始时间。

(4) 考核结束，考生交卷，考评员记录考核结束时间。

(5) 统分，登分。

12.3.2.2 分析工模拟考试试卷

一、碳酸钙含量的测定

1. 说明

(1) 本题满分 60 分，完成时间 100min。

(2) 考核成绩为操作过程评分、测定结果评分和考核时间评分之和。

(3) 全部操作过程时间和结果处理时间计入时间限额。

2. 操作步骤

称量约 0.6g 在 105～110℃下烘至恒重的试样（精确到 0.0002g）置于烧杯中，用少量水润湿，盖上表面皿，缓缓加入 1＋1 盐酸溶液至试样完全溶解，加 50mL 水，移入 250mL 容量瓶中（必要时可用中速滤纸过滤，滤液和洗液一并移入容量瓶）加水至刻度，摇匀。移取 25mL 置于 750mL 锥形瓶中，加 5mL 三乙醇胺溶液（1＋3）和 25mL 水，用 100g/L 的氢氧化钠溶液中和后加入少量钙—羧酸混合指示剂，再用 100g/L 的氢氧化钠滴加至酒红色出现，并过量 0.5mL，用乙二胺四乙酸二钠标准溶液（c＝0.02mol/L）滴定至溶液由酒红色变为纯蓝色。平行测定 3 次，同时作空白试验。

3. 数据记录

碳酸钙含量测定数据记录表，见表 12.2。

4. 计算公式

以质量百分数表示 $CaCO_3$ 的含量。

$$CaCO_3=\frac{c(V_1-V_2)\times 0.1001}{m\times\frac{25}{250}}\times 100=\frac{100.1\times c(V_1-V_2)}{m}$$

式中 c——EDTA 标准溶液的浓度，mol/L；

V_1——滴定消耗 EDTA 溶液体积，mL；

V_2——空白实验滴定消耗 EDTA 溶液体积，mL；

m——试样的质量，g；

0.1001——1.00mL EDTA 溶液 $c(EDTA)$＝1.000mol/L 相当于 $CaCO_3$ 的克数，g。

表 12.2　　碳酸钙含量测定数据记录表

项目 \ 次数		1	2	3
称量瓶和试样的质量（第一次读数）				
称量瓶和试样的质量（第二次读数）				
试样的质量 m（g）				
EDTA 标准溶液的浓度 c（mol/L）				
试样试验	滴定消耗 EDTA 溶液体积（mL）			
	滴定管校正值（mL）			
	溶液温度补正值（mL/L）			
	实际滴定消耗 EDTA 溶液的体积 V_1（mL）			
空白试验	滴定消耗 EDTA 溶液体积（mL）			
	滴定管校正值（mL）			
	溶液温度补正值（mL/L）			
	实际滴定消耗 EDTA 溶液的体积 V_2（mL）			
试样中被测组分含量（%）				
平均值（%）				
平行测定结果的极差（%）				

5. 工业碳酸钙的含量测定评分记录表

工业碳酸钙的含量测定评分记录表，见表 12.3。

二、生活饮用水 pH 值的测定

1. 说明

（1）本题满分 40 分，完成时间 60min。

（2）考核成绩为操作过程评分、测定结果评分和考核时间评分之和。

2. 操作步骤

用苯二甲酸盐标准缓冲溶液和硼酸盐标准缓冲溶液校正酸度计，将温度补偿旋钮调至标准缓冲溶液的温度处，按照下表所标明的数据，依次检查仪器和电极确保正确。用接近于水样 pH 值的标准缓冲溶液定位。

表 12.3　　工业碳酸钙的含量测定评分记录表

开始时间　　　　结束时间　　　　日期

序号	评分点	配分	评分标准	扣分	得分	考评员
一	称样					
1	台秤的使用	2	未调零，扣 0.5 分			
			称量操作不对，扣 1 分			
			读数错误，扣 0.5 分			
2	分析天平（电子天平）称量前准备	2	未检查天平水平、砝码完好情况，扣 0.5 分			
			未调零，扣 1 分			
			天平内外不洁净，扣 0.5 分			

续表

序号	评　分　点	配分	评　分　标　准	扣分	得分	考评员
3	分析天平（电子天平）称量操作	7	称量瓶放置不当，扣 1 分			
			开启升降枢不当（电子天平，不考核），扣 1 分			
			倾出试样不合要求，扣 2 分			
			加减砝码操作不当（电子天平，不考核），扣 1 分			
			开关天平门操作不当，扣 1 分			
			读数及记录不正确，扣 0.5 分			
4	称量后处理	2	砝码不回位，扣 0.5 分			
			不关天平门，扣 0.5 分			
			天平内外不清洁，扣 0.5 分			
			未检查零点，扣 0.5 分			
二	定容					
1	容量瓶的使用	5	洗涤不合要求，扣 0.5 分			
			没有试漏，扣 0.5 分			
			试样溶解操作不当，扣 1 分			
			溶液转移操作不当，扣 1 分			
			定容操作不当，扣 1 分			
			摇匀操作不当，扣 1 分			
三	移液					
1	移液管的使用	4	洗涤不合要求，扣 0.5 分			
			未润洗或润洗不合要求，扣 1 分			
			吸液操作不当，扣 1 分			
			放液操作不当，扣 1 分			
			用后处理及放置不当，扣 0.5 分			
四	滴定					
1	滴定前的准备	5	洗涤不合要求，扣 0.5 分			
			没有试漏，扣 0.5 分			
			没有润洗，扣 1 分			
			装液操作不正确，扣 1 分			
			未排空气，扣 1 分			
			没有调零，扣 1 分			
2	滴定操作	10	加指示剂操作不当，扣 1 分			
			滴定姿势不正确，扣 0.5 分			
			滴定速度控制不当，扣 1 分			
			摇瓶操作不正确，扣 1 分			
			锥形瓶淋洗不合要求，扣 1 分			
			滴定后补加溶液操作不当，扣 0.5 分			
			半滴溶液的加入控制不当，扣 2 分			
			终点判断不正确，扣 1 分			
			读数操作不正确，扣 1 分			
			数据记录不正确，扣 0.5 分			
			平行操作的重复性不好，扣 0.5 分			

续表

序号	评 分 点	配分	评 分 标 准	扣分	得分	考评员
3	滴定后的处理	3	不洗涤仪器，扣 0.5 分			
			台面、卷面不整洁，扣 0.5 分			
			仪器破损，扣 2 分			
五	分析结果	5	考生平行测定结果极差与平均值之比大于允差小于 1/2 倍允差，扣 2 分			
			考生平行测定结果极差与平均值之比大于 1/2 倍允差，扣 5 分			
		15	考生平均结果与参照值对比大于参照值小于 1 倍允差，扣 4 分			
			考生平均结果与参照值对比大于 1 倍小于或等于 2 倍允差，扣 9 分			
			考生平均结果与参照值对比大于 2 倍允差扣 15 分			
六	考核时间		考核时间为 100min。超过 5min 扣 2 分，超过 10min 扣 4 分，超过 15min 扣 8 分，……			
			以此类推，扣完为止			
合计	60					

注 1. 以鉴定站所测结果为参照值，允许差为不大于 0.1%。
2. 平行测定结果绝对差值不大于 0.04mg/L。

将酸度计的温度补偿旋钮调至所测水样的温度。浸入电极，摇匀，测定，记录读数（见表 12.4）。平行测定两次。

表 12.4 标准缓冲溶液在不同温度时的 pH 值

温度（℃）\ 项目	苯甲酸盐标准缓冲溶液	磷酸盐标准缓冲溶液	硼酸盐标准缓冲溶液
0	4.00	6.98	9.46
5	4.00	6.95	9.40
10	4.00	6.92	9.33
15	4.00	6.90	9.28
20	4.00	6.88	9.22
25	4.01	6.86	9.18
30	4.02	6.85	9.14
35	4.02	6.84	9.10
40	4.04	6.84	9.07

3. 数据记录和结果计算

生活饮用水 pH 值测定数据记录表，见表 12.5。

表 12.5　　**生活饮用水 pH 值测定数据记录表**

项目 \ 测定次数	1	2
水样温度（℃）		
pH 值		
测定结果（算术平均值）		
平行测定结果的绝对值		

4. 生活饮用水 pH 值的测定评分记录表

生活饮用水 pH 值的测定评分记录表，见表 12.6。

表 12.6　　**生活饮用水 pH 值的测定评分记录表**

开始时间：　　　　　　结束时间：　　　　　　日期：

序号	评分点	配分	评　分　标　准	扣分	得分	考评员
1	操作过程	57.5	没有检查读数电表，扣 2.5 分			
			电极选择安装不正确，扣 5 分			
			校正不正确，扣 10 分			
			定位不正确，扣 7.5 分			
			电极使用不正确，扣 5 分			
			测量操作不正确，扣 7.5 分			
			读数不准确，扣 2.5 分			
			按键（开关）操作不当，扣 2.5 分			
			未切断电源，扣 2.5 分			
			电极未清洁及保存，扣 7.5 分			
			台面不整洁，扣 2.5 分			
			没有盖好酸度计，扣 2.5 分			
2	测定结果	12.5	考生平行测定结果极差与平均值之比大于允差小于或等于 1/2 倍允差，扣 5 分			
			考生平行测定结果极差与平均值之比大于 1/2 倍允差，扣 7.5 分			
		30	考生平均结果与参照值对比大于 1 倍小于或等于 2 倍允差，扣 10 分			
			考生平均结果与参照值对比大于 2 倍小于或等于 3 倍允差，扣 20 分			
			考生平均结果与参照值对比大于 3 倍允差，扣 30 分			
3	考核时间		考核时间为 60min。超过 5min 扣 5 分，超过 10min 扣 10 分，超过 15min 扣 20 分，……			
			以此类推，扣完本题分数为止			
合计		100				

注　1. 以鉴定站所测结果为参照值，允许差为不大于 0.1%。

2. 平行测定结果允差值为不大于 0.4mg/L。

考评负责人：

附录1　弱酸弱碱在水溶液中的解离常数

附表1.1　　无机酸在水溶液中的解离常数（298K）

序号（No.）	名　称（Name）	化 学 式（Chemical formula）	K_a	pK_a
1	偏铝酸	$HAlO_2$	6.3×10^{-13}	12.2
2	亚砷酸	H_3AsO_3	6.0×10^{-10}	9.22
3	砷酸	H_3AsO_4	6.3×10^{-3}（K_1）	2.2
			1.05×10^{-7}（K_2）	6.98
			3.2×10^{-12}（K_3）	11.5
4	硼酸	H_3BO_3	5.8×10^{-10}（K_1）	9.24
			1.8×10^{-13}（K_2）	12.74
			1.6×10^{-14}（K_3）	13.8
5	次溴酸	$HBrO$	2.4×10^{-9}	8.62
6	氢氰酸	HCN	6.2×10^{-10}	9.21
7	碳酸	H_2CO_3	4.2×10^{-7}（K_1）	6.38
			5.6×10^{-11}（K_2）	10.25
8	次氯酸	$HClO$	3.2×10^{-8}	7.5
9	氢氟酸	HF	6.61×10^{-4}	3.18
10	锗酸	H_2GeO_3	1.7×10^{-9}（K_1）	8.78
			1.9×10^{-13}（K_2）	12.72
11	高碘酸	HIO_4	2.8×10^{-2}	1.56
12	亚硝酸	HNO_2	5.1×10^{-4}	3.29
13	次磷酸	H_3PO_2	5.9×10^{-2}	1.23
14	亚磷酸	H_3PO_3	5.0×10^{-2}（K_1）	1.3
			2.5×10^{-7}（K_2）	6.6
15	磷酸	H_3PO_4	7.52×10^{-3}（K_1）	2.12
			6.31×10^{-8}（K_2）	7.2
			4.4×10^{-13}（K_3）	12.36
16	焦磷酸	$H_4P_2O_7$	3.0×10^{-2}（K_1）	1.52
			4.4×10^{-3}（K_2）	2.36
			2.5×10^{-7}（K_3）	6.6
			5.6×10^{-10}（K_4）	9.25
17	氢硫酸	H_2S	1.3×10^{-7}（K_1）	6.88
			7.1×10^{-15}（K_2）	14.15
18	亚硫酸	H_2SO_3	1.23×10^{-2}（K_1）	1.91
			6.6×10^{-8}（K_2）	7.18

续表

序号 (No.)	名 称 (Name)	化学式 (Chemical formula)	K_a	pK_a
19	硫酸	H_2SO_4	1.0×10^{3} (K_1)	−3
			1.02×10^{-2} (K_2)	1.99
20	硫代硫酸	$H_2S_2O_3$	2.52×10^{-1} (K_1)	0.6
			1.9×10^{-2} (K_2)	1.72
21	氢硒酸	H_2Se	1.3×10^{-4} (K_1)	3.89
			1.0×10^{-11} (K_2)	11
22	亚硒酸	H_2SeO_3	2.7×10^{-3} (K_1)	2.57
			2.5×10^{-7} (K_2)	6.6
23	硒酸	H_2SeO_4	1×10^{3} (K_1)	−3
			1.2×10^{-2} (K_2)	1.92
24	硅酸	H_2SiO_3	1.7×10^{-10} (K_1)	9.77
			1.6×10^{-12} (K_2)	11.8
25	亚碲酸	H_2TeO_3	2.7×10^{-3} (K_1)	2.57
			1.8×10^{-8} (K_2)	7.74

附表 1.2　　有机酸在水溶液中的解离常数 (298K)

序号 (No.)	名 称 (Name)	化学式 (Chemical formula)	K_a	pK_a
1	甲酸	HCOOH	1.8×10^{-4}	3.75
2	乙酸	CH_3COOH	1.74×10^{-5}	4.76
3	乙醇酸	$CH_2(OH)COOH$	1.48×10^{-4}	3.83
4	草酸	$(COOH)_2$	5.4×10^{-2} (K_1)	1.27
			5.4×10^{-5} (K_2)	4.27
5	甘氨酸	$CH_2(NH_2)COOH$	1.7×10^{-10}	9.78
6	一氯乙酸	$CH_2ClCOOH$	1.4×10^{-3}	2.86
7	二氯乙酸	$CHCl_2COOH$	5.0×10^{-2}	1.3
8	三氯乙酸	CCl_3COOH	2.0×10^{-1}	0.7
9	丙酸	CH_3CH_2COOH	1.35×10^{-5}	4.87
10	丙烯酸	$CH_2=CHCOOH$	5.5×10^{-5}	4.26
11	乳酸（丙醇酸）	$CH_3CHOHCOOH$	1.4×10^{-4}	3.86
12	丙二酸	$HOCOCH_2COOH$	1.4×10^{-3} (K_1)	2.85
			2.2×10^{-6} (K_2)	5.66
13	2—丙炔酸	$HC\equiv CCOOH$	1.29×10^{-2}	1.89
14	甘油酸	$HOCH_2CHOHCOOH$	2.29×10^{-4}	3.64
15	丙酮酸	$CH_3COCOOH$	3.2×10^{-3}	2.49
16	α—丙氨酸	CH_3CHNH_2COOH	1.35×10^{-10}	9.87

续表

序号 (No.)	名　称 (Name)	化　学　式 (Chemical formula)	K_a	pK_a
17	β—丙氨酸	$CH_2NH_2CH_2COOH$	4.4×10^{-11}	10.36
18	正丁酸	$CH_3(CH_2)_2COOH$	1.52×10^{-5}	4.82
19	异丁酸	$(CH_3)_2CHCOOH$	1.41×10^{-5}	4.85
20	3—丁烯酸	$CH_2=CHCH_2COOH$	2.1×10^{-5}	4.68
21	异丁烯酸	$CH_2=C(CH_2)COOH$	2.2×10^{-5}	4.66
22	反丁烯二酸（富马酸）	$HOCOCH=CHCOOH$	9.3×10^{-4} (K_1)	3.03
			3.6×10^{-5} (K_2)	4.44
23	顺丁烯二酸（马来酸）	$HOCOCH=CHCOOH$	1.2×10^{-2} (K_1)	1.92
			5.9×10^{-7} (K_2)	6.23
24	酒石酸	$HOCOCH(OH)CH(OH)COOH$	1.04×10^{-3} (K_1)	2.98
			4.55×10^{-5} (K_2)	4.34
25	正戊酸	$CH_3(CH_2)_3COOH$	1.4×10^{-5}	4.86
26	异戊酸	$(CH_3)_2CHCH_2COOH$	1.67×10^{-5}	4.78
27	2—戊烯酸	$CH_3CH_2CH=CHCOOH$	2.0×10^{-5}	4.7
28	3—戊烯酸	$CH_3CH=CHCH_2COOH$	3.0×10^{-5}	4.52
29	4—戊烯酸	$CH_2=CHCH_2CH_2COOH$	2.10×10^{-5}	4.677
30	戊二酸	$HOCO(CH_2)_3COOH$	1.7×10^{-4} (K_1)	3.77
			8.3×10^{-7} (K_2)	6.08
31	谷氨酸	$HOCOCH_2CH_2CH(NH_2)COOH$	7.4×10^{-3} (K_1)	2.13
			4.9×10^{-5} (K_2)	4.31
			4.4×10^{-10} (K_3)	9.358
32	正己酸	$CH_3(CH_2)_4COOH$	1.39×10^{-5}	4.86
33	异己酸	$(CH_3)_2CH(CH_2)_3COOH$	1.43×10^{-5}	4.85
34	(*E*)—2—己烯酸	$H(CH_2)_3CH=CHCOOH$	1.8×10^{-5}	4.74
35	(*E*)—3—己烯酸	$CH_3CH_2CH=CHCH_2COOH$	1.9×10^{-5}	4.72
36	己二酸	$HOCOCH_2CH_2CH_2CH_2COOH$	3.8×10^{-5} (K_1)	4.42
			3.9×10^{-6} (K_2)	5.41
37	柠檬酸	$HOCOCH_2C(OH)(COOH)CH_2COOH$	7.4×10^{-4} (K_1)	3.13
			1.7×10^{-5} (K_2)	4.76
			4.0×10^{-7} (K_3)	6.4
38	苯　酚	C_6H_5OH	1.1×10^{-10}	9.96
39	邻苯二酚	$(o)C_6H_4(OH)_2$	3.6×10^{-10}	9.45
			1.6×10^{-13}	12.8
40	间苯二酚	$(m)C_6H_4(OH)_2$	3.6×10^{-10} (K_1)	9.3
			8.71×10^{-12} (K_2)	11.06

续表

序号 (No.)	名　称 (Name)	化学式 (Chemical formula)	K_a	pK_a
41	对苯二酚	$(p)C_6H_4(OH)_2$	1.1×10^{-10}	9.96
42	2，4，6—三硝基苯酚	2，4，6—$(NO_2)_3C_6H_2OH$	5.1×10^{-1}	0.29
43	葡萄糖酸	$CH_2OH(CHOH)_4COOH$	1.4×10^{-4}	3.86
44	苯甲酸	C_6H_5COOH	6.3×10^{-5}	4.2
45	水杨酸	$C_6H_4(OH)COOH$	1.05×10^{-3} (K_1)	2.98
			4.17×10^{-13} (K_2)	12.38
46	邻硝基苯甲酸	$(o)NO_2C_6H_4COOH$	6.6×10^{-3}	2.18
47	间硝基苯甲酸	$(m)NO_2C_6H_4COOH$	3.5×10^{-4}	3.46
48	对硝基苯甲酸	$(p)NO_2C_6H_4COOH$	3.6×10^{-4}	3.44
49	邻苯二甲酸	$(o)C_6H_4(COOH)_2$	1.1×10^{-3} (K_1)	2.96
			4.0×10^{-6} (K_2)	5.4
50	间苯二甲酸	$(m)C_6H_4(COOH)_2$	2.4×10^{-4} (K_1)	3.62
			2.5×10^{-5} (K_2)	4.6
51	对苯二甲酸	$(p)C_6H_4(COOH)_2$	2.9×10^{-4} (K_1)	3.54
			3.5×10^{-5} (K_2)	4.46
52	1，3，5—苯三甲酸	$C_6H_3(COOH)_3$	7.6×10^{-3} (K_1)	2.12
			7.9×10^{-5} (K_2)	4.1
			6.6×10^{-6} (K_3)	5.18
53	苯基六羧酸	$C_6(COOH)_6$	2.1×10^{-1} (K_1)	0.68
			6.2×10^{-3} (K_2)	2.21
			3.0×10^{-4} (K_3)	3.52
			8.1×10^{-6} (K_4)	5.09
			4.8×10^{-7} (K_5)	6.32
			3.2×10^{-8} (K_6)	7.49
54	癸二酸	$HOOC(CH_2)_8COOH$	2.6×10^{-5} (K_1)	4.59
			2.6×10^{-6} (K_2)	5.59
55	乙二胺四乙酸 (EDTA)	$CH_2—N(CH_2COOH)_2$ | $CH_2—N(CH_2COOH)_2$	1.0×10^{-2} (K_1)	2
			2.14×10^{-3} (K_2)	2.67
			6.92×10^{-7} (K_3)	6.16
			5.5×10^{-11} (K_4)	10.26

附表 1.3　　无机碱在水溶液中的解离常数 (298K)

序号 (No.)	名　称 (Name)	化学式 (Chemical formula)	K_b	pK_b
1	氢氧化铝	$Al(OH)_3$	1.38×10^{-9}	8.86
2	氢氧化银	$AgOH$	1.10×10^{-4}	3.96

续表

序号 (No.)	名　称 (Name)	化 学 式 (Chemical formula)	K_b	pK_b
3	氢氧化钙	$Ca(OH)_2$	3.72×10^{-3}	2.43
			3.98×10^{-2}	1.4
4	氨 水	$NH_3\cdot H_2O$	1.78×10^{-5}	4.75
5	肼（联氨）	$N_2H_4\cdot H_2O$	9.55×10^{-7} (K_1)	6.02
			1.26×10^{-15} (K_2)	14.9
6	羟 氨	$NH_2OH\cdot H_2O$	9.12×10^{-9}	8.04
7	氢氧化铅	$Pb(OH)_2$	9.55×10^{-4} (K_1)	3.02
			3.0×10^{-8} (K_2)	7.52
8	氢氧化锌	$Zn(OH)_2$	9.55×10^{-4}	3.02

附表 1.4　　有机碱在水溶液中的解离常数（298K）

序号 (No.)	名　称 (Name)	化 学 式 (Chemical formula)	K_b	pK_b
1	甲胺	CH_3NH_2	4.17×10^{-4}	3.38
2	尿素（脲）	$CO(NH_2)_2$	1.5×10^{-14}	13.82
3	乙胺	$CH_3CH_2NH_2$	4.27×10^{-4}	3.37
4	乙醇胺	$H_2N(CH_2)_2OH$	3.16×10^{-5}	4.5
5	乙二胺	$H_2N(CH_2)_2NH_2$	8.51×10^{-5} (K_1)	4.07
			7.08×10^{-8} (K_2)	7.15
6	二甲胺	$(CH_3)_2NH$	5.89×10^{-4}	3.23
7	三甲胺	$(CH_3)_3N$	6.31×10^{-5}	4.2
8	三乙胺	$(C_2H_5)_3N$	5.25×10^{-4}	3.28
9	丙胺	$C_3H_7NH_2$	3.70×10^{-4}	3.432
10	异丙胺	i—$C_3H_7NH_2$	4.37×10^{-4}	3.36
11	1,3—丙二胺	$NH_2(CH_2)_3NH_2$	2.95×10^{-4} (K_1)	3.53
			3.09×10^{-6} (K_2)	5.51
12	1,2—丙二胺	$CH_3CH(NH_2)CH_2NH_2$	5.25×10^{-5} (K_1)	4.28
			4.05×10^{-8} (K_2)	7.393
13	三丙胺	$(CH_3CH_2CH_2)_3N$	4.57×10^{-4}	3.34
14	三乙醇胺	$(HOCH_2CH_2)_3N$	5.75×10^{-7}	6.24
15	丁胺	$C_4H_9NH_2$	4.37×10^{-4}	3.36
16	异丁胺	$C_4H_9NH_2$	2.57×10^{-4}	3.59
17	叔丁胺	$C_4H_9NH_2$	4.84×10^{-4}	3.315
18	己胺	$H(CH_2)_6NH_2$	4.37×10^{-4}	3.36
19	辛胺	$H(CH_2)_8NH_2$	4.47×10^{-4}	3.35
20	苯胺	$C_6H_5NH_2$	3.98×10^{-10}	9.4

续表

序号(No.)	名 称(Name)	化 学 式(Chemical formula)	K_b	pK_b
21	苄胺	C_7H_9N	2.24×10^{-5}	4.65
22	环己胺	$C_6H_{11}NH_2$	4.37×10^{-4}	3.36
23	吡啶	C_5H_5N	1.48×10^{-9}	8.83
24	六亚甲基四胺	$(CH_2)_6N_4$	1.35×10^{-9}	8.87
25	2—氯酚	C_6H_5ClO	3.55×10^{-6}	5.45
26	3—氯酚	C_6H_5ClO	1.26×10^{-5}	4.9
27	4—氯酚	C_6H_5ClO	2.69×10^{-5}	4.57
28	邻氨基苯酚	$(o)H_2NC_6H_4OH$	5.2×10^{-5}	4.28
			1.9×10^{-5}	4.72
29	间氨基苯酚	$(m)H_2NC_6H_4OH$	7.4×10^{-5}	4.13
			6.8×10^{-5}	4.17
30	对氨基苯酚	$(p)H_2NC_6H_4OH$	2.0×10^{-4}	3.7
			3.2×10^{-6}	5.5
31	邻甲苯胺	$(o)CH_3C_6H_4NH_2$	2.82×10^{-10}	9.55
32	间甲苯胺	$(m)CH_3C_6H_4NH_2$	5.13×10^{-10}	9.29
33	对甲苯胺	$(p)CH_3C_6H_4NH_2$	1.20×10^{-9}	8.92
34	8—羟基喹啉(20℃)	$8—HO—C_9H_6N$	6.5×10^{-5}	4.19
35	二苯胺	$(C_6H_5)_2NH$	7.94×10^{-14}	13.1
36	联苯胺	$H_2NC_6H_4C_6H_4NH_2$	5.01×10^{-10} (K_1)	9.3
			4.27×10^{-11} (K_2)	10.37

附录 2　常见难溶电解质的溶度积 K_{sp}^{θ}（298K）

难溶电解质	K_{sp}^{θ}	难溶电解质	K_{sp}^{θ}
AgAc	1.94×10^{-3}	$BaSO_4$	1.08×10^{-10}
AgBr	5.35×10^{-13}	BaS_2O_3	1.6×10^{-5}
AgCl	1.77×10^{-10}	$Bi(OH)_3$	4.0×10^{-31}
Ag_2CO_3	8.46×10^{-12}	BiOCl	1.8×10^{-97}
$Ag_2C_2O_4$	5.40×10^{-12}	Bi_2S_3	1×10^{-9}
Ag_2CrO_4	1.12×10^{-12}	$CaCO_3$	3.36×10^{-9}
$Ag_2Cr_2O_7$	2.0×10^{-7}	$CaC_2O_4\cdot H_2O$	2.32×10^{-4}
AgI	8.52×10^{-17}	CaC_rO_4	7.1×10^{-4}
$AgIO_3$	3.17×10^{-8}	CaF_2	3.45×10^{-11}
$AgNO_2$	6.0×10^{-4}	$CaHPO_4$	1.0×10^{-6}
AgOH	2.0×10^{-8}	$Ca(OH)_2$	5.02×10^{-33}
Ag_3PO_4	8.89×10^{-17}	$Ca_3(PO_4)_2$	2.07×10^{-5}
Ag_2SO_4	1.20×10^{-5}	$CaSO_4$	4.93×10^{-7}
$Ag_2S(\alpha)$	6.3×10^{-50}	$CaSO_3\cdot\frac{1}{2}H_2O$	3.1×10^{-12}
$Ag_2S(\beta)$	1.09×10^{-49}	$CdCO_3$	1.0×10^{-8}
$Al(OH)_3$	1.3×10^{-33}	$CdC_2O_4\cdot 3H_2O$	1.42×10^{-14}
AuCl	2.0×10^{-13}	$Cd(OH)_2$（新析出）	2.5×10^{-27}
$AuCl_3$	3.2×10^{-25}	CdS	8.0×10^{-13}
$Au(OH)_3$	5.5×10^{-46}	$CoCO_3$	1.4×10^{-15}
$BaCO_3$	2.58×10^{-9}	$Co(OH)_2$（桃红）	1.6×10^{-15}
BaC_2O_4	1.6×10^{-7}	$Co(OH)_2$（蓝）	5.92×10^{-44}
BaC_rO_4	1.17×10^{-10}	$Co(OH)_3$	1.6×10^{-21}
BaF_2	1.84×10^{-7}	$CoS(\alpha)$（新析出）	4.0×10^{-25}
$Ba_3(PO_4)_2$	3.4×10^{-23}	$CoS(\beta)$（陈化）	2.0×10^{-21}
$BaSO_3$	5.0×10^{-10}	$Cr(OH)_3$	6.3×10^{-25}
CuBr	6.27×10^{-9}	$Mn(OH)_2$	1.9×10^{-13}
CuCN	3.47×10^{-20}	MnS（无定形）	2.5×10^{-10}
$CuCO_3$	1.4×10^{-10}	MnS（结晶）	2.5×10^{-13}
CuCl	1.72×10^{-7}	Na_3AlF_6	4.0×10^{-10}
$CuCrO_4$	3.6×10^{-6}	$NiCO_3$	1.42×10^{-7}
CuI	1.27×10^{-12}	$Ni(OH)_2$（新析出）	2×10^{-15}
CuOH	1.0×10^{-14}	α—NiS	3.2×10^{-19}
$Cu(OH)_2$	2.2×10^{-20}	β—NiS	1.0×10^{-24}

续表

难溶电解质	K_{sp}^{θ}	难溶电解质	K_{sp}^{θ}
$Cu_3(PO_4)_2$	1.40×10^{-37}	γ—NiS	2.0×10^{-26}
$Cu_2P_2O_7$	8.3×10^{-16}	$PbBr_2$	6.60×10^{-6}
CuS	6.3×10^{-36}	$PbCl_2$	1.7×10^{-5}
Cu_2S	2.5×10^{-48}	$PbCO_3$	7.4×10^{-14}
$FeCO_3$	3.2×10^{-11}	PbC_2O_4	4.8×10^{-10}
$FeC_2O_4\cdot2H_2O$	3.2×10^{-7}	$PbCrO_4$	2.8×10^{-13}
$Fe(OH)_2$	4.87×10^{-17}	PbF_2	7.12×10^{-7}
$Fe(OH)_3$	2.79×10^{-39}	PbI_2	9.8×10^{-9}
FeS	6.3×10^{-18}	$Pb(OH)_2$	1.43×10^{-20}
Hg_2Cl_2	1.43×10^{-18}	$Pb(OH)_4$	3.2×10^{-44}
Hg_2I_2	5.2×10^{-29}	$Pb(PO_4)_2$	8.0×10^{-40}
$Hg(OH)_2$	3.0×10^{-26}	$PbMoO_4$	1.0×10^{-13}
Hg_2S	1.0×10^{-47}	PbS	8×10^{-28}
HgS（红）	4.0×10^{-53}	$PbSO_4$	2.53×10^{-8}
HgS（黑）	1.6×10^{-52}	$Sn(OH)_2$	5.45×10^{-27}
Hg_2SO_4	6.5×10^{-7}	$Sn(OH)_4$	1×10^{-56}
KIO_4	3.71×10^{-4}	SnS	1.0×10^{-25}
$K_2[PtCl_6]$	7.48×10^{-6}	$SrCO_3$	5.60×10^{-10}
$K_2[SiF_6]$	8.7×10^{-7}	$SrC_2O_4\cdot H_2O$	1.6×10^{-7}
Li_2CO_3	8.15×10^{-4}	$SrCrO_4$	2.2×10^{-5}
LiF	1.84×10^{-3}	$SrSO_4$	3.44×10^{-7}
$MgNH_4PO_4$	2.5×10^{-13}	$ZnCO_3$	1.46×10^{-10}
$MgCO_3$	6.82×10^{-6}	$ZnC_2O_4\cdot2H_2O$	1.38×10^{-9}
MgF_2	5.16×10^{-11}	$Zn(OH)_2$	3.0×10^{-17}
$Mg(OH)_2$	5.61×10^{-12}	α—ZnS	1.6×10^{-24}
$MnCO_3$	2.24×10^{-11}	β—ZnS	2.5×10^{-22}

附录 3　常用缓冲溶液的 pH 值范围

常用缓冲溶液的 pH 值范围

缓冲液名称及常用浓度	配制 pH 范围	主要物质分子量 Mr
甘氨酸—盐酸缓冲液（0.05mol/L）	2.2～5.0	甘氨酸 Mr=75.07
邻苯二甲酸—盐酸缓冲液（0.05mol/L）	2.2～3.8	邻苯二甲酸氢钾 Mr=204.23
磷酸氢二钠—柠檬酸缓冲液	2.2～8.0	磷酸氢二钠 Mr=141.98
柠檬酸—氢氧化钠—盐酸缓冲液	2.2～6.5	柠檬酸 Mr=192.06
柠檬酸—柠檬酸钠缓冲液（0.1mol/L）	3.0～6.6	柠檬酸 Mr=192.06 柠檬酸钠 Mr=257.96
乙酸—乙酸钠缓冲液（0.2mol/L）	3.6～5.8	乙酸钠 Mr=81.76 乙酸 Mr=60.05
邻苯二甲酸氢钾—氢氧化钠缓冲液	4.1～5.9	邻苯二甲酸氢钾 Mr=204.23
磷酸氢二钠—磷酸二氢钠缓冲液（0.2mol/L）	5.8～8.0	$Na_2HPO_4 \cdot 2H_2O$ Mr=178.05 $Na_2HPO_4 \cdot 12H_2O$ Mr=358.22 $NaH_2PO_4 \cdot H_2O$ Mr=138.01 $NaH_2PO_4 \cdot 2H_2O$ Mr=156.03
磷酸氢二钠—磷酸二氢钾缓冲液（1/15mol/L）	4.92～8.18	$Na_2HPO_4 \cdot 2H_2O$ Mr=178.05 KH_2PO_4 Mr=136.09
磷酸二氢钾—氢氧化钠缓冲液（0.05mol/L）	5.8～8.0	KH_2PO_4 Mr=136.09
巴比妥钠—盐酸缓冲液（18℃）	6.8～9.6	巴比妥钠　Mr=206.18
Tris—盐酸缓冲液（0.05mol/L，25℃）	7.10～9.00	三羟甲基氨基甲烷（Tris）Mr=121.14
硼砂—盐酸缓冲液（0.05mol/L）	8.0～9.1	硼砂 $Na_2B_4O_7 \cdot 10H_2O$　Mr=381.43
硼酸—硼砂缓冲液（0.2mol/L）	7.4～8.0	硼砂 $Na_2B_4O_7 \cdot 10H_2O$ Mr=381.4 H_3BO_3 Mr=61.84
甘氨酸—氢氧化钠缓冲液（0.05mol/L）	8.6～10.6	甘氨酸 Mr=75.07
硼砂—氢氧化钠缓冲液（0.05mol/L）	9.3～10.1	硼砂 $Na_2B_4O_7 \cdot 10H_2O$ Mr=381.43
碳酸钠—碳酸氢钠缓冲液（0.1mol/L）	9.16～10.83	碳酸钠 Mr=286.2 碳酸氢钠 Mr=84.0
碳酸钠—氢氧化钠缓冲液（0.025mol/L）	9.6～11.0	
磷酸氢二钠—氢氧化钠缓冲液	10.9～12.0	$Na_2HPO_4 \cdot 2H_2O$ Mr=178.05 $Na_2HPO_4 \cdot 12H_2O$ Mr=358.22
氯化钾—盐酸缓冲液（0.2mol/L）	1.0～2.2	氯化钾 Mr=74.55
氯化钾—氢氧化钠缓冲液（0.2mol/L）	12.0～13.0	氯化钾 Mr=74.55

附录 4　标准电极电势（298K）

附表 4.1　　　　在酸性溶液中

电极反应	ϕ (V)	电极反应	ϕ (V)
$Ag^{+}+e^{-}=Ag$	0.7996	$CdSO_4+2e^{-}=Cd+SO_4^{2-}$	−0.246
$Ag^{2+}+e^{-}=Ag^{+}$	1.980	$Cd^{2+}+2e^{-}=Cd$ (Hg)	−0.3521
$AgAc+e^{-}=Ag+Ac^{-}$	0.643	$Ce^{3+}+3e^{-}=Ce$	−2.483
$AgBr+e^{-}=Ag+Br^{-}$	0.07133	Cl_2 (g) $+2e^{-}=2Cl^{-}$	1.35827
$Ag_2BrO_3+e^{-}=2Ag+BrO_3^{-}$	0.546	$HClO+H^{+}+e^{-}=1/2Cl_2+H_2O$	1.611
$Ag_2C_2O_4+2e^{-}=2Ag+C_2O_4^{2-}$	0.4647	$HClO+H^{+}+2e^{-}=Cl^{-}+H_2O$	1.482
$AgCl+e^{-}=Ag+Cl^{-}$	0.22233	$ClO_2+H^{+}+e^{-}=HClO_2$	1.277
$Ag_2CO_3+2e^{-}=2Ag+CO_3^{2-}$	0.470	$HClO_2+2H^{+}+2e^{-}=HClO+H_2O$	1.645
$Ag_2CrO_4+2e^{-}=2Ag+CrO_4^{2-}$	0.447	$HClO_2+3H^{+}+3e^{-}=1/2Cl_2+2H_2O$	1.628
$AgF+e^{-}=Ag+F^{-}$	0.779	$HClO_2+3H^{+}+4e^{-}=Cl^{-}+2H_2O$	1.570
$AgI+e^{-}=Ag+I^{-}$	−0.15224	$ClO_3^{-}+2H^{+}+e^{-}=ClO_2+H_2O$	1.152
$Ag_2S+2H+2e^{-}=2Ag+H_2S$	−0.0366	$ClO_3^{-}+3H^{+}+2e^{-}=HClO_2+H_2O$	1.214
$AgSCN+e^{-}=Ag+SCN^{-}$	0.08951	$ClO_3^{-}+6H^{+}+5e^{-}=1/2Cl_2+3H_2O$	1.470
$Ag_2SO_4+2e^{-}=2Ag+SO_4^{2-}$	0.654	$ClO_3^{-}+6H^{+}+6e^{-}=Cl^{-}+3H_2O$	1.451
$Al^{3+}+3e^{-}=Al$	−1.662	$ClO_4^{-}+2H^{+}+2e^{-}=ClO_3^{-}+H_2O$	1.189
$AlF_6^{3-}+3e^{-}=Al+6F^{-}$	−2.069	$ClO_4^{-}+8H^{+}+7e^{-}=1/2Cl_2+4H_2O$	1.390
$As_2O_3+6H^{+}+6e^{-}=2As+3H_2O$	0.234	$ClO_4^{-}+8H^{+}+8e^{-}=Cl^{-}+4H_2O$	1.389
$HAsO_2+3H^{+}+3e^{-}=As+2H_2O$	0.248	$Co^{2+}+2e^{-}=Co$	−0.280
$H_3AsO_4+2H^{+}+2e^{-}=HAsO_2+2H_2O$	0.560	$Co^{3+}+e^{-}=Co^{2+}$ (2mol/L H_2SO_4)	1.830
$Au^{+}+e^{-}=Au$	1.692	$CO_2+2H^{+}+2e^{-}=HCOOH$	−0.199
$Au^{3+}+3e^{-}=Au$	1.498	$Cr^{2+}+2e^{-}=Cr$	−0.913
$AuCl_4^{-}+3e^{-}=Au+4Cl^{-}$	1.002	$Cr^{3+}+e^{-}=Cr^{2+}$	−0.407
$Au^{3+}+2e^{-}=Au^{+}$	1.401	$Cr^{3+}+3e^{-}=Cr$	−0.744
$H_3BO_3+3H^{+}+3e^{-}=B+3H_2O$	−0.8698	$Cr_2O_7^{2-}+14H^{+}+6e^{-}=2Cr^{3+}+7H_2O$	1.232
$Ba^{2+}+2e^{-}=Ba$	−2.912	$HCrO_4^{-}+7H^{+}+3e^{-}=Cr^{3+}+4H_2O$	1.350
$Ba^{2+}+2e^{-}=Ba(Hg)$	−1.570	$Cu^{+}+e^{-}=Cu$	0.521
$Be^{2+}+2e^{-}=Be$	−1.847	$Cu^{2+}+e^{-}=Cu^{+}$	0.153
$BiCl_4^{-}+3e^{-}=Bi+4Cl^{-}$	0.160	$Cu^{2+}+2e^{-}=Cu$	0.3419
$Bi_2O_4+4H^{+}+2e^{-}=2BiO^{+}+2H_2O$	1.593	$CuCl+e^{-}=Cu+Cl^{-}$	0.124
$BiO^{+}+2H^{+}+3e^{-}=Bi+H_2O$	0.320	$F_2+2H^{+}+2e^{-}=2HF$	3.053
$BiOCl+2H^{+}+3e^{-}=Bi+Cl^{-}+H_2O$	0.1583	$F_2+2e^{-}=2F^{-}$	2.866
$Br_2(aq)+2e^{-}=2Br^{-}$	1.0873	$Fe^{2+}+2e^{-}=Fe$	−0.447
$Br_2(l)+2e^{-}=2Br^{-}$	1.066	$Fe^{3+}+3e^{-}=Fe$	−0.037
$HBrO+H^{+}+2e^{-}=Br^{-}+H_2O$	1.331	$Fe^{3+}+e^{-}=Fe^{2+}$	0.771
$HBrO+H^{+}+e^{-}=1/2Br_2(aq)+H_2O$	1.574	$[Fe(CN)_6]^{3-}+e^{-}=[Fe(CN)_6]^{4-}$	0.358
$HBrO+H^{+}+e^{-}=1/2Br_2(l)+H_2O$	1.596	$FeO_4^{2-}+8H^{+}+3e^{-}=Fe^{3+}+4H_2O$	2.200
$BrO_3^{-}+6H^{+}+5e^{-}=1/2Br_2+3H_2O$	1.482	$Ga^{3+}+3e^{-}=Ga$	−0.560
$BrO_3^{-}+6H^{+}+6e^{-}=Br^{-}+3H_2O$	1.423	$2H^{+}+2e^{-}=H_2$	0.00000
$Ca^{2+}+2e^{-}=Ca$	−2.868	$H_2(g)+2e^{-}=2H^{-}$	−2.230
$Cd^{2+}+2e^{-}=Cd$	−0.4030	$HO_2+H^{+}+e^{-}=H_2O_2$	1.495

续表

电 极 反 应	ϕ (V)	电 极 反 应	ϕ (V)
$H_2O_2+2H^++2e^-=2H_2O$	1.776	$O_2+4H^++4e^-=2H_2O$	1.229
$Hg^{2+}+2e^-=Hg$	0.851	$O\ (g)\ +2H^++2e^-=H_2O$	2.421
$2Hg^{2+}+2e^-=Hg_2^{2+}$	0.920	$O_3+2H^++2e^-=O_2+H_2O$	2.076
$Hg_2^{2+}+2e^-=2Hg$	0.7973	$P(red)+3H^++3e^-=PH_3(g)$	−0.111
$Hg_2Br_2+2e^-=2Hg+2Br^-$	0.13923	$P(white)+3H^++3e^-=PH_3(g)$	−0.063
$Hg_2Cl_2+2e^-=2Hg+2Cl^-$	0.26808	$H_3PO_2+H^++e^-=P+2H_2O$	−0.508
$Hg_2I_2+2e^-=2Hg+2I^-$	−0.0405	$H_3PO_3+2H^++2e^-=H_3PO_2+H_2O$	−0.499
$Hg_2SO_4+2e^-=2Hg+SO_4^{2-}$	0.6125	$H_3PO_3+3H^++3e^-=P+3H_2O$	−0.454
$I_2+2e^-=2I^-$	0.5355	$H_3PO_4+2H^++2e^-=H_3PO_3+H_2O$	−0.276
$I_3^-+2e^-=3I^-$	0.536	$Pb^{2+}+2e^-=Pb$	−0.1262
$H_5IO_6+H^++2e^-=IO_3^-+3H_2O$	1.601	$PbBr_2+2e^-=Pb+2Br^-$	−0.284
$2HIO+2H^++2e^-=I_2+2H_2O$	1.439	$PbCl_2+2e^-=Pb+2Cl^-$	−0.2675
$HIO+H^++2e^-=I^-+H_2O$	0.987	$PbF_2+2e^-=Pb+2F^-$	−0.3444
$2IO_3^-+12H^++10e^-=I_2+6H_2O$	1.195	$PbI_2+2e^-=Pb+2I^-$	−0.365
$IO_3^-+6H^++6e^-=I^-+3H_2O$	1.085	$PbO_2+4H^++2e^-=Pb^{2+}+2H_2O$	1.455
$In^{3+}+2e^-=In^+$	−0.443	$PbO_2+SO_4^{2-}+4H^++2e^-=PbSO_4+2H_2O$	1.6913
$In^{3+}+3e^-=In$	−0.3382	$PbSO_4+2e^-=Pb+SO_4^{2-}$	−0.3588
$Ir^{3+}+3e^-=Ir$	1.159	$Pd^{2+}+2e^-=Pd$	0.951
$K^++e^-=K$	−2.931	$PdCl_4^{2-}+2e^-=Pd+4Cl^-$	0.591
$La^{3+}+3e^-=La$	−2.522	$Pt^{2+}+2e^-=Pt$	1.118
$Li^++e^-=Li$	−3.0401	$Rb^++e^-=Rb$	−2.98
$Mg^{2+}+2e^-=Mg$	−2.372	$Re^{3+}+3e^-=Re$	0.300
$Mn^{2+}+2e^-=Mn$	−1.185	$S+2H^++2e^-=H_2S(aq)$	0.142
$Mn^{3+}+e^-=Mn^{2+}$	1.5415	$S_2O_6^{2-}+4H^++2e^-=2H_2SO_3$	0.564
$MnO_2+4H^++2e^-=Mn^{2+}+2H_2O$	1.224	$S_2O_8^{2-}+2e^-=2SO_4^{2-}$	2.010
$MnO_4^-+e^-=MnO_4^{2-}$	0.558	$S_2O_8^{2-}+2H^++2e^-=2HSO_4^-$	2.123
$MnO_4^-+4H^++3e^-=MnO_2+2H_2O$	1.679	$2H_2SO_3+H^++2e^-=H_2SO_4^-+2H_2O$	−0.056
$MnO_4^-+8H^++5e^-=Mn^{2+}+4H_2O$	1.507	$H_2SO_3+4H^++4e^-=S+3H_2O$	0.449
$MO^{3+}+3e^-=MO$	−0.200	$SO_4^{2-}+4H^++2e^-=H_2SO_3+H_2O$	0.172
$N_2+2H_2O+6H^++6e^-=2NH_4OH$	0.092	$2SO_4^{2-}+4H^++2e^-=S_2O_6^{2-}+2H_2O$	−0.220
$3N_2+2H^++2e^-=2NH_3(aq)$	−3.090	$Sb+3H^++3e^-=2SbH_3$	−0.510
$N_2O+2H^++2e^-=N_2+H_2O$	1.766	$Sb_2O_3+6H^++6e^-=2Sb+3H_2O$	0.152
$N_2O_4+2e^-=2NO_2^-$	0.867	$Sb_2O_5+6H^++4e^-=2SbO^++3H_2O$	0.581
$N_2O_4+2H^++2e^-=2HNO_2$	1.065	$SbO^++2H^++3e^-=Sb+H_2O$	0.212
$N_2O_4+4H^++4e^-=2NO+2H_2O$	1.035	$Sc^{3+}+3e^-=Sc$	−2.077
$2NO+2H^++2e^-=N_2O+H_2O$	1.591	$Se+2H^++2e^-=H_2Se\ (aq)$	−0.399
$HNO_2+H^++e^-=NO+H_2O$	0.983	$H_2SeO_3+4H^++4e^-=Se+3H_2O$	0.740
$2HNO_2+4H^++4e^-=N_2O+3H_2O$	1.297	$SeO_4^{2-}+4H^++2e^-=H_2SeO_3+H_2O$	1.151
$NO_3^-+3H^++2e^-=HNO_2+H_2O$	0.934	$SiF_6^{2-}+4e^-=Si+6F^-$	−1.24
$NO_3^-+4H^++3e^-=NO+2H_2O$	0.957	$(quartz)SiO_2+4H^++4e^-=Si+2H_2O$	0.857
$2NO_3^-+4H^++2e^-=N_2O_4+2H_2O$	0.803	$Sn^{2+}+2e^-=Sn$	−0.1375
$Na^++e^-=Na$	−2.710	$Sn^{4+}+2e^-=Sn^{2+}$	0.151
$Nb^{3+}+3e^-=Nb$	−1.100	$Sr^++e^-=Sr$	−4.100
$Ni^{2+}+2e^-=Ni$	−0.257	$Sr^{2+}+2e^-=Sr$	−2.89
$NiO_2+4H^++2e^-=Ni^{2+}+2H_2O$	1.678	$Sr^{2+}+2e^-=Sr(Hg)$	−1.793
$O_2+2H^++2e^-=H_2O_2$	0.695	$Te+2H^++2e^-=H_2Te$	−0.793

续表

电　极　反　应	ϕ (V)	电　极　反　应	ϕ (V)
$Te^{4+}+4e^-=Te$	0.568	$V^{3+}+e^-=V^{2+}$	−0.255
$TeO_2+4H^++4e^-=Te+2H_2O$	0.593	$VO^{2+}+2H^++e^-=V^{3+}+H_2O$	0.337
$TeO_4^-+8H^++7e^-=Te+4H_2O$	0.472	$VO_2^++2H^++e^-=VO^{2+}+H_2O$	0.991
$H_6TeO_6+2H^++2e^-=TeO_2+4H_2O$	1.020	$V(OH)_4^++2H^++e^-=VO^{2+}+3H_2O$	1.000
$Th^{4+}+4e^-=Th$	−1.899	$V(OH)_4^++4H^++5e^-=V+4H_2O$	−0.254
$Ti^{2+}+2e^-=Ti$	−1.630	$W_2O_5+2H^++2e^-=2WO_2+H_2O$	−0.031
$Ti^{3+}+e^-=Ti^{2+}$	−0.368	$WO_2+4H^++4e^-=W+2H_2O$	−0.119
$TiO^{2+}+2H^++e^-=Ti^{3+}+H_2O$	0.099	$WO_3+6H^++6e^-=W+3H_2O$	−0.090
$TiO_2+4H^++2e^-=Ti^{2+}+2H_2O$	−0.502	$2WO_3+2H^++2e^-=W_2O_5+H_2O$	−0.029
$Tl^++e^-=Tl$	−0.336	$Y^{3+}+3e^-=Y$	−2.370
$V^{2+}+2e^-=V$	−1.175	$Zn^{2+}+2e^-=Zn$	−0.7618

附表 4.2　　**在碱性溶液中**

电　极　反　应	ϕ (V)	电　极　反　应	ϕ (V)
$AgCN+e^-=Ag+CN^-$	−0.017	$Cu(OH)_2+2e^-=Cu+2OH^-$	−0.222
$[Ag(CN)_2]^-+e^-=Ag+2CN^-$	−0.310	$2Cu(OH)_2+2e^-=Cu_2O+2OH^-+H_2O$	−0.080
$Ag_2O+H_2O+2e^-=2Ag+2OH^-$	0.342	$[Fe(CN)_6]^{3-}+e^-=[Fe(CN)_6]^{4-}$	0.358
$2AgO+H_2O+2e^-=Ag_2O+2OH^-$	0.607	$Fe(OH)_3+e^-=Fe(OH)_2+OH^-$	−0.560
$Ag_2S+2e^-=2Ag+S^{2-}$	−0.691	$H_2GaO_3^-+H_2O+3e^-=Ga+4OH^-$	−1.219
$H_2AlO_3^-+H_2O+3e^-=Al+4OH^-$	−2.330	$2H_2O+2e^-=H_2+2OH^-$	−0.8277
$AsO_2^-+2H_2O+3e^-=As+4OH^-$	−0.680	$Hg_2O+H_2O+2e^-=2Hg+2OH^-$	0.123
$AsO_4^{3-}+2H_2O+2e^-=AsO_2^-+4OH^-$	−0.710	$HgO+H_2O+2e^-=Hg+2OH^-$	0.0977
$H_2BO_3^-+5H_2O+8e^-=BH_4^-+8OH^-$	−1.240	$H_3IO_3^{2-}+2e^-=IO_3^-+3OH^-$	0.700
$H_2BO_3^-+H_2O+3e^-=B+4OH^-$	−1.790	$IO^-+H_2O+2e^-=I^-+2OH^-$	0.485
$Ba(OH)_2+2e^-=Ba+2OH^-$	−2.990	$IO_3^-+2H_2O+4e^-=IO^-+4OH^-$	0.150
$Be_2O_3^{2-}+3H_2O+4e^-=2Be+6OH^-$	−2.630	$IO_3^-+3H_2O+6e^-=I^-+6OH^-$	0.260
$Bi_2O_3+3H_2O+6e^-=2Bi+6OH^-$	−0.460	$Ir_2O_3+3H_2O+6e^-=2Ir+6OH^-$	0.098
$BrO^-+H_2O+2e^-=Br^-+2OH^-$	0.761	$La(OH)_3+3e^-=La+3OH^-$	−2.90
$BrO_3^-+3H_2O+6e^-=Br^-+6OH^-$	0.610	$Mg(OH)_2+2e^-=Mg+2OH^-$	−2.690
$Ca(OH)_2+2e^-=Ca+2OH^-$	−3.020	$MnO_4^-+2H_2O+3e^-=MnO_2+4OH^-$	0.595
$Ca(OH)_2+2e^-=Ca(Hg)+2OH^-$	−0.809	$MnO_4^{2-}+2H_2O+2e^-=MnO_2+4OH^-$	0.600
$ClO^-+H_2O+2e^-=Cl^-+2OH^-$	0.810	$Mn(OH)_2+2e^-=Mn+2OH^-$	−1.560
$ClO_2^-+H_2O+2e^-=ClO^-+2OH^-$	0.660	$Mn(OH)_3+e^-=Mn(OH)_2+OH^-$	0.150
$ClO_2^-+2H_2O+4e^-=Cl^-+4OH^-$	0.760	$2NO+H_2O+2e^-=N_2O+2OH^-$	0.760
$ClO_3^-+H_2O+2e^-=ClO_2^-+2OH^-$	0.330	$NO+H_2O+e^-=NO+2OH^-$	−0.460
$ClO_3^-+3H_2O+6e^-=Cl^-+6OH^-$	0.620	$2NO_2^-+2H_2O+4e^-=N_2^{2-}+4OH^-$	−0.180
$ClO_4^-+H_2O+2e^-=ClO_3^-+2OH^-$	0.360	$2NO_2^-+3H_2O+4e^-=N_2O+6OH^-$	0.150
$[Co(NH_3)_6]^{3+}+e^-=[Co(NH_3)_6]^{2+}$	0.108	$NO_3^-+H_2O+2e^-=NO_2^-+2OH^-$	0.010
$Co(OH)_2+2e^-=Co+2OH^-$	−0.730	$2NO_3^-+2H_2O+2e^-=N_2O_4+4OH^-$	−0.850
$Co(OH)_3+e^-=Co(OH)_2+OH^-$	0.170	$Ni(OH)_2+2e^-=Ni+2OH^-$	−0.720
$CrO_2^-+2H_2O+3e^-=Cr+4OH^-$	−1.200	$NiO_2+2H_2O+2e^-=Ni(OH)_2+2OH^-$	−0.490
$CrO_4^{2-}+4H_2O+3e^-=Cr(OH)_3+5OH^-$	−0.130	$O_2+H_2O+2e^-=HO_2^-+OH^-$	−0.076
$Cr(OH)_3+3e^-=Cr+3OH^-$	−1.480	$O_2+2H_2O+2e^-=H_2O_2+2OH^-$	−0.146
$Cu^{2+}+2CN^-+e^-=[Cu(CN)_2]^-$	1.103	$O_2+2H_2O+4e^-=4OH^-$	0.401
$[Cu(CN)_2]+e^-=Cu+2CN^-$	−0.429	$O_3+H_2O+2e^-=O_2+2OH^-$	1.240
$Cu_2O+H_2O+2e^-=2Cu+2OH^-$	−0.360	$HO_2^-+H_2O+2e^-=3OH^-$	0.878

续表

电极反应	ϕ（V）	电极反应	ϕ（V）
$P+3H_2O+3e^-=PH_3(g)+3OH^-$	−0.870	$2SO_3^{2-}+3H_2O+4e^-=S_2O_3^{2-}+6OH^-$	−0.571
$H_2PO_2^-+e^-=P+2OH^-$	−1.820	$SO_4^{2-}+H_2O+2e^-=S_3^{2-}+2OH^-$	−0.930
$HPO_3^{2-}+2H_2O+2e^-=H_2PO_2^-+3OH^-$	−1.650	$SbO_2^-+2H_2O+3e^-=Sb+4OH^-$	−0.660
$HPO_3^{2-}+2H_2O+3e^-=P+5OH^-$	−1.710	$SbO_3^-+H_2O+2e^-=SbO_2^-+2OH^-$	−0.590
$PO_4^{3-}+2H_2O+2e^-=HPO_3^{2-}+3OH^-$	−1.050	$SeO_3^{2-}+3H_2O+4e^-=Se+6OH^-$	−0.366
$PbO+H_2O+2e^-=Pb+2OH^-$	−0.580	$SeO_4^{2-}+H_2O+2e^-=SeO_3^{2-}+2OH^-$	0.050
$HPbO_2^-+H_2O+2e^-=Pb+3OH^-$	−0.537	$SiO_3^{2-}+3H_2O+4e^-=Si+6OH^-$	−1.697
$PbO_2+H_2O+2e^-=PbO+2OH^-$	0.247	$HSnO_2^-+H_2O+2e^-=Sn+3OH^-$	−0.909
$Pd(OH)_2+2e^-=Pd+2OH^-$	0.070	$Sn(OH)_3^{2-}+2e^-=HSnO_2^-+3OH^-+H_2O$	−0.930
$Pt(OH)_2+2e^-=Pt+2OH^-$	0.140	$Sr(OH)+2e^-=Sr+2OH^-$	−2.880
$ReO_4^-+4H_2O+7e^-=Re+8OH^-$	−0.584	$Te+2e^-=Te^{2-}$	−1.143
$S+2e^-=S^{2-}$	−0.47627	$TeO_3^{2-}+3H_2O+4e^-=Te+6OH^-$	−0.570
$S+H_2O+2e^-=HS^-+OH^-$	−0.478	$Th(OH)_4+4e^-=Th+4OH^-$	−2.480
$2S+2e^-=S_2^{2-}$	−0.42836	$Tl_2O_3+3H_2O+3e^-=2Tl^++6OH^-$	0.020
$S_4O_6^{2-}+2e^-=2S_2O_3^{2-}$	0.080	$ZnO_2^{2-}+2H_2O+2e^-=Zn+4OH^-$	−1.215
$2SO_3^{2-}+2H_2O+2e^-=S_2O_4^{2-}+4OH^-$	−1.120		

参　考　文　献

［1］ 黄一石．仪器分析［M］．北京：化学工业出版社，2002.
［2］ 张尧旺．水质监测与评价［M］．河南：黄河水利出版社，2008.
［3］ 武汉大学．分析化学（第五版）［M］．北京：高等教育出版社，2007.
［4］ 高职高专化学教材组．无机化学［M］．北京：高等教育出版社，2008.
［5］ 华东理工大学分析化学教研组．分析化学（第6版）［M］．北京：高等教育出版社，2009.

元素周期表

周期＼族	1 ⅠA	2 ⅡA	3 ⅢB	4 ⅣB	5 ⅤB	6 ⅥB	7 ⅦB	8 Ⅷ	9 Ⅷ	10 Ⅷ	11 ⅠB	12 ⅡB	13 ⅢA	14 ⅣA	15 ⅤA	16 ⅥA	17 ⅦA	18 0	电子层	18族电子数
1	1 H 氢 1 2 $1s^1$ 1.00794(7)																	2 He 氦 3 4 $1s^2$ 4.002602(2)	K	2
2	3 Li 锂 6 7 $2s^1$ 6.941(2)	4 Be 铍 9 $2s^2$ 9.012182(3)											5 B 硼 10 11 $2s^22p^1$ 10.811(7)	6 C 碳 12 13 14 $2s^22p^2$ 12.0107(8)	7 N 氮 14 15 $2s^22p^3$ 14.0067(2)	8 O 氧 16 17 18 $2s^22p^4$ 15.9994(3)	9 F 氟 19 $2s^22p^5$ 18.9984032(5)	10 Ne 氖 20 21 22 $2s^22p^6$ 20.1797(6)	L K	8 2
3	11 Na 钠 23 $3s^1$ 22.98976928(2)	12 Mg 镁 24 25 26 $3s^2$ 24.3050(6)											13 Al 铝 27 $3s^23p^1$ 26.9815386(8)	14 Si 硅 28 29 30 $3s^23p^2$ 28.0855(3)	15 P 磷 31 $3s^23p^3$ 30.973762(2)	16 S 硫 32 33 34 36 $3s^23p^4$ 32.065(5)	17 Cl 氯 35 37 $3s^23p^5$ 35.453(2)	18 Ar 氩 36 38 40 $3s^23p^6$ 39.948(1)	M L K	8 8 2
4	19 K 钾 39 40 41 $4s^1$ 39.0983(1)	20 Ca 钙 40 42 43 44 46 48 $4s^2$ 40.078(4)	21 Sc 钪 45 $3d^14s^2$ 44.955912(6)	22 Ti 钛 46 47 48 49 50 $3d^24s^2$ 47.867(1)	23 V 钒 50 51 $3d^34s^2$ 50.9415(1)	24 Cr 铬 50 52 53 54 $3d^54s^1$ 51.9961(6)	25 Mn 锰 55 $3d^54s^2$ 54.938045(5)	26 Fe 铁 54 56 57 58 $3d^64s^2$ 55.845(2)	27 Co 钴 59 $3d^74s^2$ 58.933195(5)	28 Ni 镍 58 60 61 62 64 $3d^84s^2$ 58.6934(4)	29 Cu 铜 63 65 $3d^{10}4s^1$ 63.546(3)	30 Zn 锌 64 66 67 68 70 $3d^{10}4s^2$ 65.38(2)	31 Ga 镓 69 71 $4s^24p^1$ 69.723(1)	32 Ge 锗 70 72 73 74 76 $4s^24p^2$ 72.64(1)	33 As 砷 75 $4s^24p^3$ 74.92160(2)	34 Se 硒 74 76 77 78 80 82 $4s^24p^4$ 78.96(3)	35 Br 溴 79 81 $4s^24p^5$ 79.904(1)	36 Kr 氪 78 80 82 83 84 86 $4s^24p^6$ 83.798(2)	N M L K	8 18 8 2
5	37 Rb 铷 85 87 $5s^1$ 85.4678(3)	38 Sr 锶 84 86 87 88 $5s^2$ 87.62(1)	39 Y 钇 89 $4d^15s^2$ 88.90585(2)	40 Zr 锆 90 91 92 94 96 $4d^25s^2$ 91.224(2)	41 Nb 铌 93 94 $4d^45s^1$ 92.90638(2)	42 Mo 钼 92 94 95 96 97 98 100 $4d^55s^1$ 95.96(2)	43 Tc 锝 97 98 99 $4d^55s^2$ (98)	44 Ru 钌 96 98 99 100 101 102 104 $4d^75s^1$ 101.07(2)	45 Rh 铑 103 $4d^85s^1$ 102.90550(2)	46 Pd 钯 102 104 105 106 108 110 $4d^{10}$ 106.42(1)	47 Ag 银 107 109 $4d^{10}5s^1$ 107.8682(2)	48 Cd 镉 106 108 110 111 112 113 114 116 $4d^{10}5s^2$ 112.411(8)	49 In 铟 113 115 $5s^25p^1$ 114.818(3)	50 Sn 锡 112 114 115 116 117 118 119 120 122 124 $5s^25p^2$ 118.710(7)	51 Sb 锑 121 123 $5s^25p^3$ 121.760(1)	52 Te 碲 120 122 123 124 125 126 128 130 $5s^25p^4$ 127.60(3)	53 I 碘 127 129 $5s^25p^5$ 126.90447(3)	54 Xe 氙 124 126 128 129 130 131 132 134 136 $5s^25p^6$ 131.293(6)	O N M L K	8 18 18 8 2
6	55 Cs 铯 133 $6s^1$ 132.9054519(2)	56 Ba 钡 130 132 134 135 136 137 138 $6s^2$ 137.327(7)	57-71 La-Lu 镧系	72 Hf 铪 174 176 177 178 179 180 $5d^26s^2$ 178.49(2)	73 Ta 钽 180 181 $5d^36s^2$ 180.94788(2)	74 W 钨 180 182 183 184 186 $5d^46s^2$ 183.84(1)	75 Re 铼 185 187 $5d^56s^2$ 186.207(1)	76 Os 锇 184 186 187 188 189 190 192 $5d^66s^2$ 190.23(3)	77 Ir 铱 191 193 $5d^76s^2$ 192.217(3)	78 Pt 铂 190 192 194 195 196 198 $5d^96s^1$ 195.084(9)	79 Au 金 197 $5d^{10}6s^1$ 196.966569(4)	80 Hg 汞 196 198 199 200 201 202 204 $5d^{10}6s^2$ 200.59(2)	81 Tl 铊 203 205 $6s^26p^1$ 204.3833(2)	82 Pb 铅 204 206 207 208 $6s^26p^2$ 207.2(1)	83 Bi 铋 209 $6s^26p^3$ 208.98040(1)	84 Po 钋 209 210 $6s^26p^4$ (209)	85 At 砹 210 211 $6s^26p^5$ (210)	86 Rn 氡 211 220 222 $6s^26p^6$ (222)	P O N M L K	8 18 32 18 8 2
7	87 Fr 钫 223 $7s^1$ (223)	88 Ra 镭 223 224 226 228 $7s^2$ (226)	89-103 Ac-Lr 锕系	104 Rf 𬬻* $(6d^27s^2)$ (267)	105 Db 𬭊* $(6d^37s^2)$ (268)	106 Sg 𬭳* (271)	107 Bh 𬭛* (272)	108 Hs 𬭶* (270)	109 Mt 鿏* (276)	110 Ds 𫟼* (281)	111 Rg 𬬭* (280)	112 Uub * (285)	113 Uut * (284)	114 Uuq * (289)	115 Uup * (288)	116 Uuh * (293)		118 Uuo * (294)	Q P O N M L K	8 18 32 32 18 8 2

原子序数 → 19　元素符号（红色指数射性元素）→ K　元素名称（注 * 的是人造元素）→ 钾　39.0983(1)　39 40 41　$4s^1$

稳定同位素的质量数（底线指丰度最大的同位素）

放射性同位素的质量数

外围电子的构型（括号指可能的构型）

相对原子质量（括号内数据为放射性元素最长寿命同位素的质量分数）

金属　稀有气体　非金属　过渡元素

注：
1. 相对原子质量录自 2007 年国际相对原子质量表，以 $^{12}C=12$ 为基准，元素的相对原子质量末位数的准确度加注在其后括号内。
2. 商品 Li 的相对原子质量范围为 6.939～6.996。
3. 稳定元素列有天然丰度的同位素；天然放射性元素和人造元素同位素的选列与国际相对原子质量标的有关文献一致。

镧系	57 La 镧 138 139 $5d^16s^2$ 138.90547(7)	58 Ce 铈 136 138 140 142 $4f^15d^16s^2$ 140.116(1)	59 Pr 镨 141 $4f^36s^2$ 140.90765(2)	60 Nd 钕 142 143 144 145 146 148 150 $4f^46s^2$ 144.242(3)	61 Pm 钷 145 147 $4f^56s^2$ (145)	62 Sm 钐 144 147 148 149 150 152 154 $4f^66s^2$ 150.36(2)	63 Eu 铕 151 153 $4f^76s^2$ 151.964(1)	64 Gd 钆 152 154 155 156 157 158 160 $4f^75d^16s^2$ 157.25(3)	65 Tb 铽 159 $4f^96s^2$ 158.92535(2)	66 Dy 镝 156 158 160 161 162 163 164 $4f^{10}6s^2$ 162.500(1)	67 Ho 钬 165 $4f^{11}6s^2$ 164.93032(2)	68 Er 铒 162 164 166 167 168 170 $4f^{12}6s^2$ 167.259(3)	69 Tm 铥 169 $4f^{13}6s^2$ 168.93421(2)	70 Yb 镱 168 170 171 172 173 174 176 $4f^{14}6s^2$ 173.054(5)	71 Lu 镥 175 176 $4f^{14}5d^16s^2$ 174.9668(1)
锕系	89 Ac 锕 227 $6d^17s^2$ (227)	90 Th 钍 230 232 $6d^27s^2$ 232.03806(2)	91 Pa 镤 231 $5f^26d^17s^2$ 231.03588(2)	92 U 铀 233 234 235 236 238 $5f^36d^17s^2$ 238.02891(3)	93 Np 镎 237 239 $5f^46d^17s^2$ (237)	94 Pu 钚 238 239 240 241 242 244 $5f^67s^2$ (244)	95 Am 镅* 241 243 $5f^77s^2$ (243)	96 Cm 锔* 243 244 245 246 247 248 $5f^76d^17s^2$ (247)	97 Bk 锫* 247 249 $5f^97s^2$ (247)	98 Cf 锎* 249 250 251 252 $5f^{10}7s^2$ (251)	99 Es 锿* 252 $5f^{11}7s^2$ (252)	100 Fm 镄* 257 $5f^{12}7s^2$ (257)	101 Md 钔* 256 258 $(5f^{13}7s^2)$ (258)	102 No 锘* 259 $(5f^{14}7s^2)$ (259)	103 Lr 铹* 260 $(5f^{14}6d^17s^2)$ (262)